U0266350

iOS6编程揭秘
iPhone与iPad 应用开发入门
（第二版）

杨正洪 郑齐心 曹星 编著

清华大学出版社
北 京

内 容 简 介

　　iOS 是苹果公司为 iPhone、iPad 等移动设备量身打造的轻量级操作系统。本书围绕苹果公司最新的开发平台 iOS SDK 5，使用最新的开发工具 Xcode，手把手地引导读者开发 iPhone 及 iPad 应用程序。

　　本书共 25 章，分别为 iOS6 概述，配置 iOS6 开发环境，iOS 设计模式，Objective-C 编程语言，iOS 应用程序的调试，视图和绘图，视图控制器、导航控制器和标签栏控制器，iOS 数据的输入、显示和保存，视图上的控件，GPS、地图和通讯录编程，照片编程，多线程与网络编程，音频和视频编程，图层，动画，触摸和手势编程，游戏编程基础，性能调试与应用测试，苹果推服务、应用设置、多语言，发布应用程序，应用安全，iPad 应用和拆分视图，自动引用计数（ARC），iCloud 编程，以及 iOS 应用和云计算平台的集成。

　　本书语言通俗易懂，内容由浅入深，不管是新手还是有经验的开发人员都能从本书中获益。读者在学习后能够独立开发运行在 iPhone 和 iPad 上的应用程序。

本书封面贴有清华大学出版社防伪标签，无标签者不得销售。

版权所有，侵权必究。侵权举报电话：010-62782989　13701121933

图书在版编目（CIP）数据

　iOS6 编程揭秘：iPhone 与 iPad 应用开发入门/杨正洪，郑齐心，曹星编著. – 2 版. – 北京：清华大学出版社，2013.5
　ISBN 978-7-302-31690-9

　I. ①i… II. ①杨… ②郑… ③曹… III. ①移动电话机－应用程序－程序设计 IV. ①TN929.53

　中国版本图书馆 CIP 数据核字（2013）第 044386 号

责任编辑：夏非彼
封面设计：王　翔
责任校对：闫秀华
责任印制：何　芊

出版发行：清华大学出版社
　　　　　网　　　址：http://www.tup.com.cn, http://www.wqbook.com
　　　　　地　　　址：北京清华大学学研大厦 A 座　　　　邮　　编：100084
　　　　　社 总 机：010-62770175　　　　　　　　　　　邮　　购：010-62786544
　　　　　投稿与读者服务：010-62776969，c-service@tup.tsinghua.edu.cn
　　　　　质 量 反 馈：010-62772015，zhiliang@tup.tsinghua.edu.cn
印　刷　者：北京富博印刷有限公司
装　订　者：北京市密云县京文制本装订厂
经　　　销：全国新华书店
开　　　本：190mm×260mm　　　印　张：37.75　　　字　数：966 千字
　　　　　　（附光盘 1 张）
版　　　次：2012 年 7 月第 1 版　　2013 年 5 月第 2 版　　印　次：2013 年 5 月第 1 次印刷
印　　　数：1～4000
定　　　价：89.00 元

产品编号：052430-01

前　言

　　智能手机无疑是现在一个非常热门的话题。智能手机的用户不再只是以青年人为主而是面向了全社会的广大人群，而作为智能手机的佼佼者，苹果手机不仅成了智能手机甚至成为时尚的象征。根据最新的统计数据来看，苹果手机在 2011 年第四季度的销量占据了 23.8%的智能手机市场份额，超越了三星，成为了全球最大的智能手机的生产商。并且较往年而言，苹果手机的销量从 2009 年的 2510 万台上升到 2010 年的 4660 万台，在 2011 年又飙升至 9300 万台，从数据上来看每年都是以翻倍的速率在增长，苹果手机真可谓是"来势汹汹"。

　　"智能手机+云计算"是未来 20 年软件的大方向，也是智慧城市解决方案的核心技术。提到苹果人们往往最先想到的就是 iPhone 手机、iPad 平板电脑，其实苹果带给世界的不仅是这些高端的科技产品，更重要是它的热潮带给了数以万计 iOS 开发人员高薪就业的机会。学习和掌握 iOS 开发技术已经是大势所趋，国内已有部分的软件培训结构和大学将 iOS 开发设为新的课程，市场上做 iOS 培训的学校都已获得高额的利润。2012 年的职场 iOS 软件工程师成了搜索引擎上最热门的岗位。其中包括联想、腾讯、新浪、云升等国内知名企业面向全国招聘的 iOS 软件工程师岗位首次达到了惊人的 3 万个，最高年薪直逼几十万。但从结果来看，前来应征并符合条件的 iOS 软件开发工程师寥寥无几。在技术领域只要你有过硬的技术就能拿到高薪成就自我。

　　本书的主要目的是让初学者能够系统地学习 iOS 开发的基础知识，使其能快速地步入 iOS 开发的行列。本书为读者提供了大量的实例、教程和实用的编程技巧，通过边学边做实例使读者体会到 iOS 开发的乐趣。

　　除封面作者以外，参加本书编写的同志还有：郭晨、李祥、李进、李军舰、吕超亮、刘剑雄、薛文、李越、何进勇、孙延辉、胡钛等同志。苹果公司的 Wayne Lee，Google 公司的 Wai　K Su,IBM 硅谷实验室 Hua Chen，PayPal 公司的 John Qian 等同志阅读了本书的初稿并提出了中肯的建议。我们要特别感谢武汉市云升科技发展有限公司、武汉巨正环保科技有限公司、圣天网络科技（湖北）有限公司和中网在线公司，这四家公司的

iPhone 开发工程师们测试了本书的实例代码。深圳华夏博大 iPhone 培训学院等多个国内知名培训机构和武汉科技大学等国内多所大学采用了本书第一版作为课程教材，并给我们提出了宝贵的意见。北京图格新知公司和夏毓彦老师为本书的出版和编辑做了大量的工作，在此深表谢意。

由于编者学识浅陋，见闻不广，必有许多不足之处。杨正洪的电子邮件是：yangzhenghong@yahoo.com。欢迎读者来信指正或探讨 iOS 开发问题。谢谢。

杨正洪

2013 年 1 月于武汉

目　录

第 1 章　iOS6 概述

2012 年中，苹果公司在 WWDC 大会上公布了全新的 iOS6 操作系统，而后在 2012 年 9 月 19 日苹果 iOS6 开放下载。iOS6 拥有 200 多项新功能。比如：iOS6 的 Siri 应用新增了 15 个国家和地区的语言，亚洲地区包括韩语、中文（包含粤语），等等。2013 年 1 月中旬发布 iOS6.1 beta5，2013 年 1 月 29 日正式发布了 iOS6.1。iOS6.1 正式版更新的内容包括：增强 Siri 语音助手；使用 iCloud 服务时需输入安全问题；为 MapKit 地图框架里增加了"Map Kit Searches"，可以让开发人员搜索基于地图的地址和兴趣点；对更多运营商提供 LTE 支持；iTunes Match 订阅者现在可从 iCloud 下载单首歌曲；新增还原"广告标识符"的按钮，以及修正部分无线连接错误等 Bug。

1.1　iOS6 新功能

下面我们列举 iOS6 的最重要的部分新功能。

1. 全新的地图应用程序

苹果公司在 iOS 6 上使用自己的地图应用程序。虽然这个地图应用程序有很多争议，但是它的地图元素是基于矢量，你甚至可以从上空俯瞰整个城市，如图 1-1 所示。

图 1-1　苹果新地图应用程序

2. 增强的 Siri 功能

Siri 不仅可以让用户通过语音来发送信息、预约会议、拨打电话，而且能听懂用户的话，了解用户意图，甚至还能回答用户的问话。Siri 在 iOS 6 中有重大的改进，Siri 的见识大大增长。如果你想知道你喜爱的球队和队员的最新比分和统计数据？你可以开口问 Siri。或许你晚上想看场电影，Siri 就能为你显示最新的影评和预告片。你还可让 Siri 按菜肴、价格、位置或更多方式帮你查找餐厅。Siri 甚至能为你打开 App，你不必轻点屏幕，只要说一声"启用 Flight Tracker"，Siri 就会按你说的做，如图 1-2 所示。

图 1-2　Siri 功能

3. Passbook

你的登机牌、电影票、购物优惠券、会员卡及更多票券，现都归整一处。有了 Passbook，你可用 iPhone 或 iPod touch 扫描来办理登机手续，进入影院看电影，并兑换优惠券。你还能看到优惠券何时到期，音乐会的座席位置。你的 iPhone 或 iPod touch 一旦被唤醒，各式票券就会在适当的时间和地点出现在锁屏上，比如你到达机场时，或走进商店兑换礼品卡或优惠券时。如果登机口在办理登记手续后有所变化，Passbook 还能提醒你，避免你找错登机口，如图 1-3 所示。

图 1-3　Passbook

4. FaceTime

FaceTime 现可通 Wi-Fi 运行。无论你在哪里，都可以拨打和接收 FaceTime 视频电话。你甚至可以使用电话号码在 iPad 上拨打和接收 FaceTime 视频电话，如图 1-4 所示。

图 1-4　FaceTime

5.电话

iOS 6 为 iPhone 增添了全新呼叫功能。现在，当你拒绝来电时，可以立即通过信息进行回复，或设置回拨提醒。如果事务太过繁忙，可启用勿扰模式，你就不会被任何人打扰，如图 1-5 所示。

图 1-5　电话的新功能

6.丢失模式

你可能有时会遗失了 iPhone 或 iPad 或 iPod touch。幸运的是，iOS 6 和 iCloud 现提供"丢失"模式，让你更轻松地使用"查找我的 iPhone"来定位并保护丢失的设备（"查找我的 iPhone"只能在 iOS 设备处于开机状态并连接至已注册的 WLAN 网络，或拥有激活的数据计划时使用）。你可以立即使用 4 位密码锁定你丢失的 iPhone，并发送信息在屏幕上显示联系电话。这样，好心人就能在锁屏模式下给你打电话，而不会访问你的 iPhone 上的其他信息。在"丢失"模式期间，你的设备将追踪记录它所到过的地点，你可随时使用"查找我的 iPhone"App 登录，即可查看设备发回的信息，如图 1-6 所示。

图 1-6   丢失模式

7.中国定制功能

iOS 6 特别内置对热门中文互联网服务的支持，与新浪微博高度整合让你能轻松从相机、照片、Safari 和 Game Center 发布微博。百度更成为 Safari 的内置选项，另外还可将视频直接分享到优酷和土豆网。iOS 6 更完善的文本输入法，可混合输入全拼和简拼，让汉字输入更轻松快速，支持汉字多达 30,000 个。这些定制功能，让 iPad、iPhone 和 iPod touch 等移动设备更适合中文用户使用。

1.2   iOS 应用

自从 2008 年 7 月开通 iOS 应用开发（苹果应用商店）以来，开发人员总共开发了几十万个苹果 iOS 应用程序，用户总共下载了几百亿次，并支付了几百亿美元，其中应用开发人员获得其中的 70%，苹果公司获得其中的 30%。从企业应用程序到小孩教育程序，iOS 应用的种类非常广泛，如图 1-7 所示。

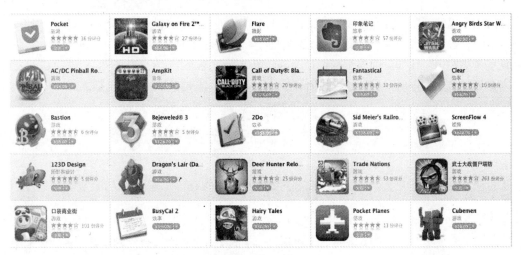

图 1-7 各类 iOS 应用

开发人员无须花费任何时间去销售 iPhone/iPad 上的手机应用程序：开发人员在开发并测试了 iPhone/iPad 应用程序后，上载到苹果应用商店（苹果公司有一个审批手续）即可。当一个手机用户在苹果应用商店购买了你的应用程序后，苹果公司自动将其中的 70%收入放到你的账号中。所以，开发人员只需要专注于开发即可。

1.3 iPhone 手机特征

iPhone 手机不仅仅是用来打电话或发短信，而是一款兼备手机和电脑功能的产品。在拥挤的地铁里（尤其是上下班高峰），你不可能拿出一个笔记本电脑来查看和阅读电子邮件，但是手机就可以完成这个功能。有人认为手机是一个小计算机，因为你可以使用手机随时随地访问互联网。我们认为，它有很多计算机没有的功能，比如：智能手机都内置 GPS（全球定位系统）功能，所以很多手机应用都能基于手机用户的当前位置来给出一些同当前位置相关的信息，比如：附近有没有银行？有没有邮局？有没有公园？有没有厕所？等等。

iPhone 随时随地连接到互联网，这个特征很重要。这样的话，开发人员无须把很多操作放在 iPhone 手机上，而是放在互联网上的某一个服务器上，让 iPhone 作为输入和输出的接口，而不是处理的服务器。这就弥补了手机作为电脑在处理性能上的劣势。比如：开发人员无须把北京首都机场出发的所有航班信息放到 iPhone 手机上，而是通过 iPhone 访问相关网站。另外，这也保证了随时获得最新的航班信息（比如：哪个航班被取消）。

iPhone 知道你的位置信息。很多手机已使用了这款功能。比如：shopkick 是一个记录用户逛商场的信息。美国一些商场给那些逛他们商场的手机用户赠送积分点。手机用户在商场内启动这个 shopkick 应用就可以保存逛该商场的记录。

iPhone/iPad 带照相机和摄像机功能。有一个手机应用程序使用 iPhone 照相机来模拟商场 POS 机的功能。去过苹果专卖店的读者可能注意到，苹果使用 iPhone 手机扫描你购买的产品。iPhone/iOS 能够播放视频，你可以把它当作一个视频播放器。iPhone 手机还自带有通讯录、日历、相册等组件，你的应用程序可以结合这些数据来提供更加个性化的功能。当然，手机也有其缺点，比如：屏幕不大、没有物理键盘、容量有限、一般手机程序都比较小等等。当你在设计手机应用时，你也需要把这些考虑在内。比如：因为没有物理键盘，所以，不太适合让手机用户敲入太多文字。那么，你在考虑设计应用程序时，应该给使用者一个列表，让他/她来选择，而不是敲入。

1.4　手机应用分类

手机应用分为以下几类，开发人员需要对这些应用类别有一个基本的认识。

1.教育工具

有学习语言的工具，如学英语的工具和学习汉字的工具；有学习数学的工具，有认识地图、动物、植物的工具；等等。图 1-8 显示了部分同教育相关的应用。

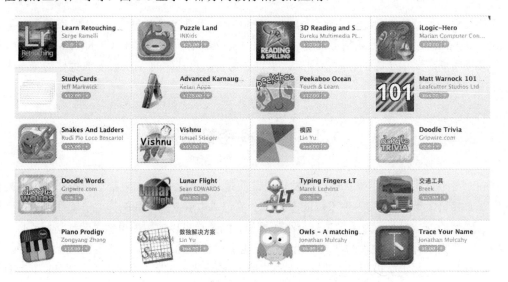

图 1-8　教育工具

2.生活工具

有计算器、闹钟、天气预报（你所在位置的气象信息）、手机电视、增强现实（augmented reality）工具。比如：使用手机的照相机对着身边的一个陌生建筑物，该工具能够在手机屏幕上显示该建筑物的名称、位置等信息。如果是一个游乐园，可能显示门票信息、关闭时间等信息；又比如：视频拍摄工具，用横向或纵向模式拍摄视频，并直接在 iPhone 上剪辑并轻松分享等等。图 1-9 显示了部分同生活相关的应用。

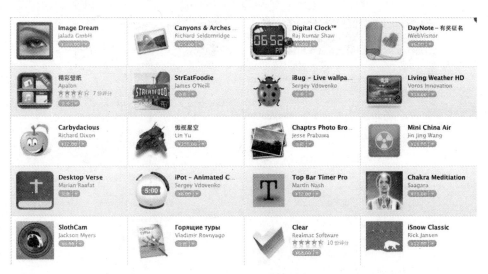

图 1-9 生活工具

3.社交应用

有针对 QQ、Facebook、eHarmony（美国交友网站）、Twitter 等的手机应用程序。图 1-10 显示了部分社交应用。

图 1-10 社交应用

4.定位工具

提供与当前位置相关的信息（如图 1-11 左图所示），比如：一个应用（如图 1-11 右图所示），能够根据你所在的位置，给你提供附近的饭馆等信息。有些应用还提供了更多信息，比如：饭馆是哪个类型（川菜、广东菜等）、网友评论、价格等。

图 1-11　同当前位置相关的应用

5.游戏

苹果应用商店提供成千上万个游戏软件，你可以把手机当作一个游戏机。图 1-12 显示了部分游戏。

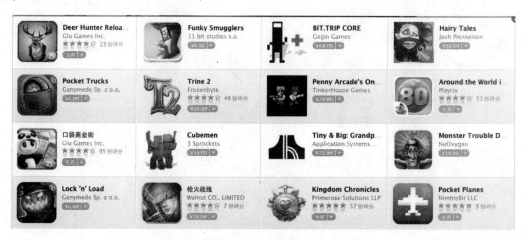

图 1-12　iPhone 游戏

6.报纸和杂志的阅读器

电子书阅读器，如：iBooks（参见图 1-13）。Google 提供的书阅读器可以让用户阅读 Google 所扫描的成千上万的图书，另外，还允许用户在手机上编辑 GoogleDocs 上的文件。

图 1-13　电子书阅读器

7.移动办公应用

各种文字处理软件。比如：图 1-14 显示了一个类似笔记本功能的应用。Scan2PDF 应用让用户使用手机上的照相机来扫描一个文件，并转换成 PDF 文件。

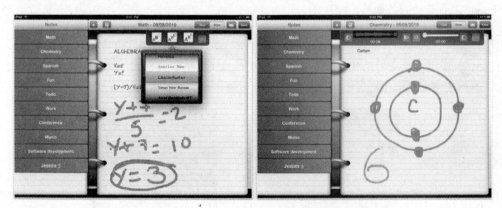

图 1-14　办公应用

8.财经工具

各类财经工具，比如：提供实时财经消息的应用，提供实时股票查询和交易的应用。图 1-15 就是某一个股票应用。

9.手机购物应用

美国网上零售巨头 eBay 已经提供了 14 个手机应用（其中的一个参见图 1-16），并且收购了

RedLase，该应用可以使用手机中的照相机来扫描条形码。eBay 的其中一个应用叫做 eBay Fashion，具有虚拟试衣的功能：如果你看中一个衣服，你可以使用手机的照相功能将这件衣服叠在你的照片之上，从而让你体会是否适合你。Amazon 推出了一个手机应用，用户可以使用手机对一个商品拍照，然后该应用就可以显示出 Amazon 上的价格和相关信息。

图 1-15　股票应用　　　　　　图 1-16　eBay 的一个手机购物应用

10.风景区相关的应用

iPhone 上有一些同各地旅游相关的应用，比如：北京旅游（参见图 1-17）、香港旅游等等。

11.旅行相关的应用

比如，某应用提供从机场到某一个旅馆的相关信息（出租车的费用、地铁的费用、所需要的时间等）。有些航空公司应用能够提供他们的实时的航班信息，并能在上面订票，如图 1-18 所示。

图 1-17　景区相关的应用　　　　图 1-18　航班信息应用

12.导航工具

用于交通的导航工具，比如，GPS 导航仪能够提供声音提示和三维地图的导航。图 1-19 是高德公司提供的一个导航应用。

13.企业应用

随着云计算技术的成熟，通过智能化手机访问企业业务功能将成为现实。云计算就是提供基于互联网的软件服务。云计算的最重要理念是用户所使用的软件并不需要在他们自己的电脑里，而是利用互联网，通过浏览器访问在外部的机器上的软件完成全部的工作。用户所使用的软件由其他人运转和维护，用户只需要通过互联网建立起连接就可以了。用户的文件和数据，也储存在那些外部的机器里。这些外部的机器往往由网络上庞大的存储系统和成百上千的服务器组成。越来越多的用户正在使用智能手机来访问云计算平台上的软件服务。云计算平台一般提供 Web 服务。手机应用程序通过调用 Web 服务同云计算平台交换数据。图 1-20 所示的是美国 Box 公司提供的企业文档管理应用。

图 1-19　GPS 应用　　　　图 1-20　Box 企业应用

1.5　本书部分实例

本书详细讲解了大量 iPhone/iPad 应用实例，其中包含了简单的 iPhone 应用和复杂的 iPhone/iPad 企业应用，从而引导读者逐步熟悉 iPhone/iPad 应用开发的精髓。以下是本书的一些实例，统一列出来供读者参考。

01 HelloBeijing：在 iPhone 上显示"北京欢迎您"和一个滑条，如图 1-21 左图所示。

02 HelloBeijing 的改进版：比前一个版本多了数字显示功能，当你划动滑条时，下面的数字随着改变，如图 1-21 右图所示。

03 HelloBeijing 的最后一个改进版：在窗口上动态画图，如图 1-22 所示。

图 1-21　HelloBeijing

图 1-22　HelloBeijing 改进版

04 导航控制器例子：在多个视图控制器之间导航。选择北京按钮，切换到下一个视图控制器来显示北京的详细信息，如图 1-23 所示。

图 1-23　导航控制器

05 标签栏控制器例子：可以在不同的标签下切换。旅游指南是上面的导航控制器例子，而美食天地是一个新的视图控制器，如图 1-24 所示。

06 表视图例子：从数组中读取数据，并在表视图上显示出来，如图 1-25 所示。

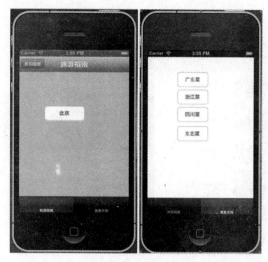

图 1-24　标准栏控制器

图 1-25　表视图

07 虚拟键盘和录入数据例子：iPhone/iPad 通过虚拟键盘提供了多类键盘，如图 1-26 所示。

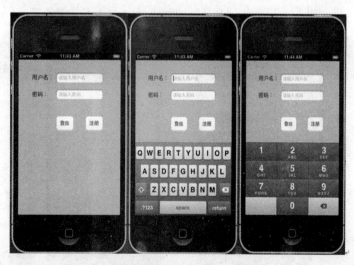

图 1-26　虚拟键盘和录入数据

08 同云计算平台集成的例子：从一个照片网站上查询关于杭州的照片，并显示在手机上。用户可以选取某一个照片来查看详细信息，如图 1-27 所示。

图 1-27　云计算平台

09　地图例子 1：不同显示风格（标准风格、卫星风格和混合）的地图，如图 1-28 所示。

10　地图例子 2：在地图上做标记，通过位置信息（经纬度）找到地址，如图 1-29 所示。

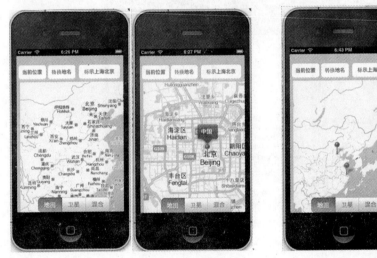

图 1-28　地图　　　　　　　　　　　　　　　　图 1-29　地图

11　地图例子 3：在地图上标记当前位置，如图 1-30 所示。

12　通讯录例子：从一个网上课程平台上获取同学信息，并查询通讯录。如果该同学在通讯录上存在，则将网上信息放到通讯录内；如果该同学在通讯录上不存在，则可以添加该同学信息到通讯录上，如图 1-31 所示。

图 1-30 地图

图 1-31 通讯录

13 照片例子：按下"从照片中选择照片"就弹出相册。用户点击相册中的一项，就显示多个照片，如图 1-25 左图所示。用户选择一个照片，该照片就显示在窗口上。用户按下"输入照片描述文字"就弹出新视图，用户输入文字信息，按下"输入完毕"按钮，应用程序把文字信息显示在照片下面，并关闭这个弹出窗口，如图 1-32 所示。

图 1-32 照片

14 实时同步翻译工具：当你输入一句或多句中文（或英文），iPhone 应用程序立即翻译为一句或多句英文（或中文），并播放出来。本书提供的例子程序完成文字到语音的部分（未提供文字翻译代码）。当用户输入一段文字，单击"说英语"按钮，应用程序调用 Web 服务，并播放出来。用户单击"听听红楼梦"来听一段红楼梦，可前进、后退或者暂停。短音测试来播放一个短音，如图 1-33 所示。

15 使用视频播放类来播放一个电影，如图 1-34 所示。

图 1-33　翻译工具

图 1-34　视频播放器

16 iPad 开发例子：对于开发人员而言，除了 iPad 屏幕比较大，其他都同 iphone 差不多。当用户点击"显示照片"时，应用就在窗口的左下方显示一个照片，如图 1-35 所示。

图 1-35　iPad 开发

17 在设置中保存应用数据。当应用启动后，从设置中读出数据，并显示在界面上，如图 1-36 所示。

图 1-36　应用数据保存

第 2 章　配置 iOS6 开发环境

iPhone/iPad 上的操作系统是 iOS，在 iOS 上的运行的应用程序统称为 iOS 应用。最新的 iOS 版本是 6。在本章中，您在开发应用程序时，会使用到 iOS6 软件开发套件 (SDK) 以及 Xcode 4.5，即 Apple 的集成开发环境 (IDE)。Xcode 4.5 包括源代码编辑器、图形用户界面编辑器，及其他许多功能，为您开发完美的 iPhone、iPod touch 和 iPad 应用程序，提供了所需要的全部资源。大多数应用程序开发工具集中显示在一个窗口中，Xcode 称之为工作区窗口。在此窗口内，您可以顺畅地从代码编写转换到代码调试，再到用户界面设计。iOS SDK 扩展了 Xcode 工具集，包含 iOS 专用的工具、编译器和框架。

2.1　准备开发环境

在本节，我们讲述如何配置好你的开发环境。我们假设你用的是 Windows（用虚拟机装的 Mac 系统）系统。读者可以按照下面的步骤来设置整个开发环境。

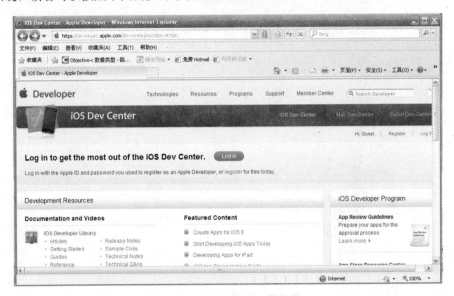

图 2-1　注册为苹果开发人员

2.1.1　注册为苹果开发员

Xcode 是免费的，但是，你必须首先在苹果网站上注册，然后你才能安装这个软件开发工具。注册本身是免费的。下面是注册步骤：

在浏览器中输入网址：http://developer.apple.com/iphone/，如图 2-1 所示）。

在图 2-1 中点击注册按钮 Register，看到图 2-2 所示的网页。

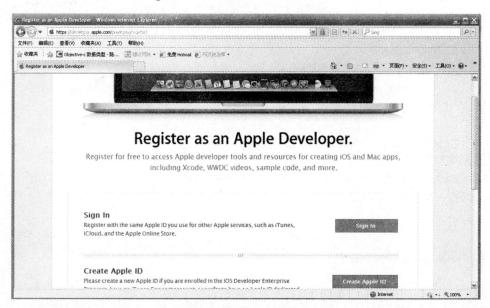

图 2-2　注册为苹果开发人员

01　点击 "Create Apple ID" 按钮。在新的网页上你可以创建一个新的苹果 ID 或者使用 iTunes 上的苹果 ID，如图 2-3 所示。

02　在填入个人信息后，苹果会问你开发的计划，如图 2-4 所示。

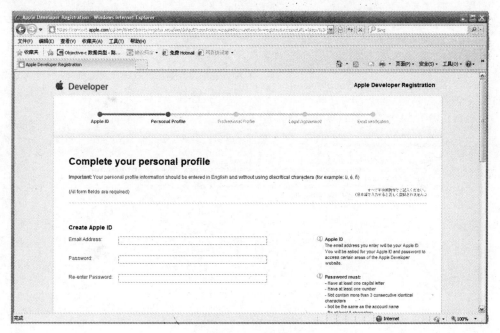

图 2-3　创建苹果 ID

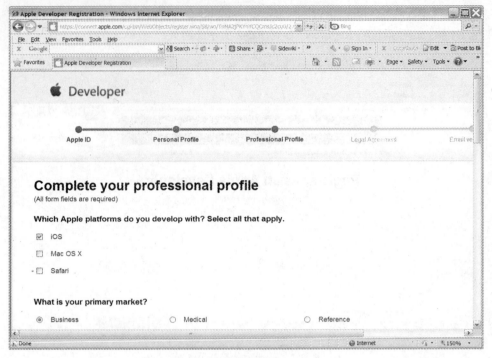

图 2-4　填写开发目标等信息

03 同意苹果开发合同上的条款，如图 2-5 所示。

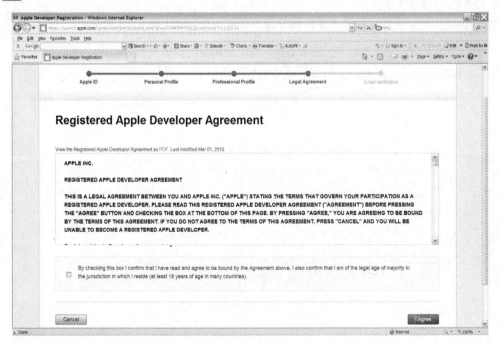

图 2-5　许可证信息

04 打开苹果发给你的电子邮件，在图 2-6 所示的界面上输入验证代码。

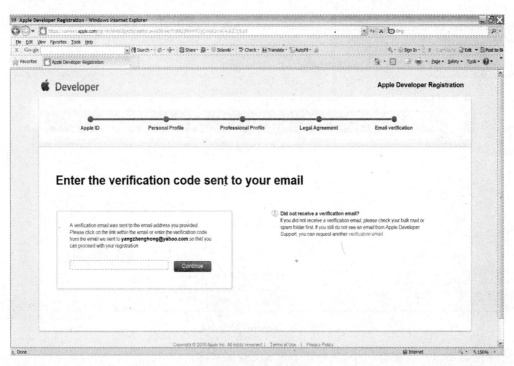

图 2-6　输入验证码

05　这样，你就成为注册的用户了如图 2-7 所示。

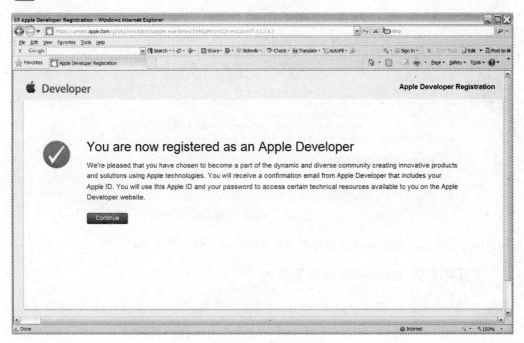

图 2-7　注册成功

06　单击 Continue 按钮和 "Dev Centers"，你就进入了开发中心如图 2-8 所示。

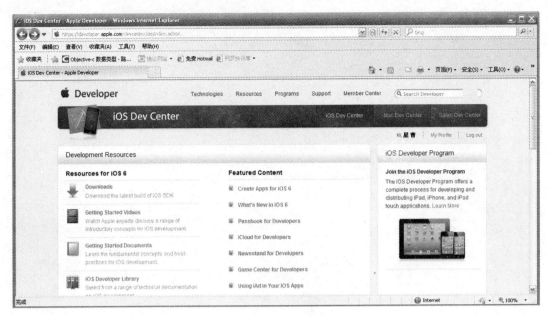

图 2-8　iPhone 开发中心

如图 2-9 所示，在图当中的位置就是下载 Xcode 的链接。

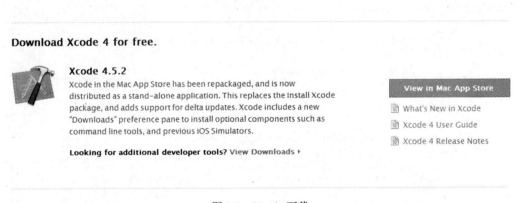

图 2-9　Xcode 下载

你也可以在苹果的 App Store 上下载和安装 XCode。下面介绍在 Mac 上安装 Xcode。

2.1.2　下载并安装 Xcode4.5 开发工具包

01　在 Mac 上打开 Mac App Store 应用程序，搜索 Xcode，然后点按"免费"按钮下载 Xcode，如图 2-10 所示。您下载的 Xcode 已包含 iOS SDK。Mac OS X v10.7 以及更高版本已经预装 Mac App Store 应用程序。如果您使用的是较早版本的 Mac OS X，则需要升级。

图 2-10　从 App Store 上找到 Xcode

02　点击 "Free" 按钮。再点击 "Install App" 按钮，系统提示你户名和密码。输入后，系统开始下载安装文件，如图 2-11 所示。

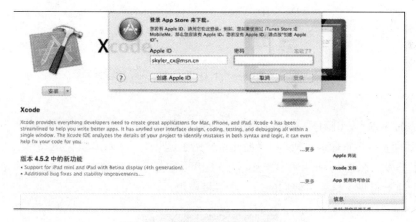

图 2-11　从 App Store 上下载 Xcode

03　双击应用程序下的 "Install Xcode"，开始安装 Xcode，如图 2-12 所示。

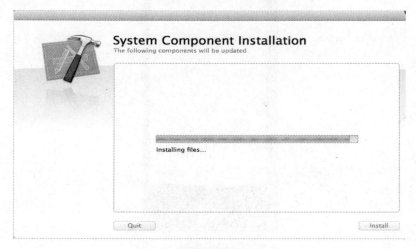

图 2-12　开始下载安装 Xcode

04 安装完毕后，你可以看到如图所示的界面，表明安装成功，如图 2-13 所示。

图 2-13　启动 Xcode

2.2　编写第一个 iPhone 应用程序

　　开发优秀的 iOS 应用程序，需要大量的学习和实践。不过，有了这些工具和 iOS SDK，开发一个简单可用的程序并非难事。本章和后面几章介绍了这些工具、基本设计模式和应用程序开发过程。下面我们开发如图 2-14 所示的 HelloBeijing 应用。它显示一个窗口，左边是一个滑动条，右边是一行字：北京欢迎您。这就是我们的第一个手机应用。

图 2-14　HelloBeijing 应用

2.2.1　创建 Xcode 项目

你首先创建 Xcode 项目。步骤说明如下：

01　启动 Xcode（你可以在 Finder 中查找 Xcode，然后运行它），如图 2-15 所示。在这个界面上，你可以创建新的 Xcode 项目，你也可以单击左下角的 "Open Other..." 按钮，来打开已经开发好的代码，比如：你同事发给你的 iPhone/iPad 程序。

02　在左边，选择 "Create a new Xcode project"，出现如图 2-16 所示的窗口。Xcode 为你提供了多类模版，比如：基于视图的应用，等等。我们会在以后章节中详细讲解各个类型的应用程序。

图 2-15　启动 Xcode

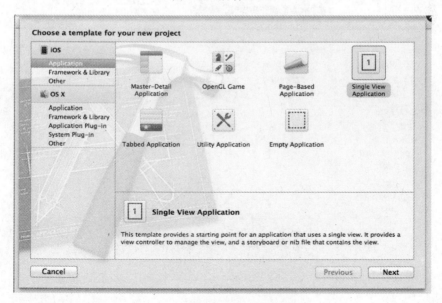

图 2-16　创建基于窗口的手机应用

03 在图 2-16 的左边选择 iPhone OS 下的 Application, 然后在右边选择"Single-View Application"按钮。单击"Next"按钮来创建一个基于窗口的 iPhone 应用。

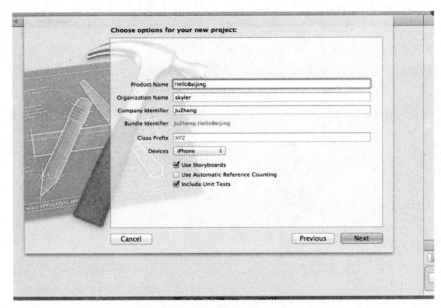

图 2-17　创建 iPhone 应用

输入项目（project）的名称，如：HelloBeijing ，公司标识符（如 Juzheng）。在设备家族（Device Family）的下拉列表中选择 iPhone。单击"Next"，如图 2-17 所示。

弹出如图 2-18 所示的窗口，在这个窗口上设置项目的路径，选择好后，单击 Create 按钮。

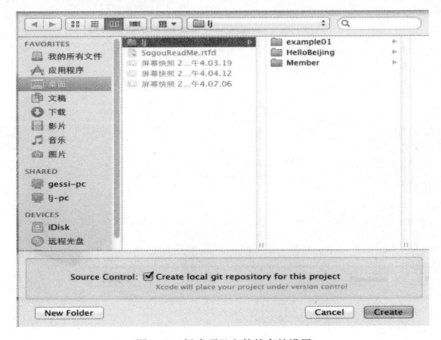

图 2-18　新建项目文件的存储设置

一个项目生成了，如图 2-19 所示：

图 2-19　建立好的一个 iPhone 项目

2.2.2　运行第一个应用程序

你在 Xcode 开发环境上可以开发、调试和运行应用程序。单击 Xcode 开发环境上的 ▶ 按钮，就可以在 iPhone 模拟器上运行这个应用程序。这时你会看到一个空白的 iPhone 应用，如图 2-20 所示。

图 2-20　运行 iPhone 应用程序

iPhone 模拟器能够运行极大多数应用程序（除了少数需要 iPhone 硬件的应用程序，比如：需要摄像头的应用程序）。同 iPhone 类似，你可以单击下面"口"字型按钮（苹果把它叫做"主屏幕按钮"）来返回到主屏幕，从而访问 iPhone 模拟器上的其他应用比如：通讯录等等。

另外，在 iPhone 模拟器的菜单上，你从"硬件"下面可以选择一些操作（比如："向右旋转"）从而模拟 iPhone 设备的操作。还有重要的一点，iPhone 模拟器使用的是 Mac 机器上的内存和 CPU，所以，你的应用程序的性能测试应该在真正的 iPhone/iPad 设备上进行，毕竟 iPhone/iPad 上的硬件资源不如 Mac 上强大。

2.2.3　Xcode 项目结构

同 Java/C++程序一样，一个 Xcode 项目包括了代码、界面、各类资源（如图 2-20 所示）等。下面我们看看 Xcode 的项目结构。

（1）HelloBeijing 类下面包含了应用程序的代码：比如，AppDeleate.h 以及 XIB 文件。XIB 是应用程序的界面，包括界面上的各个对象，对象和代码之间的触发关系，比如：ViewController.XIB。另外，你可以自己创建一个文件夹（如：WebServices 文件夹存放同 Web 服务相关的代码）。

（2）Supporting Files（支持文件）下包含各类资源：

● 应用程序所使用的图、声音文件（如：mp3）、视频文件等。
● Info.plist 文件：包含了应用的一些设置信息，比如：应用的图标。

（3）Framework（框架）下包含了系统类库。如果你展开 Frameworks 文件夹，你会看到系统已经自动为你添加了一些框架库，如：Foundation.framework 、UIKit.framework 等。Foundation.framework 包含 NSString（字符串）、NSArray（数组）等类。UIKit.framework 提供了界面对象类（如：按钮、滑动条等）。一个 framework 有一个头文件，这个头文件提供框架内的类的接口信息。编译器需要这些信息来成功编译你的代码。

回到 HelloBeijing 项目下，在左边的 HelloBeijing 类下面，Xcode 为你生成的类：

● AppDelegate.h 是一个头文件，其功能与 C 的头文件或者 Java 的接口类似，如图 1-20 所示。熟悉 Java 开发的读者可以把.h 比拟为 Java 的接口。
● AppDelegate.m 是上述头文件的实现类如图 2-21 所示。你可以把.m 比拟为 Java 上实现接口的类。

在编辑区域的上方有一栏，右边部分都是工具按钮。通过点击工作区右上的图标，你可以同时显示两个编辑窗口，也可以只显示一个编辑窗口。

在系统完成初始化之后，就会调用 AppDelegate.m 的 application didFinishLaunchingWithOptions 方法，如图 2-21 所示。该方法就是显示应用的窗口：

```
-(BOOL)application:(UIApplication*)application
didFinishLaunchingWithOptions:(NSDictionary *)launchOptions {
    ……//省略代码
    [self.window makeKeyAndVisible];
    return YES;
}
```

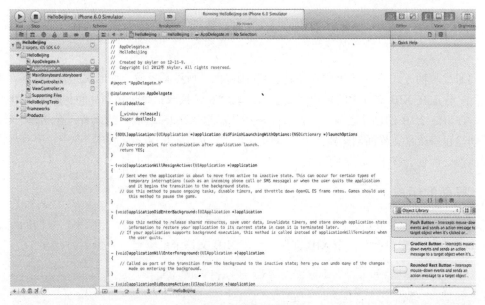

图 2-21 . m 文件

图 2-22　main.m 文件

在 Supporting Files 文件夹下有其他一些资源文件（比如：图像、声音文件等）。类似 C 程序，main 方法是整个程序的入口，如图 2-22 所示。在 HelloBeijing 下，有 ViewController.XIB 文件。XIB 是 XML Interface Builder（XML 界面创建器）的缩写。ViewController.XIB 包含了这个项目的整个界面。在下节你会添加滑动条等到界面上。在习惯上，.XIB 也叫做 nib 文件，nib 是 NeXTStep Interface Builder 的简称。其实，在 build 期间，一个 XIB 被编译为 nib。下面我们介绍 nib 文件。

2.3 XIB 编辑界面

我们通过两种方式编写应用程序：写代码和画界面。画界面是另一种形式的编写代码。当应用程序运行，你放在 XIB 文件中的用户界面载入，它就被转换成指令来实例化和初始化 XIB 文件中的对象。在讲述 XIB 的创建之前，我们想提醒那些熟悉 Xcode3.2 版本的读者：在 Xcode3.2 中，XIB 的创建和修改是在界面创建器（一个单独的工具）上；而在 Xcode 版本 4.5 中，所有界面创建器的功能都已经包含在 Xcode 中了。

2.3.1 界面的组成

我们用一个实际的 nib 文件来探索 Xcode4.5 的 XIB 编辑界面。在上一节中，我们创建了一个项目 HelloBeijing，它包含有一个 XIB 文件。点击 XIB 文件来编辑它，如图 2-23 所示。

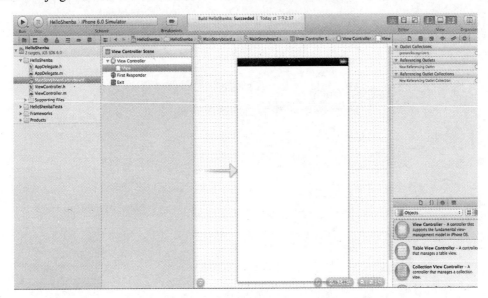

图 2-23　Storyborad 文件编辑窗格

如图 2-23 所示，在右边是工具窗格。在工具窗格里，你可以看到标识检查器（图 2-23 右上）和对象库（图 2-23 右下）。这个 XIB 界面由四部分组成：

（1）在编辑器的左边，称为 dock。在 dock 上，分为两个部分：代理对象（上面）和 nib 对象（下面）。代理对象区是用于连接代码和界面上的对象，用户不能自己创建或删除代理对象，这是系统自动产生的。代理对象区也叫占位（placeholders）区。XIB 对象（Objects）区显示了这个 XIB 文件的最高层对象。一个视图可以包含另一个视图，比如：滑动条包含在视图上，所以，滑动条是视图的子视图。整个对象就组成了一个层次树。树的最高层就显示在 dock 上。通过点击左下角的小箭头，可以分层显示所有的 XIB 对象。

（2）编辑器的剩下的空间是画布，是你用来设计界面的地方。在界面上，你将放置滑动条和文字等。

（3）右上部分是工具窗格的检查器，在这里你可以编辑当前选择的对象的属性。

（4）右下部分是工具窗格的库，如果选择对象库（Objects），你可以添加这些对象到 nib 文件中。如果选择媒体库（Media Library），你可以添加媒体文件到 XIB 文件中。这些媒体文件是你预先加到项目上的。

当应用程序运行时，系统装载 XIB 文件。如果我们的程序有两个界面，用户可能不常看第二个界面。那么，系统不需要立即载入第二个界面的 XIB 文件。通过这种策略，只有在它的实例需要它的时候才被载入，从而内存的使用保持在最小。这是因为在移动设备中，内存是很稀缺的。而且，载入一个 XIB 文件要花费时间，载入的 storyboard 文件越少，程序运行的越快。

当一个 XIB 文件载入，一些已经存在的实例被指定为它的拥有者（File's Owner）。一个没有拥有者的 nib 文件，不能够被载入。而且在 nib 文件被载前，拥有者必须存在。当一个 XIB 文件被载入，它所包含的对象被实例化，这包括它的顶层对象和底层对象。

2.3.2　设计用户界面

下面你在应用界面上添加两个控件：滑动条和文字信息。

01 单击 MainXIB.XIB 文件，就自动打开了界面编辑器，如图 2-24 所示。

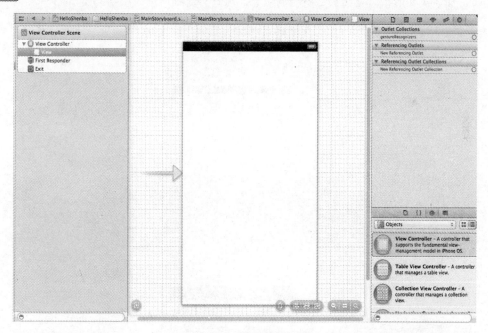

图 2-24　界面编辑器

在 dock 中选中的就是 view。在上面，你还看到了"File's owner"等对象。我们在后面的章节中会详细介绍。这个窗口目前是空白的。在它的右下边是对象库（在工具栏上点击"Show the Object library"图标），包括各个控制（controller）和 UI 对象，比如：按钮、地图视图、滑动条、文本输入框、图像视图、文本、表视图、网页视图等。你可以添加这些对象到窗口上。

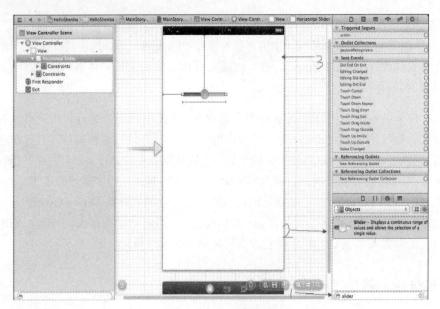

图 2-25　界面编辑器

如图 2-25 所示，在箭头 1 所指地方进行搜索，比如：输入滑动条(slider)，在右下角会显示出搜索结果，如箭头 2 所指。将箭头 2 所指的对象，用鼠标拖到箭头 3 所指的窗口上。

02 我们将 Label（标签）UI 对象也拖到窗口上（参见图 2-26），你可以随意调整这些对象的位置、大小。

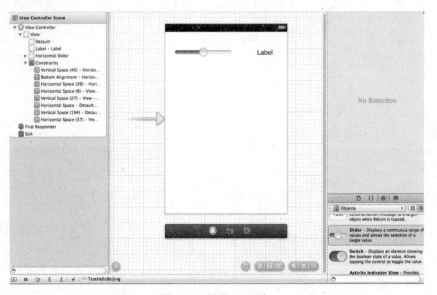

图 2-26　放置 UI 对象

在右上角（工具窗格），你可以设置所选择对象的属性，比如：你添加了一个文本标签（Label）对象，那么，你可以设置上面文字的颜色，大小等。如果该对象有事件，你也可以指定这个事件要关联的类和相应的方法。在工具窗格上面有几个图标：属性（Attributes）、连接（Connections）、大小/位置（Size）、和标志（Identity），如图 2-26 右边窗格所示。点击这个"Attributes Inspector"图标就打开了属性窗口，设置对象的名称、文字字体等信息；在 Connections 部分，主要显示的是该对象的事件所关联的类和相应的方法；在 Size 部分，设置该对象的大小和位置信息，以及当转动手机时所做的相应改变；在 Identity 部分是该对象的类信息。

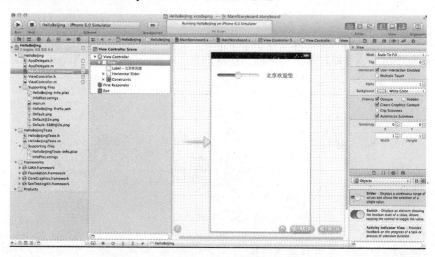

图 2-27　北京欢迎您

03　在 Attributes 窗口，修改 Label 文本信息为"北京欢迎您"，如图 2-27 所示。你还可以设置文字的大小、颜色等。最后从 File 下选择 save 来保存这些修改。

04　单击 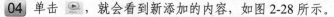，就会看到新添加的内容，如图 2-28 所示。

图 2-28　运行"北京欢迎您"应用程序

有时，你想重新编译和链接整个代码，并清除缓存，那么你可以选择 Product → Clean。例如，假设你已经在应用程序中包含了一些资源，但是现在你又不需要了，那么你可以从 Copy Bundle Resources 中删除，可是你不能从构建好的应用程序中移除。这时候，只有 clean 才能做到。为了清除的更完全，你可以选择 Product → Clean Build Folder。

2.4 Xcode 帮助中心

1. 查找信息

开发应用程序时，需要能轻易得到详细的技术信息，如图 2-29 所示，Xcode 可让您在编程时轻松查到所需信息。

图 2-29　查找信息

Xcode Quick Help 显示简明的参考信息，不会分散您对正在编辑的文件的注意力。请点按符号、界面对象或生成设置，以查看更多信息。按住 Control 键点按 Xcode 本身的各个区域，获得任务导向的说明，介绍如何执行常见操作。每篇帮助文章都提供逐步的指导，并且通常包括视频或插图来进一步说明。

Xcode 中的"Documentation"管理器，提供深入的编程指南、指导教程、示例代码、开发者工具使用手册、详细的框架 API 参考，以及由 Apple 工程师讲解的视频演示。"Documentation"管理器提供了一个一体化视图，可在其中搜索和浏览所有 Apple 开发者文稿。iOS Developer Library 也在网上提供。

2. 快速查找文稿

Apple 提供文稿以帮助您成功生成并部署应用程序，包括示例代码、常见问题解答、技术说明、视频，以及概念性文稿和参考文稿。安装了 Xcode，就可以访问这些资源。如果您更喜欢在 iPad 上使用浏览器或查阅 PDF 文件，可以查看网上的 iOS Developer Library。

使用 Xcode 的 Documentation 管理器来查找文稿

Xcode 的 Documentation 管理器是一个功能完备的查看器，提供对开发者文稿的综合搜索和查阅。您可以使用 Documentation 管理器指定想要查阅的文稿集。文稿集是一组与关键 Apple 技术有关的资源。每个集包含的资源，跟网上 iOS Developer Library 内的相同。默认情况下，Xcode 会自动安装并更新可用的文稿集。作为一名 iOS 开发者，您会发现这两个文稿集已经自动安装：

● 　iOS Developer Library，包含专用于编写 iOS 应用程序的文稿。
● 　Xcode Developer Library，包含专用于使用 Xcode 作为开发环境的文稿。

在 Xcode 中查看 iOS 文稿的步骤：

01 选取"Window">"Organizer"，然后点按"Organizer"窗口中的"Documentation"。这时，"Documentation"管理器出现，搜索导航器已启用。

02 点按导航器选择栏中的浏览按钮 (👁)。已安装的开发者资源库会出现在文稿导航器中。

03 选择"iOS Library"。点按一个导航器按钮，以选取您想如何查找文稿，如图 2-30 所示。

👁 览文稿层次。

🔍 搜索特定术语。

📖 使用书签返回到查阅过的文稿。

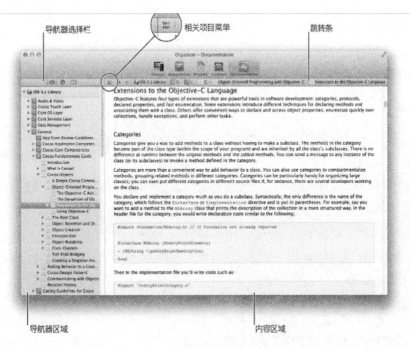

图 2-30　查找页面

选择文稿后，它会在内容区域中以 HTML 格式开启。如果文稿也有 PDF 格式，则可在相关项目菜单中选取它以打开 PDF 版本。

内容区域中的跳转条，可让您进一步探索文稿和文稿所在的资源库。在熟练使用跳转条后，不妨通过选取"Editor">"Hide Navigator"来增大内容显示区域。

3. 在线查找开发者文稿

您可以浏览网上的开发者资源库。例如，您可能想在 iPad 上或在未安装 Xcode 的电脑上阅读文稿。要访问 iOS Developer Library，请输入网址 http://developer.apple.com/library/iOS，或登录到 iOS Dev Center，然后点按 iOS Developer Library 链接，如图 2-31 所示。

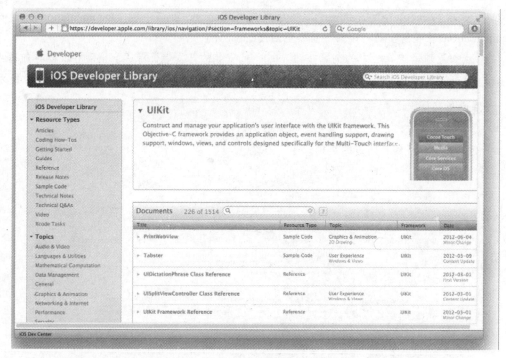

图 2-31　在线查找

　　您也可以查看网站上 PDF 格式的文稿。如果文稿有 PDF 版本，则当文稿显示时，其右上角会显示一个 PDF 按钮。点按该按钮，就会在浏览器中显示 PDF 文件，或者按住 Control 键并点按该按钮下载 PDF 文件。

4. 按资源类型、主题或框架过滤文稿

　　Xcode 和 iOS Developer Library 网页界面为您提供了几种方式来导航和查找资源。您可以按资源类型、主题或框架查看文稿。资源类型包括指南（描述概念和任务）、参考文稿（包含 API 详细信息）、可供下载的示例代码，以及由 Apple 工程师讲解的视频演示。也有为某些技术提供逐步指导的教程。导航"Topics"部分按主题区域查找资源，例如主题"Audio & Video"、"Security"和"User Experience"。使用"Frameworks"部分以导航至专属框架的文稿，例如"UIKit"、"Foundation"和"Core Data"的相关文稿。

　　Xcode 和网上 iOS Developer Library 使用同样的用户界面来过滤文稿。在 Xcode 中，选择左栏的资源库可以看到和 iOS Developer Library 中相同的起点页面。然后，使用内容区域中的目录边栏来浏览资源库中的内容。资源库界面如图 2-32 所示。

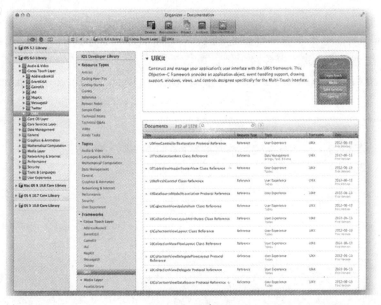

图 2-32　资源库界面

当您选择目录中的一项时，资源列表会显示在右侧的内容区域中。使用列标题将资源按标题、资源类型、主题、框架（如果适用）或上次修改日期排序。还可以使用文稿栏中的搜索栏来过滤列表。例如，如果想要查看所有有关 UIKit 的参考文稿，可从目录中的"Frameworks"类别中选择"UIKit"，然后将列表按资源类型进行排序。所有参考文稿首先出现，接着是示例代码。

如果知道一项技术的名称，但不确定它在哪里，您可在目录中选择"iOS Library"标题以显示该开发者资源库中的所有文稿，然后在搜索栏中输入搜索字符串。iOS Library 如图 2-33 所示。

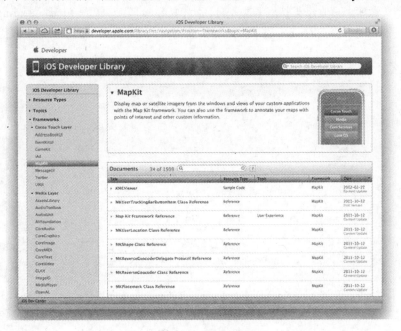

图 2-33　iOS Library

在资源库中，也可以轻松地查阅所有可用的示例代码。点按目录中的"Sample Code"（在"Resource Types"下面），然后使用栏标题和搜索栏，来过滤列表并对其排序。选择您有兴趣查阅的示例代码。如果您在 Xcode 中查阅示例，可以查阅所有 Xcode 项目文件，或者点按"Open Project"。如果您在 iOS Developer Library 中查阅示例，可以点按"Download Sample Code"，如图 2-34 所示。

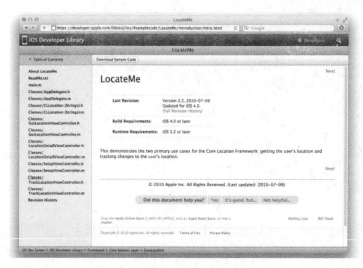

图 2-34　Xcode 项目文件

5. 搜索开发者文稿

搜索开发者文稿以找到符合当前需要的信息。使用网上 iOS Developer Library 右上角的搜索栏，来查询整个资源库。搜索结果按资源类型分组。例如，如果在搜索栏中输入 stringWith，搜索结果会将 String Programming Guide 显示为最相关的指南，并将 String 显示为示例代码项目。如图 2-35 所示。

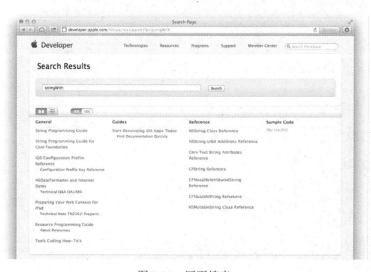

图 2-35　网页搜索

在 Xcode 中，点按导航器选择栏中的搜索按钮 (🔍)，以显示搜索导航器。搜索结果显示在导航器区域中，按资源类型（例如参考或指南）整理，并按相关性排序。资源文件如图 2-36 所示。

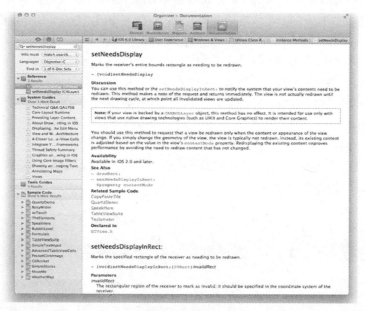

图 2-36　资源文件

每个文稿都以文稿类型图标来标识。图标包括：

- ◼ 主题类别或概念文稿。
- Ⓒ API 参考文稿。
- 📄 示例代码项目。
- 📄 文稿页面或章节。
- ? 帮助文章。

参考文稿中 API 符号的搜索结果，会以符号类型图标作进一步标识，显示的内容中搜索词会高亮显示。

使用查找选项，以将结果限定为与您所需信息最相关的资源。点按放大镜图标，然后选取"Show Find Option"。使用"Match Type"菜单，来指定搜索词必须在搜出的文稿中出现至少一次。使用"Doc Sets"菜单，来选取文稿集的任意组合，以进行搜索。使用"Languages"菜单，来将搜索结果限定为特定一组程序设计语言的文稿。查找界面如图 2-37 所示。

图 2-37　查找

6. 查看与 Xcode4.5 关联的参考信息

可以直接从 Xcode4.5 源代码编辑器中访问参考文稿。要打开源代码编辑器，请在导航区域选择一个源文件。源文件打开时，显示实用工具区域，点按其中的"Quick Help"检查器按钮。将插入点放在源代码编辑器中的 API 符号中，然后在检查器中查看文稿。

所显示的信息包括以下内容的链接：

● 该符号的完整参考文稿。

● 符号声明所在的头文件。

● 相关的编程指南。

● 相关的示例代码。

您还可以通过按住 Option 键，并点按源代码中的 API 符号，在弹出式窗口中查看有关该符号的简明参考信息，如图 2-38 所示。

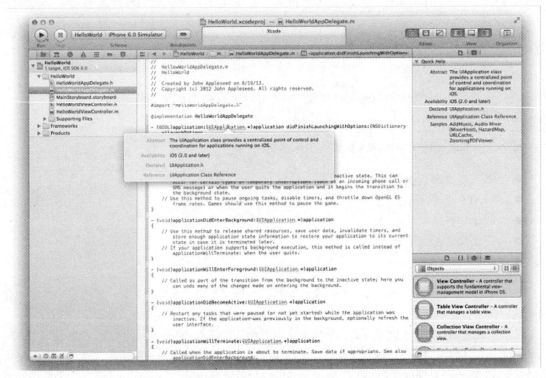

图 2-38　参考信息

7. 使用 Xcode 书签轻松返回某个页面

在 Xcode4.5 的"Documentation"管理器中添加书签，以轻松返回某个页面、文稿或类别。您可以给任何页面或文稿添加书签，如图 2-39 所示。

图 2-39　Xcode 书签

在书签导航器中管理您的书签。默认情况下，书签会按您添加它们的顺序来排列。您可以将书签拖移到列表中的新位置，以更改它的顺序。您可以通过选择书签并按下 Delete 键，以删除书签。指定给书签的名称是其相应 HTML 页面的标题。（您不能更改书签的名称。）

8. 查找有关 Xcode 的帮助

Apple 也提供了关于如何使用 Xcode 的文稿。要浏览 Xcode 的在线帮助，请选取"Help">"Xcode Help"，此时"Documentation"管理器会转变成"Finding Help in Xcode"开始页面。点按"Xcode Application Help"，来查看按照主题整理的帮助手册列表。每份帮助手册包含的文章，逐步讲解如何在 Xcode 中执行常见操作。Xcode 帮助中的许多文章，还包括解释所描述任务的视频短片。点按视频缩略图可播放视频，如图 2-40 所示。

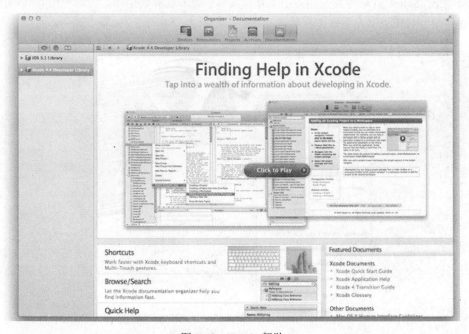

图 2-40　Xcode 帮助

在整个 Xcode4.5 中，也可以通过快捷菜单访问许多 Xcode 帮助文章。按住 Control 键，并点按 Xcode 中的任何一个主用户界面区域，查看该区域可用的帮助文章的列表。如果文章很多，菜单不能一一列出，请选取"Show All Help Topics"，以查看所有相关的帮助文章，如图 2-41 所示。

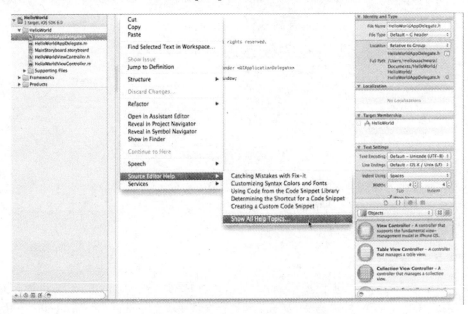

图 2-41　通过快捷菜单访问帮助文档

9. 在 iPad 上查看 iOS Developer Library

iPad 上的 Safari 有量身而设的界面供查看文稿。为节省屏幕空间，可以使用"Library"按钮（而不是目录）按照类型、主题或框架进行导航，如图 2-42 所示。

图 2-42　iPad 上查看帮助

要在 iPad 上查看 PDF 文件，请选择想要阅读的文稿，轻按目录控制，然后轻按"PDF"，如图 2-43 所示。

图 2-43　在 iPad 上查看 PDF 文件

10.与其他开发者和 Apple 工程师讨论问题

如果未能在 Xcode 或 iOS Developer Library 中找到所需信息，可以将问题发布到 Apple 开发者论坛。登录到 iOS Dev Center 时，Apple 开发者论坛的链接出现在页面的底部。

第 3 章　iOS 设计模式

iOS 开发架构是基于面向对象的技术。开发人员可以采用 MVC（Model、View 和 Controller）模式。该模式将一个应用程序中的对象按照其扮演的角色分成 M、V 和 C 三类。开发人员也可以采用另外 3 种模式：Target-Action（目标-操作）模式和 Delegation（委托）模式和 Singleton（单例）模式。在实际开发中，这 4 种模式经常一起使用。

- MVC 模式。
- Target-Action（目标-操作）模式。
- Delegation（委托）模式。
- Singleton（单例）模式。

3.1　MVC 模式

我们来举一个例子说明 MVC 模式。假设小王来到北京王府井，想要喝豆浆。启动了一个"城市查询"的手机应用，点击"豆浆"。手机具有当前位置的信息，所以，手机应用知道小王在王府井，并知道小王在查询附近卖豆浆的饭馆。最后饭馆信息就显示在手机应用上。这个手机应用就包含了 MVC 三部分：

- M：模型（Model）。应该是一个或多个类，存放了各个位置的各类饭馆信息。读者可以把 M 想象为数据的提供者。
- V：显示界面，又称视图（View），即在手机上显示界面并作出响应。比如：显示查询的界面，从而用户可以选择各个类别（烤鸭、鱼头、海鲜等等）；显示查询的结果，比如：饭馆的具体位置、价格信息等等。
- C：控制器（Controller），即连接 M 和 V。当用户选择"豆浆"查询条件时，控制器就以"豆浆"为输入参数来调用模型，在获得模型的返回结果后，送给 V 来逐个显示。概括来说，当 M 发生更改时，更新 V；当用户操作 V 时，查询或更新 M。

图 3-1 显示了 MVC 之间的关系。我们看到，V 和 M 不会直接发生关系，完全通过 C 来完成。

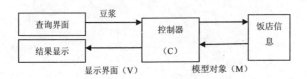

图 3-1　MVC 之间的关系

对于 V（界面）上，苹果为 iPhone 提供了很全的类。对于模型，那完全是开发人员开发和设计的。比如：饭店信息的保存和查询等。对于控制器，iPhone 提供了一些控制器类，如：导航栏控制器和工具栏控制器。如图 3-2 所示，你单击右图上方的"杭州"按钮，就可以回到上一页。这个功能是导航控制器完成的。对于 C，开发人员还是需要大量开发自己的视图控制器。

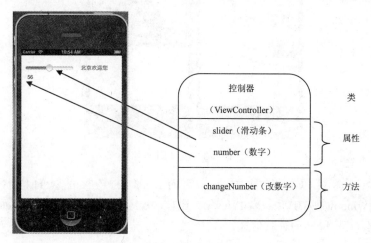

图 3-2　控制器类和 UI 对象的关系

3.1.1　View（视图）

MVC 的"V"在 XIB 文件中。从手机用户的角度，整个界面是一个窗口。从 iPhone/iPad 程序的角度，整个界面的根也是窗口，是 UIWindow 类的实例（确切地说，一个应用是一个 UIApplication 实例，UIApplication 有一个窗口，是 UIWindow 实例）。在这个窗口中的对象（比如：文本信息，图片等）叫做视图（view），是在窗口之下。UIView 类定义了视图的基本属性和方法。这些视图主要包括两类：

● 显示数据的视图，比如：图像视图、文本（Label）视图等。图 3-2 上面的数字 56 和文字 "北京欢迎您"都是文本视图（UILabel）类。

● 响应用户操作的视图，比如：按钮、工具栏、文本输入框、滑动条等。这个响应操作的视图有时也叫控件。图 3-2 上面的滑动条就是控件。它们都是 UIControl 的子类，而 UIControl 本身是 UIView 的子类。

有些视图具有上述两个功能，比如：表视图。如图 3-3 所示，它显示了杭州的一些照片（图 3-3 左图：在界面上显示了小照片和照片标题）。当你点击某一行时，表视图响应并显示大的照片和描述信息（图 3-3 右图）。有人把这个具有两个功能的视图统称为容器视图。

图 3-3　表视图

另外，一个视图可以拥有子视图。从而，形成一个分层的树状结构，即：UIApplication→UIWindows→UIView→UIView...。还有，视图部分不仅包括各个界面上的对象，而且还包括了控制器（C）和 V 的关联信息。

3.1.2　视图控制器

视图控制器也是一个类。在本章，我们将开发一个视图控制类。如图 3-1 所示，类名为 ViewController，slider 和 number 是这个类的两个属性，分别代表手机窗口上的滑动条和数字（在图上是 56）。changeNumber 是类的方法，用于修改窗口上的数字（修改是通过上面的 number 属性完成）。

在图 3-1 上，我们使用 UML 表示了这个控制类。当你划动滑动条时，滑动条上的相应事件就触发，从而调用 changeNumber 方法。正如上面提到的，视图控制器类还经常需要访问数据模型类来获取数据，并更新视图上的显示信息。顾名思义，视图控制器是控制视图的。下面是 ViewController.m 代码：

```
#import "View Controller.h"
@implementation ViewController
-(IBAction) changeNumber:(id)sender{
    UISlider *slider=(UISlider*)sender;
    Label.text =[NSString  stringWithFormat:@"%f",slider.value];
    //设置数字为滑动条的值
}
@end
```

视图控制器上的方法和视图的事件的关联，是通过 Target-Action 模式来完成的。

3.2　Target-Action 模式

大多数 UI 对象都有事件（Event）。你可以关联事件到某一个视图控制器类上的某一个方法。

从而，当这个事件触发时，该方法就被调用。在 iOS 开发上，把这个模式叫做设置 Target-Action（目标-操作）。这是从最终用户的角度来描述的。

当用户在 iPhone 窗口上的 UI 对象做了某些动作时（比如：滑动了滑动条，其实是一个事件），系统就调用该 UI 对象的 Target（目标）所指定的控制类（即：ViewController）和 Action 所指定的操作（类似 Java 中的方法：调用哪个类的哪个方法，即：changeNumber 方法）。Target-Action 模式如图 3-4 所示。

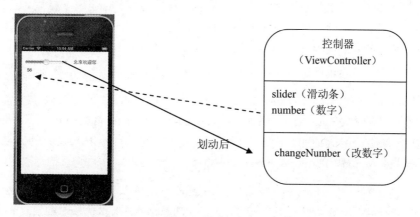

图 3-4　Target-Action

因为 iPhone/iPad 开发中大量使用这个模式。我们再整体描述一下。如图 3-4 所示，当用户滑动了滑动条，这个滑动条（在 iPhone 程序中，统称为控件，英文为 control）有两个设置：目标（ViewController）和动作（changeNumber）。也就是说，调用 ViewController 中的 changeNumber 方法，从而随着滑动数字发生更改。这个控制器对象其实是一个类，你编写这个类来处理这个动作。

另外，所有上述控件对象的目标-操作同控制器类的关联，都可以在界面编辑器上面完成，而无需编写代码。一个控件可能有多个事件。比如，触摸事件就分为：触下（touchDown）、拖动（touchDragged）和抬起手指（touchUp）。对于文本编辑框，有开始编辑等事件。所以，在 Target-Action 模式下，除了指定 target、action 之外，一般还需要指定控件的 event。

图 3-5　选择通讯录上的联系人

读者可能会问：划动滑动条后，系统是通过事件来触发控制器类上的方法。那么，在控制器类上的属性值怎么反应到界面上呢（图 3-3 虚线部分）？也就是说，你只修改了控制类上的属性，界面上的文本（Label）对象的值怎么就获得了控制器上的属性值呢？这是通过两步来完成的：

- 你在控制器类上定义了该属性是一个 IBOutlet（输出口）。比如："IBOutlet UILabel *number"。这个 IBOutlet 的作用就是说，这个属性的值要被输出到界面上的某个对象。在内部处理上，其实是告诉界面编辑器（IB=Interface Builder）。
- 在界面编辑器上，你关联这个属性和界面上的文本（Label）对象。当应用刚刚启动后，控制器类中的 number 指向了界面上的文本对象。当你在程序中更改这个值时，界面上的文本对象的值也被更改。

你在界面编辑器上设置滑动条的 Target-Action。你需要指定这个被调用的方法为一个 IBAaction（IB 操作），比如："-(IBAction) changeNumber : (id)sender"。IBAction 的作用是告诉界面编辑器：这是一个可以被事件调用/触发的方法。也就是说，只有标识为 IBAction 的方法才可以是 Target-Action 模式的 Action。IBAction 方法有三种类型：

- 有一个类型为 id 的 sender 输入参数的 IBAction 的方法，该参数就是调用该方法的对象，比如：滑动条。参数类型 id 类似于 Java 上的 Object 类，可以是任何类型。常见的类型是这个。你在代码中将该类型转化为实际的类型。
- 没有输入参数的 IBAction 的方法。
- 具有两个参数（sender 和事件）的 IBAction 的方法。

3.3 Delegation 模式

Delegation（委托）模式就是使用回调机制。从开发人员的角度，叫做"回调"符合程序执行流的实际操作。在本书中，我们经常使用"回调"来替代"委托"。iPhone/iPad 应用经常使用这个模式。我们先来看一个在后面章节中要实现的一个应用。如图 3-6 所示，当用户单击"选择联系人"按钮（左图），我们就打开通讯录。把控制也交给了通讯录窗口（中图）。

但是，我们在打开通讯录之前，第一个视图控制器告诉通讯录窗口（确切地说，ABPeoplePickerNavigationController 控制类）：如果用户选中了一个联系人，那么，它应该回调第一个视图控制器的方法 A；如果用户取消了选择联系人，那么，它应该回调第一个视图控制器的方法 B。在方法 A 中，关闭通讯录窗口并把选择的姓名放在输入框上（右图）。在方法 B 中，就只关闭通讯录而已。所以，回调机制很像异步通讯的方式。

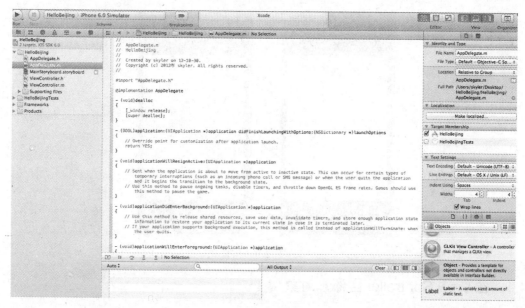

图 3-6　.m 文件

UIKit 框架下包含了窗口（UIApplication）和各个控件类（如：UITableView、UITextField 等）。很多 UIKit 类使用 Delegation 模式。比如：UIApplication 的 applicationDidFinishLaunching 方法就是一个回调方法。当应用启动后，系统回调这个方法。所以，开发人员可以在这个方法中设置一些初始信息，并动态添加一些视图。比如，第二章的 HelloBeijing 例子程序的 AppDelegate.m 中有一个方法叫做 application didFinishLaunchingWithOptions 方法，如图 3-6 所示。该方法就是显示应用的窗口。代码如下：

```
- (BOOL)application:(UIApplication *)application
didFinishLaunchingWithOptions:(NSDictionary *)launchOptions {

    return YES;
}
```

在后面章节中，我们会根据实际的代码来进一步解释委托模式。

3.4　MVC 实例

在第一个手机应用程序的基础上，你开发第 2 个程序：你再添加一个 Label，用于显示 1~100 之间的数字。当用户划动滑动条时，就调用这个类上的一个方法。这个方法读取滑动条所对应的数值，并改变界面上的文本（Label）值，结果如图 3-7 所示。

图 3-7　第 2 个例子程序

3.4.1　在 View Controller 上添加对象

在 View Controller 上添加对象的步骤说明如下：

01 从右下角的对象库中拖一个 Label 到窗口中，如图 3-8 所示。

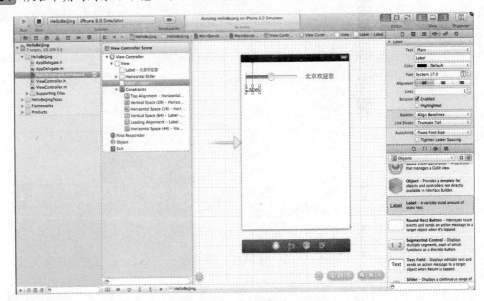

图 3-8　添加一个新的 Label

02 把 Label 上面的文字修改为 0，如图 3-8 所示。除了修改 Text 的值，你还可以在这个界面上修改文本的大小、颜色、放置位置（靠左、居中、靠右）等。有兴趣的读者可以自己试试。另外，如果你的文字信息很多，你可以在界面上拉长这个 Label 所在的框。

03 点击滑动条，修改最大值为 100，最小值为 0，起始值为 0。结果如图 3-9 所示。至于这个初始值，除了在属性窗口中设置之外，你还可以在 ViewController.m 程序中设置。在 ViewController.m 中，你可以添加一个 viewDidLoad 方法：

```
-(void) viewDidLoad
{
    slider.value =0;
    number.text=@"北京欢迎您";
}
```

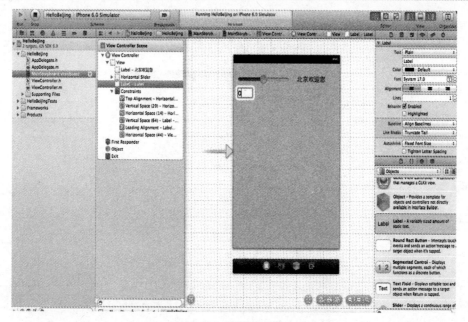

图 3-9　修改文本值

当所有界面上的控件显示在窗口上后，系统调用这个 viewDidLoad 方法。这个方法使得开发人员可以动态设置控件的一些默认值。

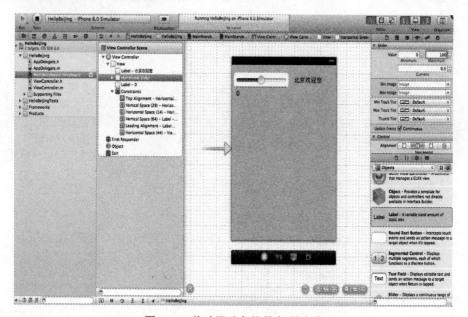

图 3-10　修改滑动条的最大/最小值

3.4.2　在 Xcode 上编写控制器代码

你再回到 Xcode 下面来编写控制器代码。如图 3-11 所示，在 HelloBeijing 下，你应该看到所生成的 ViewController.h 和 ViewController.m。

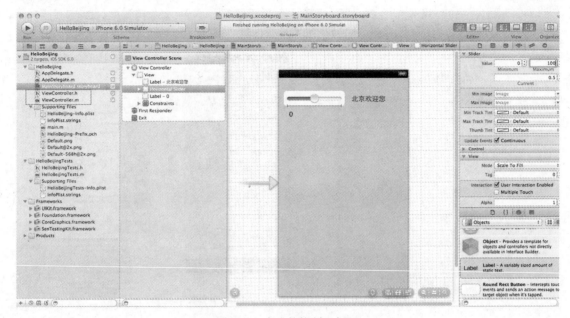

图 3-11　生成的控制器代码

然后你还需要在.h 文件中添加：

● 属性：slider 指向窗口上的滑动条，类型为 UISlider；number 指向在窗口上的数字，类型为 UILabel。
● 方法：ChangeNumber 方法就是根据当前滑动条的值来修改窗口上的数字。

最后的代码为：

```
#import <UIKit/UIKit.h>
@interface ViewContoller: UIViewControoler
@property IBoutlet UILabel *label;
-(IBAction) changeNumber : (id)sender;
@end
```

标志为 1 和 2 的两行代码就是声明了两个 **IBOutlet** 属性，它们指向不同的类型。前一个是滑动条，后一个是文本。图 3-12 所示的是.h 的最终代码。

图 3-12　.h 代码

如图 3-13 所示，编写.m 代码如下：

```
#import "View Controller.h"
@implementation ViewController
-(IBAction) changeNumber:(id)sender{
    UISlider *slider=(UISlider*)sender;
    label.text =[NSString  stringWithFormat:@"%f",slider.value];
    //设置数字为滑动条的值
}
@end
```

图 3-13　.m 代码

你可以单击"Run"来运行这个应用，如图 3-14 所示。

图 3-14　运行结果

你会发现，你可以划动滑动条，但是下面的数字没有反应（保持为 0）。这是因为我们还没有设置 UI 对象和控制器的关联。

3.4.3　关联 UI 对象和控制器（设置 Target-Action）

下面来关联 UI 对象和控制器，步骤说明如下：

01 点击 MainXIB.storyboard，打开 View Controller。

02 选择 Slider，在右边就可以看到它所对应的 Trggered Segues、Outlet Collections、Sent Event、Referencing Outlets、Referencing Outlet Collections，如图 3-15 所示。

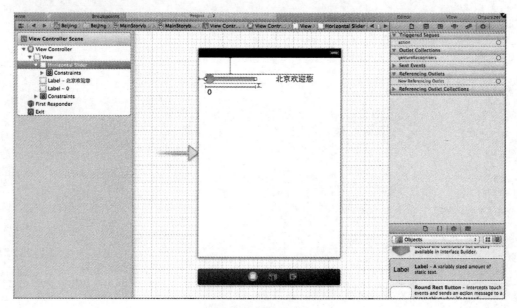

图 3-15　查看控制器

03 然后，点击 Sent Events。这时，你可以看到它的一些相关事件，选择 ValueChange 后面的圆圈，点击左键用鼠标拉到了 View Controller 上面，如图 3-16 所示。

04 松开鼠标，出现如图 3-17 所示的结果。

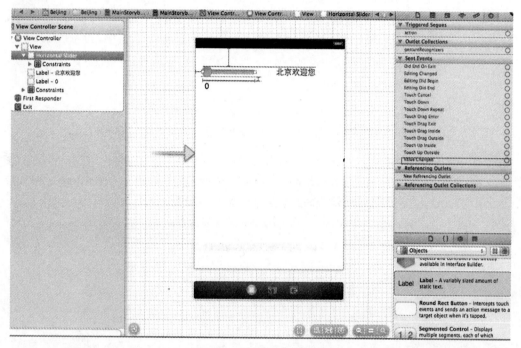

图 3-16　控制器关联滑动条

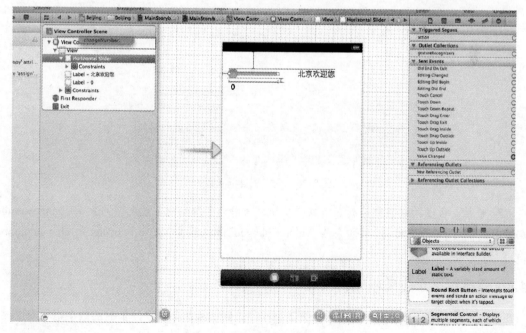

图 3-17　关联到 ChangeNumber

05 选择 "ChangeNumber"。这时你就关联了控制器中的 slider 属性到滑动条，如图 3-18 所示。

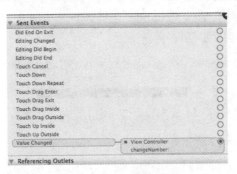

图 3-18 slider 属性关联

06 我们使用同样的方法来关联那个 Label。如图 3-19 所示，选择 label，在右边就可以看到它所对应的 Outlet Collections，Referencing Outlets，Referencing Outlet Collections。然后点击 Referencing Outlets，你就可以创建新的关联，最后如图 3-20 所示。

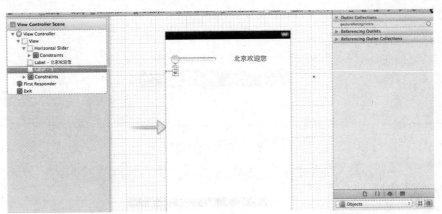

图 3-19 关联 Label

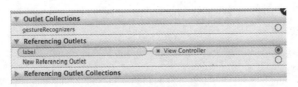

图 3-20 两个属性的关联

07 最后，关联滑动条到控制器对象，从而，当滑动条滑动时，控制器对象的 changeNumber 方法就会被调用。你可以看到，滑动条的 "value Changed" 事件触发 ViewController 的 changeNumber 操作。

3.4.4 运行第 2 个应用程序

在 Xcode 下单击 "Run" 就可以运行第 2 个程序。划动滑动条多次，下面的数字也相应更改。结果如图 3-21 所示。

图 3-21　第 2 个应用程序运行结果

3.5　Singleton 模式

　　Singleton（单例模式），也叫单子模式，是一种常用的软件设计模式。在应用这个模式时，单例对象的类必须保证只有一个实例存在。许多时候整个系统只需要拥有一个全局对象，这样有利于协调系统整体的行为。例如，在某个服务器程序中，该服务器的配置信息存放在一个文件中，这些配置数据由一个单例对象统一读取，然后服务进程中的其他对象再通过这个单例对象获取这些配置信息。这种方式简化了在复杂环境下的配置管理。

　　实现单例模式的思路是：一个类能返回对象一个实例（永远是同一个）和一个获得该实例的方法（必须是静态方法，通常使用 getInstance 这个名称）；当调用这个方法时，如果类持有的实例不为空，就返回这个实例；如果类保持的实例为空，就创建该类的实例并将实例赋予该类保持的实例，从而限制用户只有通过该类提供的静态方法来得到该类的唯一实例。

　　单例模式在多线程的应用场合下必须小心使用。当唯一实例尚未创建时，如果有两个线程同时调用创建方法，那么它们同时没有检测到唯一实例的存在，从而同时各自创建了一个实例，这样就有两个实例被构造出来，从而违反了单例模式中实例唯一的原则。解决这个问题的办法是为标记类是否已经实例化的变量提供一个互斥锁（虽然这样会降低效率）。

　　在 Objective-C 中创建一个单例的方法：

　　01 为单例类声明一个静态的实例变量，并且初始化它的值为 nil。

　　02 在获取实例的方法中（例如本例中的 getClassA)，只有在静态实例为 nil 的时候，产生一个类的实例，这个实例通常称为共享的实例。

　　03 重写 allocWithZone 方法，用于确定：不能够使用其他的方法创建类的实例，限制用户只能通过获取实例的方法得到这个类的实例。所以，在 allocWithZone 方法中直接返回共享的类实例。

　　04 实现基本的协议方法 copyWithZone:、release、retain、retainCount 和 autorelease，用于保证单例具有一个正确的状态。（最后四种方法是用于内存管理代码，并不适用于垃圾收集代码。）

　　代码如下所示：

```objc
@implementation ClassA
static ClassA *classA = nil;              //静态的该类的实例

+(ClassA *)getClassA{
    if (classA == nil) {                  //只有为空的时候构建实例
        classA = [[super allocWithZone:NULL]init];
    }
    return classA;
}

+(id)allocWithZone:(NSZone *)zone{
    return [[self getClassA] retain];   //返回单例
}

-(id)copyWithZone:(NSZone *)zone{
    return self;
}

-(id)retain{
    return self;
}

-(NSUInteger)retainCount{
    return NSUIntegerMax;
}

-(void)release{
    //不做处理
}

-(id)autorelease{
    return self;
}
```

3.6 应用生命周期

如图 3-22 所示，我们看到整个应用的生命周期为：用户启动应用程序，应用程序初始化，并装载主 XIB（英文"Main XIB"，包括窗口对象、应用回调对象等）。在我们的例子程序中，在手机窗口上就出现了一个滑动条、"北京欢迎您"和数字 0。应用程序在等待用户操作（即：事件）。当用户滑动滑动条时，应用程序就处理滑动事件，并显示相应的数字。最后，用户单击 home 键，就退出了应用程序。

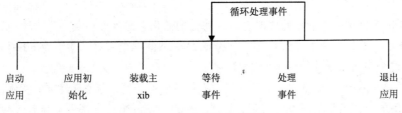

图 3-22   应用生命周期

另外，在装载主 XIB 之后，应用的回调方法（比如：applicationDidFinishLaunching）被调用。在退出应用前， applicationWillTerminate（也是一个回调方法）被调用。所以，你可以在 applicationWillTerminate 内保存应用的当前状态（比如：让应用记住滑动条下面的数字），而在

applicationDidFinishLaunching 内恢复应用状态（恢复上一次的数字）。

3.6.1　main 和 UIApplicationMain

当你在 Xcode 上创建一个新的应用程序时，Xcode 其实已经为你准备好了基本的应用结构。你在不写一行代码的情况下，都可以运行这个应用程序并显示一个空白窗口。也就是说，应用启动的代码和主 XIB 都已经存在于你的应用程序中了。

在 Supporting Files 下，有一个文件，叫做 main.m。代码如下：

```
#import <UIKit/UIKit.h>
#import "AppDelegate.h"

int main(int argc, char *argv[])
{
    @autoreleasepool {
        return UIApplicationMain(argc, argv, nil,
NSStringFromClass([AppDelegate class]));
    }
}
```

这个程序类似 Java/C 的 main 方法。当用户启动应用程序（用手指触摸应用图标）后，这个方法被调用。从上面的代码看到，它调用了 UIApplicationMain 方法。UIApplicationMain 方法创建 UIApplication 实例，并装载主 XIB。

3.6.2　执行委托类上的回调方法

在这之后，系统回调 AppDelegate 的 applicationDidFinishLaunching（或者 didFinishLaunchingWith Options）方法。在这个方法中，就是显示窗口。从而，用户看到了这个窗口。

```
#import "HelloBeijingAppDelegate.h"
@implementation HelloBeijingAppDelegate
@synthesize window;
- (BOOL)application:(UIApplication *)application
didFinishLaunchingWithOptions:(NSDictionary *)launchOptions {

    return YES;
}
```

当然，在这个 applicationDidFinishLaunching 方法上，你还可以装载其他的对象，比如：另一个视图控制器，我们在后面章节中讲述。我们建议不装载大量数据。如果你的应用程序的确需要装载大量数据（比如：访问互联网来获得一些数据），那么你可以先显示一个"正在装载"的图，并用另一个线程来装载这些数据。否则，用户可能不想等这么长时间来启动应用。

3.6.3　装载主 xib

主 xib 来自 Info.plist 文件。如图 3-23 所示，主 xib（在"Main nib file base name"一栏上）是 MainWindow.xib。

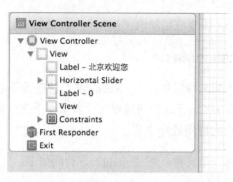

图 3-23　主 xib

如图 3-23 所示，MainWindow.xib 包含了如下内容：

- File's Owner: 这个对象就是 UIApplication 实例。它有一个 delegate 的输出口属性。该属性连接到 HelloBeijingAppDelegate。从而，在应用启动时，系统可以调用委托类上的回调方法。在不同的环境下，File's Onwer 代表的对象不同。
- First Responder: 这个对象记录当前正在操作的对象。比如：你在文本输入框上输入文字信息，那 First Responder 就是文本输入框对象。UIView 和 UIApplication 的父类是 UIResponder。
- Hello Beijing App Delegate: 应用的委托类。
- Window: 窗口。这就是应用启动后所见到的窗口。
- ViewController: 控制器。

UIApplication 装载了上述实例，并完成了下述动作：

- 创建 AppDelegate。
- 创建窗口。
- 创建 ViewController。

3.6.4　处理事件

在 UIApplication 把整个应用程序的控制权放在用户手里之前，UIApplication 还要设置一个名叫 run loop 的事件处理队列和事件处理代码。当用户操作窗口上的对象时（比如：划动滑动条时），系统产生一个事件，并放到应用的事件队列上。这个事件是 UIEvent 类的对象。"run loop" 监视器调度事件给相应的对象来处理。事件处理完成后，控制权就又回到 run loop。它就是处理一个又一个事件。

3.6.5　暂停或者结束应用程序

在结束应用时，回调 applicationWillTerminate 方法：

```
- (void)applicationWillTerminate:(UIApplication *)application {}
```

在这个方法中，你可以保留应用执行的状态（比如：一个画图应用可能保留当前所画的图案）等。

有时侯你需要暂停应用程序，比如：来一个电话。如果应用程序需要特别的处理（比如：暂停某个游戏），那么，你需要在下面的两个回调方法中放入代码：

```
- (void)applicationWillResignActive:(UIApplication *)application {…}
- (void)applicationDidBecomeActive:(UIApplication *)application {…}
```

来一个电话时，系统就会调用 applicationWillResignActive。它显示一个信息窗口。如果用户选择不接电话，那么，系统就调用 applicationDidBecomeActive 方法。

3.7 Info.plist 文件

在 Supporting File 下，还有一个重要的文件：HelloBeijing-info.plist（我们也直接叫做 Info.plist，如图 3-24 所示）。这是一个 XML 文件，用于设置应用的图标、状态栏（默认样式、黑色、隐藏）、应用的方向要求（横着还是竖着）、是否需要 Wifi 网络等。你可以在 Xcode 中设置这些属性。下面步骤用来修改手机应用上的状态栏颜色为黑色：

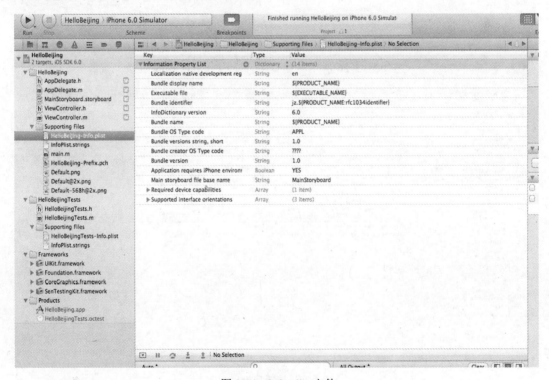

图 3-24 info.plist 文件

01 单击属性列表的最后一行，出现一个 "+" 符号，如图 3-25 所示。

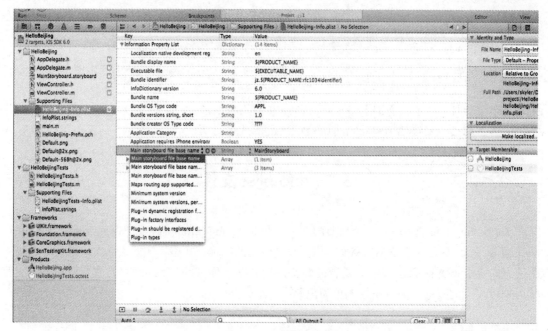

图 3-25　添加新属性

02 单击 "+" 符号，在如图 3-26 所示的窗口中，选择 "Status bar style" 属性。

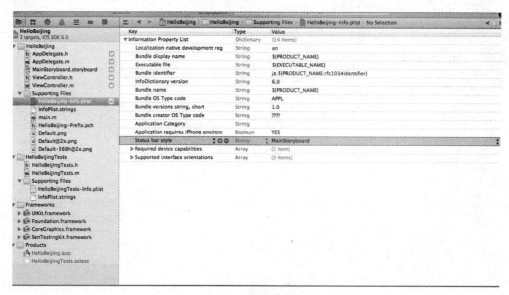

图 3-26　选择属性值

03 选择属性值 "Opaque black style"，如图 3-27 所示。

04 保存并运行。结果为图 3-28 所示。你可以看到，状态栏变成黑色了。

图 3-27　选择属性值　　　　　图 3-28　运行结果

3.8　基于设计模式的其他框架设计

Cocoa Touch 和 Cocoa 框架也包含基于设计模式的其他设计，有以下模式：

- 视图层次。应用程序所显示的视图，会排列成层次结构（直观上基于包含）。此模式允许应用程序将单个视图和合成视图同等对待。层次的根部为一个窗口对象；根部以下的每个视图，都有一个父视图，以及零个或多个子视图。父视图包含子视图。视图层次是绘图和事件处理的结构性组件。

- 响应器链。响应器链是一系列的对象（主要是视图，但也有窗口、视图控制器和应用程序对象本身），事件或操作消息可以沿着响应器链传递，直到链中的一个对象处理该事件。因此，它是一个合作性事件处理机制。响应器链与视图层次密切相关。

- 视图控制器。虽然 UIKit 和 AppKit 框架都有视图控制器类，它们在 iOS 中尤其重要。视图控制器是一种特殊的控制器对象，用于显示和管理一组视图。视图控制器对象提供基础结构，来管理内容相关的视图并协调视图的显示与隐藏。视图控制器管理应用程序视图的子层次结构。

- 前台。在前台模式中，应用程序所执行的工作，从一个执行环境重定向（或弹回）到另一个环境（执行环境是一个与主线程或辅助线程相关联的调度队列或操作队列）。您将前台模式主要应用于这样的情形：在次队列执行的工作，产生了必须在主队列执行的任务，例如更新用户界面的操作。

- 类别。类别提供了一种方式，通过将方法添加到一个类，以使该类得到扩展。与委托一样，它可以让您自定行为，而不子类化。类别是 Objective-C 的一个功能，在编写 Objective-C 代码中有说明。

3.9　应用程序设计

如果您是 iOS 应用程序开发的新手，可能想知道从哪里开始应用程序的开发过程。有了应用程序的初步构思后，您需要将这种想法转换为实现应用程序的行动计划。从设计角度而言，您需要作出把想法实现的最佳步骤的一些高层次的决定。接着，您就可以开始开发应用程序了。

1. 做最初设计

设计应用程序的方法有很多，而且许多最佳方式都不涉及编写代码。好的应用程序源自好的想法，然后将这些想法扩展为更加完整的产品描述。在设计阶段早期，需要搞清楚您要应用程序做到些什么。记下实现您的想法所需的那些高级功能。根据您认为用户的需要，确定那些功能的优先级。对 iOS 本身做一点调研，以便了解其功能，以及您可如何使用它们来实现目标。在纸上草拟一些粗略的界面设计，以直观显示您的应用程序可能的样子。

初始设计的目标，是回答有关应用程序的一些非常重要的问题。功能集合和界面的粗略设计，有助于思考在开始编写代码后，需要哪些东西。在某个阶段，您需要将应用程序显示的信息转换为一组数据对象。同样，应用程序的外观，对您在实施用户界面代码时必须做出的选择，具有压倒性的影响。在纸上（而不是在电脑上）做最初的设计，尽可天马行空，想出的答案不必限于那些容易做到的东西。

当然，在开始设计前可以做的最重要事情，是阅读 iOS Human Interface Guidelines（iOS 用户界面指南）。这本书介绍了进行最初设计的一些策略。它还为如何创建在 iOS 中运行良好的应用程序，给出了提示和指导。iOS Technology Overview（iOS 技术概述）描述 iOS 的功能，以及如何使用这些功能实现您的设计目标。

2. 将您的最初设计转换为行动计划

iOS 假定所有应用程序都是使用"模型-视图-控制器"设计模式构建的。因此，您迈向实现此目标的前几步，是选取适合应用程序的数据和视图部分的方法。

（1）选取适合数据模型的基本方法

现有数据模型代码——如果您已经采用基于 C 程序设计语言编写的数据模型代码，可以将该代码直接集成到 iOS 应用程序。由于 iOS 应用程序是采用 Objective-C 编写的，它们正好配合用其他基于 C 程序设计语言编写的代码。当然，还有一个好处，是能够针对任何非 Objective-C 的代码编写 Objective-C 包装器。

自定对象数据模型——自定对象通常将某些简单数据（字符串、数字、日期、URL 等）与业务逻辑相结合，业务逻辑是管理此类数据并确保其一致性所需要的。自定对象可将标量值和指针的组合储存到其他对象中。例如，Foundation 框架定义的类，用于许多简单数据类型，并用于储存一组其他对象。这些类使得定义您自己的自定对象更轻松。

结构化数据模型——如果您的数据是高度结构化的（也就是说，该数据适合储存在数据库中），请使用 Core Data（或 SQLite）储存数据。Core Data 提供简单的、面向对象的模型来管理结构化数据。它还提供对部分高级功能（如撤销和 iCloud）的内建支持。（SQLite 文件不能与 iCloud 结合使用。）

决定是否需要支持文稿：文稿的工作是管理应用程序的内存数据模型对象，并协调将此类数据储存在磁盘上的对应文件（或一组文件）中。文稿通常意味着用户创建的文件，但应用程序也可以使用文稿来管理那些不面向用户的文件。使用文稿的一大好处，是 UIDocument 类让其与 iCloud 和本地文件系统的交互变得更简单。对于使用 Core Data 储存内容的应用程序，UIManagedDocument 类提供类似支持。

（2）选取用于用户界面的方法

构造块方法——创建用户界面的最简单方法，是使用现有的视图对象来组装界面。视图表示视觉元素，如表格、按钮、文本栏等。您按原样使用许多视图，但也可以根据需要，自定标准视图的外观和行为，以满足您的需求。您还可以使用自定视图，实现新的视觉元素，并将此类视图与界面中的标准视图自由混合。视图的优势是它们提供一致的用户体验，以及可让您使用相对较少的代码，快速定义复杂的界面。

基于 OpenGL ES 的方法——如果应用程序需要频繁更新屏幕或复杂的渲染，您可能需要直接使用 OpenGL ES 绘制内容。OpenGL ES 主要用于大程度利用复杂的图形，并因此需要尽可能最佳的性能的游戏和应用程序。

3. 开始应用程序创建过程

制定好行动计划后，该是时候开始编程了。如果您是编写 iOS 应用程序的新手，最好花时间浏览提供用于开发的初始 Xcode 模板。这些模板大幅简化了您必须完成的工作，使得您可以在几分钟内就做好一个应用程序来运行。这些模板还可让您自定初始项目，以更精确地支持具体需求。为了实现这一目标，在创建 Xcode 项目时，您心中应该已经有了以下问题的答案：

（1）应用程序的基本界面风格是什么？

不同类型的应用程序，需要不同的一组初始视图和视图控制器。了解您计划如何组织用户界面，可让您选择最能满足需求的初始项目模板。您还是可以在后面更改用户界面，但一开始就选取最适合的模板，可使启动项目更加简单。

（2）您是要创建通用应用程序，还是专门针对 iPad 或 iPhone 的应用程序？

创建通用应用程序，需要为 iPad 和 iPhone 指定不同的一组视图和视图控制器，并在运行时动态选择合适的那一组。首选是通用的应用程序，因为它们支持更多的 iOS 设备，但需要您更好地分解代码以适合每个平台。

（3）您要应用程序使用串联图吗？

串联图通过显示用户界面的视图和视图控制器及它们之间的转换，简化了设计流程。iOS 5 和更高版本支持串联图，新项目是默认启用的。如果应用程序必须在较早版本的 iOS 上运行，则不能使用串联图，而应该继续使用 nib 文件。

（4）您要将 Core Data 用于数据模型吗？

某些类型的应用程序本身就适合结构化数据模型，这让使用 Core Data 成为它们的理想候选方式。

在安装 Xcode、配置 iOS 开发团队，并在 Xcode 中创建应用程序项目后，就可以开始开发应用程序了。以下应用程序开发阶段是通用的：

- 开始编写应用程序的主要代码。对于新的应用程序，最好先开始创建与应用程序的数据模型关联的类。这些类通常不依赖应用程序的其他部分，而且应该是最初可处理的内容。然后是着手构建用户界面的设计，方法是将视图添加到主串联图或 nib 文件。从这些视图，您还可以着手确定代码中哪些部分需要反应界面相关的变动。如果应用程序支持 iCloud，应该在早期阶段就将 iCloud 支持集成到类。

- 添加对应用程序状态更改的支持。在 iOS 中，应用程序的状态，决定了允许执行什么操作及何时执行操作。应用程序状态由应用程序中的高级对象管理，但也可以影响许多其他对象，因此，您需要考虑当前应用程序状态，如何影响数据模型和视图代码，并相应更新代码。

- 创建支持应用程序所需的资源。要求提交到 App Store 的应用程序具有特定资源（如图标和启动画面），以提高整体的用户体验。分解良好的应用程序，会大量使用资源文件，来保持代码与代码所操控的数据相分离。此类分解使对应用程序进行本地化、对其外观进行调整和执行其他任务更加简单，并且无需重新编写任何代码。

- 根据需要，实施任何与应用程序相关的应用程序特定行为。有多种方法用于修改应用程序启动或与系统交互的方式。例如，您可以针对某个功能实施本地通知。

- 添加高级功能，使应用程序变得独一无二。iOS 包括许多其他框架，用于管理多媒体、高级渲染、游戏内容、地图、通讯录、位置跟踪和许多其他高级功能。

- 为应用程序调整一些基本的性能。所有 iOS 应用程序，都应该经过调整来实现可能的最佳性能。调整后的应用程序运行得更快，也更高效地使用系统资源，如内存和电池电量。

- 迭代。应用程序开发是一个迭代过程。添加新功能时，您可能需要重新访问前期的部分或全部步骤，才能调整现有代码。

第 4 章　Objective-C 编程语言

Objective-C 是面向对象的编程语言。面向对象语言经常和面向对象的程序设计和面向对象的分析在一起。在本章，我们首先结合 Objective-C 的特点，简单回顾面向对象技术的要点。有兴趣的读者可以参考面向对象的书籍。也可以参考作者编著的、清华大学出版社出版的《Objective-C 程序设计》一书。

Objective-C 是在 1986 年由 Brad Cox 和 Tom Love 创造，是为了在 C 的基础上能够达到像 Smalltalk 的语法和行为的一种语言。在 1988 年，NeXT 获得了 Objective-C 的版权，并成为其应用框架 API（即 NeXTStep）的基础。后来 NeXT 和苹果公司合并，NeXTStep 最后发展为 Cocoa。这也是为什么很多 Cocoa 类是以 NS 开头的原因。

Objective-C 是由 C 演进而来，在 Objective-C 代码中经常会用到 C 的结构和 C 函数，所以读者如果有一些 C 语言的基础知识，可以很快掌握它。例如：一个矩形是一个 CGRect 的实例，而 CGRect 是一个 C 结构。为了创建一个 CGRect，需要调用 CGRectMake，而 CGRectMake 本身是一个 C 函数。总之，Objective-C 也是 C 语言的一种。在本章中，我们阐述 Objective-C 的一些常用知识给初学者参考。由于 Objective-C 不同于 C/C++，我们也在本章描述这些不同之处，以方便读者在对比中掌握这个语言的要点。

4.1　Objective-C 程序结构

我们结合 C 语言来阐述 Objective-C 的程序结构。在 C 语言中，一个程序包含两类文件：头文件（.h）和源文件（.c）。头文件一般包含函数的定义。在源文件中通过"#include"来包含头文件。

在 Objective-C 中，".c"变为".m"。 Xcode 通过.m 扩展名来判断程序是 Objective-C 程序还是 C 程序。在 Objective-C 中，通过"#import"来包含头文件，而不是"#include"。例如，一个 Objective-C 头文件：

```
#import <Foundation/Foundation.h>
@interface Test:NSObject {
    int intX;
    int intY;
}
@property int intX,intY;
-(void)print;

@end
```

4.1.1 接口和实现文件

Objective-C 是一个面向对象的语言，所以整个 Objective-C 程序是由一些类组成的。每个 Objective-C 类包含两大块代码，分别叫"接口"和"实现"。例如：

```
@interface MyClass //接口部分
@end

@implementation MyClass //实现部分
@end
```

关键字@interface 和@implementation 告诉编译器，接口和实现两部分从哪里开始。在习惯上，类名（MyClass）的第一个字母大写。MyClass 类的方法是"实现"部分，例如 sayHello 方法：

```
@interface MyClass
@end

@implementation MyClass
-(NSString*) sayHello {
    return @"Hello!";
}
@end
```

上面这个类不能实例化。为了能够实例化，我们定义的类必须继承 NSObject 类，冒号指定了父类。例如：

```
@interface MyClass:NSObject
@end

@implementation MyClass
-(NSString*) sayHello {
    return @"Hello!";
}
@end
```

下面是一个标准的类定义格式：

```
@interface MyClass : NSObject { //接口开始
    //实例变量在这里声明
}
- (NSString*) sayHello;  //公开的方法定义在接口里声明
@end  //接口结束

@implementation MyClass  //实现开始
- (NSString*) sayHello{     //一个方法
    return @"Hello!";
}
@end  //实现结束
```

一个类的接口代码和实现代码可以放在同一个文件中，甚至多个类的代码可以放在同一个文件中，但是这不是规范的做法。通常的做法是用两个文件定义一个类：一个文件放接口部分，另一个文件放实现部分。例如，定义一个 MyClass 类，会有两个文件：MyClass.h 和 MyClass.m。接口部分包括类的声明、实例变量的声明和方法的声明，放在 MyClass.h 文件中；实现部分包括方法的实现，放在 MyClass.m 文件中。.h 文件称为头文件（也称接口文件），而.m 文件称为实现文件。.m 文件通过 import 导入头文件的内容。

下面举一个会员（Member）类的例子。在 Member 接口中，声明了两个属性和 4 个方法。int 是数据类型，age 是用于存放年龄的变量（属性）；NSString 是字符串类型，name 是用于存放姓名的变量。前两个方法分别返回变量值，后两个方法是设置变量值。与 Java 不同，Objective-C 取值方法不需要加 get 前缀。在下面的两个取值方法中，前一个返回值的数据类型是 NSString，后一个是 int。

```
//Member.h
#import  <Foundation/Foundation.h>

@interface Member : NSObject {
    NSString* name;
    int age;
}

-(NSString*) name;
-(int) age;
-(void) setName:(NSString*)input;
-(void) setAge:(int)input;

@end
```

下面是接口实现的代码，它实现了在接口中定义的四个方法。这些方法都是一些属性的设置和获取方法。

```
//Member.m
#import "Member.h"
@implementation Member
-(NSString*)name{
    return name;
}

-(int)age{
    return age;
}

-(void) setName:(NSString *)input{
    name = input;
}

-(void) setAge:(int)input{
    age = input;
}

@end
```

设置值的方法不需要返回任何值，所以我们把它的返回类型指定为 void。void 就是空的意思，表示不返回任何值。上面的方法各有一个输入参数。

接口定义了实例变量（参数），以及一些公开的方法。如果一个类的某一方法需要被其他类调用，那么可以把它放在接口中声明，其他类只要包含那个头文件就行了。实现部分包含了方法的实现代码，它还经常包含一些私有的方法。这些私有的方法对于子类是不可见的。

在定义了类并实现了类代码之后，应用程序就可以使用这些类来解决实际问题了。在实际项目中，接口代码、类实现代码和应用代码往往放在不同的文件中。应用程序的 main 方法是整个应用程序的入口。当你运行这个应用程序时，main 方法首先被调用。下面这个应用程序构造了一个 Member 的对象，并通过调用它的方法为两个属性赋值，最后通过 NSLog 方法将这两个值打印出来（在后面的章节，会讲述 NSLog 方法的用法）。使用@autoreleasepool 让系统自动管理内存，这是 iOS5 的一个新功能。

```
// main.m
#import <Foundation/Foundation.h>
#import "Member.h"
int main (int argc, const char * argv[]) {
    @autoreleasepool {
        Member* member = [[Member alloc]init];  //创建一个 Member 对象
        [member setName:@"sam"];
        [member setAge:36];
        NSLog(@"%@",[member name]);
        NSLog(@"%i",[member age]);
    }
    return 0;
}
```

程序的运行结果如下：

```
sam
36
```

一个类把所有的数据和访问数据的方法组合在一起。在应用程序中，首先创建一个对象（从而分配了内部数据结构），然后调用这个对象的一些方法。第二行是创建一个 Member 对象：

```
Member* member = [[Member alloc]init];
```

上述语句首先声明了一个名叫 member 的对象（变量）。它的数据类型是 Member。也就是说，member 就是一个 Member 类型的变量（对象）。一定要注意在数据类型的右边有一个星号。所有的 Objective-C 对象变量都是指针类型的。等号右边的语句是创建一个对象。这是一个嵌套的方法调用。第一个调用的是 Member 的 alloc 方法。这是一个相对比较底层的调用，因为该方法其实是为 member 变量申请一个内存空间。 第二个调用的是新创建对象的 init 方法。这个 init 方法是初始化变量值。init 实现了比较常用的设置，例如设置实例变量的初始值。

后面的两行语句是调用 member 的相关方法为 member 的两个属性设置值：

```
[member setName:@"sam"];
[member setAge:36];
```

紧接着的两行语句是打印 member 的属性值：

```
NSLog(@"%@",[member name]);
NSLog(@"%i",[member age]);
```

关于@autoreleasepool，将在后面章节中详细讲解。 其主要目的是让系统自动管理释放池，从而释放 member 对象的内存空间。

在本小节的最后总结一下对象声明的语法：

```
类名 *var1, *var2, …;
```

上述语句定义了 var1 和 var2 是指定类的对象。要注意的是，这只是定义了一个指针变量，尚未为它所包含的数据获得内存空间。在调用 alloc 方法之后，这些对象才获得（分配）空间。例如：

```
Member* member;
member = [Member alloc];
```

在术语上，上述例子中的 member 称为 Member 对象，或者称为 Member 类的一个实例。另外，除了分配空间，你还需要调用 init 方法来给这个对象设置初值。

4.1.2　编译器

Objective-C 是一个基于语句的语言，每一条语句都以分号结束。在 Objective-C 中，长的注释用 "/*" 和 "*/"，短的注释用 "//"。在运行 C 程序之前，需要编译 C 代码。编译器能帮我们找出程序中的错误，并对一些可能会引起错误的代码提出警告。在 Xcode 版本 4 开发工具中，可以使用 LLVM 编译器对 Objective-C 程序进行编译。旧版本的 Xcode 默认使用 GCC，在新版本的 Xcode 上，可以继续使用 GCC，或者使用 GCC-LLVM 混合编译器（GCC-LLVM 是新版本的默认设置）。LLVM 编译器更加智能，如图 4-1 所示。

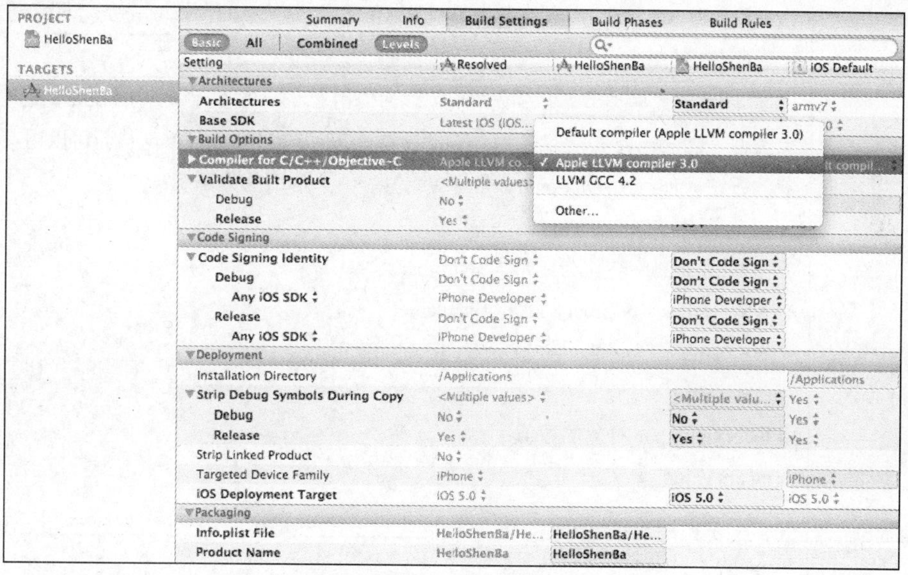

图 4-1　编译器设置

4.2　数　据　类　型

任何 C 的代码都可以在 Objective-C 上运行，但是，Objective-C 与 C/C++有很多不同之处。在开始的头几个月，读者可能需要逐步适应 Objective-C 的不同，如：语法格式等。Objective-C 是一种强类型语言，在使用一个变量之前必须要对其声明，指定数据类型并初始化。

4.2.1 声明方法的格式和数据类型

Objective-C 声明方法的方式同 Java 和 C++不同。在第 3 章的例子里，你需要在方法的前面加一个 "-" 符号，在变量和方法名之间加 ":" 符号。比如：

```
-(IBAction) changeNumber : (id)sender;
```

其他的格式不难理解。IBAction 是方法的输出数据类型，changeNumber 是方法名，":"后面是输入参数信息。"id" 是输入参数的数据类型，sender 是输入变量。如果没有输入参数，包括 ":" 后面的声明都可以去掉。比如：

```
-(int)getNumber
```

数据类型如表 4-1 所示：

表 4-1 数据类型

数据类型名称	说明
id	比如： id something; 当你不知道 something 是什么数据类型时，使用 id。会在运行时动态决定，即：动态绑定。
void	不返回任何对象
int NSNumber	int 是整数的数据类型。大多数情况下，你使用 C 的标准数字类型。同 Java 处理整数对象类似，Objective-C 提供了 NSNumber 类来表示一个整数对象，从而可以用在需要对象的方法（如：NSDictionary 类的键或值）中。常用的方法有： 将整数或 double 转化为一个 NSNumber 对象： + (NSNumber *)numberWithInt:(int)value; + (NSNumber *)numberWithDouble:(double)value; 获取 NSNumber 对象的数值： - (int)intValue; - (double)doubleValue;
nil	就是 Java 中的 null（空）。比如： 判断： if (member == nil) return ; 等价于 if (!memeber) return; 赋值： member = nil; [member setCollege: nil]; 对象可以为空（与 Java 不同，如果你调用 Java 的一个 null 对象的方法，就会报错），所以你不用在调用方法前预先检查该对象是否为空：member = nil; [member getFee];

（续表）

数据类型名称	说明
BOOL	布尔值，值为 YES/NO，或 1/0。YES 或 1 代表真。如： 定义布尔值：BOOL enabled = NO; enabled = 0; 判断布尔值为 YES：if （enabled == YES）…. YES 可以省略：if (enabled) …. 判断布尔值为 NO：if (!enabled) …. if (enabled != YES)….
NSData NSMutableData	存放二进制数据的数据类型（类）
NSDate NSCalendarDate	存放日期的数据类型（类）
Objective-C 类	上述的 NSNumber、NSData 都是 Objective-C 类。还有很多类：如：(NSString*) name;
用户自定义类	如：(Company *) company;
字符串 NSString	同 Java/C++非常不同。
选择器 SEL	选择器数据类型，这个是 Objective-C 所特有的。

另外，在 Objective-C 上，使用 "-" 的方法叫做实例方法。这是最常见的方法。它还有一个叫作类方法，我们的理解是，当你声明一个变量时，你可以直接使用这个方法，而不需要实例化。在声明时使用 "+"。比如：NSArray 数组类上的声明数组的方法就是一个类方法：

```
+ arrayWithObjects: (id) firstObj, …..;   //后面是各个数组元素，以 nil 结束
```

还有一个与 Java/C++完全不同的格式是第二个参数的声明。我们先来看一个例子。这是一个 school 类的注册课程的方法，参数包括课程名称和学生名称：

```
-(void) enrollClass: (NSString *) className  student:(NSString *)student;
```

比较怪异的是第二个参数，它前面有一个类似方法的声明（student:）。如果要调用该方法，比如：zhenghong 注册了 iphone 课程，那么，

```
[school enrollClass :@"iphone"   student:@"zhenghong"];
```

第二个参数要带上声明时的名称（student:）。我同苹果公司的技术人员探讨了如何更好地理解这个格式。我们觉得，就把方法理解为消息。把类理解为接收消息者。把方法的参数理解为消息的参数。那么，上述 enrollClass 方法就有两个消息（enrollClass 和 student）。或者，为了简单起见，你就认为:方法声明中的第二个（或者更多个）参数声明的前面要加上 "参数名:"，调用时也加上 "参数名:"。

读者在使用方法时，不用过于区别上述的方法。我们的经验是，就把它们都当作 OO 中的方法来调用。习惯了就好了:-)。

4.2.2 常见数据类型

常见的一些数据类型有：

- char（1 字节的字符）、

- int（4 字节的整数）、

- float 和 double（浮点数）、

- long（长整数）、

- unsigned short（短整数）

Objective-C 支持使用枚举类型和强制类型转换，如：

```
int height=18;
fheight=(float)height;
```

当声明一个变量时，可以在一些数据类型之前加上特定的限定符，这样可以限制在这些变量上的操作，如 const（变量值不可修改）、static（静态变量）。

4.2.3 字符串 NSString

类似 Java 的做法，Objective-C 使用 NSString 类来操作字符串，而不是使用 C/C++中的"char*"。Objective-C 表示字符串的方法也同 C 不同，它在一个字符串前面加一个@符号，比如：@"北京欢迎您"。下面声明变量 beijing 为一个字符串：

```
NSString *beijing = @"北京欢迎您";
```

NSString 提供了格式化字符串方法 stringWithFormat。在 Objective-C 上，使用"%@"来表示一个字符串的值。比如：

```
NSString *name = @"zhenghong"; //声明变量 name 为一个字符串"zhenghong"
NSString *log = [NSString stringWithFormat: @"I am '%@'", name];
```

上述的 log 变量的值为"I am 'zhenghong'"。

同 C/C++类似，使用%d 可以表示一个整数，如：

```
number.text = [NSString stringWithFormat:@"%d",sliderValue];
```

同 Java 类似，NSString 提供了：

- 在一个字符串后面附加一个新字符串

```
NSString *beijing = @"Beijing";
NSString *welcome = [beijing stringByAppendingString: @ " welcome you"];
//welcome 变量的值为"Beijing welcome you"。
```

- 字符串的比较和判断

```
-(BOOL) isEqualToString : (NSString *) string;  //比较两个字符串是否相同
-(BOOL) hasPrefix : (NSString *) string;  //开头字符的判断
-(int) intValue;  //转换为整数值
-(double)doubleValue:  //转换为 double 值
```

比如：

```
NSString *name = @"zhenghong";
NSString *age = @"36";
if ([name hasPrefix:@"zheng"]) {
    ......
}
if ([age intValue] > 35) {
    ......
}
```

同 Java 类似，NSString 本身不允许修改。如果需要修改字符串的话，可以使用 NSMutableString。NSMutableString 提供了附加字符的方法，如：

```
-(void ) appendString: (NSString *) string;
-(void)  appendFormat: (NSString *) string:
```

比如：

```
NSMutableString  *name = [NSMutableString  new];
[name appendString:@"zhenghong"];
```

4.2.4　结构体

　　C 语言本身提供的简单数据类型很少，那么 C 语言是如何构造复杂的数据类型呢？有三种方式：结构体、指针和数组。结构体和指针在 iOS 编程中是至关重要的。在 Objective-C 中很少需要 C 的数组，因为 Objective-C 有它自己的 NSArray 类型。C 中的结构体是一个混合数据类型，在这个类型中包含了多种数据类型（也可以是另一个结构体），它能够作为单个的实体被传递。其中的元素能够通过点符号来访问。例如，一个 CGPoint 定义如下：

```
struct CGPoint{
  CGFloat x;
  CGFloat y;
};
typedef struct CGPoint CGPoint;
```

　　上面的 CGPoint 结构有两个 CGFloat 变量（x 和 y），可以定义一个结构体变量并对其赋值：

```
CGPoint  myPoint;
myPoint.x = 5.8;
myPoint.y = 9.8;
```

　　NSRange 是一个很重要的结构体。它是由整型数据、位置和长度组成的。NSNotFound 是一个整型常量，表明无法找到数据。例如，如果在一个数组（NSArray）中寻找某个对象，但是这个对象并不在这个数组中，最后的结果就会返回一个 NSNotFond。这时候，不能返回 0，因为 0 代表数组中的第一个元素。返回的结果也不能为空（nil），因为空也是 0。

4.2.5　id 类型

id 数据类型可存储任何类型的对象。从某种意义上说，它是一般对象类型。例如，下面定义了一个 id 类型的变量 number：

```
id number;
```

下面声明返回一个 id 类型的方法：

```
-(id) newObject:(int) type;
```

上面这个程序行声明一个名为 newObject 的实例方法，它具有名为 **type** 的单个整型参数并有 id 类型的返回值。

id 数据类型是 Objective-C 中十分重要的特性，它是多态和动态绑定的基础。在 Objective-C 中，id 类型是一个独特的数据类型。在概念上，类似 Java 的 Object 类，可以被转换为任何数据类型。换句话说，id 类型的变量可以存放任何数据类型的对象。在内部处理上，这种类型被定义为指向对象的指针（实际是一个指向这种对象的实例变量的指针）。id 和 void *并非完全一样。下面是 id 在 objc.h 中的定义：

```
typedef  struct  objc object {
    Class isa;
} *id;
```

上面看出，id 是指向 struct objc_object 的一个指针。也就是说，id 是一个指向任何一个继承了 Object（或者 NSObject）类的对象。需要注意的是，id 是一个指针，所以在使用 id 的时候不需要加星号。例如：

```
id foo=nil;
```

上述语句定义了一个 nil 指针，这个指针指向 NSObject 的任意一个子类。而 "id *foo=nil;" 则定义了一个指针，这个指针指向另一个指针，被指向的这个指针指向 NSObject 的一个子类。

在 Objective-C 中，id 取代了 int 类型成为默认的数据类型（在 C 语言上的函数返回值，int 是默认的返回类型），关键字 nil 被定义为空对象，也就是值为 0 的对象。关于更多的 Objective-C 基本类型，读者可以参考 obj/objc.h 文件。

下面就举一个应用 id 类型的例子。我们定义了两个不同的类（一个是学生类 Student，一个是会员类 Member），这两个类拥有不同的成员变量和方法。

Student.h：

```
#import <Foundation/Foundation.h>

@interface Student : NSObject {
    int sid; //学号
    NSString *name;//姓名
}

@property int sid;
@property (nonatomic,retain) NSString *name;
```

```
-(void)print;//打印学号和姓名
-(void)setSid:(int)sid andName:(NSString*)name;//设置学号和姓名

@end
```

Student.m:

```
#import "Student.h"

@implementation Student
@synthesize sid,name;

-(void)print{
    NSLog(@"我的学号是%i，我的名字是%@",sid,name);
}

-(void)setSid:(int)sid1 andName:(NSString*)name1{
    self.sid = sid1;
    self.name = name1;
}

@end
```

Member.h:

```
#import <Foundation/Foundation.h>

@interface Member : NSObject {
    NSString *name;
    int age;
}
@property (nonatomic,retain)NSString *name;
@property int age;

-(void)print;
-(void)setName:(NSString*)name1 andAge:(int)age1;
@end
```

Member.m:

```
#import "Member.h"

@implementation Member

@synthesize name,age;
-(void)print{
    NSLog(@"我的名字是%@，我的年龄是%i",name,age);
}

-(void)setName:(NSString*)name1 andAge:(int)age1{
    self.name = name1;
    self.age = age1;
}
@end
```

IdTest.m:

```
#import <Foundation/Foundation.h>
#import "Member.h"
#import "Student.h"

int main (int argc, const char * argv[]) {
    @autoreleasepool {
        Member *member1 = [[Member alloc]init];
        [member1 setName:@"Sam" andAge:36];
        id data;
        data = member1;
        [data print];

        Student *student1 = [[Student alloc]init];
        [student1 setSid:1122334455 andName:@"Lee"];
        data = student1;
        [data print];
    }
    return 0;
}
```

【程序结果】

```
我的名字是 Sam，我的年龄是 36
我的学号是 1122334455，我的名字是 Lee
```

为这两个类分别创建了对象 student1 和 member1，并利用各自的设置方法设置了各自的属性的值，然后创建了一个名为 data 的 id 类型对象，由于 id 类型的通用性质，将创建好的对象赋值给 data。

```
data = member1;
[data print];
…
data = student1;
[data print];
```

当上述第一条语句执行的时候，data 被转换成为了 Member 类型的对象 member1，转换完成后就可以调用 member1 的方法 print，通过程序结果证明这种转换是成功的。student1 的转换过程与 member1 类似。另外，上面例子中的@property 和@synthesize 会在后面章节中解释。

4.2.6　BOOL

在 objc.h 中，BOOL 被定义为：

```
typedef signed char    BOOL;
#define YES        (BOOL)1
#define NO         (BOOL)0
```

从上面的定义，可以发现布尔变量的值为 YES/NO 或 1/0。YES 或 1 代表真。例如，定义了一个布尔变量并设置了布尔值：

```
BOOL enabled = NO;
enabled = 0;
```

判断布尔值为 YES：

```
if  (enabled == YES) …
```

YES 可以省略：

```
if (enabled) …
```

判断布尔值为 NO：

```
if (!enabled) …
```

或者：

```
if (enabled != YES)…
```

下面的示例实现生成 2~50 的所有质数：

```
#import <Foundation/Foundation.h>
int main (int argc, const char * argv[]) {
    @autoreleasepool {
        int p, d;
        BOOL isPrime;
      for ( p = 2; p <= 50; ++p ) {
        isPrime = YES;
        for ( d = 2; d < p; ++d )
            if ( p % d == 0 )
            isPrime = NO;

        if ( isPrime == YES )
            NSLog (@"%i ", p);
        }
    }
    return 0;
}
```

【程序结果】

```
2
3
5
7
11
13
17
19
23
29
31
37
41
43
47
```

首先定义了两个 int 类型的变量，在循环里面使用。另外需要了解一下质数的概念：在一个大于 1 的自然数中，除了 1 和此整数自身外，没法被其他自然数整除的数。首先假设定义的 p 是一个质数，所以有这样一段代码：

```
isPrime = YES;
```

然后定义另外一个 for 循环，整数 d 的循环范围是从 2 到正在判断的整数 p，只要在这个范围内的任意一个数能被 p 整除，就说明数 p 不是一个质数，这时候变量 isPrime 就会变成 NO。

```
if ( p % d == 0 )
    isPrime = NO;
```

最后将符合条件的数字打印出来（也就是将所有质数打印出来）。最终形成了程序输出的结果。

```
if ( isPrime == YES )
    NSLog (@"%i",p);
```

4.2.7 选择器 SEL

正如上一节中提到的，选择器（selector）就是指向方法的一个指针。在 Objective-C 上，SEL 是选择器的数据类型。比如：SEL action = [button action]; 我们在第 3 章中讲述了 Target-Action 模式：Target 指定了一个类，Action 指定一个方法。在一个对象上设置 Target-Action 就是用选择器完成的：

```
-(void)setTarget:(id)target;
-(void)setAction:(SEL)action;
```

下述语句设置了一个 button 对象上的 Action 为"@selector(start:)"。它调用 start 方法：

```
[button setAction:@selector(start:)];elector(start:)nring // ajectsormat
```

如果你的方法上有两个参数（消息），比如：

```
-(void)setName:(NSString *)name age:(int)age;
```

那么，你可以包含两个消息：

```
SEL sel = @selector(setName:age:);
```

有时，在调用 Action 时，你想判断这个对象是否存在所指定的方法，那么，你可以使用 respondsToSelector 来判断，比如：

```
id obj;// 指定 target 对象
SEL sel = @selector(start:); // 指定 action
if ([obj respondsToSelector:sel]) {  //判断该对象是否有指定的方法
    [obj performSelector:sel withObject:self]  //调用方法。后面是输入参数
}
```

如果这个方法不存在的话，iPhone 应用可能会异常中止。

4.2.8 Class

与 Java 类似，可以使用 Class 类来获得一个对象所属的类。例如：

```
Class  theClass=[theObject  class];    //获得 theObject 对象的 class 信息
```

```
NSLog(@"类名是%@",[ theClass    className]);    //输出类的名字
```

Class 类有几个常用的方法，如判断某个对象是否为某个类（包括其子类）的对象：

```
if   ( [theObject  isKindOfClass:[Member class]]  )   {…}
```

如果不想包括子类，就可以使用：

```
if   ( [theObject  isMemeberOfClass:[Member class]]  )   {…}
```

在 objc.h 中，Class（类）被定义为一个指向 struct objc_class 的指针：

```
typedef struct objc_class *Class;
```

objc_class 在 objc/objc-class.h 中定义：

```
struct objc class {
    struct objc class *isa;
   struct objc class *super class;
   const char *name;
   long version;
   long info;
   long instance size;
   struct objc ivar list *ivars;
   struct objc method list **methodLists;
   struct objc cache *cache;
   struct objc protocol list *protocols;
 };
```

下面来看一个具体的实例，只将上一节的例子稍稍更改。

```
//Class 实例
#import <Foundation/Foundation.h>

@interface ClassA : NSObject {
}
-(void)print;
@end

@implementation ClassA
-(void)print{
    NSLog(@"I'm ClassA.");
}
@end

int main (int argc, const char * argv[]) {
    @autoreleasepool {
        ClassA *classA = [[ClassA alloc]init];
        Class theClass = [classA class];
        NSLog(@"%@",[theClass className]);
    }
    return 0;
}
```

【程序结果】

```
ClassA
```

在上面例子中，构建了一个 ClassA 的对象 classA，这时候又构建一个 Class 类的对象 theClass 用于存储 classA 对象类的信息。通过调用 theClass 对象的 className 方法将这个对象的类名打印到控制台上。最终的结果显示，classA 对象的类是 ClassA，这和定义完全相符。

4.2.9 nil 和 Nil

nil 和 C 语言的 NULL 相同，在 objc/objc.h 中定义。nil 表示一个 Objctive-C 对象，这个对象的指针指向空（没有东西就是空）。具体定义如下：

```
#define nil 0   /* id of Nil instance */
```

首字母大写的 Nil 和 nil 有一点不一样，Nil 定义一个指向空的类（是 Class，而不是对象）。具体定义如下：

```
#define Nil 0   /* id of Nil class */
```

下面来看一个具体的实例：

```
#import <Foundation/Foundation.h>

@interface ClassA : NSObject {
}
-(void)print;
@end

@implementation ClassA
-(void)print{
    NSLog(@"I'm ClassA.");
}
@end

int main (int argc, const char * argv[]) {
    @autoreleasepool {
        ClassA *classA = [[ClassA alloc]init];
        classA = nil;

        if (classA == nil) {
            NSLog(@"classA is nil");
        }
    }
    return 0;
}
```

【程序结果】

```
classA is nil
```

创建了一个 ClassA 的对象 classA，并且正常初始化，这时候对象不为空。接着使用一条语句将它设置为空。然后判断该对象是否为 nil。如果这个对象为空，就会打印出一条语句到控制台上，所以得到了上述的结果。

在 Objective-C 里，nil 对象被设计来跟 NULL 空指针关联的。它们的区别就是，nil 是一个对象，而 NULL 只是一个值。而且对于 nil 调用方法，不会产生崩溃或者抛出异常。

框架（framework）就在多种不同的方式下使用这个技术。最主要的好处就是在调用方法之前根本无须检查这个对象是否是 nil。如果调用了 nil 对象的一个有返回值的方法，那么会得到一个nil 返回值。

还有一点，经常在 dealloc 方法上设置某些对象为 nil 对象：

```
- (void) dealloc {
    self.caption = nil;
    self.photographer = nil;
    [super dealloc];
}
```

之所以这么做是因为把 nil 对象设给了一个成员变量，setter 就会 retain 这个 nil 对象（当然，nil 对象不会做任何事情），然后 release 旧的对象。使用这个方式来释放对象其实更好，因为成员变量连指向随机数据的机会都没有。而通过别的方式，会不可避免地出现指向随机数据的情形。

在上面的例子中，使用"self."这样的语法，这表示正在用类的 setter（设置值的方法）来设置成员变量为 nil。

4.2.10　指针

指针是 C 语言扩展它的数据类型范围的另一种方式，指针是一个整数，它指向真实数据在内存中的位置。在 Objective-C 中，不需要知道系统如何分配或释放一块内存，只要知道如何使用指针即可。例如，定义一个整数 i：

```
int i;
```

然后定义一个指向整数的指针（intptr 的数据类型是 int*）：

```
int* intptr;
```

在 C 语言上，使用*intptr 来表示这个整数。另外，也可以同时定义多个相同类型的指针：

```
int *intptr1,*intptr2,*intptr3;
```

Objective-C 大量使用指针。在 Objective-C 上，大多数变量引用一个对象。例如，NSString 是Objective-C 的字符串数据类型，当定义一个 NSString 变量时，其实定义了一个指向 NSString 的指针。

```
NSString* name;
```

与标准 C 语言不同，不需要使用"*name"来表示一个值（在这里的例子中，是一个字符串），只使用 name 就可以了。但是，一定要记住，name 其实是一个指针，所以，如果写了下面的语句：

```
NSString* myName;
name = myName;
```

那么，name 和 myName 其实指向同一个东西。当更改 myName 的值时，name 的值也会被更改。

在 Objective-C 上，还可以定义一个指向 void（空）的指针，然后赋值为其他类型。

```
void* herName;
herName = myName;
```

1. 一个实例变量是一个指针

在 C 中，每一个变量必须被声明为某一数据类型。C 语言包含很少的基本数据类型。为了能够使用更多的数据类型，Objective-C 充分利用了指针。在 Objective-C 中，如果一个变量是一个 MyClass 类的实例，那么这个变量是一个 MyClass*类型，即这个变量是一个指向 MyClass 的指针。在 Objective-C 中，有时可以忘记这是一个指针，而是直接使用那个变量名称。例如：

```
NSString* s=@"Hello,zhenghong!";
NSString* s2=[s uppercaseString];
```

s 是一个 NSString*类型的指针，但总是使用 s 来访问 NSString 类，而不是 "*s"。在上面的例子中，变量 s 被声明为一个指向 NSString 的指针，这个 uppercaseString 消息就直接发给变量 s。执行完第二行代码后，s2 变成@ "HELLO, ZHENGHONG!"。

定义一个类对象的变量的时候使用了指针，如：

```
Member *myMember;
```

事实上，这是定义了一个名为 myMember 的指针变量，这个变量只保存 Member 类型的数据，Member 是这个类的名称。使用 alloc 来创建 Member 对象的时候，是为 Member 对象 myMember 分配了内存。

```
myMember = [Member alloc];
```

下述语句将对象变量赋给另一个对象变量：

```
myMember2=myMember;
```

上面只是简单地复制了指针，这两个变量都是指向同一块内存，当更改了 myMember2 所指向内存的数据，也就更改了 myMember 所指向的内存的数据。

2. 实例变量和赋值

实例变量是一个指针，那么将一个指针赋值给另一个指针,这样两个指针会指向同一个地方(内存上的一块区域)。例如，实现一个堆栈类：

```
Stack* myStack1=……//创建一个堆栈实例，并初始化myStack1
Stack* myStack2=myStack1;
[myStack1 push:@"Hello"];
[myStack1 push:@ "Zhenghong"];
NSString* s=[myStack2 pop];
```

这里向 myStack1 中压入了两个字符串，从栈 myStack2 中弹出了一个字符串。在执行完最后一条语句后，s 是@ "Zhenghong"，虽然并没有对 myStack2 做任何入栈的操作。同时 myStack1 中只剩下@ "Hello"。在这个例子中，myStack1 就是 myStack2，它们指向同一个地方。赋值语句 myStack2=myStack1 执行后，并没有创造出一个新的实例，只是 myStack2 和 myStack1 指向同一个实例。

因为指针指向内存中的一个区域。在 Objective-C 中，经常需要考虑内存管理。

4.2.11　数组

在 C 语言中，数组是多个相同数据类型元素的集合。数组的定义格式以数据类型开始，后面是数组名和它的元素个数，例如：

```
int arry[4]; //包含四个整数元素的数组
```

为了引用一个数组的元素或对数组赋值，通常使用下标的方式来处理，如：

```
int arry[2];
arry[0]=11;
arry[1]=12;
```

在 Objective-C 中，很少用到 C 数组，因为 Objective-C 中有 NSArray 类。在 Objective-C 中用 NSArray 来操作定长数组，用 NSMutableArray 处理变长数组，NSMutableArray 是 NSArray 的子类。实际使用过程中需要包含相应的头文件。

4.3　类、实例、方法

Objective-C 是一个面向对象的语言。程序中的对象是基于现实世界中的对象的概念。它是一个可操作的东西，如汽车。在面向对象程序设计中，程序就是由很多对象组合而成。面向对象的三个基本特征：封装、继承和多态。

● 封装就是把客观事物封装成抽象的类。
● 继承就是从一般到特殊的过程。
● 多态提供了同一个接口名称，通过覆盖和重载实现不同的功能。

4.3.1　面向对象技术

面向对象的分析过程就是将现实世界中的实体（比如：饭店）抽象为对象（比如：饭店类）的过程。面向对象的分析过程大致可分为：划分对象→抽象类→将类组织成为层次化结构（通过继承完成）。面向对象的程序设计就是用类与实例进行设计和实现程序。一般类有自己的变量（属性）和方法。比如：饭店类有名称等变量（也叫属性或状态），有订餐等方法。方法一般是作用于属性的函数。你一般通过 getter/setter 方法来访问其中的属性。下面我们简单讲述一下面向对象的三个基本特征。

1. 封装

封装就是把客观事物封装成抽象的类。从编程语言的角度，就是把类的数据和方法只让可信的类或者对象操作，对不可信的进行信息隐藏。另外，通过接口，类隐藏了其中的属性和方法的具体实现。

2. 继承

继承实现了子类和父类：子类可以使用父类的所有功能，并可以对这些功能进行扩展。通过继承创建的新类称为"子类"或"派生类"。 被继承的类称为"基类"、"父类"或"超类"。继承的过程，就是从一般到特殊的过程。 比如：在我们的 iPhone 应用中，企业是一个父类，饭店是一个子类。

在 Objective-C 中，NSObject 是极大多数 Objective-C 中的类的基类，这个类主要完成对象在内存中的创建和释放、比较（isEqual 方法）等功能；如图 4-2 所示，UIControl 类是 NSObject 的子类，代表了 iPhone 窗口上的控件的一般特性，比如：触摸功能；UIButton 和 UITextField 是具体的控件，前一个是按钮，后一个是文本输入框。

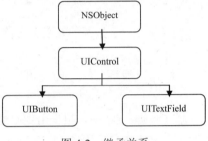

图 4-2　继承关系

3. 多态

多态是指同一个接口名称，但是体现为不同的功能。它有二种方式：覆盖和重载。 覆盖是指子类重新定义父类的方法，而重载是指允许存在多个同名方法，而这些方法的参数不同（或许参数个数不同，或许参数类型不同，或许两者都不同）。 比如："+"方法在针对字符串和数字上的参数和功能是不同的。

用一句话来总结上述的三个特征：封装可以隐藏实现细节，使得代码模块化；继承可以扩展已存在的代码模块（类）；它们的目的都是为了代码重用；而多态则是为了实现接口重用。关于 Objective-C 的更多的面向对象的编程技术，可参考清华大学出版社出版的《Objective-C 程序设计》。

4.3.2　类和实例

就像现实世界中的对象一样，在面向对象编程的世界中，每一个对象都属于一个类型，这个类型称为类。类定义了现实世界中的一些事物的抽象特点。在 Objective-C 中，定义一个类的一般格式如下：

```
@interface  Member : NSObject {   //新类名称和父类名称
    NSString* name;  //属性变量定义
    int age;
}

-(NSString*) name;  //方法定义
-(int) age;
-(void) setName:(NSString*)input;
-(void) setAge:(int)input;

@end
```

像许多其他面向对象语言一样，Objective-C 也可以指定两个类的关系：子类或者超类。一个类可能有许多子类，但是一个类只能有一个直接的超类（一个超类可能也有自己的超类）。

在上面的例子中，NSObject 是 Member 类的父类。建立类与子类的关系是为了让相关联的类能够共享功能。

每个类的实例就是一个对象，在下面的例子中，member 就是 Member 类的对象：

```
Member* member = [[Member alloc]init];
```

类是对象的模型，对象是类的一个实例。类是一种逻辑结构，而对象是真正存在的物理实体。面向对象的分析过程大致可分为：划分对象→抽象对象→将类组织成层次化结构（通过继承来完成）。面向对象的程序设计就是使用类与实例进行设计和实现程序。一个对象包含两个特性：功能封装和状态维护。

● 功能封装：一个对象只做自己的事，而不关心其他一切，对外界来说它就是透明的，只能通过向接口（方法）发送消息来使用对象。

● 状态维护：每个实例就是一组数据。这些数据是私有的，是被封装的。其他对象不知道这些数据是什么，也不知道是什么格式的数据。访问它的唯一途径是通过它的方法。

图 4-3 显示了 UIKit 框架上的一些类的继承关系。大括号右边的类是左边类的子类。NSObject 是所有类的根类。UIResponder 是 NSObject 的子类，是 UIView 的父类。UIView 本身是 UIControl 的父类，而 UIConctrol 是 UIButton 的父类。

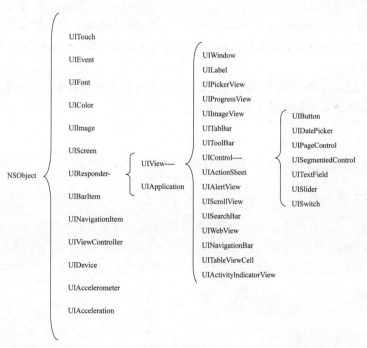

图 4-3 继承关系

4.3.3 消息和方法

在面向对象中，直接发给对象的一个命令称为"消息"，而被调用的代码称为方法。给一个对象发送一个消息和调用一个对象的方法基本是同一回事。下面是方法的声明例子：

```
-(int) age;
```

开头的负号通知编译器，该方法是一个实例方法，括号中的关键字表示该方法的返回值类型。如果开头的符号是正号（"+"），则表示这是一个类方法，可直接对类进行操作。

1. 方法的定义

在 Objective-C 中，一个方法是类的一部分。一个方法的声明格式为：

```
+  (返回类型)   方法名：(参数类型) 参数名；
```

或者

```
-  (返回类型)   方法名：(参数类型) 参数名；
```

它包含如下三个方面的内容：

- 它是一个类方法还是一个实例方法？
  如果是类方法（"+"），通过发一个消息给类本身来调用；如果是实例方法（"-"），通过发一个消息给类的实例来调用。
- 它的参数和返回值
  和 C 类似，一个 Objective-C 方法也会包含一些参数，为每一个参数指定了数据类型；和 C 一样，也会有一个指定类型的返回值。如果方法没有返回值，它的返回类型为 void。
- 方法的名字
  一个 Objective-C 的方法名字可以包含很多冒号（冒号的个数等于它的参数的个数），每个冒号后面跟着参数的数据类型和名字。

例如：

```
-  (void) setNumberator: (int) n;
```

2. 类方法和实例方法

在 Objective-C 上，有两种方法：类方法和实例方法。直接对类本身进行操作的方法称为类方法。例如：NSString 的方法+string 是一个类方法，这个类方法可以生成一个空的 NSString 实例。类方法和实例方法是通过方法定义的"+"或"-"来区分的，如下所示：

```
#import <Foundation/Foundation.h>
@interface Human : NSObject {
BOOL sex;
}
+(void) toString;
-(void) showSex;
@end

#import "Human.h"
@implementation Human
//实例方法
```

```
-(id) init{
    NSLog(@"init() in Human is called");
    sex = TRUE;
    return(self);
}
//类方法
+ (void)toString{
    NSLog(@"this is a class method of Human");
}

//实例方法
- (void)showSex{
    NSLog(@"my sex is %@",sex?@"MALE":@"FEMALE");
}
@end
```

我们写的大多数方法是实例方法。类方法一般用于两个目的：

● 工厂方法：它是给类分配实例的方法。例如，UIFont 类有一个类方法 fontWithName:Size:。你提供一个名字和一个字体大小，这个 UIFont 类就返回给你一个 UIFont 实例。

● 全局公用方法：一个类方法也可以是一个公用方法，这些公用方法可以被任何其他类来调用，而且不需要实例化。例如：UIFont 类的 familyNames 方法返回机器上所安装的字体信息。

3. 调用方法

在 Objective-C 中，对象的属性变量属于对象的内部数据，通常要访问这些数据只能通过对象的方法来实现，方法是作用于属性的函数。在 Objective-C 中，把"调用一个函数"称为"向一个对象发送一个消息"，或者称为"调用方法"。调用方法的简单格式是（假设没有输入参数）：

[实例 方法];

或者是：

[类名 方法名];

一个方法可以返回值，可以把返回的值放在变量上保存，例如：

变量 = [实例 方法];

在 Objective-C 上，调用一个类或实例的方法，也称为给这个类或实例发消息（message）。类或实例称为"接收方"。所以，调用方法的格式也可以理解为：

[接收方 消息];

在术语上，整个表达式也叫消息表达式。例如：

NSString* s2=[s uppercaseString]; //发送消息"uppercaseString"到 s

如果一个消息是一个带有参数的方法（即在调用一个方法时，可能需要提供输入参数），那么每一个参数值跟在一个冒号后面，如下所示：

```
[member setAge:36]; //方法有一个参数
[someObject threeStrings:@"string1": @"string2": @"string3"];//方法有三个参数
```

完整的方法调用的格式为：

```
[接收方 名字1:参数1  名字2:参数2  名字3:参数3 …]
```

在术语上，方法的名称是"名字 1:名字 2:名字 3..."。另外，Objective-C 语言允许在一个方法调用中嵌套另一个方法调用，例如：

```
[NSString stringWithFormat:[test format]];
```

尽量避免在一行代码里面嵌套调用超过两个方法。因为这样的话，代码的可读性就不太好。还有一点，self 类似 Java 的 this，使用 self 可以调用本类中的方法。例如：

```
- (BOOL)isQualified{//年龄满足条件吗?
    return ([self age] > 18);
}
```

还有一个要指出的是，Objective-C 不支持下面形式的方法重载：方法名相同，参数个数相同，但是参数类型不同。对于熟悉 Java 语言的开发人员来说，要特别注意。

4.3.4　实例变量

一个类可以有多个实例（对象），如汽车类，有一个是奔驰汽车（实例），另一个是宝马汽车。实例变量属于一个对象。例如：汽车名称是一个实例变量。奔驰汽车对象和宝马汽车对象的汽车名称是不同的。我们来看一个例子：

```
//定义一个分数类
@interface Fraction:NSObject
{
    int numerator; //分子
    int denominator; //分母
}
-(void) print;
-(void) setNumerator: (int) n;
-(void) setDenominator: (int) d;

@end
```

上面的分数类 Fraction 有两个名为 numberator 和 denominator 的整型成员。这一部分声明的成员称为实例变量。正如我们上面所看到的，实例变量是定义类时声明的，这些声明放在类的接口部分的花括号中。每一个实例的实例变量值可能是不同的。

默认情况下，实例变量是被保护的，除了子类，其他类不能看到它们。实例方法总是可以直接访问它的实例变量，而类方法则不能，因为它只能处理类本身，并不处理类的任何实例。如果要从其他方法上访问这些实例变量怎么办呢？这就需要编写特定方法来获取实例变量的值。例如，上述分数类 Fraction 有两个实例变量（numerator 和 denominator），可以在接口中编写如下两个方法：

```
-(int) numerator;
-(int) denominator;
```

下面是实现代码：

```
-(int) numerator {
    return numerator;
}
-(int) denominator {
    return denominator;
}
```

从 Objective-C 2.0 开始，可以使用点 "." 来调用一个实例变量。要获得实例 aFraction（Fraction 类的一个实例）中存储的一个实例变量 numerator 的值，可以使用以下表达式：

```
aFraction.numerator
```

来代替：

```
[aFraction numerator]
```

还可以使用类似的语法进行赋值：

```
aFraction.numerator=3
```

这等价于表达式：

```
[aFraction numerator:3]
```

在声明一个实例变量后，必须对它进行初始化，一般可以通过赋值来完成。例如：

```
NSString* s;
s=@"Hello, world!"z;
```

第一个语句只是声明一个变量，却没有初始化。如果直接使用这个变量，这会给程序带来不可预料的错误，甚至程序异常终止。如果不想在声明时赋给变量一个实际的值，一个好解决的办法是赋值为 nil（空）：

```
NSString* s=nil;
```

4.3.5 创建实例的三种方法

当运行程序时，类的实例被创建。每一个实例的生成都是向某一个类请求实例化自己。有三种方式完成实例的创建。

1. 间接创建实例

调用实例化代码来创建一个实例。请看下面的代码：

```
NSString* s2=[s uppercaseString];
```

发送一个 uppercaseString 消息给 NSString 实例，得到一个新创建的 NSString 实例。执行完代码后，s2 指向一个之前并不存在的 NSString 实例。通过 uppercaseString 方法产生的实例是一个新的 NSString 实例。上述代码并没有直接实例化一个类，它仅仅是发送一个 uppercaseString 消息。可以想象，在 NSString 类中肯定有相关的代码替我们完成了相应的实例化工作，虽然我们不需要关心这些细节，只要能获得一个完整的实例就可以了。

类似地，类工厂方法也可以实例化一个类。例如，NSString 类方法 stringWithContentsOfFile:encoding:error:读取一个文件，产生一个包含文件内容的 NSString 实例。又例如：

```
NSArray* name = [NSArray arrayWithObjects:@"zhenghong", @"yang", @"sam", nil];
```

并不是所有返回实例的方法都是返回一个新实例。例如，下面是返回一个数组中的最后一个元素：

```
id last=[myArry  lastObject];
```

数组 myArray 并没有创建一个实例，所返回的这个对象已经存在，myArray 一直拥有这个对象。

2. 直接创建实例

我们发送一个 alloc 方法给一个类，从而直接创建这个类的实例。alloc 类方法是在 NSObject 类上实现的，NSObject 类是根类，其他类都从它这里继承。在执行 alloc 之后，系统就为一个实例分配内存（实例指针指向内存）。

在调用 alloc 之后，必须立刻调用另一个初始化新实例的方法，从而我们能够发送消息给这个新实例。例如：

```
Member* member = [[Member alloc] init];
```

一个类可以有多个初始化方法，一些初始化方法可以带参数。例如，NSArray 类的初始化方法为：

```
- initWithArray:
- initWithArray:copyItems:
- initWithContentsOfFile:
- initWithContentsOfURL:
- initWithObjects:
- initWithObjects:count:
```

下面初始化一个包含多个姓名的数组：

```
NSArray* name = [[NSArray alloc] initWithObjects:@"zhenghong", @"yang",
@"sam", nil];
```

3. 通过 nib 文件创建和初始化实例

类的实例化和初始化的第三种方法是通过一个 nib 文件来完成。一个 nib 文件（它的扩展名可能是.nib 或者.xib）是一个描述用户界面的文件（有点"所见即所得"的意思）。大多数 Xcode 项目至少包含一个 nib 文件。nib 文件将会被打包进应用程序中，并且在程序运行时载入。从某种意义上来说，一个 nib 文件包含类名和如何实例化与初始化这些类的指令。当程序运行时，一个 nib 文件被载入，那些类被实例化和初始化。

例如，你创建了一个 nib 文件：在窗口的某个位置上放置了一个按钮，按钮上名字设置为"OK"。当应用执行时，系统相当于执行了下述代码，完成了 UIButton 类的实例化和初始化：

```
UIButton* b =[UIButton buttonWithType:UIButtonTypeRoundedRect]; // 实例化
[b setTitle:@"OK" forState:UIControlStateNormal]; // 设置名称
[b setFrame: CGRectMake(100,100,100,35)]; // 设置位置
[window addSubview:b]; // 把按钮放在窗口上
```

4.3.6　调用方法的格式

Objective-C 的调用方法的格式非常的不同。其格式为（参数名可省略）：

```
[类名　方法名:参数 1　参数名:参数 2 ......]
```

比如，在第 3 章中，"number.text = [NSString stringWithFormat:@"%d",sliderValue];"调用了 NSString 的 stringWithFormat 方法，输入的第一个参数是格式，第二个参数是滑动条的数值。 上述调用方法的语句（整个[...]）称为消息表达式（Message Expression），其中的"方法名:参数"称为消息（Message），"方法名:"称为选择器（selector）。你可以把选择器理解为指向方法的指针。

如果读者对上述调用方法不习惯，也可以采用 Java/C++中的"."格式。Objectvie-C 从版本 2.0 开始就支持了点格式。比如：

● 读取值时：

```
int age = [ member   age];
```

改为：

```
int age=member.age;
```

● 设置值时：

```
[member   setAge:36]
```

改为：

```
member.age = 36;
```

另外，"[...]"的方法调用方式允许方法嵌套。比如：

```
[member child ] setAge : newAge ];
```

你可以使用点格式：member.child.age = newAge；另外，点格式有一个限制，只限于一个参数。如果你有多个参数，就不能使用点格式。

还有两点，Objective-C 是动态运行的。同 C/C++不同，Objective-C 中的方法是在运行时绑定的。另外，Objective-C 只支持单一继承。

4.4 操作符和控制语句

Objective-C 使用 C 语言中的运算符。

- 算术运算符：用于各类数值运算。包括加（+）、减（-）、乘（*）、除（/）、求余（或称模运算，%）、自增（++）、自减（--）共七种。
- 关系运算符：用于比较运算。包括大于（>）、小于（<）、等于（==）、大于等于（>=）、小于等于（<=）和不等于（!=）六种。
- 逻辑运算符：用于逻辑运算。包括与（&&）、或（||）、非（!）三种。
- 位操作运算符：参与运算的数值按二进制位进行运算。包括位与（&）、位或（|）、位非（~）、位异或（^）、左移（<<）、右移（>>）六种。
- 赋值运算符：用于赋值运算，分为简单赋值（=）、复合算术赋值（+=、-=、*=、/=、%=）和复合位运算赋值（&=、|=、^=、>>=、<<=）三类共十一种。
- 条件运算符：这是一个三目运算符，用于条件求值（?:）。
- 逗号运算符：使用","把若干表达式组合成一个表达式。
- 指针运算符：用于取内容（*）和取地址（&）两种运算。
- 求字节数运算符：用于计算数据类型所占的字节数（sizeof）。
- 特殊运算符：有括号（）、下标[]、成员（.）等几种。

Objecctive-C 使用 C 语言中的判断和循环控制语句。

- 判断语句：

```
if (条件) {
    语句;
else if (条件) {
    语句;
} else {
    语句;
}
switch(表达式) {

    case 常量或常量表达式1:
        语句1;
        break;
    case 常量或常量表达式2:
        语句2;
        break;
    …
    case 常量或常量表达式n:
        语句n;
      break;
    default:
      语句n+1;
}
```

- 循环语句：

```
while (条件) {
    语句;
}

for (初始值; 循环条件; 执行步) {
    语句;
}

do
    语句
while(表达式);
```

Objective-C 支持三种跳转语句：break、continue 和 return。这些语句把控制转移到程序的其他地方。

4.5 输入和输出数据

在 Objective-C 里，可以使用 NSLog 在控制台上输出信息。NSLog 与 C 语言的 printf()几乎完全相同，除了格式化标志不同，如 "%@" 表示字符串、"%i" 表示整数、"%f" 表示浮点数。每当出现一个这样的符号，就到后面找一个变量值来替换。如果有多个符号，那么按照顺序到后面去找多个变量值替换。例如：

```
NSLog ( @"当前的日期和时间是: %@", [NSDate date] );
NSLog(@"a=%i,b=%i,c=%i",a,b,c);
```

当在一个对象上调用 NSLog 方法时，其输出结果是该对象的 description 方法。NSLog 打印 description 方法返回的 NSString 值。可以在自己的类里重写 description 方法，从而，当 NSLog 方法调用时，就可以返回一个自定义的字符串。

NSLog 方法是用于输出数据。与其相对应的一个方法是用来输入值，那就是 scanf 函数。通过这个函数，能让用户从键盘上输入一些值到程序中，具体用法如下所示。

```
//输入值
#import <Foundation/Foundation.h>

int main (int argc, const char * argv[]) {
    @autoreleasepool {
        int n;
         NSLog(@"请输入一个整数: ");
        scanf("%i",&n);
        NSLog(@"%i",n);
    }
    return 0;
}
```

程序结果如下所示：

```
请输入一个整数:
5（回车）
5
```

NSLog 通常打印一些调试信息。所以，推荐使用下面的方式：

```
#define MyLog if(0); else NSLog
```

当不需要打印调试信息时，可以将 0 改为 1。

4.6 block

block 是从 iOS4 开始引入的新东西。声明一个 block 就好比声明一个方法的指针。接下来的语句就是声明一个 block，这个 block 的返回值为空，它有两个参数：

```
void (^myBlock)(NSString *str1, int val);
```

为了声明一种类型的 block，可以这样写：

```
typedef void (^MyBlockType)(NSString *str1, int val);
```

可以用这种 block 的类型声明一个 block 变量：

```
MyBlockType myBlock;
```

也可以使用一段具体的代码来定义一个 block 变量：

```
Typedef BOOL (^MyBlock) (NSString*)
MyBlock myBlock = ^(NSString* v){
    if([v isEqualToString:@"v2"]){
        return NO;
    }
    return YES;
};
```

注意 block 是以^开头，}结尾。要触发一个 block，只需要这样写：

```
myBlock(@"v3");
```

也可以把 block 传递给一些方法：

```
- (NSString*) generate:(NSArray*)data
        withBlock:(BOOL (^)(NSString*))aBlock;{
    NSMutableString* str = [NSMutableString string];
    for(NSString *v in data){
    if(aBlock(v)){
        [str appendString:v];
    }
}
    return str;
}
```

block 是可以访问本地变量的，例如就拿前面的例子来说，可以把@"v2"存储在本地变量 str 中，然后在 block 中访问 block。

```
String str= @"v2";
NSString *value = [Worker generate:data withBlock:^(NSString* v){
    if([v isEqualToString:str]{
        return NO;
    }
    return YES; }];
```

默认情况下，block 只能访问本地变量，而不能改变本地变量的值，如果想在 block 中改变本地变量的值，就必须在变量声明的时候加上__block 关键字：

```
__block int counter = 0;
```

这样就可以在 block 中执行如下代码了：

```
counter++;
```

4.7　Objective-C 类

Objective-C 是面向对象的语言。图 4-4 显示了 Objective-C 上一些类的继承关系。NSObject 是大多数类的基类。本节我们介绍其中的一些类，本书的其他章节会陆续介绍其他类。

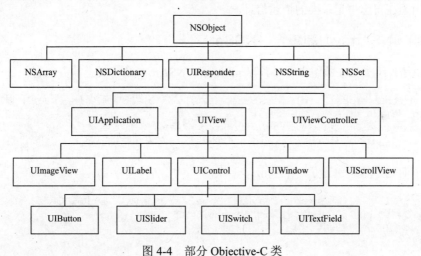

图 4-4　部分 Objective-C 类

4.7.1　Class 类（获取对象所属的类）

同 Java 类似，你可以使用 Class 类来获得一个对象所属的类。比如：

```
Class theClass = [theObject class];  //获得 theObject 对象的 class 信息
NSLog(@"类名是%@", [ theClass className]);  //记录类的名字
```

Class 类有几个常用的方法，如：判断某个对象是否为某个类（包括其子类）的对象：

```
if( [theObject isKindOfClass:[UIControl class]] ) {.....}
```
如果不想包括子类，就可以使用：

```
if  ( [theObject isMemeberOfClass:[UIControl  class]] )  {.....}
```

4.7.2 NSObject（所有类的基类）

正如前面所讲述的，NSObject 是所有类的基类，它提供了内存管理（比如：申请内存空间）、判断是否相同等功能。比如：你想判断两个对象的属性是否相同，如果你使用如下的程序：

```
if (object1 == object2) {......}。
```

那么，该程序只是判断了 object1 和 object2 是否指向同一个对象（相当于 C/C++中的指针值，而不是指针所指的对象的值）。你应该使用 isEqual 方法，即：

```
if ([object1 isEqual: object2 ]) { ......}
```

NSObject 提供了 description 方法来获得一个类的描述信息：

```
-(NSString *) description;
```

你可以使用这个方法或者使用 "%@" 来获得一个类的描述信息。比如：

```
[NSString  stringWithFormat: @"描述信息是: %@", theObject];
```

你一般用于在日志中记录类的描述信息。

4.7.3 数组（NSArray）和集合（NSSet）

NSArray 是数组类。在数组中，必须以 nil 结束。NSArray 数组类上的方法有：

```
+ arrayWithObjects: (id) firstObj, .....; //声明数组，后面是各个元素，以 nil 结束
-(unsigned) count; //数组中的元素个数
-(id) objectAtIndex: (unsigned)index; //指定位置的元素
-(unsigned) indexOfObject: (id) object; //对象在数组中的位置
```

比如，下面这个数组包含了三个城市：

```
NSArray *city = [NSArray arrayWithObjects:@"北京", @"上海",@"湖州", nil];
if ([city indexOfObject:@"杭州"] == NSNotFound) {
    NSLog (@"杭州未在其中");
}
```

NSArray 是一个静态的数组，不能往该数组动态添加元素。你可以使用 NSMutableArray 来动态管理数组。NSMutableArray 是 NSArray 的子类。NSMutableArray 的常用方法有：

```
+ (NSMutableArray *)array;              //声明为一个数组
(void)addObject:(id)object;             //添加一个元素
(void)removeObject:(id)object;       //从数组中删除指定的元素
(void)removeAllObjects;              //删除所有元素
(void)insertObject:(id)object atIndex:(unsigned)index;  //在指定位置添加新元素
```

例如，执行完下面代码后的数组只包含两个元素："上海" 和 "湖州"。

```
NSMutableArray *city = [[NSMutableArray  alloc ] init];
```

```
[city addObject:@"北京"];
[city addObject:@"上海"];
[city addObject:@"湖州"];
[city removeObjectAtIndex:1];
```

同数组相比，集合是一个无序的、不同元素的集合。数组中的元素可以重复，但是集合不行。在 Objective-C 上， NSSet 类实现了集合的概念，其方法有：

```
+ setWithObjects:(id)firstObj, ...;  //声明集合，后面是各个元素，以 nil 结束
- (unsigned)count;                    //返回集合个数
- (BOOL)containsObject:(id)object;   // 判断指定对象是否包含在集合中
```

同数组类似，NSSet 本身也是不可修改的集合。NSMutableSet 是相应的可修改的集合，其方法有：

```
+ (NSMutableSet *)set;                      //声明一个集合
- (void)addObject:(id)object;               // 添加一个元素到集合中
- (void)removeObject:(id)object;            // 从集合中删除一个元素
- (void)removeAllObjects;                   // 删除集合中的所有元素
- (void)intersectSet:(NSSet *)otherSet;    // 两个集合的交集
// 集合 - 指定集合（即：所有不在指定集合中的元素）
- (void)minusSet:(NSSet *)otherSet;
```

4.7.4 字典类（NSDictionary）

NSDictionary 的作用同 Java 中的字典类相同，提供了"键-值"对的集合。比如：使用字典类实现员工编号到员工姓名的存放。编号是一个键（唯一性），姓名是值。它的方法有：

```
+ dictionaryWithObjectsAndKeys: (id)firstObject, ...; //声明一个字典，以 nil 结束
- (unsigned)count;        //获得字典中"键-值"对的个数
- (id)objectForKey:(id)key; //查找某个键所对应的值，如果不存在，返回 nil
```

例如，下面的第一行代码定义了三个员工信息，值在前，键在后。第二行代码返回了第一个员工的信息（曹操）：

```
NSDictionary *employees = [NSDictionary dictionaryWithObjectsAndKeys: @"曹操",@"1", @"孙权", @"2", @"刘备", @"3",nil];
NSString *firstEmployee = [employees  objectForKey:@"1"];
```

同上述的数组和集合类似，NSDictionary 也是不可修改的字典。你可以使用 NSMutableDictionary 来动态地添加/删除元素。它的方法有：

```
+ (NSMutableDictionary *)dictionary;      //声明一个动态字典
- (void)setObject:(id)object forKey:(id)key;  // 设置值和键
- (void)removeObjectForKey:(id)key; //删除键所指定的对象
- (void)removeAllObjects; //删除所有对象
```

例如：下面的代码声明一个 NSMutableDictionary 类，并添加一对键-值：

```
NSMutableDictionary *employees  = [[NSMutableDictionary  alloc] init];
[employees    setObject:@"赵云"    forKey:@"4"];
```

4.7.5　枚举访问

对于数组、字典和集合，Objective-C 提供了枚举方法来访问各个元素。具体来说，有两种方式。第二种方式比较简洁，我们推荐使用第二种方式。

方法 1：

```
NSArray *array = ... ; // 假定是一个会员数组
Member *memeber;
int count = [array count]; //获得会员数目
for (i = 0; i < count; i++) {
    member = [array objectAtIndex:i]; //对于每个会员
    NSLog([member description]);  // 在日志中记录会员的描述信息
}
```

方法 2：

```
for (Memeber *member in array) {
    NSLog([member description]);
}
```

4.8　Objective-C 上的内存管理

在 iOS 5 之前，内存管理是开发人员不得不面对的事。不正确的管理内存时常会引起程序崩溃或者内存泄漏，你的内存被应用占用的越来越多，最后可能一点也不剩下。这是因为对象本身是一个指针，指向一块内存区域。每个对象都有一个 retain 计数器，当计数器为 0 时，系统自动释放内存。 庆幸的是，从 iOS5 开始，开发人员可以使用 ARC 来让系统自动管理内存。

在 iOS 5 之前，当你使用 alloc 创建了一个对象时，你需要在用完这个对象后释放（release）它。比如：

```
// string1 会自动释放内存
NSString* string1 = [NSString string];
// string2 需要手工释放
NSString* string2 = [[NSString alloc] init];
……
[string2 release];
```

当一个对象从内存上删除前，系统就自动调用 dealloc 方法。在 iOS 5 之前的程序中，我们往往在 dealloc 方法中释放成员变量的内存，比如：

```
- (void) dealloc
{
    [name release];
    [address release];
    [super dealloc];
}
```

前两行调用 release 来释放两个成员变量所占用的内存。最后一行（[super dealloc];）让父类清除它自己。 整个 Objective-C 都使用对象引用，而且每个对象有一个引用计数器。当使用 alloc（或者 copy）方法创建一个对象时，其计数器的值为 1。调用 retain 方法就增加 1，调用 release 方法就减少 1。当计数器为 0 时，系统自动调用 dealloc 方法来释放在内存中的对象。比如，在 iOS 5 之前的程序中：

```
Member *member = [[Member alloc] init]; //执行后，计数器为 1
[member retain]; //执行后，计数器为 2
[member release]; //执行后，计数器为 1
[member release]; //执行后，计数器为 0；系统自动调用 dealloc 方法
//在释放之后，如果调用该对象的任何一个方法，应用就会异常中止
[member hasPoints];
```

Objective-C 的内存管理系统基于引用记数。在 iOS 5 之前的程序中，我们需要跟踪引用，以及在运行期内判断是否真的释放了内存。简单来说，每次调用了 alloc 或者 retain 之后，我们都必须要调用 release。

从 iOS 5 版本开始，引入了自动引用计数（Automatic Reference Counting，ARC）的新特征。在 iOS5 以后的代码中，你不再需要通过 retain 和 release 的方式来控制一个对象的生命周期。你所要做的就是构造一个指向一个对象的指针，只要有指针指向这个对象，那么这个对象就会保留在内存中，当这个指针指向别的物体，或者是说指针不复存在的时候，那么它之前所指向的这个对象也就不复存在了。有关 ARC 的详细内容读者可以直接参看本书第 23 章"自动引用计数（ARC）"。

4.9 协议、委托、通知

协议与委托是很重要的概念。协议是类留给外部的一个接口函数的集合，委托是 iOS 一种设计模式，通过委托别的类来调用协议里的方法，相当于一个回调过程。通知功能可以运用到你的应用中，以提醒运行应用的用户。

4.9.1 协议（protocol）和委托（delegate）类

在前面章节中，我们提到了委托（Delegate）模式和 AppDelegate 类。应用程序启动后，UIApplication 就会调用这个类中声明的回调（委托）方法，比如：applicationDidFinishLaunching 方法。显然，不仅 AppDelegate 方法知道（具有）这个 applicationDidFinishLaunching 方法，而且 UIApplication 也知道（回调）这个方法。也就是说，这个方法是跨越了多个类。在 Objective-C 中的协议（protocol）就是定义跨不同类的方法（行为）。委托（delegate）类就使用了这个特征。我们来看一下 AppDelegate.h 的定义：

```
#import <UIKit/UIKit.h>
@interface AppDelegate : NSObject <UIApplicationDelegate> {
    UIWindow *window;
}
```

"<UIApplicationDelegate>"就是协议。这表明 AppDelegate 要符合这个协议，即：要实现协

议所规定的方法。其中的 applicationDidFinishLaunching 就是 UIApplicationDelegate 协议所定义的方法。另外，一个类可以符合多个协议。在"<"和">"之间放入多个协议即可（用逗号分开）。

4.9.2 通知（Notification）

我们在讲解 iPhone/iPad 的通知之前，先讲述一个生活上的例子。假设我是一个想要买房子的人。我跑到房地产管理部门的通知中心，注册了一个通知：当房子价格掉了 50%，请通知我。到了某天，房子价格真掉了 50%，那么，通知中心以广播的方式通知所有注册该事件（房价掉 50%）的人员。我当然也就被通知到了。

iPhone/iPad 的通知基本采用这个模式。一个应用程序中的对象注册了某个事件。NSNotificationCenter（通知中心）管理通知（Notification）。在应用程序中，你通过类方法 defaultCenter 来访问通知中心。在第 13 章，我们将讲述一个电影播放程序。因为电影有长有短，所以，启动电影播放的程序不知道电影什么时候结束。这个应用程序使用了通知来获知电影播放结束。部分代码如下：

```
- (void)viewDidLoad {//在视图装载时，就播放视频，并设置通知
    ......
    //注册自己来接收"电影播放结束"的事件
    //当 MPMoviePlayerPlaybackDidFinishNotification 事件发生时，
    //就调用指定的方法 callbackFunction
    [[NSNotificationCenter defaultCenter] addObserver:self
selector:@selector(callbackFunction:)
name:MPMoviePlayerPlaybackDidFinishNotification object:mpcontrol];

    //接到通知后所调用的方法
-(void)callbackFunction:(NSNotification*)notification{
    MPMoviePlayerController* video = [notification object];//也可以直接使用
mpcontrol
    //从通知中心注销自己
    [[NSNotificationCenter defaultCenter] removeObserver:self
name:MPMoviePlayerPlaybackDidFinishNotification object:video];
    ......
    }
```

从上面代码看出：

- "addObserver:self"：指定接收通知的对象。self 就是指自己（所在的视图控制器）。
- "selector:@selector(callbackFunction:)"：指定了回调方法。也就是说，当通知到达后，应该调用对象的什么方法来处理这个通知。
- "name:MPMoviePlayerPlaybackDidFinishNotification"：指定了你所注册要接收的具体通知。在这里，就是电影播放完毕的通知。还可以是其他通知，如：UIKeyboardWillShowNotification 就是键盘弹出的通知，等等。
- "object:mpcontrol"：指定了是哪个对象在注册通知。

对于在什么时候从通知中心注销自己，要取决于具体的应用程序。在上述的电影播放应用程序中，在电影播放完毕后就可以注销自己了。在某些应用程序中，你可能需要在视图显示期间都需要

接收通知，直到视图消失为止。如果这样的话，你可以在 viewWillDisappear 方法中注销自己。我们具体看看注销的方法：

- "removeObserver:self"：正在接收通知的对象（observer）。
- "name:MPMoviePlayerPlaybackDidFinishNotification"：要注销的通知。
- "object:video"：要注销通知的对象。如果设置为 nil，系统上所有的对象都注销通知。

最后，我们要指出的是，接收到的通知可能包含了其他信息。比如：你接收到的是 UIKeyboardWillShowNotification 通知（键盘弹出），那么，通知传递过来一个 NSDictionary 值。在这个值中，有键盘的高度等信息。你可以在程序中获得这些数据。比如：

```
- (void)keyboardWillShow:(NSNotification *)notif {
    NSDictionary* info = [notif    userInfo];
    NSValue* aValue = [info objectForKey:UIKeyboardBoundsUserInfoKey];
    CGSize keyboardSize = [aValue CGRectValue].size; //获取键盘大小
    ……//进一步处理
}
```

4.10 @property 和@synthesize

从概念上讲，Objective-C 的类同 Java/C++的类相似，你需要指定类名，属性和方法。在编程中，我们经常需要编写很多设置和获取属性值的方法。从版本 2 开始，Objective-C 提供了@property 和@synthesize 标志。其功能是标识类中的属性，并让系统自动生成 set/get 方法。我们通过一个例子来讲述这个功能：

在 Member.h 文件中，我们原来定义了如下的方法：

```
- (NSString *)name; //获得会员姓名信息
- (void)setName:(NSString *)value; //设置会员姓名
- (int)points; //获得积分信息
- (void)setPoints:(int)points; //设置会员积分
```

下面我们改用@property 来标志：

```
@property (copy) NSString *name;
@property (int) points;
```

@property 还有一些属性，比如：readonly（设置为只读属性，如果不设置 readonly，则为可读可写属性）。在对象上，可以设置 copy、retain 等内存管理机制。在上面的例子中，我们设置 copy（释放旧对象，复制新对象）。另外，如果属性是 readonly，系统不会生成 set 方法。

在.m 中，我们原来编写了如下的代码：

```
- (int)points {
    return   points;
}
- (void)setPoints:(int)value {
    points = value;
}
```

```
- (NSString *)name {
    return name;
}
- (void)setName:(NSString *)newName {
if (name != newName) {
    [name  release];           //参见 4.5 内存管理来理解 release 和 copy
    name = [newName  copy];
    // name 的应用计数器为 1
}
```

现在我们可以改写为：

```
@synthesize   points;
@synthesize   name;
```

在上面的语句中，@synthesize 自动为你生成 get/set 方法。我们可以看出，@property 和 @synthesize 简化了我们的编程。UIKit 等系统类都在大量使用@property 和@synthesize。另外，这两种方法可以混合使用，比如：在使用@synthesize 的代码中，你同时编写了 set 方法来覆盖系统生成的 set 方法。

4.11 多事件处理实例

在本节，我们完成一个多事件处理实例子：当用户按下滑动条时，我们把右边的"北京欢迎您"修改为"世博欢迎您"。当用户抬起手后，显示下面的数字，如图 4-5 所示。

图 4-5 多事件实例

在 View Controller.h 文件中，你需要添加另一个 UILabel，用于引用"北京欢迎您"的文本（标签）。另外，需要添加另一个方法 changeWords，用于修改"北京欢迎您"为"世博欢迎您"。最后的代码如下：

```
#import <UIKit/UIKit.h>
#import <Foundation/Foundation.h>
@interface ViewController : NSObject {
    IBOutlet UILabel *words;
}
@property IBOutlet UILabel *label;
-(IBAction) changeNumber : (id)sender;
-(IBAction) changeWords  : (id)sender;
@end
```

在 View Controller.m 中，需要实现新加的方法：

```
#import "ViewController.h"
@implementation ViewController
-(IBAction) changeNumber:(id)sender{
    UISlider *slider=(UISlider*)sender;
    label.text = [NSString stringWithFormat:@"%d",sliderValue];
}
-(IBAction) changeWords : (id) sender{
    words.text = @"世博欢迎您";
}
@end
```

接着，点击 MainXIB.XIB。再点击 slider 你可以看到，滑动条的"Value Changed"事件连接到 View Controller 的 changeNumber 方法上，如图 4-6 所示。

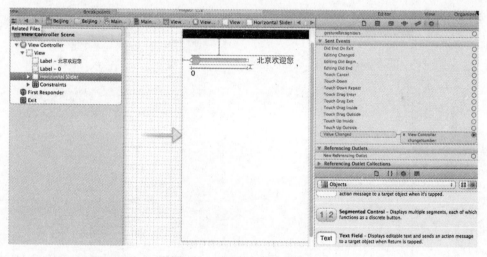

图 4-6　已经存在的连接信息

从 Touch Down 事件那里（右边圆圈）拖动光标到 ViewController 对象（拖动的时候你会看到一条蓝线），这时显示两个方法（如图 4-7 所示），选择 changeWords 方法。

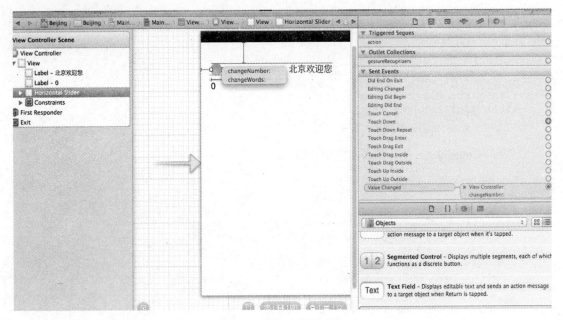

图 4-7　连接事件到方法

最后结果如图 4-8 所示。

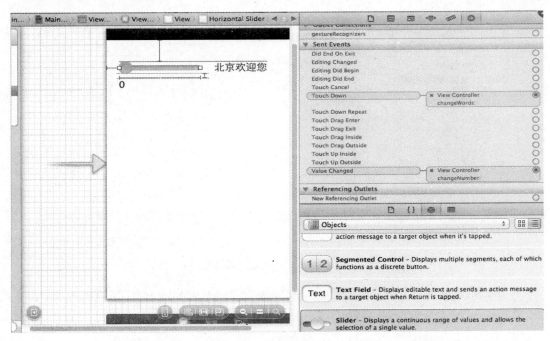

图 4-8　连接信息

下面关联 ViewController 对象上的 words 属性到"北京欢迎您"标签。然后从 ViewController 对象那里拖动光标到"北京欢迎您"上面（你会看到一个蓝线），弹出如图 4-9 所示的窗口。

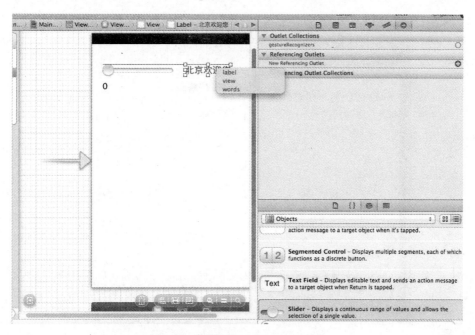

图 4-9　关联输出口（Outlet）变量

选择 words。你可以看到新建立的连接，如图 4-10 所示。

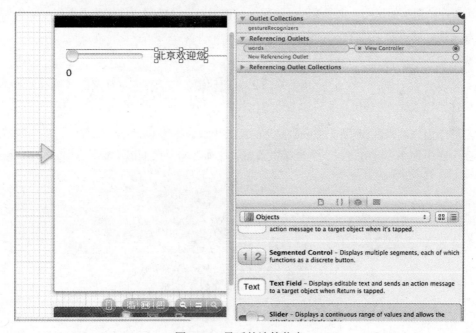

图 4-10　最后的连接信息

运行这个应用程序，你就可以看到类似图 4-11 的结果。

图 4-11　运行结果

最后，我想简单解释这个 Touch up inside 事件。这包括两个方面：1）用户抬起手指；2）手指在对象（所在位置）的里面。也就是说，如果你触摸滑动条，然后，你移动手指到滑动条外面，然后再抬起手指，这就是不是 Touch up inside。

4.12　框架

应用程序由您编写的代码和 Apple 提供的框架组成。框架包含方法资源库，供您的应用程序调用。多个应用程序可同时访问一个框架资源库。比如，常见的 UIKit 框架示例如图 4-12 所示。

图 4-12　UIKit 框架示例图

您开发的应用程序都会链接多种框架。您可以通过框架的应用编程接口 (API) 来利用框架。API（已发布在头文件中）指定可用的类、数据结构和协议。Apple 编写的框架，预计了您可能想要实现的基本功能。使用框架既省时省力，又可确保代码高效、安全。系统框架是访问底层硬件的唯一途径。

框架是一个目录，包含了共享资源库，用于访问该资源库中储存的代码的头文件，以及图像、声音文件等其他资源。共享资源库定义应用程序可以调用的函数和方法。

iOS 提供了许多可在应用程序开发中使用的框架。要使用一个框架，请将它添加到项目，以便应用程序可以链接到它。大多数应用程序都链接到 Foundation、UIKit 和 Core Graphics 框架。根据您为应用程序选取的模板，可能也包括其他框架。如果一组核心框架无法满足应用程序的要求，您总是可以将其他框架添加到项目。

每个框架都属于 iOS 系统的一个层。每个层都建立在它的下层之上。尽可能使用较高级的框架，而非较低级的框架。较高级的框架向较低级的结构提供面向对象的抽象，如图 4-13 所示。

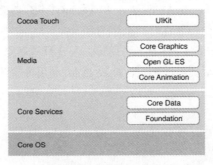

图 4-13　框架示例图

4.12.1　Foundation 和 UIKit 框架

开始编程时，您主要使用 Foundation 和 UIKit 框架，因为它们满足大多数应用程序开发的需求。Foundation 框架为所有应用程序提供基本的系统服务。您的应用程序以及 UIKit 和其他框架，都建立在 Foundation 框架的基础结构之上。Foundation 框架提供许多基本的对象类和数据类型，使其成为应用程序开发的基础。它还制定了一些约定（用于取消分配等任务），使您的代码更加一致，重用性更好。

使用 Foundation：

- 创建和管理集，如数组和字典。
- 访问储存在应用程序中的图像和其他资源。
- 创建和管理字符串。
- 发布和观察通知。
- 创建日期和时间对象。
- 自动发现 IP 网络上的设备。
- 操控 URL 流。
- 异步执行代码。

UIKit 框架提供的类，可用于创建基于触摸的用户界面。所有 iOS 应用程序都基于 UIKit。没有这个框架，就无法交付应用程序。UIKit 提供基础结构，用于在屏幕上绘图、处理事件，以及创建通用用户界面元素。UIKit 还通过管理屏幕上显示的内容，来组织复杂的应用程序。

使用 UIKit：

- 构建和管理用户界面。
- 处理基于触摸和运动的事件。
- 显示文本和网页内容。
- 优化应用程序以实现多任务。
- 创建自定用户界面元素。

4.12.2 Core Data、Core Graphics、Core Animation 和 OpenGL ES 框架

Core Data、Core Graphics、Core Animation 和 OpenGL ES 框架是另外的框架，是对于应用程序开发很重要的高级技术，因此需要花时间来学习和掌握。

Core Data 管理对象图。借助 Core Data，您可以创建模型对象（称为被管理的对象）。您管理那些对象之间的关系，并通过框架更改数据。Core Data 利用内建的 SQLite 技术，高效地储存和管理数据。

使用 Core Data：

- 存储对象和从储存处取回对象。
- 支持基本的撤销/重做。
- 自动验证属性值。
- 对内存中的数据进行过滤、分组和整理。
- 使用 NSFetchedResultsController 管理表格视图中的结果。
- 支持基于文稿的应用程序。

Core Graphics 框架帮助您创建图形。高质量的图形，是所有 iOS 应用程序的一个重要组成部分。在 iOS 中创建图形的最简易便捷方法，是将预渲染的图像与 UIKit 框架的标准视图和控制配合使用，并让 iOS 完成绘图。UIKit 还提供用于自定绘图的类，包括路径、颜色、图案、渐变、图像、文本和变换。尽可能地使用 UIKit（较高级的框架），而非 Core Graphics（较低级的框架）。当您想要编写在 iOS 和 OS X 之间直接共享的绘图代码时，使用 Core Graphics。Core Graphics 框架也称为 Quartz，它在这两个平台上几乎相同。

使用 Core Graphics：

- 制作基于路径的绘图。
- 使用边缘模糊化渲染。
- 添加渐变、图像和颜色。
- 使用坐标空间变换。
- 创建、显示和解析 PDF 文稿。

Core Animation 可让您制作高级动画和视觉效果。UIKit 提供的动画，是建立在 Core Animation 技术之上的。如果您需要超出 UIKit 功能的高级动画，可以直接使用 Core Animation。Core Animation 接口包含在 Quartz Core 框架中。借助 Core Animation，您创建不同层次的层对象，并对它们进行操控、旋转、缩放、变换等等。通过使用大家所熟悉的 Core Animation 视图式抽象，您可以创建动态用户界面，而无需使用低级的图形 API，如 OpenGL ES 等。

使用 Core Animation：

- 创建自定动画。
- 给图形添加时序功能。
- 支持关键帧动画。
- 指定图形布局约束。
- 将多层更改分组为原子更新。

OpenGL ES 框架提供 2D 和 3D 绘图工具。OpenGL ES 支持基础的 2D 和 3D 绘图。Apple 实施的 OpenGL ES 标准，与设备硬件紧密协作，为全屏幕游戏类应用程序提供很高的帧速率。

使用 OpenGL ES：

- 创建 2D 和 3D 图形。
- 制作更复杂的图形，如数据可视化、飞行模拟或视频游戏。
- 访问底层图形硬件。

4.12.3 了解 iOS API 和 OS X API 之间的异同

如果您是 Mac 开发者，您会发现 Cocoa 和 Cocoa Touch 应用程序都基于类似的技术。它们具有共同的 API，使得从 Cocoa 迁移更简单。事实上，部分框架是相同（或几乎相同）的，例如 Foundation 和 Core Data。但是，其他框架与其 OS X 相应的框架有差异。AppKit 和 UIKit 尤其如此。因此，在将 Mac 应用程序迁移到 iOS 时，必须替换大量界面相关的类，以及与这些类相关的代码。

有关这两个平台之间异同的更多信息，请参阅 iOS Technology Overview（iOS 技术概述）中的"Migrating from Cocoa"（从 Cocoa 迁移）。

4.13 异 常 处 理

在编写一些方法时，可能使用返回一个错误代码的方式来告诉调用者一些信息。在面向对象语言中，异常处理正在代替上述的返回错误代码的方式。异常处理具有很多优势。异常处理分离了接收和处理错误的代码。这个功能理清了编程者的思绪，也帮助代码增强了可读性，方便了维护者的阅读和理解。

异常处理（又称为错误处理）功能提供了处理程序运行时出现的任何意外或异常情况的方法。异常处理使用一些关键字来尝试可能未成功的操作，处理失败，以及在事后清理资源。异常处理也是为了防止未知错误产生所采取的处理措施。异常处理的好处是不用再绞尽脑汁去考虑各种错误，这为处理某一类错误提供了一个很有效的方法，使编程效率大大提高。 除此之外，异常也可以是自己主动抛出的（即自己触发一个异常）。

Objective-C 中的异常处理机制使用了四个指令来控制异常：@try、@catch、@throw 和@finally。

- 将可能会抛出异常的代码块用@try 标记。

- @catch 指令标记的代码块，是用于捕捉@try 语句块中的抛出的错误，可以使用多个@catch 语句块来捕获各种各样类型的错误。
- @finally 语句块中包含的代码是不论程序是否抛出异常都会执行的代码。
- 可以使用@throw 自己抛出一个错误，这个错误一般是 NSException 类的对象。

异常具有以下特点。

01 在应用程序遇到异常情况（如被零除情况或内存不足警告）时，就会产生异常。

02 发生异常时，控制流立即跳转到关联的异常处理程序（如果存在的话）。

03 如果给定异常没有异常处理程序，则程序将停止执行，并显示一条错误信息。

04 可能导致异常的操作通过 @try 关键字来捕获。

05 异常处理程序是在异常发生时执行的代码块。@catch 关键字用于定义异常处理程序。

06 程序可以使用 @throw 关键字显式地引发异常。

07 异常对象包含有关错误的详细信息，其中包括调用堆栈的状态和有关错误的文本说明。

08 即使引发了异常，@finally 块中的代码也会执行，从而使程序可以释放资源。

异常处理的一般格式如下：

```
@try {
    ... //可能会发生异常的程序代码
}
@catch (NSException *exception) {
    ... //发生了异常之后的处理
}
@finally {
    ... //无论哪种情况发生都要执行的代码，如资源释放
}
```

捕获不同类型的异常的格式如下：

```
@try {
    ...
}
@catch (CustomException *exception1) {
    ... //发生了异常情况 1 之后的处理
}

@catch (NSException *exception2) {
    ... //发生了异常情况 2 之后的处理
}

@catch (id *exception3) {
    ... //发生了异常情况 3 之后的处理
}
@finally {
    ...
}
```

通过使用上述的格式，就可以捕获不同类型的异常，从而进行不同的异常处理。下面举一个自定义异常的例子。

```
NSException *exception = [NSException exceptionWithName:@"TestException"
reason:@"No Reason" userInfo:nil];
@throw exception;
```

通过这样两条语句，就完成异常定义和抛出。当然，使用@catch 语句块就能捕获到抛出的异常。并不是只能使用 NSException 的对象来完成异常操作，其实 NSException 只是提供了一些方法来完成异常处理，可以通过继承 NSException 类来实现自定义的一些异常。

例如，调用一个没有定义的方法，或者是不小心写错了方法名，编辑器就会报错。下面这个例子就是故意将 release 方法写错为 release1，看看系统会报什么错误。

```
#import <Foundation/Foundation.h>
#import "Test.h"

int main (int argc, const char * argv[]) {
    NSAutoreleasePool * pool = [[NSAutoreleasePool alloc] init];
    Test *test = [[Test alloc]init];

    [test release1];
    [pool drain];
    return 0;
}
```

上面这个例子涉及 release。如果自己编写这个例子代码，那么需要将 ARC 设置为 NO。打开例子代码，不用再设置，可以直接运行的。程序运行结果如下所示：

```
*** Call stack at first throw:
(
    0   CoreFoundation              0x00007fff87375cc4   exceptionPreprocess +
180
    1   libobjc.A.dylib             0x00007fff87b350f3 objc exception throw +
45
    2   CoreFoundation              0x00007fff873cf140 +[NSObject(NSObject)
doesNotRecognizeSelector:] + 0
    3   CoreFoundation              0x00007fff87347cdf    forwarding    + 751
    4   CoreFoundation              0x00007fff87343e28  CF forwarding prep 0 +
232
    5   ClassTest                   0x0000000100000dd2 main + 138
    6   ClassTest                   0x0000000100000d40 start + 52
)
terminate called after throwing an instance of 'NSException'
```

不出意料，程序报了很多的错误，并且异常终止了。使用一些异常处理的语句来捕获异常：在@try 中的语句，如果没有正常执行，就会立即跳到@catch 语句块中，在那里继续执行。在@catch 语句中处理异常，然后执行@finally 中的语句。值得注意的是，不管程序是否抛出异常，@finally 中的语句都会正常执行。针对上面的例子，添加了下面一些异常处理语句。

```
#import <Foundation/Foundation.h>
#import "Test.h"

int main (int argc, const char * argv[]) {
    NSAutoreleasePool * pool = [[NSAutoreleasePool alloc] init];

    Test *test = [[Test alloc]init];
```

```
        @try {
            [test release1];
        }
        @catch (NSException * e) {
            NSLog(@"Caught %@ %@",[e name],[e reason]);
        }
        @finally {
            [test release];
            NSLog(@"ok!");
        }

        [pool drain];
    return 0;
}
```

经过修改的代码就可以正常结束了，并且打印出一些比较易懂的错误。其中写在@finally 中的语句也正常运行了。

```
    ClassTest[1182:a0f] -[Test release1]: unrecognized selector sent to instance
0x10010c710
    ClassTest[1182:a0f] Caught NSInvalidArgumentException -[Test release1]:
unrecognized selector sent to instance 0x10010c710
    ClassTest[1182:a0f] ok!
```

值得注意的是，@throw 指令可以抛出自己的异常。开发人员可以使用该指令抛出特定的异常。

4.14 线 程

每个程序至少都有一个线程，一个线程也就是一系列指令的集合，随着程序启动就开始执行的线程叫做 main thread，在这个主线程中维持了一个 run loop，用来处理用户的输入和更新 UI。

run loop 相当于 Win32 里面的消息循环机制，它可以根据事件/消息（鼠标消息、键盘消息、计时器消息等）来调度线程。系统会自动为应用程序的主线程生成一个与之对应的 run loop 来处理其消息循环。在触摸 UIView 时之所以能够激发 touchesBegan、touchesMoved 等事件所对应的方法，就是因为应用程序的主线程在 UIApplicationMain 里面有这样一个 run loop 在分发事件。

iOS 支持多个层次的多线程编程，层次越高的抽象程度越高，使用起来也越方便，也是苹果推荐使用的方法。下面根据抽象层次从低到高依次列出 iOS 所支持的多线程编程范式：Thread、Cocoaoperations、Grand Central Dispatch（GCD）。

下面简要说明这三种不同范式。

● Thread
  它是这三种范式里面相对轻量级的，需要自己管理 thread 的生命周期、线程之间的同步。线程共享同一应用程序的部分内存空间，它们拥有对数据相同的访问权限。需要协调多个线程对同一数据的访问，一般做法是在访问之前加锁，这会导致一定的性能开销。在 iOS 中可以使用多种形式的 thread。
  ➤ Cocoa threads: 使用 NSThread 或直接从 NSObject 的类方法 performSelectorInBack-

ground:withObject 来创建一个线程。如果选择 thread 来实现多线程，那么 NSThread 就是官方推荐优先选用的方式。

> POSIX threads: 基于 C 语言的一个多线程库。

● Cocoa operations

它是基于 Obective-C 实现的，NSOperation 类以面向对象的方式封装了用户需要执行的操作，我们只要聚焦于我们需要做的事情，而不必太操心线程的管理（如同步等事情），因为 NSOperation 已经为我们封装了这些事情。NSOperation 是一个抽象基类，我们必须使用它的子类。iOS 提供了两种默认实现：NSInvocationOperation 和 NSBlockOperation。

● Grand Central Dispatch （GCD）

iOS4 才开始支持，它提供了一些新的特性以及运行库来支持多核并行编程，它在操作系统内核上进行，它的关注点更高（如何在多个 CPU 上提升效率）。GCD 是手工线程和 NSOperationQueue 的混合物。GCD 使用 Objective-C 块。

下面先来看看 NSThread 的使用，包括创建、启动、同步和通信等相关知识。这些与 Java 下的 thread 使用非常相似。关于 NSOperation 和 GCD，则在后面章节中介绍。

4.14.1 线程创建与启动

NSThread 的创建主要有两种直接方式：

```
[NSThread detachNewThreadSelector:@selector(myThreadMainMethod:)
toTarget:self withObject:nil];
```

和

```
NSThread* myThread = [[NSThread alloc] initWithTarget:self
        selector:@selector(myThreadMainMethod:)  object:nil];
[myThread start];
```

这两种方式的区别是：前一种一调用就会创建一个线程来做事情，而后一种虽然 alloc 了也 init 了，但是要直到手动调用 start 启动线程时才会真正去创建线程。这种延迟实现思想在很多与资源相关的地方都有用到。后一种方式还可以在启动线程之前，对线程进行配置，如设置 stack 大小、线程优先级。

还有一种间接的方式更加方便，甚至不需要显式编写 NSThread 相关代码，那就是利用 NSObject 的类方法 performSelectorInBackground:withObject 来创建一个线程。

```
[myObj performSelectorInBackground:@selector(myThreadMainMethod)
withObject:nil];
```

其效果与 NSThread 的 detachNewThreadSelector:toTarget:withObject 是一样的。

4.14.2 线程同步

线程的同步方法跟其他系统类似，可以用原子操作，也可以用 mutex、lock 等。iOS 的原子操作函数是以 OSAtomic 开头的，例如：OSAtomicAdd32, OSAtomicOr32 等。这些函数可以直接使用，因为它们是原子操作。

iOS 中的 mutex 对应的是 NSLock，它遵循 NSLooking 协议，可以使用 lock、tryLock、lockBeforeData 来加锁，用 unLock 来解锁。例如，在多线程系统中，有时需要使用锁来防止多个线程同时修改同一个数据。

```
- (void)init {
    myLock = [[NSLock alloc] init];
}
- (void)writeData {
    [myLock lock];
    // 写数据的代码。同一时间只允许一个线程来写
    [myLock unlock]
}
```

可以使用指令 @synchronized 来简化 NSLock 的使用，这样就不必显式编写代码创建NSLock，加锁并解锁相关代码。

```
- (void)myMethod:(id)anObj {
    @synchronized(anObj){
        // Everything between the braces is protected by the @synchronized
    }
}
```

还有其他的一些锁对象，如循环锁 NSRecursiveLock、条件锁 NSConditionLock、分布式锁NSDistributedLock 等。

NSCodition 是一种特殊类型的锁，可以用它来同步操作执行的顺序。它与 mutex 的区别在于更加精准，等待某个 NSCondition 的线程一直被 lock，直到其他线程给那个 condition 发送了信号。下面来看使用示例。

某个线程等待着事情去做，而有没有事情做是由其他线程通知它的。

```
[cocoaCondition lock];
while (timeToDoWork <= 0)
    [cocoaCondition wait];

timeToDoWork--;
// Do real work here.
[cocoaCondition unlock];
```

其他线程发送信号通知上面的线程可以做事情了。

```
[cocoaCondition lock];
timeToDoWork++;
[cocoaCondition signal];
[cocoaCondition unlock];
```

4.14.3 线程间通信

在运行过程中，线程可能需要与其他线程进行通信，可以使用 NSObject 中的一些方法。
在应用程序主线程中做事情：

```
performSelectorOnMainThread:withObject:waitUntilDone:
```

```
performSelectorOnMainThread:withObject:waitUntilDone:modes:
```

在指定线程中做事情：

```
performSelector:onThread:withObject:waitUntilDone:
performSelector:onThread:withObject:waitUntilDone:modes:
```

在当前线程中做事情：

```
performSelector:withObject:afterDelay:
performSelector:withObject:afterDelay:inModes:
```

取消发送给当前线程的某个消息：

```
cancelPreviousPerformRequestsWithTarget:
cancelPreviousPerformRequestsWithTarget:selector:object:
```

例如，在某个线程中下载数据，下载完成之后要通知主线程更新界面等，可以使用如下接口：

```
- (void)myThreadMainMethod {
    // to do something in your thread job
    …
    [self performSelectorOnMainThread:@selector(updateUI) withObject:nil
waitUntilDone:NO];
    …
}
```

第 5 章　iOS 应用程序的调试

在开发应用程序时，你经常碰到下面的问题：语法错误、运行错误，比如：出现的是你不想要的结果、系统停止运行等等。在本章，我们讲解怎么输出日志信息和调试 iPhone/iPad 程序。

5.1　调试模式和发布模式

如图 5-1 所示，在开发程序的时候，你可以选择构建（build）代码的格式：iPhone 设备（Device）还是 iPhone 模拟器（Simulator）。iPhone（或者 iPad）可以通过 USB 连接到苹果机器上，所以，你可以在你的 iPhone 设备上面测试你的应用程序。在选择 iPhone 或者模拟器时，其主要区别在于 iPhone 的资源比模拟器小（比如：CPU 没有那么快，内存没有那么多）。所以，在开发结束后，你最后一定要在 iPhone 设备上测试，看看速度是否可以接受。

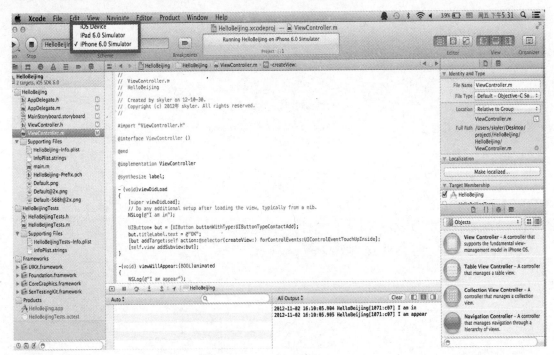

图 5-1　构建模式

另外，你也可以在调试（Debug）和发布（Release）两种输出模式之间选择。顾名思义，调试模式会包含更多的调试信息。相对而言，发布模式更快，更加优化。所以，在交付给用户使用时，你需要选择发布模式；在开发阶段，一般都采用调试模式，如图 5-2 所示。

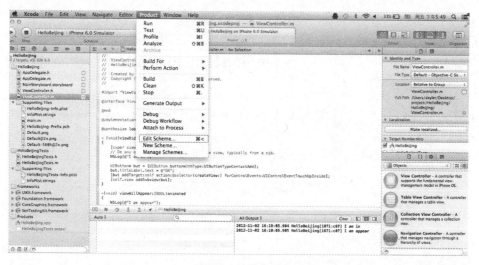

图 5-2　编辑方法

点击 Product 菜单，选择 Edit Scheme 菜单项。在模拟器中运行应用窗口如图 5-3 所示。

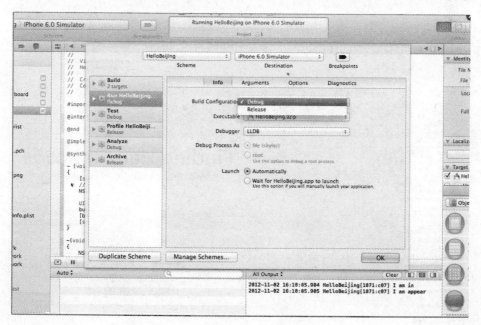

图 5-3　模拟器中运行应用窗口

5.2　确认类的方法和属性

代码中的错误有时与类或者方法的使用不当有关。所以，你可能经常需要查找某一个类的详细的属性和方法信息。你可以在帮助（Help）菜单下选择"Documentation and API Reference"菜单项查找类的详细文档，如图 5-4 所示。

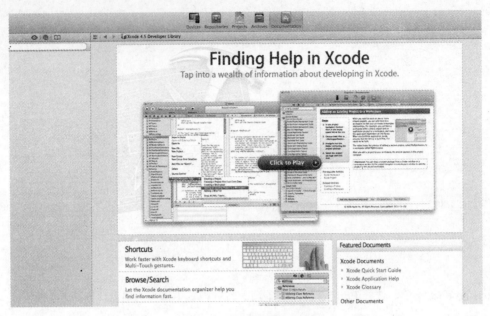

图 5-4　查找类的定义

例如，你查找 UISlider 类的使用方法。输入 UISlider，就可以获得该类的使用方法，如图 5-5 所示。

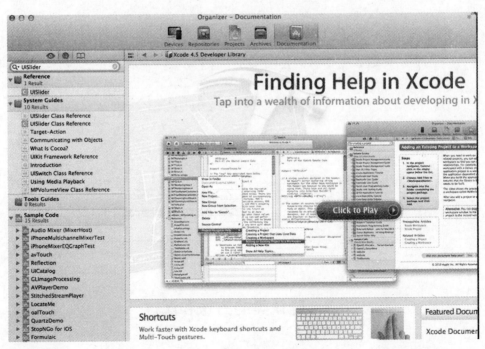

图 5-5　确定类的使用方法

苹果的文档很细。在当中显示了该类的属性和方法，以及按照各个任务所作出的解释，如图 5-6 所示。

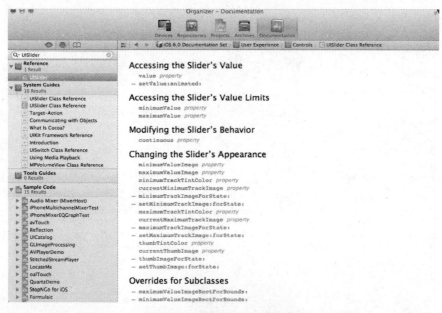

图 5-6　按照任务列出的方法

5.3　日志

在开发程序时，我们经常需要输出一些日志信息。日志往往分为多个级别，比如：只输出错误信息，或者输出调试信息。可以在 quick help 窗口中查看快速帮助信息，如果需要查看详细信息，可以点击█并查询 NSLog（如图 5-7 所示），你就会获得使用该方法的信息（如图 5-8 所示）。下面我们将演示如何添加和查看日志。

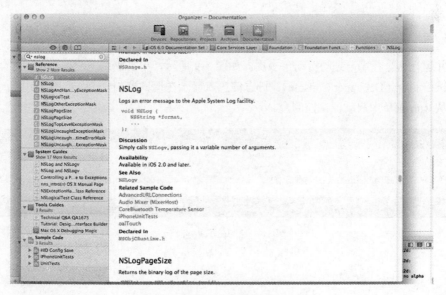

图 5-7　查找某一个类的使用方法

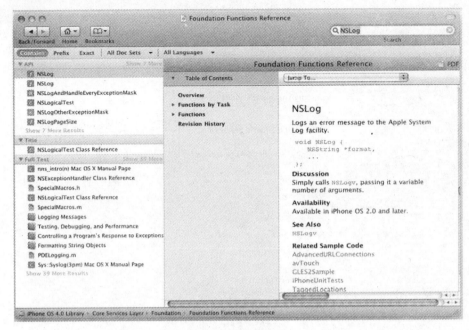

图 5-8　NSLog 定义

在 changeNumber 下面添加了一个 NSLog 方法，输出一些提示信息。你也可以输出变量值等信息。

```
#import "View Controller.h"
@implementation ViewController
-(IBAction) changeNumber:(id)sender{
    UISlider *slider=(UISlider*)sender;
    label.text =[NSString  stringWithFormat:@"%f",slider.value];//设置数字为
滑动条的值
    NSLog(@"调用了改变数字的方法");
}
@end
```

保存并运行这个程序，划动滑动条多次。如图 5-9 所示，单击▦按钮（View 中间的按钮）就打开了调试控制台（Debugger Console）。日志信息就显示在调试控制台上，如图 5-10 所示。另外，你也可以从 Run 菜单中启动调试控制台。

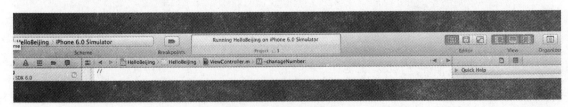

图 5-9　打开调试控制台

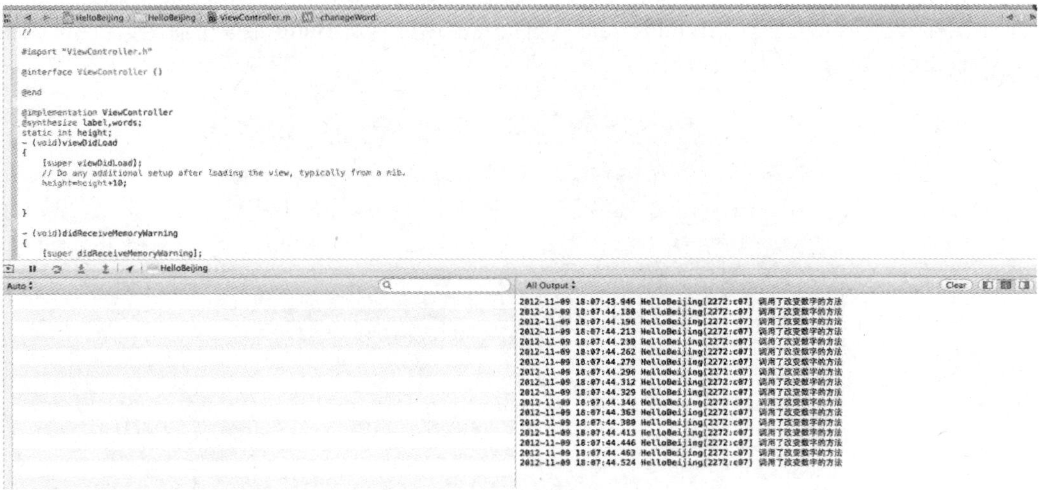

图 5-10　调试控制台

上面的调试器控制台也显示系统信息。比如：如果你的应用异常中止了，那么，你可能需要查看这里来获得更多信息。

5.4　调试 iPhone 程序

下面我们阐述如何调试 iPhone 应用程序。

5.4.1　程序中的错误

假设下述程序中的 sliderValue 被写成了 slideValue：

```
-(IBAction) changeNumber:(id)sender{
    UISlider *slider=(UISlider*)sender;
    label.text =[NSString  stringWithFormat:@"%f",slide.value];//设置数字为滑动条的值
    NSLog(@"调用了改变数字的方法");
}
```

那么，当你单击"Build"之后，你会看到如图 5-11 的错误信息。

图 5-11　构建错误

在窗口的下面，左边显示了一个错误和一个警告，右边也显示了同样的信息。你可以双击右边

红色的小图标，这时就打开了"Build Results"窗口（你也可以从 Build 菜单中启动）。该窗口显示了错误信息和警告信息，如图 5-12 所示。

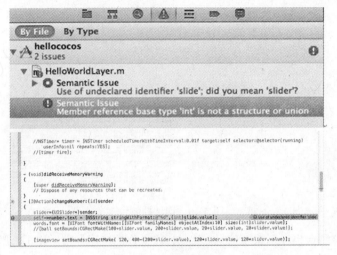

图 5-12　构建结果窗口

5.4.2　断点调试

你可以在程序上的某一行设置断点，从而，当你调试程序时，系统会暂停在这一行。这时，你可以检查很多内容，比如：变量值是否符合你的预期。一般而言，你总是设置断点在你怀疑的代码行上。当然，如果你在程序的第一行设置一个断点，然后选择逐行执行，那么，你可以逐行执行你的整个代码。下面我们来演示如何使用断点调试功能。

设置断点。在代码的左边，点击需要设置断点的行，你就会看到一个蓝色的小条块被添加上去。这就成功设置了断点，如图 5-13 所示。

图 5-13　设置端点

单击 "Build and Debug" 按钮来调试程序。因为你所设置的端点是在 changeNumber 方法内。只有当划动滑动条时，该方法才被调用。所以，首先显示的是正常的 iPhone 应用窗口，如图 5-14 所示。划动滑动条，系统就跳到那个设置的断点，如图 5-15 所示。

图 5-14　应用程序启动

图 5-15　执行到断点

在 xcode 的最下方就是调试器窗口，如图 5-16 所示。

我们先看看调试器窗口的结构。在左上方，是整个调用栈（call stack）。类似 Java 的调用栈，列出了一步一步的调用过程，最近的在最上面。你可以点击下面的各个调用。如图 5-17 所示，点击了第一个调用 main。在右上方，是各个变量和值。你可以展开各个变量，比如：self。你可以看到你所定义的各个属性信息，如图 5-18 所示。

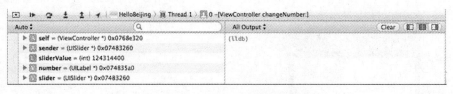

图 5-16　调试器（Debugger）窗口

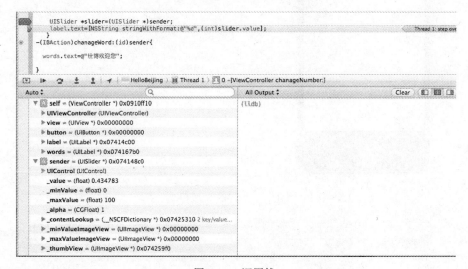

图 5-17　调用栈

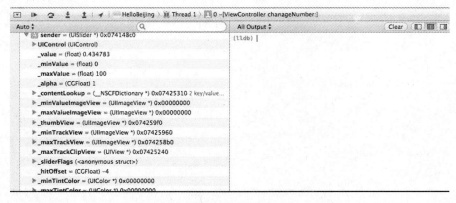

图 5-18　变量区

在下方是代码信息。当你把光标移动到各个变量时，代码下面就会显示当前的值，如图 5-19 所示。在"Build and Debug"按钮一栏，你会看到各个调试的按钮。同大多数调试工具类似：

● Step Over：执行下一行代码。如果当前行是方法调用，则不会进入方法内部。

● Step Into：进入方法里面。

- Step Out：跳过当前方法，即：执行到当前方法的末尾。
- Continue：继续执行当前代码。如果有下一个断点，就停在下一个断点。

你单击"Step Over"，程序执行到下一行，如图 5-20 所示。如果你把光标放到 sliderValue 的位置，你就能看到新设置的值，如图 5-21 所示。

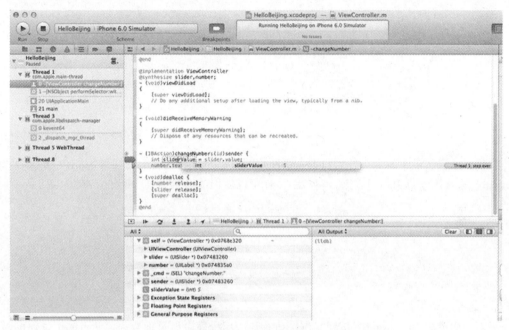

图 5-19　显示变量值

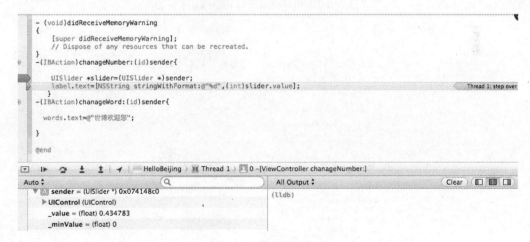

图 5-20　单步执行代码

图 5-21　变量值显示

如果你设置了多个断点，你想查看各个断点的信息，可以在导航栏选择 Show　the Breakpoint Navigator 来显示断点窗口。在断点窗口中，你可以启用或者禁用某个断点，如图 5-22 所示。

图 5-22　端点窗口

最后，你单击"Continue"按钮来继续执行该应用程序。如果你要去掉断点的话，你可以右击这个断点，从弹出菜单上选择"Delete Break Point"即可，如图 5-23 所示。

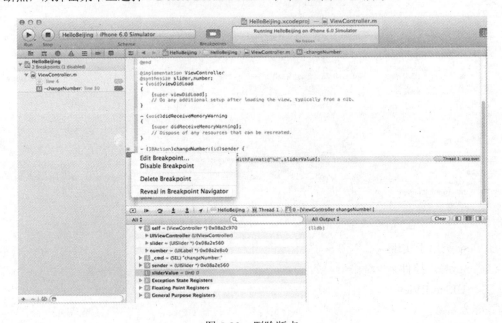

图 5-23　删除断点

第6章 视图和绘图

本章我们阐述如何在 iOS 上画图和显示图像。图形和图像是基于视图（view），所以我们首先阐述视图的基本概念。

6.1 视图（View）

iPhone 手机上的窗口就是 UIWindow 类的一个实例，一个手机应用只有一个 UIWindow，如图 6-1 所示。其中的第一栏是状态栏，包含了时间、信号强度等信息。一个窗口内有多个对象，比如：我们所添加的滑动条和文字信息（"北京欢迎您"）。每个这样的对象（比如：滑动条）叫做一个视图（view），它们本身就是在 iPhone 窗口上的一个方框（当你拖动这些对象到窗口时，你会看到这个方框）。视图在窗口之内，每个视图只有一个超视图（superview）。一个视图里面可以有子视图（subview），比如：按钮、文本输入框等。

图 6-1　手机应用的窗口

6.1.1　UIView

UIView 类用于实现视图。图 6-2 显示了 Objective-C 上的类层次结构。按钮、滑动条等叫做控件（UIControl）。控件是 UIView 类的子类，比如：UIButton 类用于实现按钮，UISlider 用于实现滑动条、UIScrollView 用于实现滚动视图等。除了 UIControl，UIView 的子类还有表视图（UITableView）、工具栏（UIToolbar）、图像视图（UIImageView）、文本（UILabel）等等。

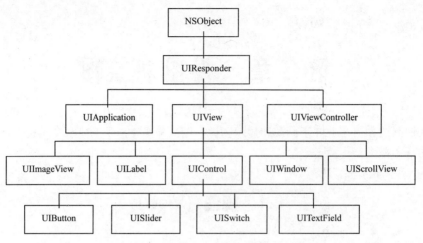

图 6-2　类层次结构

UIView 提供了方法来添加和删除子视图。一个视图可以有多个子视图，这些子视图按照顺序放在父视图下。

```
   - (void)addSubview:(UIView *)view; //添加子视图
   - (void)removeFromSuperview;// 从父视图上删除子视图（自己）
   - (void)insertSubview:(UIView *)view atIndex:(int)index;//按照顺序添加子视图
   - (void)insertSubview:(UIView *)view belowSubview:(UIView *)view;
   - (void)insertSubview:(UIView *)view aboveSubview:(UIView *)view;
   - (void)exchangeSubviewAtIndex:(int)indexwithSubviewAtIndex:
(int)otherIndex;
```

从内存管理的角度，父视图总是保留（retain）它的子视图，所以子视图本身可以调用 release 方法来释放自己。当你不希望一个视图在窗口上出现时，你可以调用 UIView.hidden=YES 来实现。

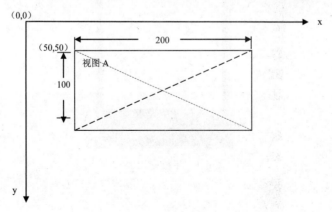

图 6-3　窗口坐标

既然视图是窗口上的一个区域，那么，视图就有位置、大小信息。如图 6-3 所示，在 iPhone 窗口上，坐标起始点在左上方。x 轴在上方，y 轴在左侧。整个 iphone 屏幕是 320*480。表 6-1 所示是视图相关的结构。

表 6-1　视图相关的结构

结构名称	属性	功能
CGPoint	{x,y} 坐标信息	视图所在的坐标信息
CGSize	{width,height} 宽度和高度	视图所在的大小信息
CGRect	{origin,size} 上面两个结构的综合	视图所在的坐标和大小信息。坐标是指视图最左上 的点的位置，如图：（50,50）。宽度 200、高度 100。

下面表 6-2 所示是上述结构相关的函数。

表 6-2　结构相关的函数

函数名称和参数	例子

CGPointMake (x, y)
声明位置信息
	CGPoint point = CGPointMake (50.0, 50.0);
	point.x = 50.0;
	point.y = 50.0;

CGSizeMake (width, height)
声明大小信息
	CGSize size = CGSizeMake (200.0, 100.0);
	size.width = 200.0;
	size.height = 100.0;

CGRectMake (x, y,width, height)
声明位置和大小信息
	CGRect rect = CGRectMake (50.0, 50.0, 200.0, 100.0);
	rect.origin.x = 50.0;
	rect.size.width = 200.0;

6.1.2　Frame 和 Bound

视图的位置和大小可以用两种方式来表示：Frame（框架）和 Bound（界限）。

● Frame（框架），即按照其父视图为起点，得出它自己的位置信息。

● Bound（界限），即按照它自己为起点，得出其位置。

比如：图 6-4 显示了两个视图。视图 A 是深色（灰色）部分，视图 B 是浅色（黄色）部分。视图 A 包含着视图 B。

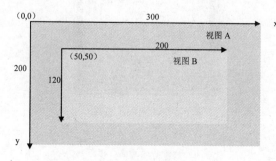

图 6-4　视图的位置和大小

表 6-3 列出了两种方式的位置和大小信息。

表 6-3　Frame（框架）和 Bound（界限）的位置和大小信息

视图	Frame 方式	Bound 方式
视图 A	origin：0,0 size：300,200	origin：0,0 size：300,200
视图 B	origin：50,50 size：200,120	origin：0,0 size：200,120

其实，系统内部存放的是图的中心点位置和大小信息。Frame 方式的信息是按照中心点位置计算出来的。当我们创建一个视图时，我们往往采用 Frame 方式。当我们旋转一个视图或者处理视图事件时，我们大多采用 Bound 方式。

6.1.3　添加视图实例

在上一章的基础上，你在窗口上添加一个新按钮，这个按钮调用一个动态创建视图的方法。最后的结果如图 6-5 所示。下面是添加步骤：

01 在 ViewController.h 文件中添加一个新方法来创建一个新视图。

```
-(IBAction) createView  : (id)sender;
```

结果如图 6-6 所示。

图 6-5　动态添加视图

图 6-6 .h 文件

02 在 ViewController.m 中实现上述方法，代码如下：

```objc
-(IBAction) createView : (id) sender{
    CGRect frame = CGRectMake(50, 200, 200, 20);//新加视图的位置
    UILabel *label =[[UILabel alloc]initWithFrame:frame];  //一个文本标签
    [self.view addSubview:label];         //添加到窗口上
    [label setText:@"这是动态加上去的视图"];
    [label release];
}
```

结果如图 6-7 所示。

图 6-7 .m 文件

03 在窗口中添加一个按钮，命名为"显示动态视图"，如图 6-8 所示。

04 连接按钮的"Touch Up Inside"事件到 ViewController 类上的 createView 方法，如图 6-9 所示。

05 最后执行该应用程序，如图 6-5 所示。

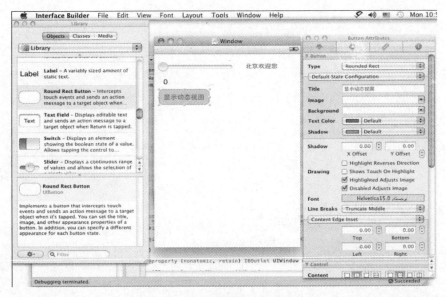

图 6-8　添加一个新按钮

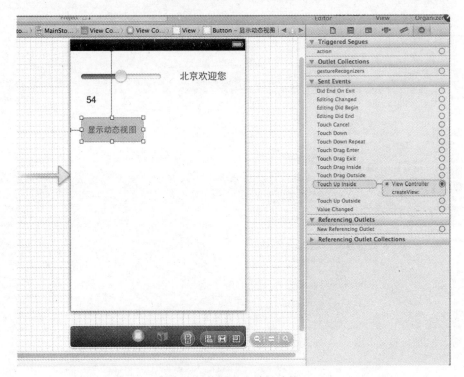

图 6-9　事件和方法的连接

6.2 UIImage 和 UIImageView

在本节，我们讲述如何动态地画图。即使你对于画图不感兴趣，你还是要掌握本节中所讲述的 drawRect 方法。你会在很多程序中看到该方法的调用。

许多 UIView 的子类，比如：UIButton 或 UITextField，他们的形状是系统固定的，也就是说，他们知道怎么在界面上画出形状。有时，你也需要绘制自己的图形。你可以使用 UIImageView 类显示一个静态的图形，你也可以通过代码动态的绘制一个图形。

绘图并不难，UIKit 提供了一些方便的方法，但是，完整的 API 是由 Core Graphics（核心图形）提供，通常被称为 Quartz 或 Quartz 2D。Core Graphics 是

iOS 绘图的核心。UIkit 绘图功能是建立在它之上。Core Graphics 是由低层次的 C 函数组成。本章带您熟悉基本的原理，有关完整的信息，可以参考苹果的 Quartz2D Programming Guide。

一个图形的绘制是必须在 graphics context（图形上下文）里。简单来说，graphics context 是一个你可以绘制图形的地方，在某些情况下，graphics context 是预先提供好的，但在其它情况下，你可能需要自己获取或创建它。Core Graphics（核心图形）绘图功能需要你指定一个上下文（context）去绘制，所以 graphics context 可能成为当前的上下文。UIKit 中的 Objective-C 绘图方法通常绘制在 current context 上。如果你有一个 context，你想在上面绘制图形，但它不是 current context，那么你可以通过 UIGraphicsPushContext 把它设置成 current context（但完成后一定要通过 UIGraphicsPopContext 恢复回来）。

通过使用 UIImage 类，你可以在界面上显示各种格式的图片，如：TIFF，JPEG、GIF 和 PNG。在简单的情况下，应用程序包中的一个图形可通过 UIImage 类的 imageNamed 方法获得。这个方法寻找指定名称的一个图形文件，读取它，并生成一个 UIImage 实例。这种做法的一个好处是系统帮助你管理内存。图像数据可能缓存在内存中，如果你在后面的程序中寻找相同的图像（即：调 imageNamed 方法），缓存的数据可以立即被访问。你也可以用类方法 imageWithContentsOfFile，从而在你的应用程序包的任何位置上读取图像文件。你还可以使用实例方法 initWithContentsOfFile。还有其它很多方式可以获得一个 UIImage。UIImage 提供了以下不同的方法来读取图像（从而创建图像对象）：

```
//从应用程序上读取图像，参数为文件名（文件已经复制在应用中）
+[UIImage imageNamed:(NSString *)name]
//从文件系统上读取图像，参数为完整文件名（包括路径信息）
-[UIImage initWithContentsOfFile:(NSString *)path]
-[UIImage initWithData:(NSData *)data] //从内存中读取图像数据
```

除了读取图像外，UIImage 还可以生成一个 bitmap 图像。比如，用户在某一个应用程序的窗口上画了一个图，然后应用程序可以将该图保存为一个 bitmap 图像。大概的步骤如下：

```
- (UIImage *) saveToImage:(CGSize)size {
    UIImage *result = nil;
    UIGraphicsBeginImageContext (size);
    // ……调用画图的代码
    result = UIGraphicsGetImageFromCurrentContext(); //捕获所画的图
    UIGraphicsEndImageContext();
    return result;
}
```

另外，你也可以使用如下方法将图像转换为 PNG 或者 JPEG 格式。

```
NSData *UIImagePNGRepresentation (UIImage * image);
NSData *UIImageJPGRepresentation (UIImage * image);
UIImages 也提供了 drawRect 方法，所以，开发人员可以调用下述方法来画图：
- [UIImage drawAtPoint:(CGPoint)point]
- [UIImage drawInRect:(CGRect)rect]
- [UIImage drawAsPatternInRect:(CGRect)rect]
```

显示一个 UIImage 非常简单，只需把它交给 UIImageView 即可。如果你是在 nib 中创建一个 UIImageView 实例（即：拖动一个 Image View 到 nib 上），那么，你不需要写任何代码，直接在 UIImageView 中指定该图像的文件名即可。一个 UIImageView 实际上有两个图像，一个是正常显示时的图形（在 image 属性上设置），一个是高亮选择之后的图形（在 highlightedImage 属性上设置）。后一个属性是可选的。一个没有背景颜色和指定图像的 UIImageView 是不可见的，所以你可以创建一个空的 UIImageView，在代码中设置各种属性。

一个 UIImageView 如何绘制图形取决于它的 contentMode 属性（contentMode 属性继承自 UIView，在后面将会详细讲解）。例 UIViewContentModeScaleToFill 是指图像的高度和宽度设置为视图的高度和宽度，不管你怎么改变图像的宽高比，总是完全填充整个视图。UIViewContentModeCenter 是指图像绘制在视图的中心，而不改其大小。

当你在代码中创建一个 UIImageView，你可以使用 initWithImage:方法来设置图像。默认的 contentMode 属性是 UIViewContentModeScaleToFill。你可能需要调整 UIImageView 的框架，使它在父视图中的位置是正确的。下面的例子中，我将把一个照片放在窗口的中心：

```
//case1
UIImageView* iv =
    [[UIImageView alloc]initWithImage:[UIImage imageNamed:@"Mars.png"]];
[self.view addSubview: iv];
iv.center = self.view.center;
```

运行的结果如图 6-10 所示。

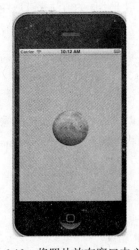

图 6-10　将照片放在窗口中心

对于双分辨率屏幕的设备（如 iPhone4 的 Retina 显示屏），你还可以提供一个文件（其文件名后面有@2x）。在这种情况下，应用程序同时包含单分辨率和双分辨率的图像文件。在双分辨率的显示设备上，双分辨率图像被调用（大小与单分辨率图像相同），图像看起来更清晰。苹果文档说，如果一个 UIImageView 被指定了多个图像（正常显示下的图像和高亮显示的图像），那么它们必须有相同的 scale 属性值。

6.2.1 UIImage 和图形上下文

UIGraphicsBeginImageContext 的功能是创建一个 grahpics context 来绘制图形，并使 grahpics context 成为 current context （当前活动的，可以绘制图形的 context）。调用 UIGrapicsGetImageFromCurrentImageContext 可以使上下文（context）转化为一个 UIImage，然后调用 UIGraphicsEndImageContext 来释放 context。这时，你就有可显示在一个 UIImageView 上的一个 UIImage ，或者在 graphics context 上面画这个 UIImage。

你可以使用 UIImage 的一些方法把 UIImage 画到 current context 上。我们现在知道了如何获取一个图像 context，然后使它成为 current context，下面，我将并排显示（绘制）两个图片：

```
//case 2  并排显示（绘制）两个图片
UIImage* mars = [UIImage imageNamed:@"Mars.png"];
CGSize sz = [mars size];
UIGraphicsBeginImageContext(CGSizeMake(sz.width*2, sz.height));
[mars drawAtPoint:CGPointMake(0,0)];
[mars drawAtPoint:CGPointMake(sz.width,0)];
UIImage* im = UIGraphicsGetImageFromCurrentImageContext();
UIGraphicsEndImageContext();
```

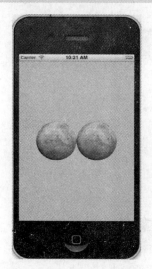

图 6-11　两张并排的火星图形　　　图 6-12　两张不同大小的火星图形合成

如果现在把图片 im 传递给可见的 UIImageView，则图片会显示在屏幕上（如图 6-11 所示），代码如下（我们在代码中创建了 UIImageView）：

```
UIImageView* iv = [[UIImageView alloc] initWithImage:im];
[self.window addSubview: iv];
```

```
iv.center = self.window.center;
```

UIImage 的其它一些方法可以让你将图形扩展到你画的矩形区域，并可以指定两个图像的混合模式。为了说明这一点，我将使用混合模式，把一个图像显示在另一个比它大两倍的图像上，如图 6-12 所示。

```
//case 3
UIImage* mars = [UIImage imageNamed:@"Mars.png"];
CGSize sz = [mars size];
UIGraphicsBeginImageContext(CGSizeMake(sz.width*2, sz.height*2));
[mars drawInRect:CGRectMake(0,0,sz.width*2,sz.height*2)];
[mars drawInRect:CGRectMake(sz.width/2.0, sz.height/2.0, sz.width, sz.height)
          blendMode:kCGBlendModeMultiply alpha:1.0];
UIImage* im = UIGraphicsGetImageFromCurrentImageContext();
UIGraphicsEndImageContext();
```

没有一个 UIImage 方法可以在 UIImage 上面截取一个矩形块，也就是说提取原始图像上一个较小的区域。我们可以通过指定一个较小的 graphics context，使所需的区域分开。比如，要获得火星图形的右半边，你需要使你的 graphics contex 只有火星图形一半的宽度，然后使火星图像左移，这样就只有右半部分在你的 graphics context 上。这样火星的左半边就没有画出来，如图 6-13 所示。

```
//case 4
UIImage* mars = [UIImage imageNamed:@"Mars.png"];
CGSize sz = [mars size];
UIGraphicsBeginImageContext(CGSizeMake(sz.width/2.0, sz.height));
[mars drawAtPoint:CGPointMake(-sz.width/2.0, 0)];
UIImage* im = UIGraphicsGetImageFromCurrentImageContext();
UIGraphicsEndImageContext();
```

图 6-13　火星图形的半边

在双分辨率的设备上，为了要显示一个双高分辨率的图像，你必须调用 UIGraphicsBeginImage-ContextWithOptions 而不是 UIGraphicsBeginImageContext。第三个参数是 scale。如果是 0.0，则为当前设备提供正确的 scale。此功能在 iOS4.0 中引入的，如果在早期的版本中运行，你就需要测试它是否存在：

```
if (&UIGraphicsBeginImageContextWithOptions)
    UIGraphicsBeginImageContextWithOptions(sz, NO, 0.0);
else
    UIGraphicsBeginImageContext(sz);
```

6.2.2　CGImage

UIImage 类的 Core Graphics 版本是 CGImage（确切说是 CGImageRef)，这两个类之间很容易进行转换，一个 UIImage 类有一个 CGImage 属性，该属性访问 Quartz 图像数据。你可以调用 imageWithCGImage 或者 initWithCGImage 方法，从而从 CGImage 里生成一个 UIImage。

一个 CGImage 可以在一个图像的矩形区域里创建一个新的图像。我将演示把火星图像分裂成两半，并分别绘制这两半部分，如图 6-14 所示。

```
//case 5  火星图像分裂成两半
UIImage* mars = [UIImage imageNamed:@"Mars.png"];
// extract each half as a CGImage
CGSize sz = [mars size];
CGImageRef marsLeft = CGImageCreateWithImageInRect([mars CGImage],
CGRectMake(0,0,sz.width/2.0,sz.height));
CGImageRef marsRight = CGImageCreateWithImageInRect([mars CGImage],
CGRectMake(sz.width/2.0,0,sz.width/2.0,sz.height));
// draw each CGImage into an image context
UIGraphicsBeginImageContext(CGSizeMake(sz.width*1.5, sz.height));
CGContextRef con = UIGraphicsGetCurrentContext();
CGContextDrawImage(con, CGRectMake(0,0,sz.width/2.0,sz.height), marsLeft);
CGContextDrawImage(con, CGRectMake(sz.width,0,sz.width/2.0,sz.height),
marsRight);
UIImage* im = UIGraphicsGetImageFromCurrentImageContext();
UIGraphicsEndImageContext();
CGImageRelease(marsLeft); CGImageRelease(marsRight);
```

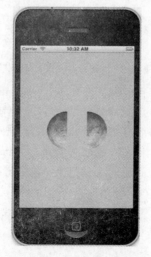

图 6-14　分成两半的火星图像

如前所述，Core Graphics 函数在一个 graphics context 里操作，这些函数要求我们指定这个

context。你在总是可以通过 UIGraphicsGetCurrentContext 来获得 current context。另外，我们也必须遵从 C 函数相应的内存管理规则，无论我们通过什么函数"创建"什么东西，之后也应调用相应的"释放"函数。

但是前面的例子中始终有一个问题：绘制的图形是上下颠倒，也叫"翻转"。当你创建一个 CGImage，并用 CGContextDrawImage 绘制的时候就会产生这种现象，这是由于本地的源 contexts 的坐标系统与目标 contexts 的不匹配的原因，其根本原因是 Mac 操作系统和 iOS 的坐标原点不同，而 Core Graphics 是来源于 Mac。有很多方法弥补这种坐标系统之间不匹配的问题，一种方法就是绘制 CGImage 成一个中间的 UIImage，然后从中提取另一个 CGImage，如下面的翻转画图工具代码。

```
//翻转画图工具
CGImageRef flip (CGImageRef im) {
    CGSize sz = CGSizeMake(CGImageGetWidth(im), CGImageGetHeight(im));
    UIGraphicsBeginImageContext(sz);
    CGContextDrawImage(
    UIGraphicsGetCurrentContext(), CGRectMake(0, 0, sz.width, sz.height), im);
    CGImageRef result = [UIGraphicsGetImageFromCurrentImageContext()
CGImage];
    UIGraphicsEndImageContext();
    return result;
}
```

使用上面的工具，我们可以正确的画出半个火星图形，代码如下：

```
CGContextDrawImage(con, CGRectMake(0,0,sz.width/2.0,sz.height),
flip(marsLeft));
CGContextDrawImage(con, CGRectMake(sz.width,0,sz.width/2.0,sz.height),
flip(marsRight));
```

另一种解决方法是基于 UIImage 里面的 CGImage 相关的方法，然后用上节提到的 UIImage 的绘制方法。这样，上面两行画图代码被下面取代：

```
[[UIImage imageWithCGImage:marsLeft] drawAtPoint:CGPointMake(0,0)];
[[UIImage imageWithCGImage:marsRight] drawAtPoint:CGPointMake(sz.width,0)];
```

另一个 CGImage 的问题是，如果有一个高分辨率版本的图像文件，CGImage 代码会在高分辨率设备上绘制一个错误的图像。原因是 UIImage 有一个 scale 属性，而 CGImage 没有。当你调用一个 UIImage 的 CGImage 方法的时候，你不能想当然的认为 CGImage 与原来的 UIImage 大小一样，一个 UIImage 的大小属性与单分辨率图像和双分辨率图像的副本是一样的，但是 CGImage 的双分辨率图像大小是单分辨率的两倍。因此，在提取所需的 CGImage 部分时，要乘以一个相应的倍数值。我们修改源代码如下（这就可以正确的绘制图像在单分辨率或者双分辨率设备上）：

```
//case 6 flip方法实现图7-24所示的效果
UIImage* mars = [UIImage imageNamed:@"Mars.png"];
CGSize sz = [mars size];
// Derive CGImage and use its dimensions to extract its halves
CGImageRef marsCG = [mars CGImage];
CGSize szCG = CGSizeMake(CGImageGetWidth(marsCG), CGImageGetHeight(marsCG));
CGImageRef marsLeft = CGImageCreateWithImageInRect(marsCG,
CGRectMake(0,0,szCG.width/2.0,szCG.height));
CGImageRef marsRight = CGImageCreateWithImageInRect(marsCG,
```

```
CGRectMake(szCG.width/2.0,0,szCG.width/2.0,szCG.height));
// Use double-resolution graphics context if possible
UIGraphicsBeginImageContextWithOptions(
CGSizeMake(sz.width*1.5, sz.height), NO, 0.0);

// The rest is as before, calling flip() to compensate for flipping
CGContextRef con = UIGraphicsGetCurrentContext();
CGContextDrawImage(con, CGRectMake(0,0,sz.width/2.0,sz.height),
flip(marsLeft));
CGContextDrawImage(
con, CGRectMake(sz.width,0,sz.width/2.0,sz.height), flip(marsRight));
UIImage* im = UIGraphicsGetImageFromCurrentImageContext();
UIGraphicsEndImageContext();
CGImageRelease(marsLeft); CGImageRelease(marsRight);
```

如果涉及到 scale，你可以调用方法 imageWithCGImage:scale:orientation 来代替 imageWithC
GImage，代码如下：

```
[[UIImage imageWithCGImage:marsLeft  scale:[mars scale]
orientation:UIImageOrientationUp] drawAtPoint:CGPointMake(0,0)];
[[UIImage imageWithCGImage:marsRight  scale:[mars scale]
orientation:UIImageOrientationUp]  drawAtPoint:CGPointMake(sz.width,0)];
```

6.2.3　drawRect 方法

对于画图，你首先需要重载 drawRect 方法，然后调用 setNeedsDisplay 方法让系统画图：

```
- (void)drawRect:(CGRect)rect; //在 rect 指定的区域画图
- (void)setNeedsDisplay;//让系统调用 drawRect 画图
```

要注意的是，你并不直接调用 drawRect 方法来画图，而是调用 setNeedsDisplay 方法。这时，
系统自动会调用 drawRect。类似于在微软的 Word 软件中画框，你可以指定框的填充色和框本身的
颜色。UIKit 提供了如下的方法：

```
UIRectFill(CGRect rect);      //填充整个框
UIRectFrame(CGRect rect);      //指定框的颜色
```

下面这个例子画一个大绿框，然后在它之内画一个黄框：

```
-(void) drawRect:(CGRect)rect{
    CGRect bounds = [self bounds];
    [[UIColor greenColor] set];
    UIRectFill(bounds); //  将 view 的框设置为绿色
    CGRect square = CGRectMake(50, 50, 100, height);//一个框
    [[UIColor yellowColor] set];
    UIRectFill(square); //将内部的框设置为黄色
    [[UIColor blackColor] set]; //将边框设置为黑色
    UIRectFrame(square);
}
```

正如上面提到的，当需要绘制一个 UIView 时，系统就调用 drawRect:方法。你可以重载该方
法，从而在界面上绘制你自己的东西。当调用 drawRect:时，当前的图形上下文已经被设置为该视
图。你可以使用 Core Graphics 函数或者 UIKit 方法开始画图。你从来都不应该自己调用 drawRect:

方法。如果视图需要更新并且你需要系统去调用 drawRect：方法，那么你应该给视图发送 setNeedsDisplay 消息。系统会在下一个适当时刻调用 drawRect 方法。

下面我将添加一个 UIView 的子类 MyView，该子类将用代码方式完成所有绘图工作：

```
MyView* mv = [[MyView alloc] initWithFrame:
CGRectMake(0, 0, self.view.bounds.size.width - 50, 150)];
mv.center = self.view.center;
[self.view addSubview: mv];
mv.opaque = NO;
```

在上面代码中，我将 UIView 实例的 opaque（不透明）属性值设置为 NO。如果不这样做，视图背景将会是黑色。当然，如果视图所填充的矩形框是不透明的，那么你可以也设置 UIView 的 opaque 值为 YES。

这些绘图操作都放在 MyView 中 drawRect:方法。当 drawRect 被调用时，当前的 Core Graphics 上下文已经是 MyView，你使用 UIGraphicsGetCurrentContext 即可获得上下文，然后在上下文中绘图。例如，我们可以在视图的两边画火星的两半部分。

```
//例 6-14 drawRect 方法实现在视图两边画火星的两半部分
- (void)drawRect:(CGRect)rect {
    CGRect b = self.bounds;
    UIImage* mars = [UIImage imageNamed:@"Mars.png"];
    CGSize sz = [mars size];
    CGImageRef marsCG = [mars CGImage];
    CGSize szCG = CGSizeMake(CGImageGetWidth(marsCG),
CGImageGetHeight(marsCG));

    CGImageRef marsLeft = CGImageCreateWithImageInRect(marsCG,
    CGRectMake(0,0,szCG.width/2.0,szCG.height));
    CGImageRef marsRight = CGImageCreateWithImageInRect(marsCG,
    CGRectMake(szCG.width/2.0,0,szCG.width/2.0,szCG.height));
    CGContextRef con = UIGraphicsGetCurrentContext();

    CGContextDrawImage(con,
CGRectMake(0,0,sz.width/2.0,sz.height),flip(marsLeft));
    CGContextDrawImage(con,
    CGRectMake(b.size.width-sz.width/2.0, 0, sz.width/2.0,
sz.height),flip(marsRight));
    CGImageRelease(marsLeft); CGImageRelease(marsRight);
}
```

在上述代码中，我们没有必要调用父类中的 drawRect，因为这里的父类是 UIView，而 UIView 的 drawRect 方法不处理任何事情。

有些人担心绘图的效率。理论上来讲，你可以把一个视图分区域，然后只是刷新需要的区域。比如：传递 rect（矩形）参数到 drawRect 中，从而指定需要刷新区域的边界。你可以调用 setNeedsDisplayInRect 方法来完成。我们要提醒读者的是，读者不需要太关注这个优化。iOS 绘图系统是高效的。一些看起来冗长的视图操作可能会迅速完成。系统知道在什么时候必须调用 drawRect：来刷新界面，而且视图的绘制操作会被暂时保存到缓冲区，因此系统可以重复使用而无需从头开始绘制。

另外，UIKit 提供了 UIColor 和 UIFont 类来设置颜色和字体。比如：

```
UIColor *redColor = [UIColor redColor];
[redColor set];//设置为红色
//下面的画图将采用红色
//......
UIFont *font = [UIFont systemFontOfSize:14.0]; //获得系统字体
[myLabel setFont:font];//设置文本对象的字体
```

6.2.4　图形上下文（Graphics Context）的状态

当你调用 CoreGraphics 函数在图形上下文中绘图时，你首先设置图形上下文，然后绘图。例如，先要画红线再画蓝线，那么，你首先设置上下文的线颜色为红色，然后画第一条线；然后你设置线颜色为蓝色，再画第二条线。从表面上看，红线和蓝线似乎是两条线各自的属性，然而，事实上是，你每次画线时，你是对整个图形上下文设置的。因此，在每个时刻，图形上下文都有个状态，该状态是该时刻所有设置的汇总；在一个时刻执行的绘图操作是按照图形上下文的设置来完成的。为了帮助你操作所有的状态，图形上下文提供一个栈来保存状态。每次调用 CGContextSaveGState 函数，上下文保存完整的当前状态到栈中；每当你调用 CGContextRestoreGState 函数，图形上下文就从栈顶取出状态（最近保存的状态）并设置为当前状态。

许多设置组成图形上下文状态，这决定在那一时刻的绘图的实现（外观和行为），类似于任何绘图应用程序。它们包括：

- 线条粗细和虚线样式：

```
CGContextSetLineWidth、CGContextSetLineDash
```

- 线端点风格和连接风格：

```
CGContextSetLineCap、CGContextSetLineJoin、CGContextSetMiterLimit
```

- 线条颜色和模式：

```
CGContextSetRGBStrokeColor、CGContextSetGrayStrokeColor、
CGContextSetStrokeColorWithColor、CGContextSetStrokePattern
```

- 填充颜色和模式：

```
CGContextSetRGBFillColor、CGContextSetGrayFillColor、
CGContextSetFillColorWithColor、CGContextSetFillPattern
```

- 阴影：

```
CGContextSetShadow、CGContextSetShadowWithColor
```

- 混合模式：

```
CGContextSetBlendMode（这可以组合你当前的绘图和原先的绘图）
```

- 全局透明度：

```
CGContextSetAlpha（单色同样有 alpha 元素）
```

- 文本特性：

CGContextSelectFont、CGContextSetFont、CGContextSetFontSize、
CGContextSetTextDrawingMode、CGContextSetCharacterSpacing

● 反走样和字体平滑是否有效：

CGContextSetShouldAntialias、CGContextSetShouldSmoothFont

上面这些设置将会在后面章节后中详细说明。

6.3 路径 (Paths)

UIImage 类用来处理图像，比如：在窗口上显示图像，从一个文件上读取图像等等。在本节，我们讲解 UIImage 和如何滚动图像。条虚线）；然后再绘制（想象为按照路径填充颜色）。路径由点到点描绘形成。把绘图系统想象成手中的笔，然后你应该首先告知系统着笔位置，设置当前点，随后，你发出一系列指令告诉笔怎么勾勒出整个路径。每一条新的路径都开始于当前点，它的终点将成为另一个路径的新的起点。下面是一些你可能会用到的路径绘图指令：

● 放置当前点（起笔）：CGContextMoveToPoint
● 描绘一条线：CGContextAddLineToPoint, CGContextAddLines
● 描绘一个矩形框：CGContextAddRect, CGContextAddRects
● 描绘一个椭圆或圆：CGContextAddEllipseInRect
● 描绘一条圆弧：CGContextAddArcToPoint, CGContextAddArc
● 用一个或两个控制点描绘一条贝塞尔曲线：CGContextAddQuadCurveToPoint,
● CGContextAddCurveToPoint
● 闭合当前路径：CGContextClosePath。这将追加一条连接路径起点和终点的
● 线段。如果你打算填充路径，你不需要此操作，系统会自动帮你实现。
● 描边或填充路径（即：把路径画出来）：CGContextStrokePath、CGContextFillPath、
  CGContextEOFillPath 或 CGContextDrawPath。如果你要同时描边和填充路径，只需要使
  用 CGContextDrawPath 函数。如果你仅仅用 CGContextStrokePath 函数首先描边，那么你
  就不能再填充它。
● 清除矩形：CGContextClearRect。该函数擦除所有矩形框内的图形。当在一个视图的
  drawRect 中调用时，它将擦除视图的背景色。如果该视图无背景色或背景色有透明度，
  结果将会是一个透明矩形；如果背景色不透明，结果会是黑色矩形。

下面的函数也只需一步简单的操作完成创建一个路径，并描边或填充路径：

CGContextStrokeLineSegments
CGContextStrokeRect
CGContextStrokeRectWithWidth
CGContextFillRect
CGContextFillRects

CGContextStrokeEllipseInRect 和 CGContextFillEllipseInRect。如果你担心已经有一个路径存在，

那么，在开始画一条路径之前，你可以调用 CGContextBeginPath 函数。许多苹果的例子都这样做。

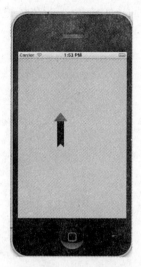

图 6-15　路径绘图

路径可以复合，意味着它可由多个独立部分组成。例如，一条简单的路径也许由两个分开的闭合形状组成：一个矩形和一个圆。当你在画路径时，你可以在中间调用 CGContextMoveToPoint 函数，就像你拿起一个画笔，在画的时候，移动到一个新的位置，从而在同一个路径中开始一个独立的部分。下面我们来看一个例子。我们将画一个向上的箭头，如图 6-15 所示。

```
//case 1
// obtain the current graphics context
CGContextRef con = UIGraphicsGetCurrentContext();

// draw a black (by default) vertical line, the shaft of the arrow
CGContextMoveToPoint(con, 100, 100);
CGContextAddLineToPoint(con, 100, 19);
CGContextSetLineWidth(con, 20);
CGContextStrokePath(con);

// draw a red triangle, the point of the arrow
CGContextSetFillColorWithColor(con, [[UIColor redColor] CGColor]);
CGContextMoveToPoint(con, 80, 25);
CGContextAddLineToPoint(con, 100, 0);
CGContextAddLineToPoint(con, 120, 25);
CGContextFillPath(con);

// snip a triangle out of the shaft by drawing in Clear blend mode
CGContextMoveToPoint(con, 90, 101);
CGContextAddLineToPoint(con, 100, 90);
CGContextAddLineToPoint(con, 110, 101);
CGContextSetBlendMode(con, kCGBlendModeClear);
CGContextFillPath(con);
```

另外，你可以使用 CGContextSaveGState 和 CGContextRestoreGState。如果一个路径需要重复使用，你可以用 CGPath 结构保存（实际上是一个 CGPathRef 结构）。你要么用 CGContextCopyPath 复制图形上下文，要么创建一个新的 CGMutablePathRef 结构（用各种 CGPath 函数组成该路径）。

UIBezierPath 类是基于 CGPath，它用于绘制某些形状的路径，以及描边、填充路径和访问当前图形上下文状态的某些设置。类似的，UIColor 类提供了设置图形上下文描边和填充色的方法。我们使用 UIBezierPath 类来重新画出上例中的箭头：

```
//case 2
UIBezierPath* p = [UIBezierPath bezierPath];
[p moveToPoint:CGPointMake(100,100)];
[p addLineToPoint:CGPointMake(100, 19)];
[p setLineWidth:20];
[p stroke];

[[UIColor redColor] set];
[p removeAllPoints];
[p moveToPoint:CGPointMake(80,25)];
[p addLineToPoint:CGPointMake(100, 0)];
[p addLineToPoint:CGPointMake(120, 25)];
[p fill];

[p removeAllPoints];
[p moveToPoint:CGPointMake(90,101)];
[p addLineToPoint:CGPointMake(100, 90)];
[p addLineToPoint:CGPointMake(110, 101)];
[p fillWithBlendMode:kCGBlendModeClear alpha:1.0];
```

在上面例子中，UIBezierPath 并没有帮助我们少写一些代码。在一些情况下，它的确比 Core Graphics 函数方便。比如：你只需要使用 bezierPathWithRoundedRect:cornerRadius:方法就能画出圆角的矩形。

6.3.1 颜色（Colors）和模型（Patterns）

颜色是 CGColor 结构（实际上是 CGColorRef 结构）。UIColor 的 colorWithCGColor:方法就同 CGColor 相关。模型是一个 CGPattern 结构（实际上是 CGPatternRef 结构）。你可以构造一个模型并且描边和填充它。在下面的例子中，我将用红蓝相间条纹来替换箭头（图 6-16 所示）的红色三角形。为实现这点，删除这行：

图 6-16　图案填充

```
CGContextSetFillColorWithColor(con, [[UIColor redColor] CGColor]);
```

在该处，添加以下几行：

```
CGColorSpaceRef sp2 = CGColorSpaceCreatePattern(NULL);
CGContextSetFillColorSpace (con, sp2);
CGColorSpaceRelease (sp2);
CGPatternCallbacks callback = {0, &drawStripes, NULL};
CGAffineTransform tr = CGAffineTransformIdentity;
CGPatternRef patt = CGPatternCreate(NULL,CGRectMake(0,0,4,4),
tr,4, 4,kCGPatternTilingConstantSpacingMinimalDistortion,true,&callback);
CGFloat alph = 1.0;
CGContextSetFillPattern(con, patt, &alph);
CGPatternRelease(patt);
```

我们从后往前读这个代码。CGContextSetFillPattern:不是设置填充颜色，而是设置填充模型，以便填充路径（三角形箭头）时使用。CGContextSetFillPattern 的第三个参数是 CGFloat 指针，第二个参数是 CGPatternRef，我们需要在这一行代码的前面构建它们，并在稍后释放它。

下面我们来讨论 CGPatternCreate 的调用。模型是一个矩形框，我们指定框的大小（第二个参数)和原点之间的空间(第四个和第五个参数)。在此例中，矩形框是 4×4 的。第三个参数是 transform（变换）。在此例中，我们不做任何变换，因此我们使用 identity transform。我们提供一个平铺规则（第六个参数）。我们必须声明是否是颜色模型。我们使用颜色模型，因此第七个参数是 true。第八个参数是一个 callback 函数的指针，该函数用来将模型画到框中。我们使用了一个指向 CGPatternCallbacks 结构的指针，该结构由数字 0 和两个指针组成。这两个指针指向两个函数，一个用来将模型绘制到框中，另一个用来释放模型。后一个是用来内存管理。

在你用颜色模型调用 CGContextSetFillPattern 之前，你必须设置上下文填充颜色空间为模型颜色空间。因此，我们创建颜色空间，将它设置为上下文填充颜色空间，并释放它。 正如我们上面提到的，我们需要一个实际绘制模型到框的函数。在我们的代码中，&drawStripes 是该函数的指针。代码如下：

```
void drawStripes (void *info, CGContextRef con) {
    // assume 4 x 4 cell
    CGContextSetFillColorWithColor(con, [[UIColor redColor] CGColor]);
    CGContextFillRect(con, CGRectMake(0,0,4,4));
    CGContextSetFillColorWithColor(con, [[UIColor blueColor] CGColor]);
    CGContextFillRect(con, CGRectMake(0,0,4,2));
}
```

上例的框是 4×4 的，我们填充它为红色，然后下半部为蓝色。把这些框紧密的平铺在一起，就得到了图 6-16 所示的条纹。还有一点要注意的是，上面的代码是将填充颜色空间设置为模型颜色空间。如果我们稍后设置填充颜色为常规颜色，这会有问题。通常的解决方法是使用 CGContextSaveGState 函数和 CGContextRestoreGState。

6.3.2　图形上下文（Graphics Context）变换（transform）

就好像 UIView 的变换一样，一个图形上下文也可以变换。在一个图形上下文上执行变换，本身不会对已经存在的绘图有影响，只会影响接下来的绘图，这会改变坐标被映射到图形上下文的方式。一个图形上下文变换被称为它的 CTM（current transformation matrix）。你应该充分利用图形上下文的 CTM。

当你获得上下文时，基本的变换已经设置好了；这就是系统能够将上下文绘图坐标映射到屏幕坐标的原因。无论你应用了什么变换函数到当前变换中，基本的变换总是有效的。通过调用 **CGContextSaveGState** 和 **CGContextRestoreGState**，在应用你自己的变换之后，你总可以返回到基本的变换。

迄今为止，我们一直在用代码实现一个向上的箭头，而且只在一个地方放置箭头，即：矩形的左上角是(80,0)。这个代码很难被重复使用。下面我们将箭头画在(0,0)处，通过将代码中所有 x 值都减去 80，就可以在任何地方画箭头了。我们首先应用变换，然后将(0,0)映射到箭头左上角。因此，为了画在(80,0)，我们可以这样做：

```
CGContextTranslateCTM(con, 80, 0);
// now draw the arrow at (0,0)
```

旋转变换非常有用，允许你按照旋转的方式绘制。然而，棘手的问题是，围绕的旋转点是原点。因此，你需要先做平移变换，将原点放置到你要围绕的点。但是，旋转后，你需要进行平移的反变换。为了说明这个操作，我们在代码里重复画几个箭头，这几个箭头按一定角度分开，绕其尾部旋转，如图 6-17 所示。首先，我们将箭头绘图封装为一个 UIImage。然后重复调用 UIImage：

图 6-17　CTM 旋转画图

```
UIGraphicsBeginImageContextWithOptions(CGSizeMake(40,100), NO, 0.0);
CGContextRef con = UIGraphicsGetCurrentContext();
// draw the arrow into the image context
// draw it at (0,0)! adjust all x-values by subtracting 80
// ... actual code omitted ...
UIImage* im = UIGraphicsGetImageFromCurrentImageContext();
UIGraphicsEndImageContext();
con = UIGraphicsGetCurrentContext();
[im drawAtPoint:CGPointMake(0,0)];
for (int i=0; i<3; i++) {
    CGContextTranslateCTM(con, 20, 100);
    CGContextRotateCTM(con, 30 * M PI/180.0);
    CGContextTranslateCTM(con, -20, -100);
    [im drawAtPoint:CGPointMake(0,0)];
}
```

我们早期在 CGContextDrawImage 上遇到的翻转问题，也可以使用变换来解决。不需要翻转绘图，我们可以翻转上下文。本质上说，我们将翻转变换运用到上下文坐标系上。你将上下文顶部向下移动，然后改变 y 坐标轴方向（通过应用 scale（缩放）变换，该变换的 y 相乘系数是-1）：

```
CGContextTranslateCTM(con, 0, theHeight);
CGContextScaleCTM(con, 1.0, -1.0);
```

上下文顶部向下移多少由你的绘图决定。因此，例如，我之前运用 flip 函数绘制火星的两半：

```
CGContextDrawImage(con,CGRectMake(0,0,sz.width/2.0,sz.height),flip(marsLeft));
CGContextDrawImage(con,
CGRectMake(b.size.width-sz.width/2.0, 0, sz.width/2.0,
sz.height),flip(marsRight));
```

对这两行，我们可以由下面这段替代：

```
CGContextTranslateCTM(con, 0, sz.height);
CGContextScaleCTM(con, 1.0, -1.0);
CGContextDrawImage(con,CGRectMake(0,0,sz.width/2.0,sz.height),marsLeft);
CGContextDrawImage(con,
CGRectMake(b.size.width-sz.width/2.0, 0, sz.width/2.0,
sz.height),marsRight);
```

6.3.3　阴影（Shadows）

为了在绘图中添加阴影，你需要在绘图前给上下文设置阴影值。阴影位置由 CGSize 表示。正向 x 和 y 轴分别为向右和向下。模糊值是正值；实验证明 12 是比较模糊，99 是太模糊以致走样。图 6-18 显示了图 6-17 所示的相同结果，在我们绘制箭头到实际上下文中之前，我们用下面这行代码给上下文设置了阴影：

```
CGContextSetShadow(con, CGSizeMake(7, 7), 12);
```

图 6-18　伴随影子的画图

6.4 点（Points）和像素（Pixels）

点是由 x 坐标和 y 坐标表示。当你在图形上下文中绘图时，你指定点画在哪里，它同设备分辨率无关。CoreGraphics 会将你的绘图很好的映射到物理输出设备上（使用基本的 CTM）。在本章中，我们将注意力集中在图形上下文点，忽略它和屏幕像素的关系。

然而，像素确实存在。像素是一个物理的显示单元。你可以获得 UIView 的 contentScaleFactor 属性值。该值要么是 1.0，要么是 2.0，因此你可以除以该值来将像素变为点。最精确的绘制垂直或水平线段的方法不是描绘路径而是填充矩形。因此，下面的代码将在设备上绘出一个完美的 1 像素宽的垂直线段：

```
CGContextFillRect(con, CGRectMake(100,0,1.0/self.contentScaleFactor,100));
```

在视图上有绘图，而不是仅仅有一个背景色和子视图(如前面章节做的)，这就称为视图上有内容。有一个 contentMode 属性与之对应。正如我之前提到的，绘图系统将尽可能避免要求一个视图从头到尾重新绘制；相反，它将使用之前绘图操作的缓存结果。因此，如果改变了视图的大小，系统也许简单的伸展或收缩，或者重新放置被缓存的绘图（如果你的 contentMode 设置指示它这样做）。

在下面的例子中，当程序启动时，首先创建 MyView 实例并且将它放在窗口中。然后，当窗口显示和界面初始化显示后，我将使用延时操作来重新设置 MyView 实例的大小：

```
- (BOOL)application:(UIApplication *)application
didFinishLaunchingWithOptions:(NSDictionary *)launchOptions {
    MyView* mv = [[MyView alloc]
    initWithFrame: CGRectMake(0, 0, self.window.bounds.size.width - 50, 150)];
    mv.center = self.window.center;
    [self.window addSubview: mv];
    mv.opaque = NO;
    mv.tag = 111; // so I can get a reference to this view later
    [self.window makeKeyAndVisible];
    [self performSelector:@selector(resize:) withObject:nil afterDelay:0.1];
    return YES;
}

- (void) resize: (id) dummy {
    UIView* mv = [self.window viewWithTag:111];
    CGRect f = mv.bounds;
    f.size.height *= 2;
    mv.bounds = f;
}
```

我们将视图的高增加了两倍，但是并没有引起系统调用 drawRect:，结果如图 6-19 所示。当然，drawRect:迟早会被调用，界面会被刷新。我们的代码并没有根据视图边界高度绘制箭头高度，只是绘制一个固定的高度。因此，箭头不仅被拉长了，而且它之后将恢复为原始大小。

图 6-19　内容自动伸展

　　原则上讲，视图的 contentMode 属性应该与视图绘制一致。例如，我们的 drawRect：代码指出箭头的大小和位置是根据视图边界原点（它的左上角）而定，那么，我们可以设置 contentMode 为 UIViewContentModeTopLeft。同时，我们还可以进一步设置为 UIViewContentModeRedraw。这将导致系统不会自动缩放和重定位缓存内容，而是调用视图的 setNeedsDisplay 方法，最后会触发 drawRect: 方法的调用来重新绘制界面。

　　另外，如果一个视图需要短暂地改变大小（比如：一个动画），那么你可能只想拉长一下图形。比如：你将视图拉大，然后回到它的原始大小（目的也许是为了引起用户的注意），那么视图内容的拉大和收缩正是你要的功能。contentMode 默认值 UIViewContentModeScaleToFill 就是为我们实现这个功能。记住，拉大和收缩的内容只是我们原先缓存的视图内容。

第7章 视图控制器、导航控制器和标签栏控制器

在第 2 章，我们讲述了 MVC 模式，并给出了如图 7-1 所示的 MVC 模型：

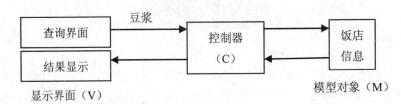

图 7-1　MVC 模型

如果从 iOS 应用开发的角度看，这个 MVC 模式等价于图 7-2 所示的模式：

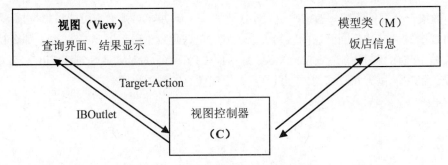

图 7-2　视图/视图控制器/模型类模式

　　MVC 模式的好处很多。首先是让你避免写一个大的类来管理所有控制。在 MVC 中，C 往往只控制一个 V。你的应用程序可能有多个 V 和 C。这种方式也提高了代码的可重用性。比如：显示界面（View）那里无需知道具体的数据模型，也无需知道数据存放的格式和位置。这些数据可能存放在文件系统上，也可能存放在数据库中。这些数据可能在本地，也可能存放在云计算平台上。所以，这个 V 就可以用在多个环境下。

　　从 iPhone/iPad 应用的角度，你可能有多个 View。比如其中一个 View 用于显示查询界面，另一个 View 用于显示结果。这时，需要一个或多个视图控制器来控制这些视图。在 iPhone 应用程序中，每个 View 经常有一个自己的视图控制器。比如：在本章中要实现的一个例子程序是关于多个城市的旅游指南，如图 7-3 所示。

　　"旅游指南"是一个视图,用于显示多个城市名称,它有其自己的视图控制器（ViewController）。

当你点击"旅游指南"上的"北京"按钮，就触发了该 view Controller 上的一个操作（selectCity 方法，如图 7-4 所示）。这个触发操作是通过 Target-Action 完成的。另外，selectCity 方法通过调用第二个视图控制器（CityDataViewControler）来显示第二个 view，从而用户看到了关于北京的更多信息。还有，视图控制器通过 IBOutlet 来操作视图上的各个对象，比如：第二个窗口上的文本对象（北京）。在实际应用中，关于北京的信息往往放在一个模型对象中，视图控制器从模型类上读取这些信息。

图 7-3　iPhone 例子

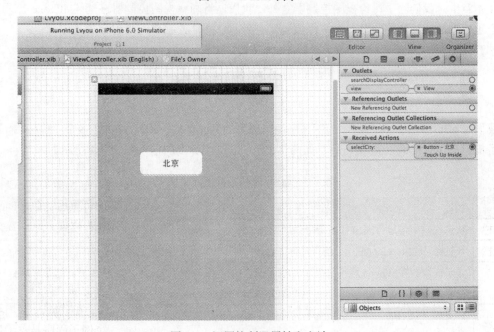

图 7-4　视图控制器属性和方法

图 7-5　视图控制器

还有一点要说明的是，视图控制器的"File's Owner"本身代表视图控制器类。比如：图 7-5 中的"File's Owner"代表了 CityDataViewControler 类。顾名思义，视图控制器类本身是一个文件，那么该文件的属主就是视图控制器。

在本章中，我们除了讨论视图控制器之外，我们还将围绕视图控制器来阐述 iPhone 应用程序的几个重要部件：导航控制器和标签栏控制器。后两个部件控制着应用程序的总体流程。

7.1　应用界面结构

我们以 eBay 的手机应用程序为例，来说明应用的界面结构。eBay 提供了多个手机应用，从而方便手机用户在 iPhone 上购买商品，如图 7-6 所示。这个界面的层次如表 7-1 所示。

表 7-1　eBay 手机应界面的层次

层次	功能
第一栏	状态栏：电信运营商信息、信号强弱信息、时间、电池信息等。我们一般很少修改这一栏信息。
第二栏	导航栏。比如：eBay 应用上的查看商品（View Item）一栏。点击左边的 search 按钮，返回查询界面。
当中部分	显示内容。在 iPhone 应用开发上，有时把它叫做"content view（内容视图）"。这是应用程序的主要部分。比如：eBay 应用在这个部分显示某个商品信息，或者显示商品列表。
最后一栏	标签栏（Tab Bar）用于切换到不同页。在 eBay 应用上，search 是用于显示查询页面，My eBay 是用于显示用户的定制页面。标签栏类似于微软 Windows 操作系统上的任务栏（用于多窗口切换）。每个窗口是一个不同的功能。

图 7-6　eBay 手机应用例子

因为 iPhone 可显示的界面比较小，所以，开发人员应该使用 master-detail（主细）方式。如图 7-7 所示的通讯录应用，在前一页上显示某一个总的目录信息（比如：我的联系人姓名列表），然后，当用户选择某一个项目时，再显示该项目的详细信息（比如：某一个联系人的具体信息）。导航栏就是完成目录/细节的切换。在简介一页上，单击左边的"全部联系人"按钮就返回到上一页。

极大多数 iphone 应用程序都采用类似的结构。在 iPhone 应用程序上，整个屏幕应该尽量显示用户所关心的数据，而不是一堆按钮。按钮往往在最下面或者最上面。

图 7-7　通讯录应用

7.2　UIViewController

正如我们在上一节中提到的，视图控制器（UIViewController 类）是整个应用程序的中枢控制部件，每个视图都有一个视图控制器。视图上的对象（如：文本输入框、文本字段 Label）可以是视图控制器类上的 IBOutlet 属性，视图控制器通过这些 IBOutlet 属性来控制界面上的对象。另外，对象的事件也可以触发视图控制器上的方法。你自己所创建的视图控制器都是 UIViewController 的子类。除了覆盖 UIViewController 上的一些方法（如：viewDidLoad 方法，该方法在视图被装载之前调用）外，你一般都会定义自己的属性和方法。

7.2.1　定义视图控制器

如图 7-8 所示，在 Xcode 中，你可以从 "File" 菜单下选择 "New File" 来定义你自己的视图控制器。比如，图 7-8 定义了 CityDataViewControler 视图控制器类。

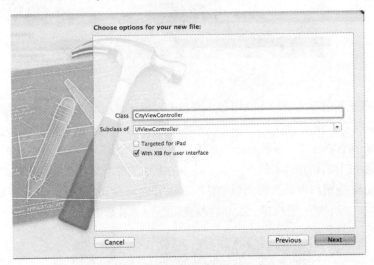

图 7-8　创建视图控制器

在创建完视图控制器类之后，你可以手工添加各个属性和方法。下面是两个视图控制器类的头文件。CityDataViewControler.h 定义了一个用于显示城市名称的属性：

```
#import <UIKit/UIKit.h>
@interface CityDataViewControler : UIViewController {
    IBOutlet UILabel *cityName; //对应着视图上的城市名称 Label
    NSString *city; //城市名称属性
}
@property (copy) NSString *city;
@end
```

ViewController.h 定义了一个用于城市选择的方法：

```
#import <UIKit/UIKit.h>
@interface cityViewController : UIViewController {
}
- (IBAction) selectCity : (id) sender; //在选择某个城市后所调用的方法
@end
```

在代码中，你使用 init 来声明一个视图控制器，比如：

```
cityViewController *viewController = [[cityViewController alloc] init];
viewController.title = @"旅游指南"; //设置视图的标题
```

7.2.2　视图控制器中的视图

如图 7-5 所示，每个 UIViewController 都有一个 view 属性，也就是视图控制器控制的视图。当你在 Xcode 中创建视图控制器类时，你可以选择：同时生成该视图控制器的 XIB。这时，系统自动为你创建了与之相关的 view。在有些情况下，你可能希望自己设置该视图控制器的 view。那么，你可以在视图控制器类的 loadView 方法中来设置。系统自动调用 loadView，即：你不需要在任何代码中调用。下面是一个 loadView 的例子：

```
- (void)loadView
{
    MyView *myView = [[MyView alloc] initWithFrame:frame];
    self.view = myView;
    [myView release];
}
```

你有时需要在代码中设置 View 上的一些对象的值。这时，你应该修改 viewDidLoad 方法。比如：下面的代码设置了城市的名称：

```
#import "CityDataViewControler.h"
@implementation CityDataViewControler
@synthesize city;
....
- (void)viewDidLoad {
    cityName.text = city;
    [super viewDidLoad];
}
```

7.2.3　视图控制器生命周期

一个视图控制器具有一个生命周期，包括从初始化到视图显示。下面是视图控制器的一些重要的方法：

```
- (id)initWithNibName:(NSString *)nibName bundle:(NSBundle *)bundle;// 初始
化
- (void)viewDidLoad;//装载视图前
//下面是视图马上要出现前调用的方法。如果你需要从云计算平台获取数据，或者
//显示一些 "正在装载" 的图标（在游戏程序中经常看到），在这个方法内实现
- (void)viewWillAppear:(BOOL)animated;
//这是视图马上要从屏幕上出现时调用的方法。如果你需要在用户退出前保存用户//的状态信息，你就应该使用这个方法
- (void)viewWillDisappear:(BOOL)animated;
```

你可以将应用的状态信息保存在 NSUserDefaults 中，然后，在 viewWillAppear 方法中读取这些状态信息。比如，在下面的例子中，前一个方法读取了该用户的工资信息，后一个方法保存了工资信息：

```
- (void)viewWillAppear:(BOOL)animated{
    float theValue = [[NSUserDefaults standardUserDefaults] floatForKey:
@"salary"];
}
- (void)viewWillDisappear:(BOOL)animated{
    //....获取想要保存的值
```

```
        //float    theValue =…
        //保存在 NSUserDefaults 下，比如：保存一个浮点数
        [[NSUserDefaults  standardUserDefaults] setFloat: theValue
forKey:@"salary"];
    }
```

另外一点需要说明的是，如果在 NSUserDefaults 里面找不到数据，上述代码就返回 0。

7.2.4　支持旋转手机功能

UIViewController 类的 shouldAutorotateToInterfaceOrientation 方法返回 "是否支持手机旋转功能"。比如：下述方法设置了该手机应用只支持水平方向（横向）：

```
    - (BOOL) shouldAutorotateToInterfaceOrientation:
(UIInterfaceOrientation)interfaceOrientation
    {
        return (interfaceOrientation == UIInterfaceOrientationPortrait);
    }
```

下述方法设置了：除了上下颠倒之外，其他方位都支持：

```
    - (BOOL) shouldAutorotateToInterfaceOrientation:
(UIInterfaceOrientation)interfaceOrientation
    {
        return
(interfaceOrientation !=UIInterfaceOrientationPortraitUpsideDown);
    }
```

当你设置整个视图控制器可以旋转时，你还需要考虑视图/子视图是否可以响应相应的旋转。如图 7-9 所示，在 Interface Builder 里面，你可以设置 Autosizing（自动调整大小）。

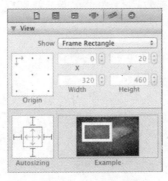

图 7-9　指定旋转设置

另外，你可以在程序中设置视图的自动调节大小参数，比如：

```
    view.autoresizingMask = UIViewAutoresizingFleXIBleWidth |
UIViewAutoresizingFleXIBleTopMargin;
```

上述代码的功能是，在旋转时，允许水平方向和上面自动伸缩。有兴趣的读者可以自己在程序里面试一试。在前面的章节中，你已经完成了几个视图控制器类的应用程序。对视图控制器还陌生的读者，可以参考前面例子中的代码。

7.3　导航控制器（UINavigationController）

很多 iPhone 应用程序都使用导航控制器，比如：通讯录应用。导航控制器（UINavigationController）是 UIViewController 的子类，由 UIKit 提供。从 iphone/ipad 应用程序的角度，导航控制器就是控制一些视图控制器，从而控制整个应用的数据流和控制流。导航控制器所管理的视图控制器之间是分层关系（或者是主-细关系），如图 7-10 所示。导航控制器使用堆栈的方式来管理多个视图控制器。

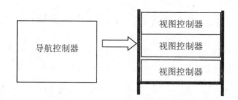

图 7-10　导航控制器所管理的视图控制器之间是分层关系

7.3.1　堆栈式管理

在通讯录应用中（参见图 7-11），当用户选择一个人名（Zhenghong Yang）时，就把下一个视图控制器（用于显示该人的电话信息，标题为"简介"）推（push）到堆栈中，当你回到上一个窗口（全部联系人）时，就把栈顶的视图控制器弹（pop）出来。除了管理多个视图控制器之外，导航控制器也负责导航栏的信息，比如：用于添加更多联系人的"+"按钮。

图 7-11　导航控制器和视图

UINavigationController 有很多属性。在术语上，我们把第一个视图控制器的视图（在上例中，"全部联系人"的当中部分，属性名为 view）叫做顶部视图控制器视图。每个视图控制器可以有一个标题（属性名为 title），比如："全部联系人"和"简介"。在"简介"视图控制器上（如图 7-10 右图所示），左上角有一个返回按钮，按钮的名字就是前一个视图控制器的标题。

UINavigationController 提供了两个方法来管理堆栈。比如：当你调用下一个视图控制器，即：从一个页面切换到另一个页面，比如：用户选择了某个联系人名字。你应该使用下面的方法将下一个视图控制器（从用户的角度，即：下一页）推到堆栈中：

```
- (void)pushViewController:(UIViewController *)viewController
animated:(BOOL)animated;
```

当用户点击返回按钮来返回到上一个视图控制器时，popViewControllerAnimated 就会被调用。另外，当一个视图控制器被弹出后，如果 retain count 变为 0 的话，该视图控制器就被自动释放。

```
- (UIViewController *)popViewControllerAnimated:(BOOL)animated;
```

UINavigationController 还提供了下述方法来替换堆栈中的所有视图控制器（不常用）：

```
- (void)setViewControllers:(NSArray *)viewControllers
animated:(BOOL)animated;
```

我们会在下一节的实例中具体讲解上述方法的使用。正如上述，每当选择一个联系人时，我们就将下一个视图控制器推到堆栈中。那么，第一个视图控制器在哪里被推到堆栈中呢？那是在应用代理类的 applicationDidFinishLaunching 方法中。比如：

```
- (BOOL)application:(UIApplication *)application
didFinishLaunchingWithOptions:(NSDictionary *)launchOptions {
    //创建一个导航控制器
    navController = [[UINavigationController alloc] init];
    //viewController 是第一个显示的视图控制器
    cityViewController *viewController = [[cityViewController alloc] init];
    viewController.title = @"旅游指南";  //设置第一个视图的标题
    //把第一个视图控制器推到堆栈中
    [navController pushViewController:viewController animated:NO];
    [viewController release]; //释放内存
    //把导航控制器的视图放到 window 下
    [window addSubview:navController.view];
    [window makeKeyAndVisible];
    return YES;
}
```

当用户要看明细时，你把下一个视图控制器推到堆栈中。比如：在我们的例子中，当用户点击"北京"按钮，系统就调用下面的操作（通过 Target-Action）完成，该操作就把下一个视图控制器（用于显示北京的旅游信息）推入堆栈中：

```
-(IBAction) selectCity : (id) sender{
    CityDataViewController *cityDataViewControl
            = [[CityDataViewController alloc] init]; //创建第二个视图控制器
    cityDataViewControl.title = @ "北京欢迎您"; //设置第二个视图控制器的标题
    //把第二个视图控制器推入堆栈中
    [self.navigationController pushViewController:cityDataViewControl
animated:YES];
    [cityDataViewControl release]; // 释放内存
}
```

当用户点击返回按钮时，系统自动调用 popViewControllerAnimated 来弹出当前的视图控制器。所以，开发人员无需自己调用 popViewControllerAnimated 方法。

7.3.2　在两个页之间导航实例

下面开发一个实际的导航控制器程序来演示上一节中提到的内容。第一页（视图）显示了城市信息，选择一个城市后，就显示第二页（视图），即该城市的旅游信息，结果如图 7-12 所示。

图 7-12　导航控制器应用程序实例

从 iPhone 程序的角度，就是两个视图控制器和其管理的 View。第一页是 cityViewController，第二页是 CityDataViewControler。导航控制器控制这两个视图控制器之间的切换。下面是开发步骤：

01　创建一个 Single View Application 项目，如图 7-13 所示。你也可以选择"基于导航的应用"。这会为你自动创建一个名叫 RootViewController 的根视图控制器，并自动生成了一些代码（比如：把导航控制器的视图放到窗口的视图内）。选择"基于窗口的应用"可以让你自己创建视图控制器。

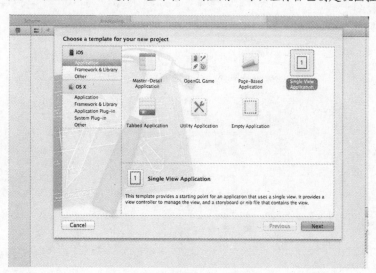

图 7-13　创建一个项目

02　输入项目名称。如图 7-14 所示。点击 Next 按钮，如图 7-15 所示。

03　双击 ViewController.xib 文件。如图 7-16 所示。

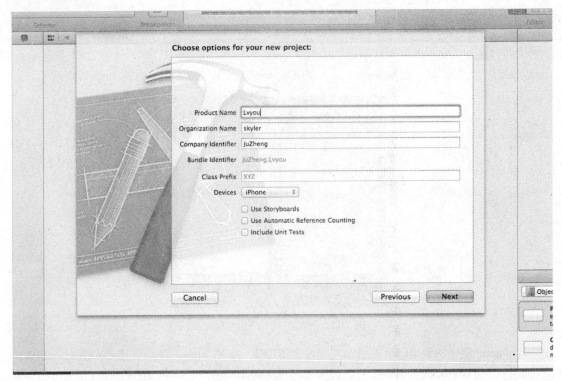

图 7-14　创建项目名称

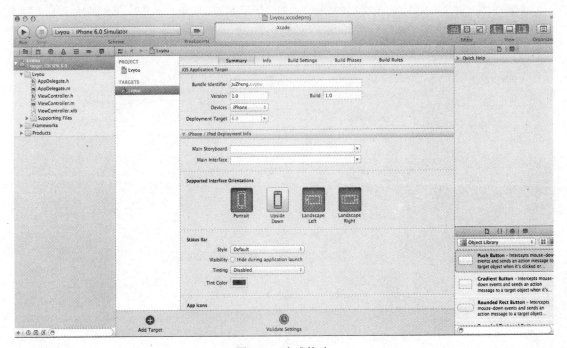

图 7-15　完成构建

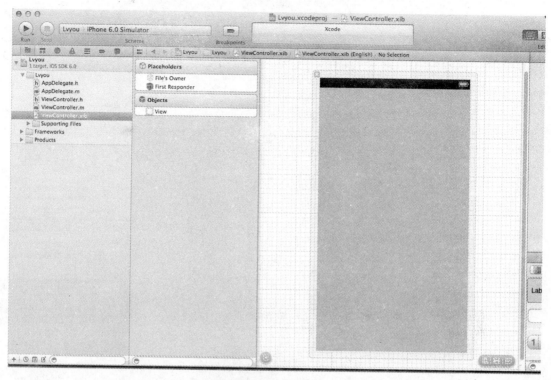

图 7-16　.xib 文件

04 为了演示方便，在视图上添加一个按钮来显示一个城市。修改按钮的标题为"北京"，如图 7-17 和图 7-18 所示。在实际应用中，你应该使用表视图显示一系列城市。我们在下一章阐述表视图。

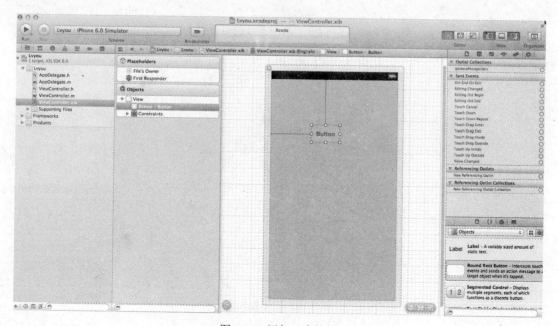

图 7-17　添加一个按钮

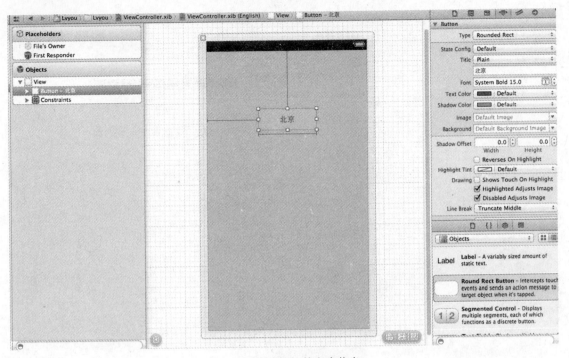

图 7-18　修改按钮的文本信息

05　保存项目。如图 7-19 所示，在 ViewController.h 文件中添加一个方法 selectCity:

   - (IBAction)　selectCity : (id) sender;

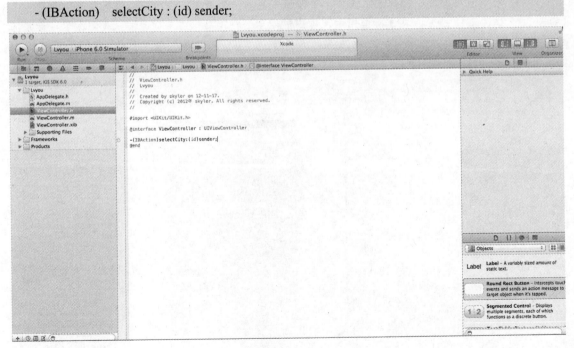

图 7-19　添加新方法

06 当用户点击"北京"按钮时，就应该调用上述方法。如图 7-20 所示，从北京按钮那里关联到"File's Owner"的 selectCity 方法（事件）：选择事件 selectCity。

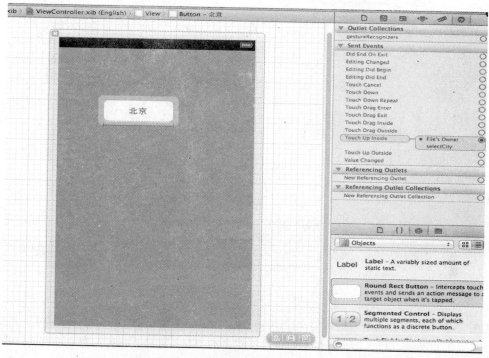

图 7-20　关联按钮到 selectCity 事件

07 如图 7-21 所示，在"File's Owner"的连接（Connections）上，你就可以看到上述的连接信息。

图 7-21　连接信息

08 创建第二个视图控制器。如图 7-22 所示。

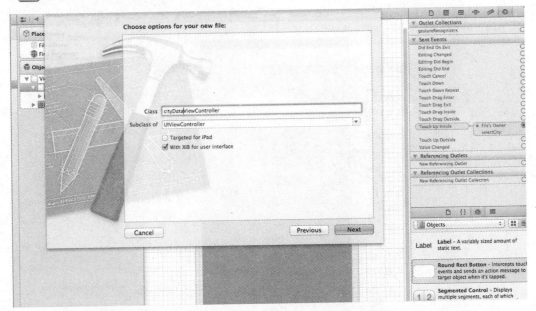

图 7-22　创建显示城市详细信息的视图控制器

09 在第二个视图控制器的视图上，添加一个 Label，修改文字为北京的介绍信息。如图 7-23 所示。在实际应用中，城市的介绍信息应该从模型类中读取。这些数据可能在本地的文件系统上，也可能在云计算平台上。

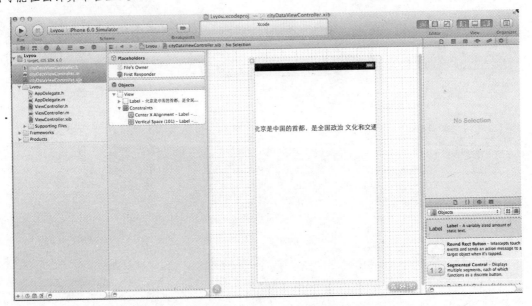

图 7-23　添加一个显示文本信息的 Label

10 最后添加代码。如图 7-24 所示，在 AppDelegate.h 上，添加一个对象。代码如下：

```
#import <UIKit/UIKit.h>
@class ViewController;
@interface AppDelegate : UIResponder <UIApplicationDelegate>
@property (strong, nonatomic) UIWindow *window;
@property (strong, nonatomic) ViewController *viewController;
@end
```

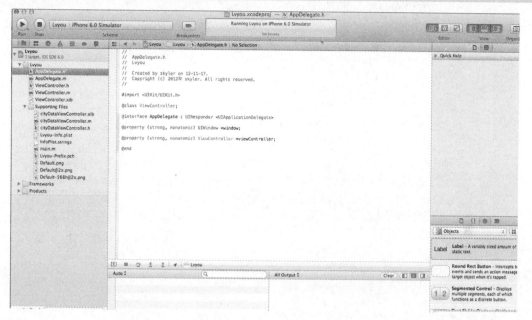

图 7-24　应用委托程序代码

11 如图 7-25 和图 7-26 所示，在 AppDelegate.m 中，添加#import "ViewController.h"和导航控制器代码如下：

```
#import "AppDelegate.h"
#import "ViewController.h"
@implementation AppDelegate
@synthesize window;
@synthesize viewController;
- (void)dealloc
{
    [window release];
    [viewController release];
    [super dealloc];
}

- (BOOL)application:(UIApplication *)application
didFinishLaunchingWithOptions:(NSDictionary *)launchOptions
{
    self.window = [[[UIWindow alloc] initWithFrame:[[UIScreen mainScreen]
bounds]] autorelease];
    // Override point for customization after application launch.
    self.viewController = [[[ViewController alloc]
initWithNibName:@"ViewController" bundle:nil] autorelease];
    self.window.rootViewController = self.viewController;
    [self.window makeKeyAndVisible];

    UINavigationController *navContorll=[[UINavigationController
alloc]init];//初始化导航控制器
    viewController=[[ViewController alloc]init];//声明一个视图控制器
```

```
        viewController.title=@"旅游指南";//设置第一个视图控制器的标题
        [navContorll pushViewController:viewController animated:NO];//把第一个视图
推入到堆栈中
        [viewController release];//释放内存
        [window addSubview:navContorll.view];//把导航控制器放到window下
        [window makeKeyAndVisible];
        return YES;
    }
    ......
```

图 7-25　导航器代码

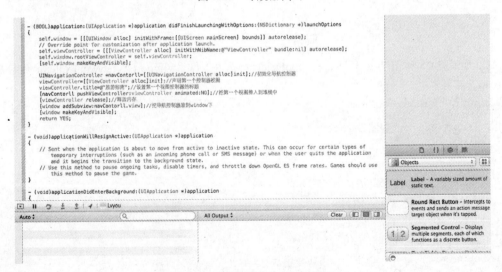

图 7-26　释放导航控制器对象

12 当单击"北京"按钮后，就调用第二个视图控制器。所以，如图 7-27 所示，在第一个视图控制器的类上，添加调用第二个视图控制器（cityDataViewControl）的代码如下：

```
#import "ViewController.h"
#import "CityDataViewControler.h"
@implementation cityViewController
-(IBAction) selectCity : (id) sender{
CityDataViewControler *cityDetailControl
```

```
        = [[CityDataViewControler alloc] init]; //声明第二个视图控制器
  cityDetailControl.title = @ "北京欢迎您"; //设置第二个视图控制器的标题
  //把第二个视图控制器推入堆栈中
  [self.navigationController pushViewController:cityDetailControl
  animated:YES];
  [cityDetailControl release]; // 释放内存
  }
```

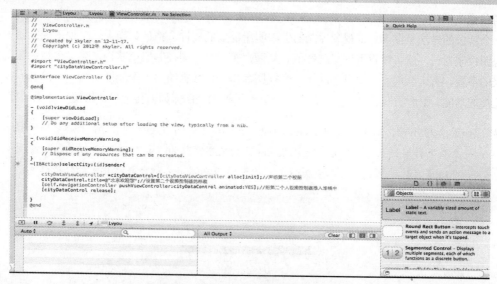

图 7-27　调用第二个视图控制器代码

13　运行代码，就可以看到如图 7-28 所示的结果。当你点击北京按钮，就切换到下一页来显示北京的详细信息。点击"旅游指南"按钮就返回前一页。

图 7-28　运行结果

另外，你还可以修改返回按钮的文字信息。默认情况下，这是前一个视图控制器的标题。如果标题过长或者有其他要求，你可以修改这个按钮的标题信息。比如，修改"旅游指南"为"所有城市"。

7.3.3 在两个页之间传递数据

我们经常需要在两个页之间传递数据。比如，在上述的例子中，旅游指南视图下可能包含多个城市信息，那么，当用户选择某一个城市（比如：北京）时，我们希望把所选择的城市信息传递给下一个视图，从而第二个视图可以根据传过来的城市信息显示该城市的详细旅游信息（比如：北京的旅游信息）。

一个常规的做法是在下一个视图控制器上声明所需要的属性。然后，当上一个视图控制器调用下一个视图控制器时，就可以设置这些属性值。从而，第二个视图控制器就获得了第一个视图控制器传递过来的参数。有人会问，如果我想从第二个视图那里回传数据给第一个视图，那应该怎么办呢？这是委托类的功能。下面我们看一个例子，来体会第一个视图控制器如何传递参数给第二个视图控制器。

● 如图 7-29 所示，双击 CityDataViewControler.xib，拖一个 Label 到 View 上。它用于显示从前一个页面传递过来的参数值。把这个 Label 的文字修改为"城市名称"，因为前一个页面传递一个城市名称过来。在第二个页面上，你可以根据城市名称来显示相应的介绍信息。

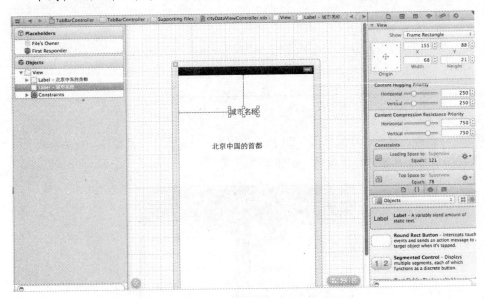

图 7-29　新加一个 Label

● 在 CityDataViewControler.h 文件中添加一个 outlet（cityName），用于关联 View 上刚刚创建的"城市名称"Label。另外，创建一个属性"city"用于接收前一个页面传递过来的城市名称。代码如下（图 7-30 所示）：

```
#import <UIKit/UIKit.h>
@interface CityDataViewControler : UIViewController {
    IBOutlet UILabel *cityName;
    NSString *city;
}
@property (copy) NSString *city;
@end
```

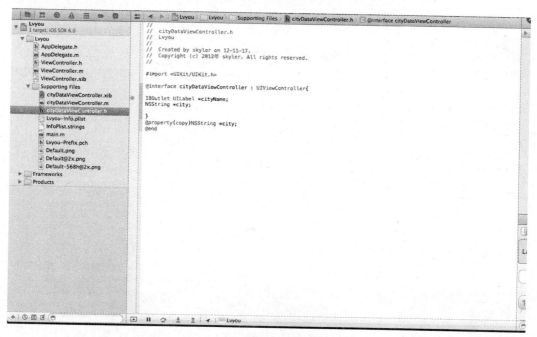

图 7-30　添加属性

● 如图 7-31，设置 cityName 属性到视图上的"城市名称"标签的关联，结果如图 7-32 所示。

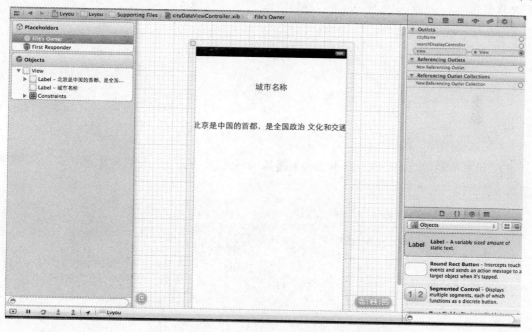

图 7-31　关联 Outlet 到视图上的 cityName 标签

图 7-32　连接信息

01 在第二个视图控制器类上，通过 @synthesize 实现属性的设置和获取。然后在 viewDidLoad 方法上设置视图上的"城市名称"为 city 属性的值：

```
#import "CityDataViewControler.h"
@implementation CityDataViewControler
@synthesize city;
....
- (void)viewDidLoad {
    cityName.text = city;
    [super viewDidLoad];
}
....
```

02 如图 7-33 所示，在第一个视图控制器的 selectCity 方法上，设置要传递给第二个视图控制器的参数值。代码如下：

```
-(IBAction) selectCity : (id) sender{
    CityDataViewControler *cityDataViewControl
            = [[CityDataViewControler alloc] init];
    cityDataViewControl.title = @ "北京欢迎您";
    cityDataViewControl.city = @"北京";//设置传递给下一个视图控制器的参数值
    [self.navigationController pushViewController:cityDataViewControl
animated:YES];
    [cityDataViewControl release];
}
```

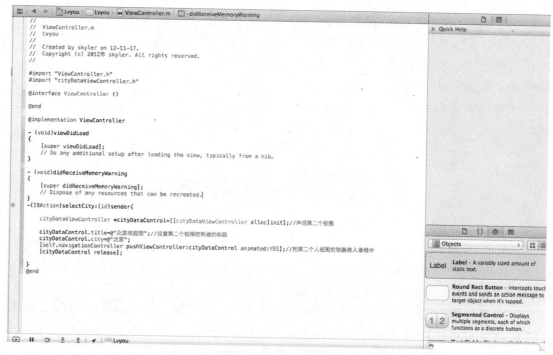

图 7-33 在两个视图控制器之间传递参数

03 运行这个程序。结果如图 7-34 所示，"北京"值被传递到第二页上。

图 7-34 运行结果

7.3.4 UINavigationItem 和 UIBarButtonItem

我们可以定制导航栏。比如：在 eBay 应用的导航栏上的 Watching、Buying 和 Selling 按钮，如图 7-35 所示。每个视图控制器都可以定义一个 UINavigationItem。

图 7-35　eBay 应用上的导航栏

UINavigactionItem 类就是实现这些定制的功能。这个类包含了 leftBarButtonItem（左边按钮）、rightBarButtonItem（右边按钮）和 titleView（当中部分，称为"标题视图"。在标题视图上，未必就是一个文本标题，也可以是一个或多个按钮）等属性：

当它所属的视图控制器在导航控制器所控制的堆栈的顶部时，即：该视图控制器即将要显示时，系统自动显示该视图控制器的 UINavigationItem。开发人员无需编写任何代码来调用 UINavigationIem。

UIBarButtonItem 类就是实现如图 7-35 所示的各个按钮。通过这个类，你可以指定按钮的文字、图像，和相关操作（Target-Action 模式）。另外，iPhone 上也有一些系统的按钮，你也可以通过 UIBarButtonItem 来使用系统按钮，比如：编辑按钮。我们在第 9 章讲述表视图来显示数据时使用编辑按钮。

对于 titleView 部分，你可以使用 UISegmentedControl 来定义要添加到标题视图部分的控件。图 7-36 显示了一个三段的 UISegmentedControl。代码如下：

```
UISegmentedControl *segmentedControl = ...
self.navigationItem.titleView = segmentedControl;
[segmentedControl release];
```

左边按钮	标题视图	右边按钮

图 7-36　定制类界面示意

下面我们通过几个例子来看看怎么定制导航栏的左右按钮。

7.3.5　定制返回按钮

在默认情况下，下一页上的返回按钮的文字是上一页的标题（比如：例子中的"旅游指南"）。但是，你也可以在程序中修改为其他文字（如图 7-37 所示，"旅游指南"被修改为"所有城市"）。要记住的是，返回按钮是放在上一页的视图控制器上。下面你修改 didFinishLaunchingWithOptions 代码，并使用 UIBarButtonItem 来设置一个返回按钮，如图 7-38 所示。代码如下：

```
- (BOOL)application:(UIApplication *)application
```

```
didFinishLaunchingWithOptions:(NSDictionary *)launchOptions
  {
      self.window = [[[UIWindow alloc] initWithFrame:[[UIScreen mainScreen]
bounds]] autorelease];
      // Override point for customization after application launch.
      self.viewController = [[[ViewController alloc]
initWithNibName:@"ViewController" bundle:nil] autorelease];
      self.window.rootViewController = self.viewController;
      [self.window makeKeyAndVisible];

      UINavigationController *navContorll=[[UINavigationController
alloc]init];//初始化导航控制器
      //定义名称为"所有城市"的返回按钮。该按钮无需target和action,
      //因为系统已实现了返回功能。style是显示风格
      UIBarButtonItem *backButton =
      [[UIBarButtonItem alloc] initWithTitle:@"所有城市"
              style:UIBarButtonItemStyleBordered  target:nil action:nil];

      viewController=[[ViewController alloc]init];//声明一个视图控制器
      viewController.title=@"旅游指南";//设置第一个视图控制器的标题
      //设置返回按钮
      viewController.navigationItem.backBarButtonItem= backButton;
      [backButton release];
      [navContorll pushViewController:viewController animated:NO];//把第一个视图
推入到堆栈中
      [viewController release];//释放内存
      [window addSubview:navContorll.view];//把导航控制器放到window下
      [window makeKeyAndVisible];
      return YES;
  }
  ……
```

执行应用程序。如图 7-37 所示，你会发现，返回按钮上的文字变为"所有城市"。

图 7-37　返回按钮

```
@synthesize window;
@synthesize viewController;
- (void)dealloc
{
    [window release];
    [viewController release];
    [super dealloc];
}

- (BOOL)application:(UIApplication *)application didFinishLaunchingWithOptions:(NSDictionary *)launchOptions
{
    self.window = [[[UIWindow alloc] initWithFrame:[[UIScreen mainScreen] bounds]] autorelease];
    // Override point for customization after application launch.
    self.viewController = [[[ViewController alloc] initWithNibName:@"ViewController" bundle:nil] autorelease];
    self.window.rootViewController = self.viewController;
    [self.window makeKeyAndVisible];

    UINavigationController *navContorll=[[UINavigationController alloc]init];//初始化导航控制器
    UIBarButtonItem *backButton=[[UIBarButtonItem alloc]initWithTitle:@"所有减节"
                                              style:UIBarButtonItemStyleBordered
                                              target:nil action:nil];

    viewController=[[ViewController alloc]init];//声明第一个控制添视图
    viewController.title=@"旅游指南";//设置第一个视图控制器的标题

    viewController.navigationItem.backBarButtonItem=backButton;
    [backButton release];
    [navContorll pushViewController:viewController animated:NO];//把第一个视图推入到堆视中
    [viewController release];//释放内存
    [window addSubview:navContorll.view];//把导航控制器添放到window下
    [window makeKeyAndVisible];
    return YES;
}

- (void)applicationWillResignActive:(UIApplication *)application
{
    // Sent when the application is about to move from active to inactive state. This can occur for certain types of
    //    temporary interruptions (such as an incoming phone call or SMS message) or when the user quits the application
    //    and it begins the transition to the background state.
    // Use this method to pause ongoing tasks, disable timers, and throttle down OpenGL ES frame rates. Games should use
```

图 7-38　添加一个返回按钮

7.3.6　在导航控制栏上添加系统按钮和左右按钮

如图 7-39 所示，我们首先在第一页的导航栏上添加一个"折扣信息"按钮，然后在第二页的导航栏上添加一个系统按钮。该系统按钮实现添加功能（添加的方法留给读者去实现）。

图 7-39　添加系统按钮

具体的代码说明如下：

1. 添加系统按钮

如图 7-40 所示，修改 CityDataViewControler.m 的 viewDidLoad 方法如下：

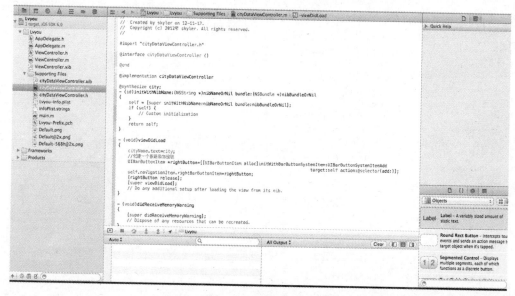

图 7-40 添加系统按钮

```
- (void)viewDidLoad {
    cityName.text = city;
    //创建一个系统添加按钮；按下后，调用视图控制器上的 add 方法
    UIBarButtonItem *rightButton = [[UIBarButtonItem alloc]
        initWithBarButtonSystemItem:UIBarButtonSystemItemAdd
        target:self  action:@selector(add:)];
    //设置为导航控制条的右边按钮
    self.navigationItem.rightBarButtonItem = rightButton;
    [rightButton release];
    [super viewDidLoad];
}
```

2. 添加左按钮

如图 7-41 所示，修改 ViewController.m 的 viewDidLoad 方法来添加一个左按钮：

```
- (void)viewDidLoad {
    //创建一个有边框的文本按钮；按下后，调用视图控制器上的 discount 方法
    UIBarButtonItem *discountButton = [[UIBarButtonItem alloc]
        initWithTitle:@"折扣信息"   style:UIBarButtonItemStyleBordered
        target:self  action:@selector(discount:)];
    //设置为导航控制条的左边按钮
    self.navigationItem.leftBarButtonItem = discountButton;
    [discountButton release]; //释放内存
    [super viewDidLoad];
}
```

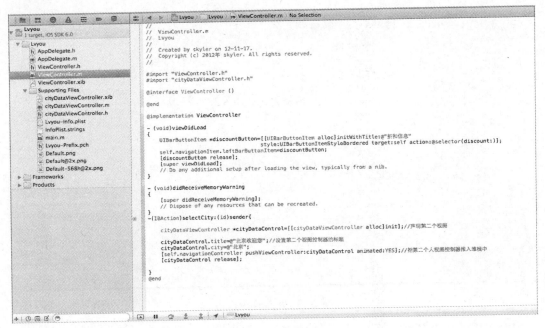

图 7-41　添加左按钮

7.4　标签栏控制器（UITabBarController）

从 iphone/ipad 应用程序的角度，标签栏控制器（UITabBarController）也是控制一些视图控制器。同导航控制器不同，标签栏控制器是用数组管理视图控制器。这些视图控制器既可以是导航控制器，又可以是一般的视图控制器。另外，这些视图控制器之间是平等关系，而不像导航控制器所管理的视图控制器之间的上下级关系。标签栏控制器和视图控制器之间是平等关系如图 7-42 所示。

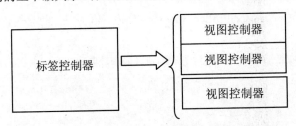

图 7-42　标签栏控制器和视图控制器之间是平等关系

在默认情况下，标签栏上显示的是各个视图的标题。当你选择某一个视图控制器时，该视图控制器就执行。当你选择另一个视图控制器时，当前视图控制器的状态被保留。非常类似于微软 Windows 操作系统中的多窗口的概念。

7.4.1　标签控制器的创建和管理

我们在下一节将创建一个标签栏控制器（参见图 7-43），它有两个标签"旅游信息"和"美食天地"。"旅游信息"就是我们上一节中所创建的导航控制器，它管理着两个视图控制器。另一个视图控制器就是用于显示美食信息的视图控制器。其管理关系如图 7-43 所示。

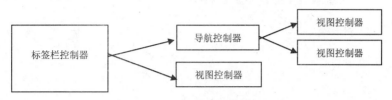

图 7-43　导航控制器的管理关系

你首先在.h 文件中声明一个标签栏控制器：

```
UITabBarController *tabBarController;
```

然后在.m 中初始化，并将所管理的导航控制器和视图控制器放到其 viewControllers 数组中：

```
tabBarController = [[UITabBarController alloc] init];
tabBarController.viewControllers = [NSArray arrayWithObjects:navController,
aViewController,nil];
```

最后将标签栏控制器的视图放到 window 下：

```
[window addSubview:tabBarController.view];
```

7.4.2　标签栏控制器实例

下面我们通过一个例子来讲解标签栏控制器的使用。如图 7-44 所示，有两个标签"旅游信息"和"美食天地"。下面你先创建一个视图控制器来显示美食信息。

01 创建另一个视图控制器，用于显示美食信息。如图 7-45 所示，创建了 MeiShiTianDi 视图控制器。

02 在新的视图控制器的视图上，添加一些按钮，如图 7-46 所示。

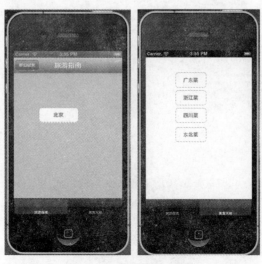

图 7-44　标签栏控制器

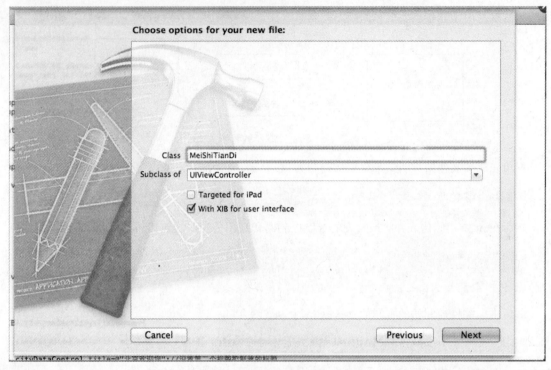

图 7-45　创建美食天地视图控制器

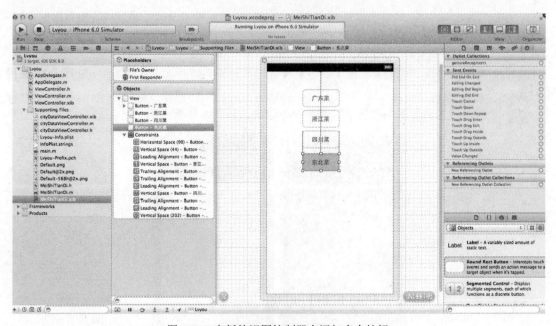

图 7-46　在新的视图控制器上添加多个按钮

03 如图 7-47，添加标签栏控制器属性到 AppDelegate.h 文件中。

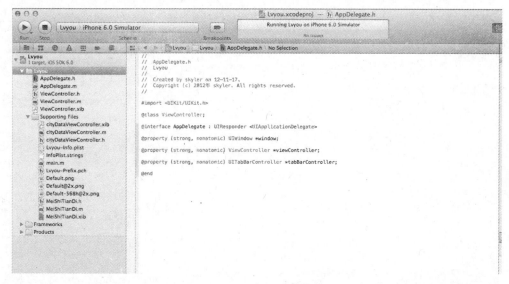

图 7-47　添加标签控制器变量

代码如下：

```
#import <UIKit/UIKit.h>
#import <UIKit/UIKit.h>

@class ViewController;
@interface AppDelegate : UIResponder <UIApplicationDelegate>
@property (strong, nonatomic) UIWindow *window;
@property (strong, nonatomic) ViewController *viewController;
@property (strong, nonatomic) UITabBarController *tabBarController;
@end
```

04 修改 didFinishLaunchingWithOptions 代码，创建一个标签栏控制器，并将导航控制器和视图控制器等放在标签栏控制器下，如图 7-48 所示。

```
#import "AppDelegate.h"
#import "ViewController.h"
#import "MeiShiTianDi.h"
@implementation AppDelegate
@synthesize window;
@synthesize viewController;
@synthesize tabBarController;
- (BOOL)application:(UIApplication *)application
didFinishLaunchingWithOptions:(NSDictionary *)launchOptions {
    self.window = [[[UIWindow alloc] initWithFrame:[[UIScreen mainScreen]
bounds]] autorelease];
    // Override point for customization after application launch.
    self.viewController = [[[ViewController alloc]
initWithNibName:@"ViewController" bundle:nil] autorelease];
    self.window.rootViewController = self.viewController;
    [self.window makeKeyAndVisible];
    tabBarController = [[UITabBarController alloc] init]; //创建一个标签栏控制
器
    MeiShiTianDi *MeiviewController =[[MeiShiTianDi alloc] init];//声明美食视
图控制器
```

```
        MeiviewController.title=@"美食天地"; //设置标题
        navController = [[UINavigationController alloc] init]; // 旧代码，声明导航
控制器

        // 将上述的视图控制器和导航控制器放到标签栏控制器的 viewController 数组中
        tabBarController.viewControllers =
        [NSArray arrayWithObjects:navController, viewController,nil];
        [viewController release];//释放内存
        UIBarButtonItem *backButton =
            [[UIBarButtonItem alloc] initWithTitle:@"所有城市"
             style:UIBarButtonItemStyleBordered   target:nil action:nil];
        cityViewController *viewController = [[cityViewController alloc] init];
        viewController.title = @"旅游指南";
        viewController.navigationItem.backBarButtonItem= backButton;
        [backButton release];
        [navController pushViewController:viewController animated:NO];
        [viewContrl release];
        //把标签栏控制器的 view 放在 window 下，而不是导航控制器的 view
        //[window addSubview:navController.view];
         [window addSubview:tabBarController.view];
         [window makeKeyAndVisible];
         return YES;
    }
......
- (void)dealloc {
    [tabBarController release]; //释放内存
    [navController release];
    [window release];
    [super dealloc];
}
```

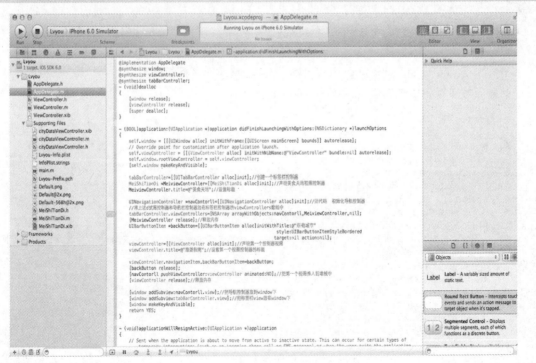

图 7-48　标签栏控制器代码

05 运行程序，你就可以在两个标签下切换，每个标签都保持最近的一个运行状态，结果如图 7-49 所示。

图 7-49　演示标签栏功能

7.4.3　UITabBarItem

我们从 eBay 手机应用上看到（如图 7-50 所示），标签栏上不仅仅有文字，而且有图标，如："Home"。其实，每个视图控制器类都有一个 UITabBarItem。通过这个类，你可以设置视图控制器在标签栏上的标题和图像。

图 7-50　标签栏上使用自己的图标

标题和图像分为两类：一个是自己的图像和文字；另一个是系统的图像和文字（比如：More是用于显示更多标签的按钮）。iPhone/iPad 提供了如表 7-1 所示的系统图像。

表 7-1 iPhone/iPad 提供的系统图像

图像	文本信息	常量值
•••	More	UITabBarSystemItemMore
★	Favorites	UITabBarSystemItemFavorites
✕	Featured	UITabBarSystemItemFeatured
★	Top 25	UITabBarSystemItemTopRated
◷	Recent	UITabBarSystemItemRecents
♟	Contacts	UITabBarSystemItemContacts
◷	History	UITabBarSystemItemHistory
▢	Bookmarks	UITabBarSystemItemBookmarks
◯	Search	UITabBarSystemItemSearch
◉	Updates	UITabBarSystemItemDownloads
⊞	Most Recent	UITabBarSystemItemMostRecent
👥	Most Viewed	UITabBarSystemItemMostViewed

下面我们给上一节中的各个标签添加一个图像。以下是执行步骤：

01 添加图像到项目中，如图 7-51 所示。

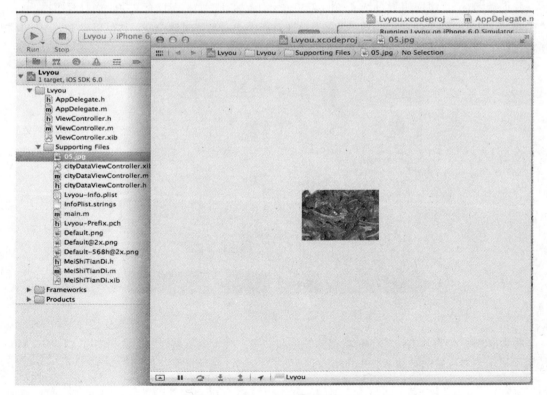

图 7-51 添加一个图像到项目上

02 如图 7-52 所示，添加 UITabBarItem 代码到 ViewController.m 的 viewDidLoad 方法下：

```
- (void)viewDidLoad {
    UIBarButtonItem *discountButton = [[UIBarButtonItem alloc]
        initWithTitle:@"折扣信息" style:UIBarButtonItemStyleBordered
        target:self action:@selector(discount:)];
    self.navigationItem.leftBarButtonItem = discountButton;
    [discountButton release];

    UITabBarItem *item = [[UITabBarItem alloc]
        initWithTitle:@"旅游指南"
//initWithTabBarSystemItem:UITabBarSystemItemBookmarks
        image:[UIImage imageNamed:@"05.jpg"]
        tag:0];
    self.tabBarItem = item;
    [item release]
    [super viewDidLoad];
}
```

图 7-52　ViewController.m

03 如图 7-53 所示，添加 UITabBarItem 代码到 MeiShiTianDi.m 的 viewDidLoad 方法下：

```
- (void)viewDidLoad {
    UIImage *tabImage = [UIImage imageNamed:@"shrimp.jpg"];
    UITabBarItem *item = [[UITabBarItem alloc]
            initWithTitle:@"美食天地"
                //initWithTabBarSystemItem:UITabBarSystemItemBookmarks
            image:tabImage
            tag:0];
    self.tabBarItem = item;
    [item release];
    [super viewDidLoad];
}
```

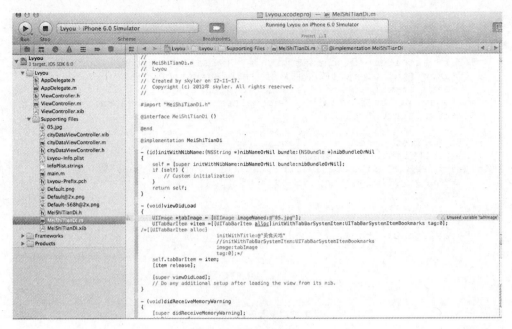

图 7-53　MeiShiTianDi.m

04 运行应用程序。结果如图 7-54 所示（左图）。在上面的代码中，我们注释了系统图像的代码。如果你换成系统图像，结果如图 7-54 的右图所示。

图 7-54　添加图像到标签栏上

我们发现，放在标签栏上的图必须是"transparent image with alpha channel"。在上述例子中，我们并没有转换这两个图形为"transparent image with alpha channel"。有兴趣的读者可以请美工使用 photoshop 这样的工具来转化。

7.5　用户界面设计

7.5.1　从用户角度进行设计

iOS 应用程序的成功，很大程度上取决于其用户界面的质量。如果用户发现应用程序不具有吸引力，又不容易使用，那么即使它是最快、最强大、功能最完整的应用程序，也会在 App Store 中沉没。

有许多方法可将一时的灵感转化为流行的应用程序，但没有必胜的独门偏方。不过，所有成功的应用程序开发，都遵循同一个指导原则：从用户角度进行设计。以下总结的策略和最佳实践，全都基于此指导原则，它们指出了在设计应用程序时，您需要遵循的一些原则和指南。当您准备好着手开发时，请务必阅读 iOS Human Interface Guidelines（用户界面指南）以获得完整的信息。

7.5.2　理解用户如何使用他们的设备

如果是刚接触 iOS，您需要做的第一步，就是自己成为 iOS 用户。然后，以用户身份（而不是开发者身份）尽可能探索 iOS 平台的特征。无论一开始您就用过基于 iOS 的设备，还是从未接触过，请在使用设备时，花时间弄清楚您的期望并分析您的操作。比如：图 7-55 给出一个页面设计分析的例子。

图 7-55　页面设计分析

例如，考虑以下的设备和软件功能，如何影响用户的体验：

iPhone、iPad 和 iPod touch 为手持设备，能够促使用户随时随地使用。用户期望应用程序能够迅速启动，并且在各种环境下都容易使用。

在所有基于 iOS 的设备上，不管设备尺寸大小，显示屏都最为重要。当用户专注于使用应用程序时，相对较小的显示屏不会构成障碍。

多触摸界面让用户无需借助别的设备（例如鼠标），就可操控内容。用户通常会有更能主导应用程序的体验，因为他们能够以触控来操控屏幕上的元素。

一次只有一个应用程序在最前面。用户可以使用多任务栏在应用程序之间迅速而轻松地切换，但是这种体验和在电脑显示器上看到多个应用程序同时打开是不同的。

一般情况下，应用程序不会同时打开几个单独窗口。相反，用户在屏幕内容之间转换，每个屏幕内容可以包含多个视图。

内建的"设置"应用程序包含用户偏好设置，用来设置设备以及在设备上运行的一些应用程序。要打开"设置"，用户必须从当前使用的应用程序切换出去，因此，这些偏好设置应该是那些"设好就不常改"的类型。大多数应用程序可以避免把偏好设置添加到"设置"中，反而在应用程序的主用户界面，给用户进行选择。

请记住，完美的应用程序需发挥其运行平台的优点，其使用体验亦要完全融合设备和平台的特性。

7.5.3　学习基本的用户界面原则

作为一名用户，当应用程序令您不清楚它是否接收到您的输入，或者弹出式窗口不明所以地在屏幕上到处冒出，您都会特别在意。在这些情况下，您在意的其实就是应用程序没有遵循用户界面的基本设计原则。

言下之意，用户界面指的是用户和设备（包括在设备上运行的软件）之间的互动。当应用程序（或设备）的用户界面按照用户实际思考和操作的方式构建时，用起来就会令人觉得很容易、很顺心。

Apple 的用户界面设计原则，归纳了人机互动的几个高层次范畴，对用户体验有着深刻影响。设计应用程序时，请记住以下用户界面设计的原则：

美学集成度。美学集成度（aesthetic integrity）不是衡量应用程序有多好看；而是看应用程序的外观和它的功能融合得有多紧密。

一致性。界面的一致性让用户把对一个应用程序的知识和技巧，应用到另一个应用程序。理想情况下，应用程序应与 iOS 标准、其本身及较早版本相一致。

直接操控。当用户直接操控屏幕上的对象（而不是透过别的控制），他们会更加专注于任务，并且更容易理解操作的结果。

反馈。通过反馈来确认用户的操作，并让他们确信处理正在进行。例如，当用户操作控制时，他们期望得到即时的反馈；进行长时间的操作时，则希望看到状态的更新。

隐喻。如果应用程序中的虚拟对象和操作，隐喻着现实世界中的对象和操作，用户会迅速理解如何使用应用程序。最适当的隐喻，会启发一种用法和体验，而不是把所基于的现实世界对象或行动的限制强加实施。

用户控制。虽然应用程序可以建议一系列操作，或者对危险的后果提出警告，但是如果不给用户做决定，则通常是错误的。最好的应用程序，会在给予用户所需的功能和帮助他们避免危险的结果之间，找到正确的平衡。

7.5.4　遵循 iOS 用户界面指南

iOS Human Interface Guidelines（iOS 用户界面指南）给出了大量指导准则，范围从用户体验的建议，到使用 iOS 技术与屏幕元素的具体规则。这一部分并不是 iOS Human Interface Guidelines （iOS 用户界面指南）的摘要；而是让你接触一些指南，有助于您设计一个成功的应用程序。

好的 iOS 应用程序，会让用户流畅地访问他们所关心的内容。为了达到这样的目的，这些应用程序整合了这些用户体验指南：

- 聚焦于主要任务。
- 让用法简单和明确。
- 使用以用户为中心的术语。
- 制作指尖大小的目标。
- 不强调设置。
- 一致地使用用户界面 (UI) 元素。
- 使用令人会意的动画来沟通。
- 仅在必要时要求用户进行存储。

用户期望应用程序整合平台的功能，例如多任务、iCloud、VoiceOver 和打印。用户可能认为这些功能是自然而然就该有的，应用程序开发者则清楚他们必须花工夫来整合这些功能。要确保应用程序为这些功能提供预期的用户体验，开发者须遵循这些 iOS 技术指南：

- 简单清晰地支持 iCloud 储存。
- 做好与多任务相关的中断和恢复准备。
- 处理本地通知和推送通知时，遵循用户的"通知中心"设置。
- 提供叙述信息，以便 VoiceOver 用户操作应用程序。
- 依赖系统提供的打印 UI，为用户带来满意的打印体验。
- 确保声音在各种情形下，都满足用户的期望。

当应用程序正确地使用 UI 元素（例如按钮和标签栏）时，用户就会专注于应用程序是否按他们所预期的方式运行。但是，当应用程序错误地使用 UI 元素时，用户很快就会表现不满。好的 iOS 应用程序，会小心遵循 UI 元素使用指南。例如：

- 确保导航栏中的返回按钮，显示上一个屏幕的标题。
- 当标签功能不可用时，不要将标签从标签栏移除。
- 避免提供"隐藏弹出式窗口"按钮。
- 当用户选择表格视图所列出的项目时，要提供反馈。
- 在 iPad 上，仅在弹出式窗口内显示挑选器。
- 使用系统提供的按钮和图标时，遵从它们定义好的含义。

设计自定图标和图像时，使用所有用户都理解的通用图像，避免复制 Apple 的 UI 元素或产品。

再次说明，本节中列出的指南，只是 iOS Human Interface Guidelines（iOS 用户界面指南）中的一部分。在应用程序开发过程中，完整阅读该文稿是非常重要的一步。

7.5.5　利用一些经过验证的设计策略

最成功的 iOS 应用程序，通常是深思熟虑、反复设计的结果。当开发者聚焦于主要任务，使功能更加精炼，是可以创建优秀的用户体验。本节总结的策略，可以帮助改进您的想法、审视设计选项，并专注于用户会欣赏的应用程序上。

（1）提炼功能列表

在设计过程中，尽早确定应用程序的功能和目标用户。使用此定义（称为应用程序定义语句）过滤掉不必要的功能，并指导应用程序的风格。虽然，功能越多应用程序就越好的想法很诱人，很多时候，却是反面教材。最好的应用程序，通常聚焦于一个主要任务，只提供用户完成该任务所需的那些功能。

（2）为设备而设计

除了整合 iOS 用户界面和用户体验的模式之外，请确定您的应用程序在设备上运行自如。如果计划开发一个通用应用程序（即同时运行在 iPhone 和 iPad 上的应用程序），这就意味着必须为每个设备设计不同的 UI，即使大多数底层代码可以是相同的。同样，如果计划采用基于网上的内容，有必要重新设计这些内容，使其看起来和感觉起来像是原生的应用程序。

（3）适当地定制

每个应用程序都包括一些自定 UI，即使只在其 App Store 图标中。iOS SDK 可以让您自定 UI 的各个方面，至于多少自定才合适就完全由您决定。最好的应用程序，会以目的明确和易用作为自定的考量。理想情况下，您想要用户觉得您的应用程序与众不同，又同时欣赏到其直观和易用，与其他应用程序保持一致。

（4）原型和迭代

在决定好包括哪些功能后，您就可以开始创建可测试的原型。早期的原型不需要显示真实的 UI 或美工图样，也不需要处理真实的内容。但是，它们需要给测试员准确的概念，知道应用程序是如何使用的。在测试过程中，要特别注意测试员尝试过但失败的地方，因为这些尝试，可以暴露出应用程序本该有却未实现的行为。继续测试直到您感到满意，认为用户可轻松理解应用程序是如何使用的，并能操作全部功能。

第 8 章　iOS 数据的输入、显示和保存

在一个 iPhone/iPad 应用中，你经常需要保存一些数据到 iPhone/iPad 上。当然，你还需要读取 iPhone/iPad 上的数据。另外，随着云计算概念的成熟化，越来越多的数据放在云上。对于 iPhone/iPad 而言，这些应用程序就需要读取互联网上的数据。本章就从这两个方面来讲解 iPhone/iPad 应用程序应该如何处理大数据量的显示和保存。

8.1　iOS 上的数据存放

在 iPhone/iPad 上，你可以存放数据在以下三个地方：

- 一个或多个文件。
- 内置的数据库。
- NSUserDefaults: 应用的属性列表。

8.1.1　属性列表（NSUserDefaults）

当存放的数据量很少时，你可以使用属性列表（即：多行的键-值对）来保存和读取数据。NSUserDefaults 就是基于属性列表的范畴。NSUserDefaults 类是一个 singleton，使用类方法 standardUserDefaults 来访问。[NSUserDefaults standardUserDefaults 返回 NSUserDefaults 对象。基于这个对象，开发人员可以保存和读取数据。setObject 就是保存数据的方法，第一个参数就是要保存的数据，该数据类型必须是 NSData、NSString、NSNumber、NSDate、NSArray 或 NSDictionary；第二个参数是一个键，比如：kNumberLocationKey，可以是各类数据类型。下面这个例子就是保存了一个键为"NumberLocation"，值为"88888888"的数据：

```
NSString *kNumberLocationKey = @"NumberLocation";
NSString *savedNumber = @"88888888";
[[NSUserDefaults standardUserDefaults]   setObject:savedNumber
forKey:kNumberLocationKey];
```

objectForKey 方法用于读取数据，参数就是键-值对中的键。下面这个例子读取上面保存的数据：

```
savedNumber = [[NSUserDefaults
standardUserDefaults]objectForKey:kNumberLocationKey];
if (savedNumber == nil) {
    ……//无法读到数据，做一些处理
}
```

根据具体的数据类型，你可以替代 objectForKey 中的 object，比如：stringForKey。同样的道

理，你可以替代 setObject 中的 object，比如：setInteger。在设置和读取数据之前（不是必须的），你可以在 NSUserDefaults 数据库中添加（注册）一行。那一行是 NSDictionary 数据。比如：

```
NSDictionary *savedNumberDict = [NSDictionary
dictionaryWithObject:savedNumber   forKey:kNumberLocationKey];
   [[NSUserDefaults standardUserDefaults]   registerDefaults:savedNumberDict];
```

8.1.2　iOS 文件系统

如果你的应用程序支持文件共享，其 Documents 目录通过 iTunes（图 20-1）可被用户使用。用户可以添加文件到你的应用程序 Documents 目录中，并且可以将文件和文件夹从你的应用程序 Documents 目录保存到计算机，也可重命名和删除其中的文件和文件夹。例如，你的应用程序的目的是显示公共文件（PDFs 或 JPEGs）。

为了支持文件共享，设置 Info.plist 的 key "Application supports iTunes file sharing"（UIFileSharingEnabled）。 一旦你的 Documents 目录通过这种方式完全暴露给用户，你很可能就不想使用 Documents 目录来保存私密文件。你可以使用 Application Support 目录。

你的应用程序可以声明它自己能够打开某一类型的文档。当另一个应用程序得到一个这种类型的文档，它可以将该文档传递给你的应用程序。例如，用户也许在 Mail 应用程序的一个邮件消息中接收该文档，那么我们需要一个从 Mail 到你的应用程序的一种方式。

为了让系统知道你的应用程序能打开某一种类型的文档，在你的 Info.plist 中配置 CFBundleDocumentTypes。它是一个数组，其中每个元素将是一个字典，该字典使用诸如 LSItemContentTypes、CFBundleTypeName、CFBundleTypeIconFiles 和 LSHandlerRank 等 key 来指明一个文档类型。例如，假设声明我的应用程序能够打开 PDF 文档。我的 Info.plist 包含如下数据（你可在标准编辑器中看到）：

```
Document types                   (1 item)
  Item 0                  (1 item)
   Document Content Type UTIs      (1 item)
    Item 0            com.adobe.pdf
```

在 Xcode 4 中，你也可以通过编辑 target （目标）来指定文档类型（切换到 Info 选项卡）。Types 域上出现 com.adobe.pdf。

现在，假设用户在一封电子邮件消息中收到一个 PDF。Mail 应用程序可以显示该 PDF，但是用户也能点击 Action 按钮，从而出现一个包含两个 Open In 按钮的操作列表。点击第二个按钮将产生第二个操作列表，我的应用程序应该会作为一个按钮出现，如图 8-1 所示。

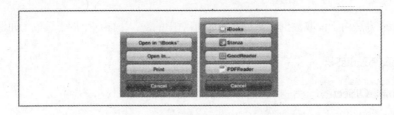

图 8-1　文档 Options 操作列表和 Open In 操作列表

现在我们假设用户点击了标志我们应用的按钮，将 PDF 传递给我的应用程序。我的应用程序委托必须实现 application:handleOpenURL:方法。此刻，我的应用程序就应该被放到最前端（要么系统启动了它，要么系统把它从后台恢复到前台）。应用程序的工作是打开该文档，该文档的 URL 已经作为第二个参数传给我们。系统也已将文档复制到我的 sandbox 的 Inbox 目录中，该目录就是为了该目的而创建的。

假设我的应用程序只有一个视图控制器，它有一个 UIWebView 的输出口，在 UIWebView 上显示 PDF 文档。应用程序委托包含如下代码：

```
- (BOOL)application:(UIApplication *)application handleOpenURL:(NSURL *)url
{
    [viewController displayPDF:url];
    return YES;
}
```

在 application:handleOpenURL:方法中，你也可能检查它是否真的是一个 PDF。如果它不是，则返回 NO。而且，我的应用程序也许正在运行，所以你需要放下正在做的任何事情，并显示到来的文档。

我的视图控制器包含了如下代码：

```
- (void) displayPDF: (NSURL*) url {
    NSURLRequest* req = [NSURLRequest requestWithURL:url];
    [self->wv loadRequest:req];
}
```

如果你的应用程序是由于打开文档而启动 application:didFinishLaunchingWithOptions:就会发送给我们的应用程序委托。第二个参数是选择项字典，它包含 UIApplicationLaunchOptionsURLKey（通常的做法是忽略该 key 并按正常方式执行）。

开始于 iOS 4.2，为了得到关于输入的 URL 的更多信息，你的应用程序委托可以实现 application:openURL:sourceApplication:annotation:方法。如果实现了，它将优先于 application:handle-OpenURL:方法被调用。

8.1.3　核心数据（Core Data）库

你可以把应用程序数据放在手机的核心数据库上。然后，你可以使用 NSFetchedResultsController 来访问核心数据库，并在表视图上显示。下面是它的常用方法：

- [fetchedResultsController objectAtIndexPath:] ：返回指定位置的数据。
- [fetchedResultsController sections]: 获取 section 数据，返回的是 NSFetchedResults-SectionInfo 数据。

NSFetchedResultsSectionInfo 是一个协议，定义了下述方法：

- numberOfSectionsInTableView: 返回表视图上的 section 数目。
- tableView:numberOfRowsInSection: 返回一个 section 的行数目。
- tableView:cellForRowAtIndexPath: 返回 cell 信息。

NSEntityDescription 类用于往核心数据库上存放数据：

```
-[NSEntityDescription
insertNewObjectForEntityForName:inManagedObjectContext:]
```

8.1.4　CoreData 实例

我们通过一个实例来看看怎么使用 Core Data，步骤说明如下：

01 创建一个基于视图的应用。如图 8-2 所示，命名为 coredata。

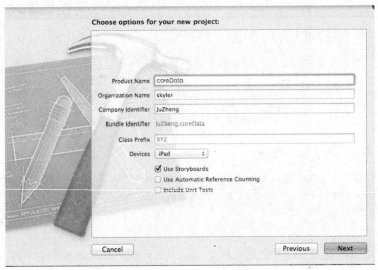

图 8-2　创建一个新项目

02 把 CoreData.framework 加到项目上。如图 8-3 和图 8-4 所示，点击 Build Phass，选择 "Link Binary Libaries"，从弹出窗口上选择 CoreData.framework。

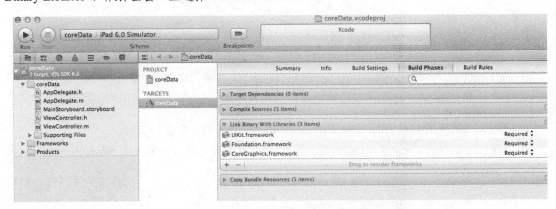

图 8-3　添加框架

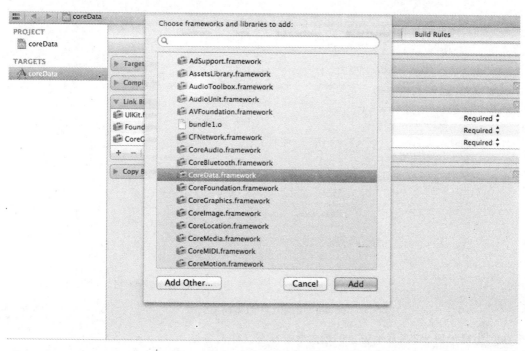

图 8-4　CoreData 框架

03 在 resource 文件夹下，添加一个新文件。如图 8-5 所示，选择 "New File"。在弹出的窗口中，选择 resource 和 data model，如图 8-6 所示。

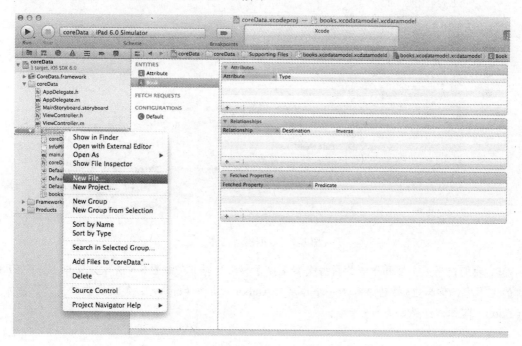

图 8-5　添加新文件

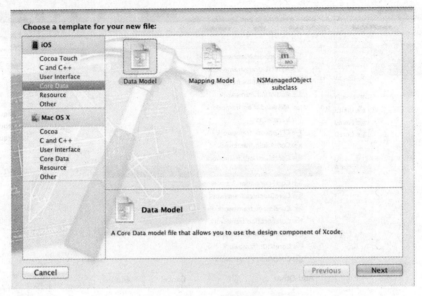

图 8-6　创建一个数据模型资源

04 出现如图 8-7 所示的窗口，输入数据模型文件的名称。

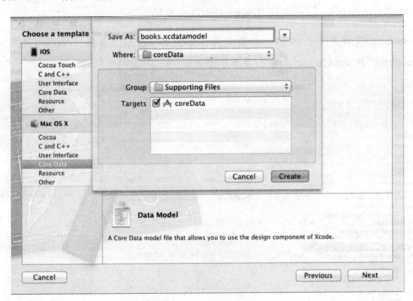

图 8-7　数据模型文件

05 我们使用一个书和作者的数据模型来演示核心数据。在如图 8-8 所示的窗口上，在 Entity 窗口的左下方，你单击+按钮来添加一个作者（Author）实体（entity）。使用同样的方法，添加书本（Book）实体，结果如图 8-9 所示。

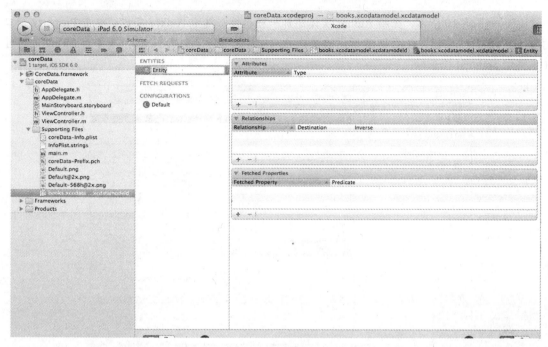

图 8-8　添加实体

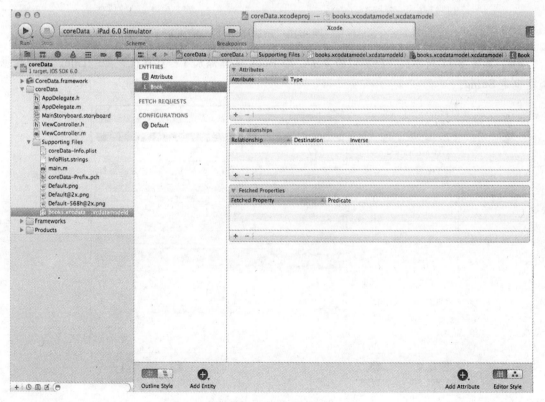

图 8-9　添加更多实体

06 如图 8-10 所示，先给 Author 实体添加一些属性。选中 Author 实体，单击 Property 窗口的左下方的 "+" 按钮。在图 8-10 所示的窗口上，你添加了一个名叫 Name，类型为 String 的属性（未选中 optional 检查框）。

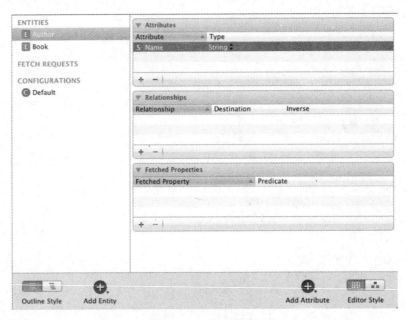

图 8-10　添加属性

07 如图 8-11 所示，按照类似的方法，给 Book 实体添加了一些属性，如：Title。它的数据类型也是 String。

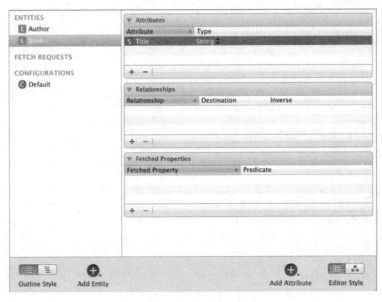

图 8-11　添加更多属性

08 为两个实体建立关系：在窗口的下面，选中一个实体，单击"Relationships"下的"+"按钮，命名关系为 wrote，Destination 为"Book"，如图 8-12 所示。

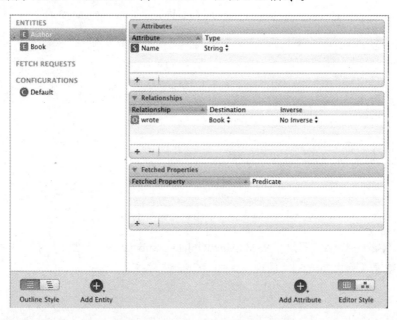

图 8-12　Author 到 Book 的关系

09 按照类似的方法，从 Book 那里建立到 Author 的关系，关系命名为 writtenBy。如图 8-13 所示，这个关系是 wrote 的关系的反关系，所以，你从 Inverse 下选择 wrote。

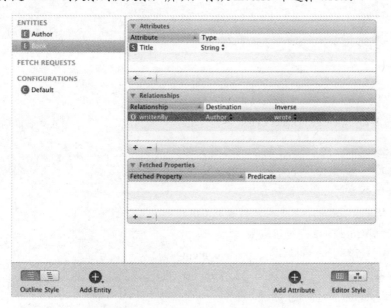

图 8-13　Book 到 Author 的关系

10 为了确保两个实体都被选中了，从菜单的 File 下选择"New File"。如图 8-14 所示。

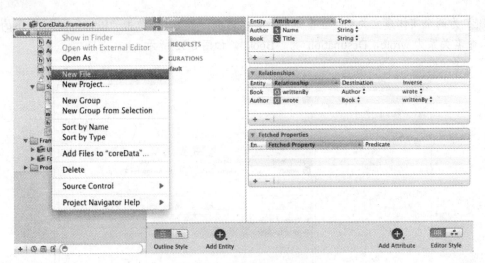

图 8-14 选中实体和连接

11 选择 "Core Data" 下的 "NSManagedObject Subclass"。如图 8-15 所示。单击 Next 按钮，选择位置信息（如图 20-16）。最后，单击 "Create" 按钮。

图 8-15 Managed Object Class

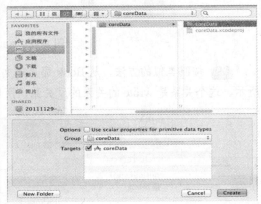

图 8-16 位置

12 在 Xcode 下，你就看到了所生成的类文件（参见图 8-17）：book.h、book.m、author.h 和 author.m。你可以查看它们的属性和方法。

13 下面编写应用代码：首先存放数据到 Core Data 那里，然后从 Core Data 那里读取数据，并通过 NSLog 显示出来。如图 8-18 所示，在 AppDelegate.h 上，你需要导入 CoreData.h：#import <CoreData/CoreData.h>。你还需要添加一个 NSManagedObjectContext 属性来管理核心数据。代码如下：

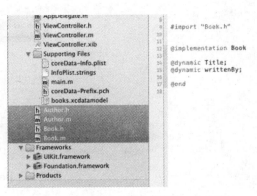

图 8-17 新生成的类

```
#import <UIKit/UIKit.h>
#import <CoreData/CoreData.h>
@class ViewController;
@interface AppDelegate : UIResponder <UIApplicationDelegate>{
    NSManagedObjectContext *managedObjectContenxt;
}
@property (strong, nonatomic) UIWindow *window;
@property (strong, nonatomic) ViewController *viewController;
@property (nonatomic, strong) NSManagedObjectContext *managedObjectContext;
@end
```

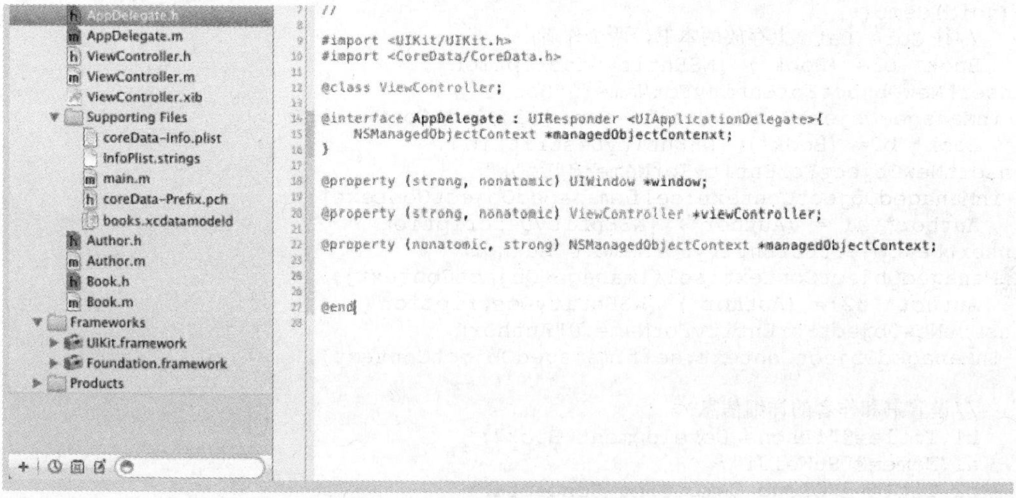

图 8-18   AppDelegate.h

如图 8-19 所示，编 AppDelegate.m 代码如下（参见代码的注释）：

```
#import "AppDelegate.h"
#import "ViewController.h"
#import "Book.h"
#import "Author.h"

@implementation AppDelegate
@synthesize window;
@synthesize viewController;
@synthesize managedObjectContext;
//重载 getter 方法
-(NSManagedObjectContext*) managedObjectContext {
    if (managedObjectContext==nil) {
        NSArray *paths= NSSearchPathForDirectoriesInDomains
(NSDocumentDirectory,NSUserDomainMask,YES);  //获取 Documents 目录
        NSString *basePath=([paths count]>0) ? [paths objectAtIndex:0] :nil;
NSURL *url = [NSURL fileURLWithPath: [basePath
stringByAppendingPathComponent:@"books.sqlite"]];  //得到 books.sqlite 文件路
径信息
        NSError *err;
        NSPersistentStoreCoordinator * persistentStoreCoordinator =
[[NSPersistentStoreCoordinator alloc] initWithManagedObjectModel:
        [NSManagedObjectModel mergedModelFromBundles:nil]];  //持久数据
```

```
        if (![persistentStoreCoordinator
addPersistentStoreWithType:NSSQLiteStoreType
    configuration:nil URL:url options:nil error:&err]) {
            NSLog(@"failed to add persistent store with type to persistent store
    coordinator");
        }
        managedObjectContext = [[NSManagedObjectContext alloc] init];
    [managedObjectContext
setPersistentStoreCoordinator:persistentStoreCoordinator];
    }
    return managedObjectContext;
}
//演示数据保存和读取的方法
-(void)demo{
    //往 Core Data 上存放两本书，两个作者
    Book* b1= (Book*) [NSEntityDescription
insertNewObjectForEntityForName:@"Book"
  inManagedObjectContext:self.managedObjectContext];
    Book* b2= (Book*) [NSEntityDescription
insertNewObjectForEntityForName:@"Book"
  inManagedObjectContext:self.managedObjectContext];
    Author* a1 = (Author*) [NSEntityDescription
insertNewObjectForEntityForName:@"Author"
inManagedObjectContext:self.managedObjectContext];
    Author* a2 = (Author*) [NSEntityDescription
insertNewObjectForEntityForName:@"Author"
  inManagedObjectContext:self.managedObjectContext];

    //设置书和作者的详细信息
    b1.Title=@"iPhone Development Book";
    a1.Name=@"SuWeiJi";
    b2.Title=@"Cloud Computing Concepts";
    a2.Name=@"Zhenghong Yang";
    //设置关系信息
    [a2 addWroteObject:b1];
    [a2 addWroteObject:b2];
    [a1 addWroteObject:b1];
    //读取数据
    NSArray* booksAuthor2Wrote=[a2.wrote allObjects];
    for(int i=0; i<[booksAuthor2Wrote count]; i++) {
        Book* tempBook = (Book*) [booksAuthor2Wrote objectAtIndex:i];
        NSLog(@"Book %@ wrote include: %@", a2.Name, tempBook.Title);
    }
    NSArray* authorOfBook1=[b1.writtenBy allObjects];
    for(int i=0; i<[authorOfBook1 count]; i++) {
        Author* tempAuthor = (Author*) [authorOfBook1 objectAtIndex:i];
        NSLog(@"The book %@ was written by: %@", b1.Title, tempAuthor.Name);
    }
}

- (BOOL)application:(UIApplication *)application
didFinishLaunchingWithOptions:(NSDictionary *)launchOptions {
    [window addSubview:viewController.view];
    [window makeKeyAndVisible];
    [self managedObjectContext];
    [self demo];//调用演示方法
    return YES;
}
```

15 执行应用程序。你会在控制台看到类似图 8-19 所示的结果。

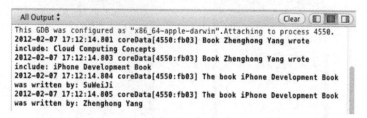

图 8-19　执行结果

8.2　表视图（UITableView）

图 8-20　通讯录

8.2.1　表视图类型

除了它的一列单元格，一个表视图可以有：

- 表可以由一个页眉视图（在顶部）开始并以一个页脚视图（在底部）结束。
- 表视图可以分成几个块（区域）。每块有一个页眉和页脚。只要该块在屏幕上，页眉和
- 页脚会一直可见，从而让用户知道目前在表视图中所在的位置。另外，表单元的右边还可以有索引。
- 表视图还可以是可编辑的，从而用户可以插入、删除和重新排序表单元。

表视图的显示风格分为两类：

- 如图 8-21 所示，不分组的显示。属性值为 UITableViewStylePlain。
- 如图 8-22 所示，分成几组的显示。属性值为 UITableViewStyleGrouped。

图 8-21 不分组显示　　　　图 8-22　分组显示

对于分组的结构，每组叫做 section（我们把它翻译为"块"，也有人翻译为"分区"或"段"）。对于图 8-20 的联系人信息，B 开头的是一块，C 开头的是一块，依此类推。在块上的每一行叫做表单元（Table Cell）。每个块可能有块头和块尾。表和块的结构如图 8-23 所示：

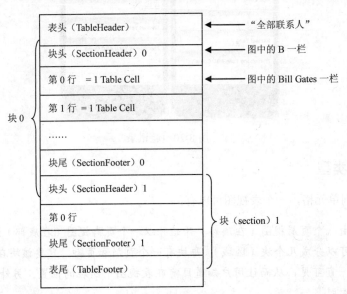

图 8-23　表和块的结构

下面我们来看一个具体的例子，如图 8-24 所示。

表头
块（0）头
第 0 行
块（1）的第 0 行
块（2）头
第 0 行
块（2）尾

图 8-24　分组实例

8.2.2　UITableViewDataSource

　　表视图是通过 UITableView 完成的。如果你有上百个联系人，那么，iPhone 应用程序应该怎么使用表视图显示这些联系人姓名呢？是一次性读入这上百个联系人？还是显示几个，读几个呢？显然，后一个方法比较节省资源。iPhone/iPad 使用 UITableViewDataSource 协议来提供后面的方法。表视图由表视图控制器提供数据，所以，表视图控制器实现（符合）UITableViewDataSource 协议（委托类）上的方法。UITableViewDataSource 提供了如下的获取块（section）和行（Row）的方法，如图 8-25 所示。

```
//获得表视图的块个数，默认返回 1。开发人员可以不实现该方法
 - (NSInteger)numberOfSectionsInTableView:(UITableView *)table;
// 必须要实现的方法，返回指定块中的行数，如果每块有固定行数，你可以使用
//switch 和 case 语句来返回各个块的行数
 - (NSInteger)tableView:(UITableView *)tableView
numberOfRowsInSection:(NSInteger)section;
 // 必须要实现的方法，返回某一行数据（即：表单元）
 - (UITableViewCell *)tableView:(UITableView *)tableView
cellForRowAtIndexPath:(NSIndexPath *)indexPath;
```

针对左边的例子：
numberOfSectionsInTableView = 5
块 0 中的行数 ＝1
块 0 行 0 的表单元 ＝ "Bill Gates"
块 1 中的行数 ＝1
块 1 行 0 的表单元 ＝ "Guo Chen"
……

图 8-25　通讯录

上面的 cellForRowAtIndexPath 方法中的 NSIndexPath 是块的编号（section）和行号（row）的组合。通过 NSIndexPath 就可以确定表单元（Table Cell）的位置。NSIndexPath 的定义如下：

```
@interface NSIndexPath (UITableView) {
    ……
    }
    + (NSIndexPath
*)indexPathForRow:(NSUInteger)rowinSection:(NSUInteger)section;
    @property(nonatomic,readonly) NSUInteger section;//块
    @property(nonatomic,readonly) NSUInteger row;//行
    @end
```

还有，因为 iPhone 的窗口比较小，所以它一次只能显示几行数据。有时后面要显示的数据很多。如果你为这么多数据创建等数量的表单元，那么，这将占用系统很多内存。一个处理方法是尽量重用表单元，以节省系统资源。也就是说，表单元的数量就是 iPhone 窗口能够显示的行数。当用户滚动上下屏幕时，使用 dequeueReusableCellWithIdentifier 方法获取一个可重用的表单元，然后把新数据放到这些表单元中。下面就是一个重用表单元的例子：

```
    - (UITableViewCell *)tableView:(UITableView *)tableView
cellForRowAtIndexPath:(NSIndexPath *)indexPath
    {
        UITableViewCell *cell = [tableView
dequeueReusableCellWithIdentifier:@"MyIdentifier"];//获取一个可重用的表单元
        if (cell == nil) {//如果没有可重用的表单元
            cell = [[[UITableViewCell alloc] initWithStyle:...
reuseIdenifier:@"MyIdenifier"] autorelease];//创建一个
        }
        cell.text = [myStrings objectAtIndex:indexPath.row]//给表单元设置文本值
        return cell;
    }

    - (void)viewWillAppear:(BOOL)animated
    {
        [super viewWillAppear:animated];
        [self.tableView reloadData];//重新装载数据，比如：当用户滚动表视图时
    }
```

8.2.3　Table Cell（表单元）

每个表单元是 UITableViewCell 对象，是表上的一行。表视图控制器的 cellForRowAtIndexPath 方法返回一个表单元。UITableView 组合各个表单元为整个表。另外，UITableViewCell 继承了 UIView，所以表单元的（内容）视图还可以具有自己的子视图。一个表单元的结构如图 8-26 所示，从左到右，一个表单元可以有一个图像，一些文字信息和一个附属视图。

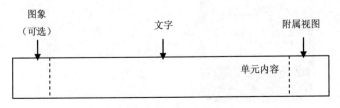

图 8-26　表单元

这个表单元的初始化方法如下：

```
- (id)initWithStyle:(UITableViewCellStyle)style reuseIdentifier: (NSString
*) reuseIdentifier;
```

对于上面方法中的 UITableViewCellStyle，表单元的类型很多。我们通过几个实例来解释不同的类型：

- UITableViewCellStyleDefault：只有一行文字，是默认设置。比如：

- UITableViewCellStyleSubtitle：两行字。下面第一个表单元属于这个风格：

- UITableViewCellStyleValue1：下面两个表单元都属于该风格。

- UITableViewCellStyleValue2：下面的表单元属于这个风格。

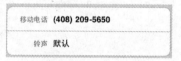

另外，UITableViewCell 可以有一个图像视图和 1 个或 2 个文本标签，比如：

在代码中，你可以设置文字和图片信息：

```
cell.imageView.image = [UIImage imageNamed:@"abc.png"];
cell.textLabel.text = @"大文字信息";
cell.detailTextLabel.text = @"下面的小文字信息";
```

表视图支持以下几种附属类型（附属视图）：

- UITableViewCellAccessoryDisclosureIndicator（右边带一个箭头）：

- UITableViewCellAccessoryCheckmark（右边带一个打勾的符号）：

- UITableViewCellAccessoryDetailDisclosureButton（在蓝色按钮中有一个白色箭头）：

下面的方法返回表视图上的某一行的附属类型：

```
- (UITableViewCellAccessoryType)tableView:(UITableView *)table
accessoryTypeForRowWithIndexPath:(NSIndexPath *)indexPath;
```

你可以针对不同附属类型提供不同代码，比如：

```
UITableViewCellAccessoryDetailDisclosureButton 的附属类型:
- (void)tableView:(UITableView *)tableView
accessoryButtonTappedForRowWithIndexPath:(NSIndexPath *)indexPath
{
    // Only for the blue disclosure button
    NSUInteger row = indexPath.row;
    ...
}
```

如果你觉得表单元上只有一个图像和一些文字还不够的话，你还可以在表单元内部加上另一个视图（颇像 HTML 语法中的 cell 之内放其他内容）。UITableViewCell 本身有一个 contentView 属性。比如，下面这个例子就放了一个自定义的文本标签：

```
- (UITableViewCell *)tableView:(UITableView *)tableView
cellForRowAtIndexPath:(NSIndexPath *)indexPath
{
    UITableViewCell *cell = ...;
    CGRect frame = cell.contentView.bounds;
    UILabel *myLabel = [[UILabel alloc] initWithFrame:frame];
    myLabel.text = ...;
    [cell.contentView addSubview:myLabel];
    [myLabel release];
}
```

8.2.4 选中某一行后的处理

在 iPhone/iPad 应用程序中，当用户在列表中选择某一行时（如：在通讯录应用中，选择某一个姓名），应用程序往往触发一个操作，从而显示下一个信息（如：某人的详细信息）。这其实是通过 didSelectRowAtIndexPath 方法完成的。比如：在下面这个例子中，当用户选择某一行时，就从数组中获取要显示的对象，并通过新创建视图控制器显示出来。

```objc
- (void)tableView:(UITableView *)tableView
didSelectRowAtIndexPath:(NSIndexPath *)indexPath
{
    NSUInteger row = indexPath.row;//当前选择的行
    id objectToDisplay = [myObjects objectAtIndex:row];
    // 为下一个新视图创建一个视图控制器
    MyViewController *myViewController = ...;
    myViewController.object = objectToDisplay;
    //把新的视图控制器推到导航控制器的堆栈中，并显示新视图
    [self.navigationController pushViewController:myViewController
animated:YES];
}
```

如果你不想让某些行被选中，那么，你可以编程为：

```objc
- (NSIndexPath *)tableView:(UITableView *)tableView
willSelectRowAtIndexPath:(NSIndexPath *)indexPath
{
    // 不允许选择以下行
    if (indexPath.row == ...) {
        return nil;
    } else
    {
        return indexPath;
    }
}
```

8.2.5　UITableViewController

- 在创建基于表视图的代码时，你可以选择 UITableViewController 类。当你选择这个类时，系统自动创建了表视图。
- 这个控制器类是表视图的数据源和委托类。通过委托（回调）方法，响应用户在表视图上的操作（比如：选择某行）。同时，控制器类访问数据模型来提供表视图的数据。
- 自动调用了 reloadData 方法来装载初始数据。
- 当用户从下一级返回时，自动去掉行的选择。
- 滚动显示表视图。

8.3　表视图实例

下面我们来创建一个表视图。在这个例子中，我们从数组中读取城市信息，然后一一显示在表视图中。结果如图 8-27 所示。开发步骤是：

01　新建一个基于窗口的应用，如图 8-28 所示。

02　从 "File" 下选择 "New File"，选择 "Object-c class"（参见图 8-29）。单击 "Next" 按钮。

03　输入表视图控制器类的名称，并选中 "UITableViewController subclass" 和 "With XIB for user interface"，如图 8-30 所示。

图 8-27   表视图例子

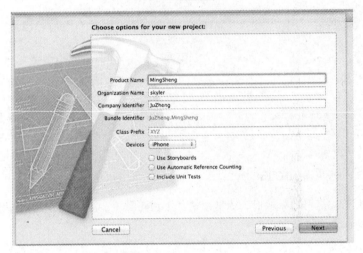

图 8-28   创建项目

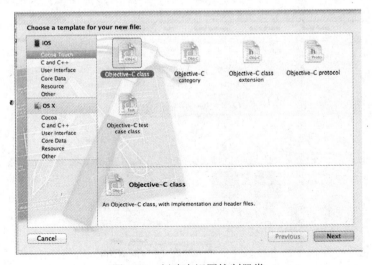

图 8-29   创建表视图控制器类

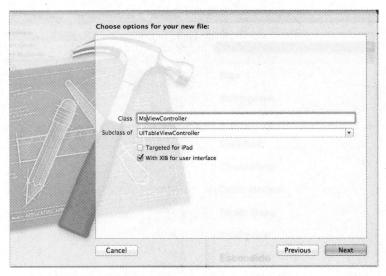

图 8-30　类名

04 双击 MsTableViewController.XIB 文件，你就可以看到一个表视图。如图 8-31 所示，在右边的属性窗口中，你可以设置表视图类型：Plain（不分组）和 Grouped（分组）。默认为 Plain。

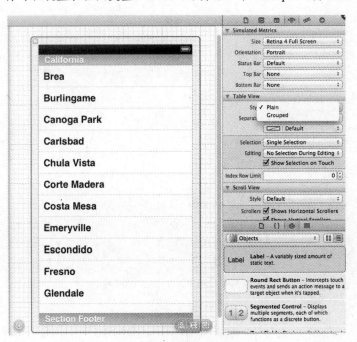

图 8-31　表视图属性

05 编写代码。如图 8-32 所示，在 AppDelegate.h 文件中，加入了 MsTableViewController 列表视图控制器属性。代码如下：

```
#import <UIKit/UIKit.h>
#import "MsTableViewController.h"
@interface  AppDelegate : UIResponder <UIApplicationDelegate>
```

```
{

    MsTableViewController *msTableViewController;
}
@property (nonatomic, strong) UIWindow *window;
@property(nonatomic, strong) ViewController*viewController;
@end
```

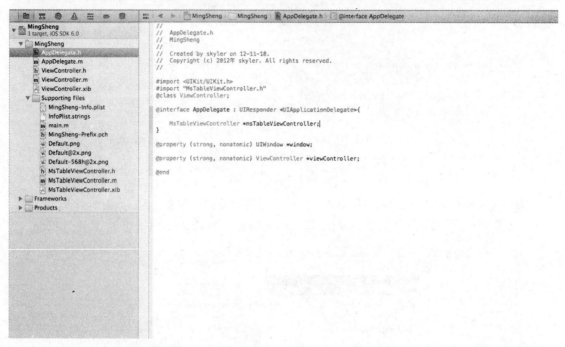

図 8-32 .h 代码

如图 8-33 所示，在 AppDelegate.m 中，创建列表视图控制器对象，把列表视图控制器上的视图放到窗口下。代码如下：

```
- (BOOL)application:(UIApplication *)application
didFinishLaunchingWithOptions:(NSDictionary *)launchOptions {
    //创建列表视图控制器对象
    msTableViewController = [[MsTableViewController  alloc]
initWithStyle:UITableViewStylePlain];
    //把列表视图控制器上的视图放到窗口下
    [window addSubview:msTableViewController.view];
    [window makeKeyAndVisible];
    return YES;
}
```

```
- (BOOL)application:(UIApplication *)application didFinishLaunchingWithOptions:(NSDictionary *)launchOptions
{
    self.window = [[[UIWindow alloc] initWithFrame:[[UIScreen mainScreen] bounds]] autorelease];
    // Override point for customization after application launch.
    self.viewController = [[[ViewController alloc] initWithNibName:@"ViewController" bundle:nil] autorelease];
    self.window.rootViewController = self.viewController;
    [self.window makeKeyAndVisible];
    // 创建列表视图控制器对象
    msTableViewController=[[MsTableViewController alloc]initWithStyle:UITableViewStylePlain];
    //把列表视图控制器上的视图放在窗口下
    [self.window addSubview:msTableViewController.view];
    [self.window makeKeyAndVisible];
    return YES;
}

- (void)applicationWillResignActive:(UIApplication *)application
{
    // Sent when the application is about to move from active to inactive state. This can occur for certain types of
    //    temporary interruptions (such as an incoming phone call or SMS message) or when the user quits the application
    //    and it begins the transition to the background state.
    // Use this method to pause ongoing tasks, disable timers, and throttle down OpenGL ES frame rates. Games should use
    //    this method to pause the game.
}

- (void)applicationDidEnterBackground:(UIApplication *)application
{
    // Use this method to release shared resources, save user data, invalidate timers, and store enough application state
    //    information to restore your application to its current state in case it is terminated later.
    // If your application supports background execution, this method is called instead of applicationWillTerminate: when
```

图 8-33　AppDelegate.m 代码

在 MsTableViewController.h 文件中，加入城市数组属性，如图 8-34 所示。

```
#import <UIKit/UIKit.h>
@interface MsTableViewController : UITableViewController {
    NSArray *city;
}
@end
```

图 8-34　MsTableViewController.h

　　UITableViewController 符 合 UITableViewDelegate 和 UITableViewDataSource 协 议 。 在
MsTableViewController.m 中，loadData 是装载数据的方法，如图 8-35，8-36 所示。在这个例子中，
你设置数组数据。在实际应用中，你可能从文件中读取数据，或者从云计算平台上获得数据（参见
第 9 章相关内容）。

● 视图控制器的初始化方法 initWithStyle 调用上述的 loadData 方法来获得初始数据。

- numberOfSectionsInTableView 方法返回块的个数。
- numberOfRowsInSection 返回指定块中的行数。

下面是具体的代码：

```
//装载数据
-(void) loadData
{
    city = [NSArray arrayWithObjects:@"北京",@"上海",@"杭州",@"湖州",@"长春",@"西安",nil]; //城市数组
}

//初始化方法
-(id) initWithStyle:(UITableViewStyle)style
{
    self = [super initWithStyle:style];
    if(self){
        [self loadData];//装载数据
    }
    return self;
}
// 返回块的个数
- (NSInteger)numberOfSectionsInTableView:(UITableView *)tableView {
    return 1;
}

// 返回块中的行数
- (NSInteger)tableView:(UITableView *)tableView
numberOfRowsInSection:(NSInteger)section {
    return [city count];
}

// 返回指定块和行的表单元
- (UITableViewCell *)tableView:(UITableView *)tableView
cellForRowAtIndexPath:(NSIndexPath *)indexPath {
    static NSString *CellIdentifier = @"Cell";
    //使用了重用机制
    UITableViewCell *cell = [tableView
dequeueReusableCellWithIdentifier:CellIdentifier];
    if (cell == nil) {//如果 cell 不存在
        cell = [[[UITableViewCell alloc]
initWithStyle:UITableViewCellStyleDefault reuseIdentifier:CellIdentifier]
autorelease];
    }
    //配置 cell，就是数组中存放的城市名称
    cell.textLabel.text = [city objectAtIndex:indexPath.row];
    return cell;
}
```

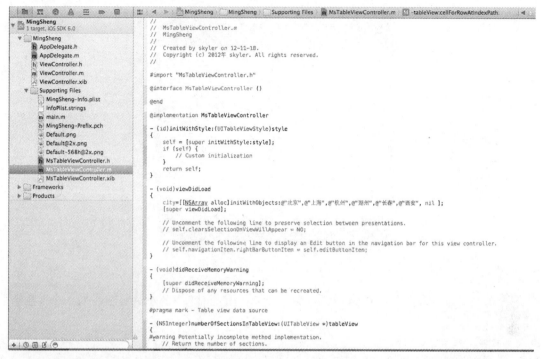

图 8-35　MsTableViewController.m

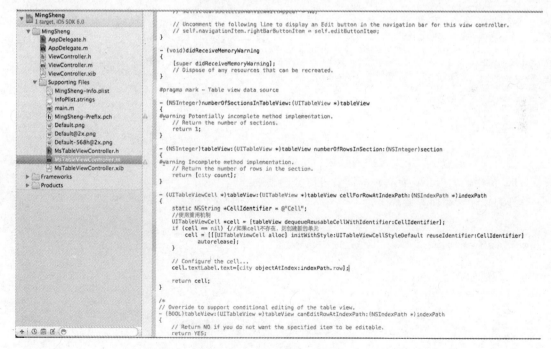

图 8-36　MsTableViewController.m

06　运行程序，结果如图 8-37 所示。

图 8-37　表视图例子

07 另外，你可以修改表单元的显示类型。比如：使用 UITableViewCellStyleValue1 来显示一个详细信息，代码如下：

```
- (UITableViewCell *)tableView:(UITableView *)tableView
cellForRowAtIndexPath:(NSIndexPath *)indexPath {
    static NSString *CellIdentifier = @"Cell";
    UITableViewCell *cell = [tableView
dequeueReusableCellWithIdentifier:CellIdentifier];
    if (cell == nil) {
        cell = [[[UITableViewCell alloc]
initWithStyle:UITableViewCellStyleValue1 reuseIdentifier:CellIdentifier]
autorelease];//设置显示类型等
    }
    cell.textLabel.text = [city objectAtIndex:indexPath.row];
    cell.detailTextLabel.text=@"旅游信息";
return cell;
```

一些开发人员设置表单元上的内容为一个 URL 链接。用户单击表单元，系统使用 UIWebView 装载 URL 所指向的内容。有兴趣的读者可以自己试试。

你还可以设置附属类型，比如：

```
cell.textLabel.text = [city objectAtIndex:indexPath.row];
cell.accessoryType = UITableViewCellAccessoryDisclosureIndicator;
```

有兴趣的读者可以自己试一下。

8.4　数据录入和虚拟键盘

iPhone/iPad 使用的是虚拟键盘，由手机操作系统来管理这个键盘。开发人员可以选择不同类型的键盘并做一定的定制，比如：类似电话机的数字键盘，方便输入电子邮件的键盘，等等。开发人员在界面上放上一些文本输入框。在运行时，当用户的光标放置在输入框上，虚拟键盘会自动出现。文本输入框分为单行输入框和多行输入框。对于中文输入，有拼音和手写输入方式等（参见图8-38）。

图 8-38　虚拟键盘

下面我们通过一个实际例子来体会怎么使用虚拟键盘录入数据。步骤如下：

01 创建一个基于视图的项目，如图 8-39 所示。

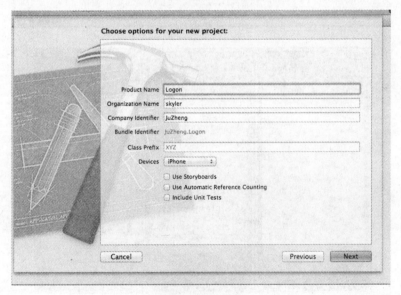

图 8-39　新项目

02 双击 ViewController.xib，打开了 Interface Builder。在界面上，放上两个 Label，两个文本输入框和一个登录按钮和注册按钮，如图 8-40 所示。

03 选中密码的输入框。在右边的属性窗口的 Placeholder 上可设置文本提示信息。在 "Keyboard" 部分，你可以设置键盘的类型（标准的、数字格式的、电话号码格式的、电子邮件格式的，等等），什么样的回车键（下一个，查询，等等）。你为密码输入框选择了 "Number Pad"。

04 保存并执行，如图 8-41 所示。对于用户名输入框，显示的是标准的键盘；而对于密码输入框，显示的是数字键盘。

感兴趣的读者还可以设置其他的键盘格式。

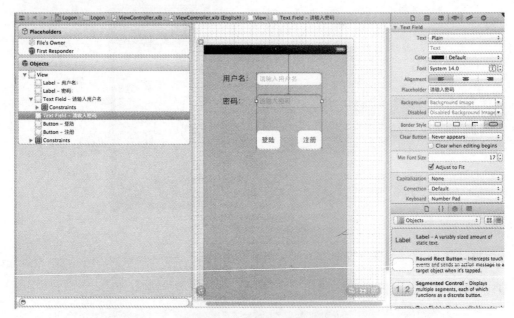

图 8-40　设置输入框的属性

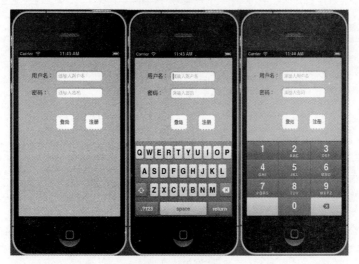

图 8-41　各类键盘

8.5　电子邮件和短消息

你的应用程序可以显示允许用户编辑和发送一封邮件消息的界面。从 iOS4 开始，还可以发送一条 SMS 消息。Message UI 框架提供两个视图控制器类。你的应用程序需要链接到 MessageUI.framework，并导入<MessageUI/MessageUI.h>。这两个类是：

- MFMailComposeViewController: 允许一条邮件消息的编写和发送。
- MFMessageComposeViewController: 允许一条 SMS 消息的编写和发送。

MFMailComposeViewController 类是一个 UINavigationController，它允许用户编辑一条邮件消息。用户可以在那里尝试发送邮件，并稍后保存草稿，或完全取消邮件。在使用该类显示一个视图之前，你需要调用 canSendMail。如果结果为 NO，则不发邮件了。一个 NO 结果意味着该设备的配置不支持发送邮件。一个 YES 结果并不意味着该设备联网并能立刻发送邮件，只是说明该设备可以发送邮件。

为了使用 MFMailComposeViewController，你实例化它，提供一个 mailComposeDelegate（不是一个 delegate），并配置邮件消息。用户可以改变先前的配置。配置方法如下：

- setSubject:
- setToRecipients:
- setCcRecipients:
- setBccRecipients:
- setMessageBody:isHTML:
- addAttachmentData:mimeType:fileName:

根据用户的最后操作，委托方法 mailComposeController:didFinishWithResult:error 被调用，这些操作有：

- MFMailComposeResultCancelled
- MFMailComposeResultSaved
- MFMailComposeResultSent
- MFMailComposeResultFailed

你将模态显示 MFMailComposeViewController。在委托方法中关闭模态视图。在 iPad 上也能很好地工作（你也可以使用 UIModalPresentationFormSheet）。

MFMessageComposeViewController 类是一个 UINavigationController。你实例化该类，给它一个 messageComposeDelegate，配置它，并模态显示它。配置是通过 recipients 和 body 属性完成的。委托方法 messageComposeViewController:didFinishWithResult:被调用，结果与一条邮件消息相同。在委托方法中，由你决定关闭模态视图。

第 9 章　视图上的控件

视图上可以加载各种控件，本章我们按控件类型对各类控件进行说明。

9.1　文 本 控 件

文本可以以下面各种方式显示：

- UILabel
  显示文本，也许由多行组成，只有一种字体和大小，有颜色（以及高亮颜色）、对齐设置以及换行和截断。
- UITextField
  显示一行可编辑文本，只有一种字体和大小，有颜色和对齐。可能有一个边框、一个背景图像。在它的右边和左边末尾处可能显示叠加的视图。一个 UITextField 是 UIControl 子类。
- UITextView
  显示可滚动的文本，多行可编辑，只有一种字体和大小，有颜色和对齐。
- UIWebView
  一个可以滚动的视图，显示 HTML 页面。因为 HTML 可以表达多种多样的文本，所以该方式可以有多种字体、大小、颜色、对齐方式等，还可包含图片和可单击的链接。 也能显示各种文档类型，例如 PDF、RTF 及.doc。
- 字符串
  有三种直接绘制字符串的方式：

  - Core Graphics
    绘制文本的底层方法。
  - NSString
    在 NSString 上的 UIStringDrawing 类别（category）赋予字符串绘制自身的能力。
  - Core Text
    在 iOS 中唯一可使用多种字体和样式来绘制字符串的方法。

开始于 iOS3.2，一个应用程序可在它的 bundle 中包含字体，这些将在运行时加载，如果应用程序在它的 Info.plist 中列出的话（在 "Fonts provided by application" 键之下）。通过这种方式，你的应用程序可以不仅仅使用设备上的默认字体。

9.1.1　UILabel

我们已经在前面多次使用 UILabel，如图 9-1 所示。给标签设定一个文本，还可以设置它的 font、textColor、textAlignment、shadowColor 和 shadowOffset 属性。标签的文本同样有一个可选的 highlightedTextColor，当它的 highlighted 属性为 YES 时就被使用（如表视图上的选中表单元）。

图 9-1　一个标签视图

如果一个 UILabel 仅仅由一行（numberOfLines=1）文本组成，那么可以设置 adjustsFontSizeToFitWidth 为 YES。如果希望标签通过字体大小缩小来尽可能多地显示文本，可设置 minimumFontSize 属性。一个 UILable 可以由多行文本组成，在那种情况下，adjustsFontSizeToFitWidth 属性被忽略，在 font 属性中设置字体大小将被采用，即使不是所有文本都合适。

如果 numberOfLines 为 1，任何文本中的换行符都被看做一个空格。lineBreakMode 决定它单行和多行标签上的换行处理和如何截断文本。可以选择：

- UILineBreakModeWordWrap：所有行在词尾截断，这是默认的。
- UILineBreakModeClip：多行在词尾截断，最后一行可以在一个单词中间截断。
- UILineBreakModeCharacterWrap：所有行可以在一个单词中间截断。
- UILineBreakModeHeadTruncation 多行在词尾结束，如果文本太长，最后一行在开始处显示一个省略符号。
- UILineBreakModeMiddleTruncation 多行在词尾结束，如果文本太长，最后一行在中间处显示一个省略符号。
- UILineBreakModeTailTruncation：多行在词尾结束，如果文本太长，最后一行在结尾处显示一个省略符号。

如果 numberOfLines 比实际需要的行数大，绘制的文本在标签正中间。可以缩小标签来适应这些文本。不能使用 sizeToFit 属性来实现这个功能，因为 sizeToFit 属性是让它的标签有合适的宽度，从而在一行中容纳所有文本。应该在子类中通过重载 UILabel 的 textRectForBounds:limitedToNumberOfLines: 方法来完成。NSString 的 sizeWithFont:constrainedToSize:lineBreakMode:方法计算出一个给定文本的实际高度。在下面的代码中，我们创建一个 UILabel 子类，通过调整它自身的高度，从而在多行内容纳它的所有文本（无须改变它的宽度）。例如：

```
- (CGRect)textRectForBounds:(CGRect)bounds
limitedToNumberOfLines:(NSInteger)numberOfLines {
    CGSize sz = [self.text sizeWithFont:self.font

constrainedToSize:CGSizeMake(self.bounds.size.width, 10000)
                        lineBreakMode:self.lineBreakMode];
    return (CGRect){bounds.origin, sz};
```

```
    }
```

在该例中，10000 仅仅是一个随意值，是我们假设标签的高度永远达不到的。

可以在子类中重载的另外一个 UIlabel 方法是 drawTextInRect:，它和 drawRect:方法等价，即修改标签的所有绘图。

9.1.2　UITextField

一个文本框和一个标签有很多相同属性，如图 9-2 所示。但一个文本框不能包含多行，它有一个 text、font、textColor 和 textAlignment 属性。它也有 adjustsFontSizeToFitWidth 和 minimumFontSize 属性。一个文本框不允许它的字体大小自动缩小。如果用户输入的文本太长，则文本水平滚动到插入点。当文本框不处于编辑状态时，在结尾处使用一个省略符号来表明后面有更多的文本。

图 9-2　一个文本框

一个文本框同样有一个 placeholder 属性。当文本框没有文本的时候，placeholder 属性的文本在文本框上灰色显示，这主要是来提示用户该文本框是用来干什么的（如 "请输入用户名"）。如果它的 clearsOnBeginEditing 属性为 YES，当用户开始在其中输入文本时，文本框自动删除 placeholder 属性的文本。一个文本框的边框是由它的 borderStyle 属性决定，可以选择：

- UITextBorderStyleNone：没有边框。
- UITextBorderStyleLine：一个简单的矩形。
- UITextBorderStyleBezel：一个稍微 Bezel 的矩形，顶部和左边有非常轻微的阴影。
- UITextBorderStyleRoundedRect：一个圆角矩形，顶部和左边有一个重阴影，文本看上去就像凹进边框里面。

一个文本框可以有一个背景色或者一个背景图片（background 属性）。一个 UITextBorderStyleRoundedRect 文本框的文本背景总是白色的，它的背景图片被忽略。它的背景色在它的各个角和圆角边框之外可见。为了看上去美观，应该匹配文本框后面的颜色。一个文本框可包含多达两个附属的覆盖视图，即它的 leftView 和 rightView，并包含一个 Clear 按钮。它们的可见性由 leftViewMode、rightViewMode 和 clearViewMode 决定。视图模式值是：

- UITextFieldViewModeNever：视图从未出现。
- UITextFieldViewModeWhileEditing：如果文本框中已经有文本并且用户正在编辑，则一个 Clear 按钮出现；如果域中没有文本并且用户在编辑，一个左视图或者右视图出现。
- UITextFieldViewModeUnlessEditing：如果文本框中已经有文本并且用户没在编辑，则一个 Clear 按钮出现；如果域中没有文本并且用户在编辑，则一个左视图或者右视图出现；如果用户没在编辑，一个左视图或右视图出现。
- UITextFieldViewModeAlways：一个左视图或右视图出现。如果域中有文本，则一个 Clear 按钮出现。

可以重载下面的方法：

- drawTextInRect:方法

  当文本改变了并且用户没有编辑或编辑完成时被调用。应该绘制文本或调用 super 来绘制它。如果什么都不做，那么文本将变成空白。

- drawPlaceholderInRect:方法

  当占位符文本将出现时被调用。应该绘制占位符文本或者调用 super 来绘制它。如果两者都不做，占位符将变成空。

一个 UITextField 遵守 UITextInputTraits 协议。可以设置 UITextField 上的属性来决定键盘的外形，以及在文本框上的表现。例如，可以设置 keyboardType 属性为 UIKeyboardTypePhonePad，那么该文本框的键盘仅仅由数字组成。可以设置 returnKeyType 属性来决定回车键上的文本。可以关掉自动大写或自动纠正功能，还可以设置它为一个密码文本框。

文本框委托

当编辑开始后，并且在文本框上输入文本时，一系列的消息被发送给文本框委托，通过这些委托，可以在编辑期间定制文本框的行为：

- textFieldShouldBeginEditing:

  返回 NO 来阻止文本框成为第一个响应器。

- textFieldDidBeginEditing　（和 UITextFieldTextDidBeginEditingNotification ）：

  该文本框已经成为第一个响应器。

- textFieldShouldClear:

  返回 NO 来阻止 Clear 按钮的操作和自动清除操作。

- textFieldShouldReturn:

  用户已经在键盘上按 return 键，可以用来当做消除键盘的方法。

- textField:shouldChangeCharactersInRange:replacementString:

  当用户通过打字、粘贴、删除或剪切来改变域中文本时被发送。返回 NO 来阻止可能的变化。通常的做法是采用这个委托方法得知文本被改变了。

- textFieldShouldEndEditing:

  返回 NO 来阻止文本框放弃第一个响应器。例如，由于输入文本是无效的或者不可识别的。用户不知道为什么文本框拒绝结束编辑，因此通常是发出警告来说明该问题。

- textFieldDidEndEditing（和 UITextFieldTextDidEndEditingNotification ）：

  文本框已经放弃第一个响应器，可以使用 textFieldDidEndEditing:方法来获取文本框的当前文本，并保存它在一个数据模型中。

一个文本框也是一个控件。对于它报告的事件，可以附加一个目标-操作，从而当事件发生时就收到消息。例如：

- 用户可以触摸和拖动文本框，这会触发 Touch Down 和各种 Touch Drag 事件。

● 如果通过触摸方式让文本框进入编辑模式,那么 Editing Did Begin 和 Touch Cancel 事件被触发。

● 当用户编辑时, Editing Changed 事件被触发。在编辑模式下, 如果用户轻击, 那么 Touch Down 和 Touch Cancel 事件被触发。

● 最后当编辑结束时, Editing Did End 事件触发。如果用户按 return 键来停止编辑, Did End on Exit 事件被触发。

通常, 更倾向于将一个文本框看做一个使用委托的文本框而不是一个控件（使用事件）。

当用户在文本框中双击或长按时, 菜单出现。它包含诸如 Select、Select All、Paste、Copy、Cut 及 Replace 菜单项, 具体是哪些菜单项出现, 这由当时的情况而定。另外, 也可以定制这个菜单。这种做法不常见, 感兴趣的读者可以参考苹果文档。

9.1.3 UITextView

一个文本视图是可滚动的多行编辑器（支持多行的文本框）, 如图 9-3 所示。它是一个滚动视图子类, 没有边界, 也不是控件。它有 text、font、textColor 和 textAlignment 属性；它是否可编辑是由它的 editable 属性决定（可以显示多行的静态文本）。一个可编辑的文本视图就像一个文本框那样管理它的键盘：当它是第一个响应器时, 它被编辑, 同时显示键盘, 并且它采用 UITextInput 协议且具有 inputView 和 inputAccessoryView 属性。

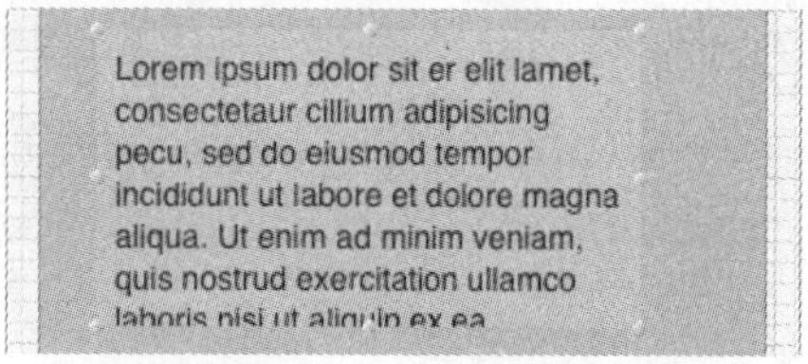

Lorem ipsum dolor sit er elit lamet,
consectetaur cillium adipisicing
pecu, sed do eiusmod tempor
incididunt ut labore et dolore magna
aliqua. Ut enim ad minim veniam,
quis nostrud exercitation ullamco
laboris nisi ut aliquip ex ea

图 9-3 一个文本视图

一个文本视图的委托消息（UITextViewDelegate 协议）和通知与一个文本框的非常类似。主要的不同是, 文本视图有一个 textViewDidChange:委托消息, 而一个文本框有它的 Editing Changed 控制事件。当文本改变时, 一个文本视图的 contentSize 由系统自动维护。可以在 textViewDidChange: 方法中跟踪内容大小的改变, 但不应该改变它。可以实现一个自适应大小（*self-sizing*）的文本视图, 即一个文本视图自动调整它的大小来适应它包含的文本内容。

```
- (void) adjust {
    CGSize sz = self->tv.contentSize;
    CGRect f = self->tv.frame;
    f.size = sz;
    self->tv.frame = f;
}
- (void)textViewDidChange:(UITextView *)textView {
    [self adjust];
}
```

9.2　键　盘　操　作

文本域的编辑状态和屏幕上模拟键盘的出现有紧密联系：

● 当一个文本域是第一个响应器时，它正被编辑，并且键盘出现。

● 一个文本域不再是第一个响应器时，它不再被编辑，并且如果没有其他文本域是第一个响应器，则键盘不出现。

可以用程序控制一个文本域的编辑状态。通过文本域的第一个响应器状态，也可以控制键盘的出现或离开。为了让插入点在文本域中出现并且引起键盘出现，发送 becomeFirstResponder 消息到该文本域；为了让一个文本域停止编辑并且引起键盘消失，发送 resignFirstResponder 到该文本域。从 iOS4.3 开始，UIViewController 子类可以重载 disablesAutomaticKeyboardDismissal 方法。

一般情况下，用户在文本域中单击，键盘出现，用户输入文本，用户消除键盘。但是，一个文本域并不总能同键盘一起很好工作。例如：键盘覆盖文本域，或者覆盖界面的其他部分（但是用户需要能看到或敲击那个部分）。可以注册四种键盘相关的通知：

● UIKeyboardWillShowNotification

● UIKeyboardDidShowNotification

● UIKeyboardWillHideNotification

● UIKeyboardDidHideNotification

userInfo 字典在下面这些键下包含关于键盘信息（它已实现的或将实现的事情）：

● UIKeyboardFrameBeginUserInfoKey

● UIKeyboardFrameEndUserInfoKey

● UIKeyboardAnimationDurationUserInfoKey

● UIKeyboardAnimationCurveUserInfoKey

所以，可以通过调整界面来对键盘出现作出响应，如让文本域可见。

有些时候，希望在键盘上有自己定制的键，如你的签名、一些快捷键信息等。通过使用 UITextView 和 UITextField 的 inputAccessoryView 属性，就可以完成这个功能。首先定义一个新视图，然后在视图上放置一些你自己的按钮、文本信息等对象。最后，把 UITextView 或 UITextField 的 inputAccessoryView 属性值设置为新视图。如图 9-4 所示，我们添加了四个快捷键，当按第二个键时，自动输入"很棒！"的文字。下面我们来看几个例子。

图 9-4　定制键盘

9.2.1 定制快捷键

本节我们创建几个快捷键并替换整个系统键盘。步骤如下：

01 创建一个 Single View Application 的基于 iPad 的项目。项目名称为 Feelings。添加一个文本视图 UITextView 到 ViewController 的 .xib 文件中。

02 为了感觉文本视图的效果，可以设置文本视图的背景颜色为黄色，设置字体为粗体的 288 像素的字体。编译和运行，输入 OK，如图 9-5 所示。

03 如图 9-6 所示，苹果给我们提供了多个类型的键盘，有为输入文字、数字、网址以及其他功能准备的键盘。

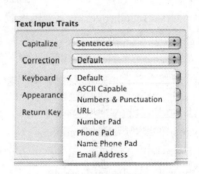

图 9-5 文本框 　　　　　　　　　　　　 图 9-6 键盘类型

04 我们来创建自己的键盘：用户可以一键就输入多个文字。首先，我们需要一个新的视图，用来显示快捷键图形。右击 Supporting Files 文件夹，选择 new File，然后在左边选择 User interface，在右边选择 view，设备家族选择 iPad，文件命名为 MoodKeyboard。

05 对 .xib 文件上的页面进行设计。选择视图（view），并使用属性检查器设置状态栏(status bar)的值为 None。之后是更改该视图的尺寸大小为 768 像素宽和 95 像素高。设置视图的背景颜色是浅灰（类似现有的键盘的颜色）。更改 File's Owner 的 class 属性值为 ViewController。

06 把快捷键的图片添加到项目上。然后，添加四个按钮到视图中。设置按钮大小为 55×55，按钮之间的间隔均匀，并在视图中心位置上，如图 9-7 所示。

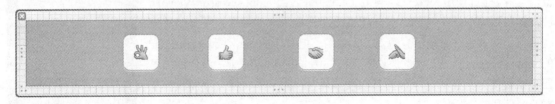

图 9-7 自定义键

07 既然做出了我们需要的键盘，那么如何来替换原来默认的键盘？我们来添加 outlet 属性到 ViewController.h 文件中。

```
#import <UIKit/UIKit.h>
```

```
@interface ViewController : UIViewController {
}
@property(nonatomic,weak) IBOutlet UIView *moodKeyboard;//新键盘
@property(nonatomic, weak) IBOutlet UITextView *textView;//文本框
@end
```

这个 ViewController.h 文件中有三个 IBOutlet（输出口）：moodKeyboard、TextView 及 view。view 已经连接到 ViewController.xib 上的视图了。我们接下来要做的就是将 textView 输出口和 ViewController.xib 中的文本视图进行连接，将 moodKeyboard 输出口同 MoodKeyboard.xib 中的视图进行连接。双击各个 xib 文件，完成上述连接。

08 我们通过代码来设置自定义键盘。添加 viewDidLoad 方法到 ViewController.m：

```
- (void)viewDidLoad {
  [super viewDidLoad];
  [[NSBundle mainBundle] loadNibNamed:@"MoodKeyboard"
    owner:self
    options:nil];
  self.textView.inputView = self.moodKeyboard;
}
```

上面的代码设置了文本框的 inputView 属性为自定义的键盘视图，下面就来实现那几个快捷键的功能。当它们被按下时，就把相应的多个文字放在文本框上。

09 给 FeelingsViewController.h 添加 IBAction（操作），然后将这些按钮与操作连接起来。FeelingsViewController 头文件上新添加的操作为：

```
-(IBAction) didoneKey;//第一个键
-(IBAction) didtwoKey;
-(IBAction) didthreeKey;
-(IBAction) didfourKey;
```

10 在实现类中实现上面的操作，从而可以对按钮进行响应。例如，当用户单击按钮时，触发 didoneKey 方法，通过调用下面的 updateTextViewWithMood 方法，把字符串"OK！"传递给文本框。

```
-(void) updateTextViewWithMood:(NSString *) param {
  self.textView.text = param;
  [self.textView resignFirstResponder];
}
-(IBAction) didoneKey{
  [self updateTextViewWithMood: @"OK!" ];
}
```

11 运行项目，当单击文本视图，自定义键盘出现在我们的面前。单击第一个快捷键，那么相应的"OK！"文字就在文本视图中出现，如图9-8所示。

图 9-8　替换系统键盘

9.2.2　在标准键盘上添加自己的键

在大多数情况下，我们是希望在标准键盘上面多加几个快捷按钮，而不是彻底替换整个键盘，从而让我们创建的键可以和标准的键盘一起共同使用。这只需要改变一行代码就能实现这个功能：

```
- (void)viewDidLoad {
    [super viewDidLoad];
    [[NSBundle mainBundle] loadNibNamed:@"MoodKeyboard"
        owner:self
        options:nil];
    self.textView.inputAccessoryView = self.moodKeyboard;
}
```

现在，当单击文本框的时候，可以看到：在新打开的键盘中，我们所设计的键处于标准键盘的上面。在代码上，我们只是设置 inputAccessoryView 就实现了上述功能。

我们还需要做一些调整：设置视图的背景颜色为红色。更改文本视图字体的大小从 288 到 72，设置背景颜色为白色。另外，改变文本视图的大小，让它几乎覆盖了整个视图。我们还需要修改 **updateTextViewWithMood** 方法。当用户按我们自定义的键时，只是在原来文字后面添加内容，而不是替换整个内容。新的代码如下：

```
-(void) updateTextViewWithMood:(NSString *) param {
    self.textView.text = [NSString stringWithFormat:@"%@ %@ ",
    self.textView.text, param];
}
```

编译和运行项目。可以看到类似图 9-9 所示的结果。

图 9-9　添加新键

　　上述应用有一个潜在的问题：键盘遮住了该文本视图的底部，如果继续打字，会发现所输入的最后几行字符是不可见的。我们有时需要向上提升整个文本视图，从而用户可以继续看到自己所输的文字。当键盘消失的时候，再把整个文本视图恢复原样。

9.2.3　键盘通知

　　当键盘出现或者隐藏时，系统会发送一条通知。我们可以在 viewDidLoad 中注册自己来监听这个通知。当键盘出现之前，系统发出 UIKeyboardWillShowNotification 通知，当键盘消失之前，系统将发出 UIKeyboardWillHideNotification 通知。在注册时，可以设置：当收到这些通知后，应该调用哪个方法来处理。例如：

```
- (void)viewDidLoad {
    [super viewDidLoad];
    [[NSNotificationCenter defaultCenter]
    addObserver:self
    selector:@selector(keyboardWillAppear:)
    name:UIKeyboardWillShowNotification
    object:nil];
    [[NSNotificationCenter defaultCenter]
    addObserver:self
    selector:@selector(keyboardWillDisappear:)
    name:UIKeyboardWillHideNotification
    object:nil];
    [[NSBundle mainBundle] loadNibNamed:@"MoodKeyboard"
    owner:self
    options:nil];
    self.textView.inputAccessoryView = self.moodKeyboard;
}
```

　　在上述代码中，我们向默认通知中心注册（默认通知中心发送通知），即当键盘出现时通知中心发出一条 UIKeyboardWillShowNotification 通知。我们指定了观察对象（observer）是 ViewController

实例（也就是自己），并规定 keyboardWillAppear：消息将被发送。换言之，每当有 UIKeyboardWillShowNotification 通知时，默认通知中心将发送下面一条消息：

```
[myFeelingsViewController keyboardWillAppear:notification];
```

接下来，我们需要实现 keyboardWillAppear:和 keyboardWillDisappear:方法。感兴趣的读者可以在上述方法中输出相对应的通知信息，从而亲身感觉通知的格式。例如：

```
-(void)keyboardWillAppear:(NSNotification *)notification{
    NSLog(@"键盘出现:\n %@" , notification);
}

-(void)keyboardWillDisappear:(NSNotification *) notification {
    NSLog(@"键盘将消失:\n %@" , notification);
}
```

编译和运行项目，单击文本框，然后打开控制台查看 NSLog 输出的内容。在我的机器上，看到如下信息：

```
2012-01-31 15:32:56.811 Feelings[365:207] 键盘出现:
NSConcreteNotification 0x4b85810 {name = UIKeyboardWillShowNotification;
userInfo = {
    UIKeyboardAnimationCurveUserInfoKey = 0;
    UIKeyboardAnimationDurationUserInfoKey = "0.300000011920929";
    UIKeyboardBoundsUserInfoKey = "NSRect: {{0, 0}, {768, 413}}";
    UIKeyboardCenterBeginUserInfoKey = "NSPoint: {384, 1230.5}";
    UIKeyboardCenterEndUserInfoKey = "NSPoint: {384, 817.5}";
    UIKeyboardFrameBeginUserInfoKey = "NSRect: {{0, 1024}, {768, 413}}";
    UIKeyboardFrameEndUserInfoKey = "NSRect: {{0, 611}, {768, 413}}";
}}
```

当撤销键盘时，就看到了 UIKeyboardWillHideNotification 相应的信息：

```
2012-01-31 15:32:59.177 Feelings[365:207] 键盘将消失:
NSConcreteNotification 0x4be0e90 {name = UIKeyboardWillHideNotification;
userInfo = {
    UIKeyboardAnimationCurveUserInfoKey = 0;
    UIKeyboardAnimationDurationUserInfoKey = "0.300000011920929";
    UIKeyboardBoundsUserInfoKey = "NSRect: {{0, 0}, {768, 413}}";
    UIKeyboardCenterBeginUserInfoKey = "NSPoint: {384, 817.5}";
    UIKeyboardCenterEndUserInfoKey = "NSPoint: {384, 1230.5}";
    UIKeyboardFrameBeginUserInfoKey = "NSRect: {{0, 611}, {768, 413}}";
    UIKeyboardFrameEndUserInfoKey = "NSRect: {{0, 1024}, {768, 413}}";
}}
```

由上我们看出，通知是由通知名称和 userinfo 字典数据组成。userinfo 告诉我们：它显示键盘或者撤销键盘所需要的时间（以动画的形式来显示或者关闭屏幕键盘）；它还包含了键盘的几何信息（从而知道了键盘的尺寸信息）。

我们接下来就使用 userinfo 的字典数据来提升或者恢复文本视图，从而与键盘同步。我们首先有两件事要做：第一，我们要确保文本视图动画的持续时间与键盘出现的时间相同；第二，我们要确保我们使用与键盘相同的动画曲线，从而使我们的文本视图动画与键盘准确匹配。代码如下：

```
-(void) matchAnimationTo:(NSDictionary *) userInfo {
    [UIView setAnimationDuration:[
        [userInfo objectForKey:UIKeyboardAnimationDurationUserInfoKey]
        doubleValue] ];//时间

    [UIView setAnimationCurve:
        [[userInfo objectForKey:UIKeyboardAnimationCurveUserInfoKey]
        intValue]];//曲线
}
```

我们还需要基于键盘的高度来调整文本视图。首先，我们计算键盘的高度：

```
-(CGFloat) keyboardEndingFrameHeight:(NSDictionary *) userInfo {
    CGRect keyboardEndingUncorrectedFrame =
        [[ userInfo objectForKey:UIKeyboardFrameEndUserInfoKey]
        CGRectValue];
    CGRect keyboardEndingFrame =
        [self.view convertRect:keyboardEndingUncorrectedFrame
        fromView:nil];
    return keyboardEndingFrame.size.height;
}
```

在上述的代码中，我们从 UIKeyboardFrameEndUserInfoKey 那里得到的框架信息并未考虑到屏幕的方向（横向还是纵向），所以我们需要调用 convertRect:fromView:方法来调换宽度和高度（如果设备在横向模式的话）。

在获得键盘的高度之后，我们可以计算出我们的文本框的新框架的大小。在键盘出现时，我们会把文本视图的高度减去键盘的高度；如果键盘正在消失，我们将增加文本视图的高度（增加的幅度是键盘的高度）。

```
-(CGRect) adjustFrameHeightBy:(CGFloat) change
multipliedBy:(NSInteger) direction{
    return CGRectMake(20,
        20,
        self.textView.frame.size.width,
        self.textView.frame.size.height + change * direction);
}
//键盘出现
-(void)keyboardWillAppear:(NSNotification *)notification {
    [UIView beginAnimations:nil context:NULL];
    [self matchAnimationTo:[notification userInfo]];
    self.textView.frame =
        [self adjustFrameHeightBy:[self keyboardEndingFrameHeight:
        [notification userInfo]]
        multipliedBy:-1];
```

```
    [UIView commitAnimations];
}
//键盘消失
-(void)keyboardWillDisappear:(NSNotification *) notification{
    [UIView beginAnimations:nil context:NULL];
    [self matchAnimationTo:[notification userInfo]];
    self.textView.frame=
      [self adjustFrameHeightBy:[self keyboardEndingFrameHeight:
      [notification userInfo]]
      multipliedBy:1];
    [UIView commitAnimations];
}
```

最后运行项目，会发现文本视图的大小可以随键盘自动调整。结果如图 9-10 所示。还可以旋转设备来查看键盘的变化。

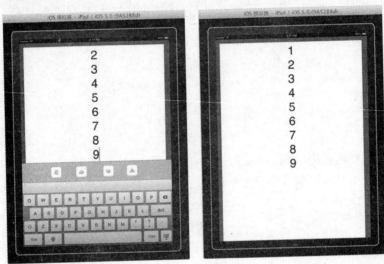

图 9-10　运行结果

对于上面的例子，文本视图的大小可以随键盘自动调整。另一个方法是把界面嵌入到一个滚动视图上。滚动视图不需要用户滚动；它的目的仅仅是可以滚动界面。

9.3　核 心 文 本

核心文本（Core Text）允许字符串使用多字体和多风格来绘制。这是通过 Core Text 框架完成的。为了使用它，你的应用程序必须链接到 CoreText.framework，并且你的代码必须导入 <CoreText/CoreText.h>。它是 C 的东西，而不是 Objective-C。

一个简单的 Core Text 绘图操作由一个 attributed 字符串开始。它是一个 NSAttributedString，它具有一些字体、大小、风格等属性。每个属性被描述为一个键-值对。一般使用一个"键-值"对的字典来提供属性。

例如，假设我们有一个 UIView 子类称为 StyledText，该类有一个 text（文本）属性，该属性是一个 attributed 字符串。它的工作将是绘制该 attributed 字符串：

```
@interface StyledText : UIView {
}
@property (nonatomic, copy) NSAttributedString* text;
@end
```

下面是一个可变的属性字符串的例子：

```
NSString* s = @"Yo ho ho and a bottle of rum!";
NSMutableAttributedString* mas =[[NSMutableAttributedString alloc]
initWithString:s];
```

下面的例子是循环遍历字符串的每个单词。对于每个单词，将应用相同字体的但稍微大点的尺寸。我的基本字体是 Baskerville18。

```
    block CGFloat f = 18.0;
CTFontRef basefont = CTFontCreateWithName(@"Baskerville", f, NULL);
[s enumerateSubstringsInRange:NSMakeRange(0, [s length])
        options:NSStringEnumerationByWords
        usingBlock:
^(NSString *substring, NSRange substringRange, NSRange encRange, BOOL *stop)
{
    f += 3.5;
    CTFontRef font2 = CTFontCreateCopyWithAttributes(basefont, f, NULL, NULL);
    NSDictionary* d2 = [[NSDictionary alloc] initWithObjectsAndKeys:
        (id)font2, (NSString*)kCTFontAttributeName, nil];
    [mas addAttributes:d2 range:encRange];
    CFRelease(font2);
}];
```

最后，将把最后一个单词加粗。获得最后一个单词的范围的最简单的方式是向后循环遍历字符，并且在第一个字符的后面停止。粗体是一个字符的特性；必须获得初始字体的粗细 variant（变化）。开始的字体是 Baskerville,，它有这样一个 variant：

```
[s enumerateSubstringsInRange:NSMakeRange(0, [s length])
        options: (NSStringEnumerationByWords |
        NSStringEnumerationReverse)
        usingBlock:
^(NSString *substring, NSRange substringRange, NSRange encRange, BOOL *stop)
{
    CTFontRef font2 = CTFontCreateCopyWithSymbolicTraits (
    basefont, f, NULL, kCTFontBoldTrait, kCTFontBoldTrait);
    NSDictionary* d2 = [[NSDictionary alloc] initWithObjectsAndKeys:
        (id)font2, (NSString*)kCTFontAttributeName, nil];
    [mas addAttributes:d2 range:encRange];
    CFRelease(font2);
    *stop = YES; // do just once, last word
}];
```

也许会惊讶为什么要求获得粗细变化（kCTFontBoldTrait）两次。第一次（在 CTFontCreateCopy-WithSymbolicTraits 调用的第四个参数）提供了一个位掩码。第二次（第五个参数）提供了另一个位掩码，该掩码表示第一个位掩码的哪些位有意义。

最后，我们把属性字符串放到界面上：

```
self.styler.text = mas;
[self.styler setNeedsDisplay];
CFRelease(basefont);
```

我们现在已经产生了一个 NSAttributedString，并把它交给了我们的 StyledText。StyledText 将怎样绘制它自己？有两个主要的方法：一个 CATextLayer 和直接使用 Core Text 绘图。

让我们先使用 CATextLayer。因为该 UIView 子类将从一个 nib 中实例化，将在 awakeFromNib 中给它一个 CATextLayer，通过一个实例变量 textLayer 保持对它的引用。实现了 layoutSublayersOfLayer:方法，这样 CATextLayer 始终具有视图的边界：

```
(void) awakeFromNib {
    CATextLayer* lay = [[CATextLayer alloc] init];
    lay.frame = self.layer.bounds;
    [self.layer addSublayer:lay];
    self.textLayer = lay;
}
- (void) layoutSublayersOfLayer:(CALayer *)layer {
    [[layer.sublayers objectAtIndex:0] setFrame:layer.bounds];
}
```

在 drawRect:方法上，我们仅仅设置 CATextLayer 的 string（字符串）属性为我们的属性字符串：

```
- (void)drawRect:(CGRect)rect {
    if (!self.text)
        return;
    self.textLayer.string = self.text;
}
```

执行后，我们的属性字符串就被绘制了，如图 9-11 所示。给 UIView 一个背景色来显示 CATextLayer 在默认情况下怎样放置字符串。

图 9-11　字体大小逐字增加

CATextLayer 有一些其他有用的属性。如果图层的宽度不够用来显示整个字符串，我们可以使用 truncationMode 属性来得到截断行为。如果 wrapped 属性为 YES，字符串将换行显示，如图 9-12 所示。alignmentMode 属性用来设置对齐。

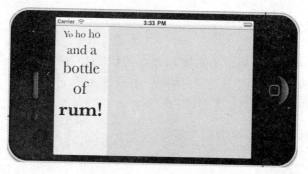

图 9-12　文本被换行并居中

另一种显示一个属性字符串的方法是使用 Core Text 直接将它绘制到一个图形上下文中。该文本将被颠倒绘制，除非我们翻转图形上下文的坐标系。如果字符串只有一行，我们可以直接使用一个 CTLineRef 将它绘制到图形上下文中。下面代码的执行结果看起来类似图 9-12：

```
- (void)drawRect:(CGRect)rect {
    if (!self.text)
        return;
    CGContextRef ctx = UIGraphicsGetCurrentContext();
    // 翻转上下文
    CGContextSaveGState(ctx);
    CGContextTranslateCTM(ctx, 0, self.bounds.size.height);
    CGContextScaleCTM(ctx, 1.0, -1.0);
    CTLineRef line =
        CTLineCreateWithAttributedString((CFAttributedStringRef)self.text);
    CGContextSetTextPosition(ctx, 1, 3);
    CTLineDraw(line, ctx);
    CFRelease(line);
    CGContextRestoreGState(ctx);
}
```

如果需要字符串换行显示，我们必须使用一个 CTFramesetter。framesetter（框架设置）需要一个框架，然后将文本绘在框架中。它是一个 CGPath：

```
- (void)drawRect:(CGRect)rect {
    if (!self.text)
        return;
    CGContextRef ctx = UIGraphicsGetCurrentContext();
    // 翻转上下文
    CGContextSaveGState(ctx);
    CGContextTranslateCTM(ctx, 0, self.bounds.size.height);
    CGContextScaleCTM(ctx, 1.0, -1.0);
    CTFramesetterRef fs =
CTFramesetterCreateWithAttributedString((CFAttributedStringRef)self.text);
    CGMutablePathRef path = CGPathCreateMutable();
    CGPathAddRect(path, NULL, rect);
    //范围 (0,0) 表示"整个字符串"
    CTFrameRef f = CTFramesetterCreateFrame(fs, CFRangeMake(0, 0), path, NULL);
    CTFrameDraw(f, ctx);
    CGPathRelease(path);
    CFRelease(f);
    CFRelease(fs);
```

```
        CGContextRestoreGState(ctx);
    }
```

使用 CTFramesetter，就能把诸如对齐和截断的绘图行为放在属性字符串中（应用一个 CTParagraphStyle）。段落样式也能包含首行缩进、制表符设置、行间距、空格等。在下面这个例子中，我们添加居中对齐功能（类似图 9-12 的功能）：

```
CTTextAlignment centerValue = kCTCenterTextAlignment;
CTParagraphStyleSetting center =
    {kCTParagraphStyleSpecifierAlignment, sizeof(centerValue),
&centerValue};
CTParagraphStyleSetting pss[1] = {center};
CTParagraphStyleRef ps = CTParagraphStyleCreate(pss, 1);
[mas addAttribute:(NSString*)kCTParagraphStyleAttributeName
            value:(id)ps
            range:NSMakeRange(0, [s length])];
CFRelease(ps);
```

9.4 网 页 视 图

iPhone/iPad 开发人员可以使用 UIWebView 视图来显示 HTML 内容，如某个网站的网页，或者一段 HTML 内容。除了 HTML 内容，UIWebView 也可以显示本地的数据，如 PDF、RTF、.doc、.xls、.ppt 和 iWork 数据。

UIWebView 视图给用户的感觉就是一个浏览器。如果用户在 Web 视图里单击一个 URL 链接，在默认情况下，Web 视图会自动获取内容并展示它。实际上，一个 Web 视图是一个 WebKit 的前端，Safari 也使用 WebKit。Web 视图可以显示非 HTML 文件格式，如 PDF、RTF 等，这正是因为 WebKit 可以显示它们。用户单击 URL 链接，并显示网页，Web 视图保留向前和向后的列表，就像一个 Web 浏览器。可以通过两个属性 canGoBack 与 canGoForward 和两个方法 goBack 与 goForward，与此访问列表交互。界面上可以包含 Back 和 Forward 按钮，就像一个小型的 Web 浏览器。

9.4.1 UIWebView

Web 视图是可以滚动的，但 UIWebView 不是 UIScrollView 的子类。Web 视图是可缩放的，如果其 scalesToFit 属性是 YES。在这种情况下，它首先缩放其内容以适应整个屏幕，然后用户也可以放大或缩小内容（类似在 Safari 上的手势）。Web 视图的最重要的任务是呈现 HTML 内容，像任何一个浏览器，Web 视图理解 HTML、CSS 和 JavaScript。UIWebView 本身是 UIView 子类。下面是一些常用方法：

● 装载 URL 所指定的网页

```
- (void)loadHTMLString:(NSString *)string baseURL:(NSURL *)baseURL;
- (void)loadData:(NSData *)data MIMEType:(NSString *)MIMEType
textEncodingName:(NSString *)encodingName  baseURL:(NSURL *)baseURL;
```

● 装载 URL 请求

```
- (void)loadRequest:(NSURLRequest *)request;
```

可以构建一个 NSURLRequest 并调用 loadRequest:方法。一个 NSURLRequest 可能是一个磁盘上的文件的 URL，Web 视图将根据文件的扩展名获得它的类型。它也可能是互联网上的资源的 URL。

可以使用上面的任何一种方法来加载一个内容，例如，显示一个在应用程序绑定中的 PDF 文件：

```
NSString *thePath = [[NSBundle mainBundle] pathForResource:@"MyPDF"
ofType:@"pdf"];
NSData *pdfData = [NSData dataWithContentsOfFile:thePath];
[self.wv loadData:pdfData MIMEType:@"application/pdf"
            textEncodingName:@"utf-8" baseURL:nil];
```

同样的事情也可以用一个文件 URL 和 loadRequest:方法来做：

```
NSURL* url = [[NSBundle mainBundle] URLForResource:@"MyPDF"
withExtension:@"pdf"];
NSURLRequest* req = [[NSURLRequest alloc] initWithURL:url];
[self.wv loadRequest:req];
```

下面是一个装载 HTML 内容的例子：

```
NSString* path = [[NSBundle mainBundle] pathForResource:@"help"
ofType:@"html"];
NSURL* url = [NSURL fileURLWithPath:path];
NSError* err = nil;
NSString* s = [NSString stringWithContentsOfURL:url
encoding:NSUTF8StringEncoding error:&err];
// error-checking omitted
[view loadHTMLString:s baseURL:url];
```

或者：

```
NSString* path = [[NSBundle mainBundle] pathForResource:@"help"
ofType:@"html"];
NSURL* url = [NSURL fileURLWithPath:path];
NSURLRequest* req = [[NSURLRequest alloc] initWithURL:url];
[view loadRequest: req];
```

Web 视图的内容是通过异步方式加载的（有它自己的线程），这是因为考虑到从互联网上加载一个资源需要时间。当内容被加载的时候，仍然可以访问和操作应用界面，这就是"异步"的意思。

同网页相关的方法有：

```
- (void)reload; //重新装载
- (void)stopLoading; //停止装载（Web 视图的 loading 属性=YES，就表明还在加载）
- (void)goBack; //返回到前一个网页
- (void)goForward;//前进到下一个网页（如果存在的话）
```

另外，UIWebView 提供了很多属性。以下是一些常用的属性：

```
@property BOOL loading; //是否正在装载
@property BOOL canGoBack; //是否可以返回到前一个
@property BOOL canGoForward; //是否可以前进到下一个
@property BOOL scalesPageToFit; //是否自动调整网页到 UIWebView 所在的屏幕
//是否侦测网页上的电话号码。如果是，当用户单击该号码时，就可以使用 iPhone
//拨打这个电话
@property BOOL detectsPhoneNumbers;
```

下面是 Delegate（委托）类提供的一些回调方法：

```
//在装载网页之前调用。例如：设置一个"正在装载"的状态图
- (void)webViewDidStartLoad:(UIWebView *)webView;
//在装载完网页之后调用。例如：去掉上述的"正在装载"的状态图
- (void)webViewDidFinishLoad:(UIWebView *)webView;
//处理装载网页失败的方法
- (void)webView:(UIWebView *)webView didFailLoadWithError:(NSError *)error;
//控制导航的方法，例如：用户单击网页上的链接时，该方法可以决定是否让用
//户导航到该链接。navigationType 是指：单击链接、重新装载网页、提交内容、
//返回到前一个网页、前进到下一个网页等
- (BOOL)webView:(UIWebView *)webView
shouldStartLoadWithRequest:(NSURLRequest *)request
navigationType:(UIWebViewNavigationType)navigationType;
```

下面来看一个例子。当内容加载的时候，我们在 Web 视图中间显示一个活动指示器（一个 UIActivityIndicatorView，属性 activity 指向它）：

```
- (void)webViewDidStartLoad:(UIWebView *)wv {
  self.activity.center =
    CGPointMake(CGRectGetMidX(wv.bounds), CGRectGetMidY(wv.bounds));
  [self.activity startAnimating];
}
- (void)webViewDidFinishLoad:(UIWebView *)wv {
  [self.activity stopAnimating];
}
- (void)webView:(UIWebView *)wv didFailLoadWithError:(NSError *)error {
  [self.activity stopAnimating];
}
```

一个 Web 视图可以显示任何有效的 HTML，但 WebKit 具有一定的局限性。例如，WebKit 不支持插件程序，如 Flash（但是它支持 JavaScript 等）。可以访问苹果的 Safari Web Content Guide 网站的页面

http://developer.apple.com/ibrary/safari/documentation/AppleApplications/ Reference/SafariWebContent

来获得更多信息。例如：Safari HTML5 Audio and Video Guide

http://developer.apple.com/library/safari/documentation/AudioVideo/Conceptual /Using_HTML5_Audio_Video

它描述了 WebKit 的音频和视频播放器支持哪些格式。另外，我们建议读者设置 viewport。例如：

```
<meta name="viewport" content="initial-scale=1.0" />
```

没有这行，有时不能正确显示 HTML 字符串。当设备旋转时，Web 视图也跟着旋转，所以它的宽度会改变。在一个方向上，Web 视图可能会变得很宽，用户需要水平滚动来读全内容。苹果

文档解释了原因：如果没有指定 viewport，当应用程序旋转时，viewport 可能改变。设定 initial-scale 后，就会让 viewport 在两个方向上选取正确的大小值。

　　当一个 Web 视图被要求加载内容的时候，尤其是用户单击了它里面的链接后，Web 视图的委托收到 webView:shouldStartLoadWithRequest:navigationType: 消息，可以在这个方法中改变 Web 视图的加载行为。它传递过来一个 NSURLRequest，可以分析 NSURLRequest 的 URL 属性（它是一个 NSURL）。还收到一个描述导航类型的常量，这个常量的值是下面中的一个：

- UIWebViewNavigationTypeLinkClicked
- UIWebViewNavigationTypeFormSubmitted
- UIWebViewNavigationTypeBackForward
- UIWebViewNavigationTypeReload
- UIWebViewNavigationTypeFormResubmitted
- UIWebViewNavigationTypeOther

9.4.2　网页视图实例

　　下面我们通过一个实际例子来看看 UIWebView 的使用：

01 如图 9-13 所示，创建一个基于单视图的项目。

02 双击视图控制器的 xib 文件（如 ViewController.xib），结果如图 9-14 所示。

03 如图 9-15 所示，在视图上添加一个 Web View，一个工具条（Toolbar），并在工具条上添加两个 Bar Button Item 按钮和一个文本框（Text Field）。修改为中文名称，结果如图 9-16 所示。

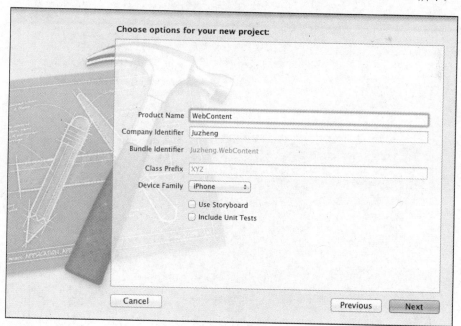

图 9-13　创建新项目

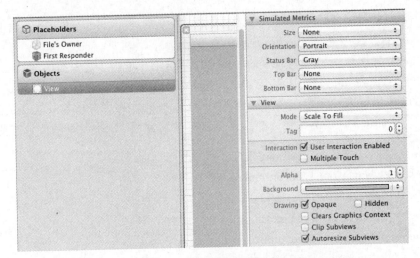

图 9-14　ViewController.xib

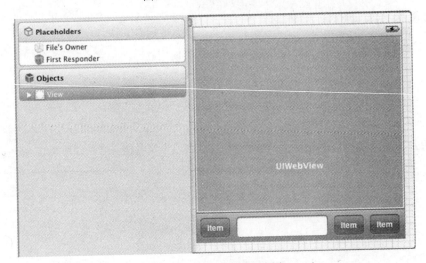

图 9-15　添加对象到视图上

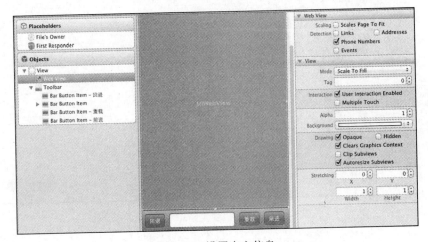

图 9-16　设置中文信息

04 如图 9-17 所示，设置 UIWebView。例如，选择 "Scales Page To Fit"：让整个网页调整大小，以适应窗口的大小。默认情况下，自动检测电话（Detection: Phone Number）已经被选中。还可以选择其他选项。

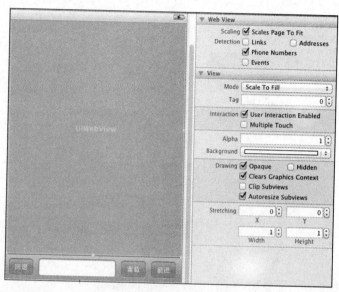

图 9-17　设置 UIWebView 属性

05 修改 ViewController.h 代码为：

```
#import <UIKit/UIKit.h>
//UITextFieldDelegate 是用于响应在输入框上的操作
@interface ViewController : UIViewController <UITextFieldDelegate>{
    IBOutlet UIWebView *webView;//指向网页视图
}
@end
```

06 如图 9-18 所示，在控制器类和视图之间建立关联。按下 ctrl 键，从 "File's Owner" 拖一个光标到 UIWebView，选择 webView。然后，按下 ctrl 键，从文本框那里拖一个光标到 "File's Owner"，选择 delegate。

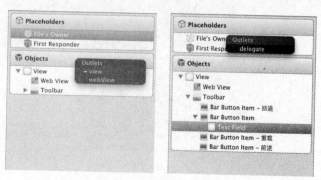

图 9-18　设置连接信息

07 如图 9-19 所示，对各个按钮，按下 ctrl 键，拖动光标到 UIWebView。选择相应的方法。例如：回退选择 goBack 方法，重载选择 reload 方法，前进选择 goForward 方法。

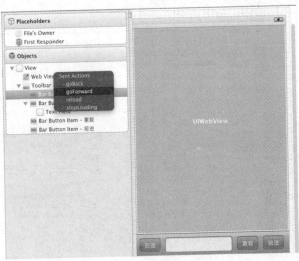

图 9-19　设置各个按钮的触发操作

08 最后的连接设置如图 9-20 所示。编写 ViewController.m 代码如下：

```objc
#import "ViewController.h"
@implementation ViewController
-(BOOL) textFieldShouldReturn:(UITextField *)textField{
    //这个方法是一个回调方法。当用户在输入框上完成输入后调用
    NSURL *url = [NSURL URLWithString:textField.text];//获取用户输入的 URL
    NSURLRequest *request = [NSURLRequest requestWithURL:url];//一个请求
    [webView loadRequest:request];//装载 URL 所指向的内容
    return YES;
}
```

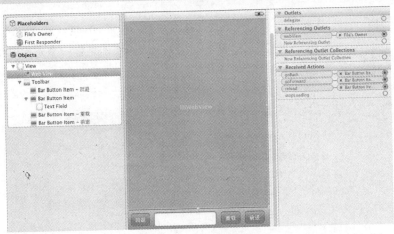

图 9-20　最终的连接设置

09 执行应用程序。如图 9-21 所示，输入各个 URL 来查看各个网站。使用回退、前进按钮来

测试相应功能。可以看到，UIWebView 为我们预先提供了很多功能，基本不用编写任何代码就可以实现一个浏览器的功能。

当 safari 浏览器正在装载网页时，状态栏上有一个转圈的小图标。这表明系统正在装载网页内容。在 ViewController.m 上，可以完成的类似的功能：

```
-(void) webViewDidStartLoad:(UIWebView *) webView{
    …
    networkActivityIndicatorVisible=YES;//装载网页时显示
}
-(void) webViewDidFinishLoad:(UIWebView *) webView{
    …
    networkActivityIndicatorVisible=NO; //装载后，停止显示
}
```

图 9-21 应用程序执行结果

有一点要说明的是，上述应用程序启动后，键盘会遮住文本框。这就产生了一个问题：用户看不见自己所输入的文字。我们可以使用通知和移动工具栏来改正这个问题。在 viewWillAppear 方法上，我们可以注册"键盘出现"的通知。例如：

```
- (void)viewWillAppear:(BOOL)animated {
    [[NSNotificationCenter defaultCenter] addObserver:self
    selector:@selector(keyboardWillShow:)
    name:UIKeyboardWillShowNotification
    object:self.view.window];
    [super viewWillAppear:animated];
}
```

当 keyboardWillShow 通知到达后，就会返回一个 NSDictionary ，它包含了键盘的高度。在 keyboardWillShow 方法上，可以把工具栏往上移动一些大小，从而使得用户可以看到工具栏。当然，输入结束后，还需要调整工具栏的位置为原来的位置。感兴趣的读者可以自己实施这个功能。

9.4.3 loadHTMLString 方法

loadHTMLString 方法有两个参数，第一个参数是 HTML 格式的字符串，第二个参数是一个 NSURL 对象。NSURL 对象可以是指向一个 Web 站点或者一个本地文件。loadHTMLString 的定义如下：

```
- (void)loadHTMLString:(NSString *)string baseURL:(NSURL *)baseURL;
```

除了装载外部站点上的网页，这个方法还可以装载自己的 HTML 内容到网页视图上，如图 9-22 所示。下面在 WebContentViewController 的 viewDidLoad 方法上添加下面的代码。其作用是在网页视图上显示一些 HTML 内容。在 viewDidLoad 方法中，声明一个字符串来存放 HTML 数据，最后调用 loadHTMLString 来显示 HTML 内容：

```
- (void)viewDidLoad {
    NSString *htmlContent = @"<div style=\"font-family:Helvetica, Arial,
        sans-serif;font-size:48pt;\" align=\"center\">";
    NSMutableString *htmlPage =[NSMutableString  new];
    [htmlPage appendString:htmlContent];
    [htmlPage appendString:@"欢迎使用手机网页"]; //HTML 内容
    [htmlPage appendString: @"</ span>"];
    [webView loadHTMLString:htmlPage baseURL:nil];//装载
    [super viewDidLoad];
}
```

图 9-22　显示 HTML 内容

9.5　其他控件和视图

本节讨论由 UIKit 提供的 UIView 子类。其他框架也提供了 UIView 子类。例如，Map Kit 框架提供 MKMapView。又例如，MessageUI 框架提供 MFMailComposeViewController，在界面上让用户编写和发送信息。

9.5.1　UIActivityIndicatorView

UIActivityIndicatorView 是活动指示器，如图 9-23 所示，看上去好像一个转动的小车轮。调用 startAnimating 来启动活动指示器（轮辐开始旋转），给用户一个感觉：某个耗时的操作正在进行。使用 stopAnimating 来停止旋转。如果活动指示器的 hidesWhenStopped 为 YES（默认值），那么，只有当旋转的时候可见（即停止后就消失了）。

活动指示器的 activityIndicatorViewStyle 属性是指示器的样式。如果指示器由代码创建，将调用 initWithActivityIndicatorStyle:方法设置它的样式。可以选择：

- UIActivityIndicatorViewStyleWhiteLarge
- UIActivityIndicatorViewStyleWhite
- UIActivityIndicatorViewStyleGray

图 9-23　一个大的 activity indicator

下面的代码摘自一个 UITableViewCell 应用程序。在用户单击表单元来选中它以后，需要花费一些时间来构建下一个视图并且导航到该视图。所以，当表单元被选中后，我们在中间展示一个旋转的活动指示器：

```
- (void)setSelected:(BOOL)selected animated:(BOOL)animated {
    if (selected) {
        UIActivityIndicatorView* v =
          [[UIActivityIndicatorView alloc]
          initWithActivityIndicatorStyle:UIActivityIndicatorViewStyleWhiteLarge];
        v.center =CGPointMake(self.bounds.size.width/2.0,
self.bounds.size.height/2.0);

        v.tag = 1001;
        [self.contentView addSubview:v];
        [v startAnimating];
    } else {
        [[self.contentView viewWithTag:1001] removeFromSuperview];
    }
    [super setSelected:selected animated:animated];
```

```
    }
```

如果应用程序访问互联网，可以设置 UIApplication 的 networkActivityIndicatorVisible 为 YES。它在状态栏中显示一个小的旋转的活动指示器。当活动结束后，需要把它设为 NO。

9.5.2　UIProgressView

一个进度视图（UIProgressView）类似一个"温度计"，生动地显示一个百分比。它通常用来代表一个耗时的处理，完成的百分比是可计算的。例如，在一个应用程序中，使用一个进度视图来显示歌曲的播放进度（位置），如图 9-24 所示。

图 9-24　一个进度视图

进度视图的 progressViewStyle 就是显示的样式。如果进度视图由代码创建，那么可使用 initWithProgressViewStyle:来设置它的样式。可以选择：

- UIProgressViewStyleDefault
- UIProgressViewStyleBar

后者被用在一个 UIBarButtonItem 中，作为一个导航项的标题视图等。

进程视图的 progress 属性就是具体的进度，该值在 0 和 1 之间。需要做些计算来将实际值映射到 0~1 的某个值。图 9-24 是一个标准的进度视图。可以定制自己的进度视图，这时需要一个定制的 UIView 子类，该子类绘制类似进度条的东西。图 9-25 显示一个简单的定制进度视图。它有一个 value 属性，设置它为 0~1，然后调用 setNeedsDisplay 来使视图重绘它自己。下面是 drawRect:代码：

```
- (void)drawRect:(CGRect)rect {
    CGContextRef c = UIGraphicsGetCurrentContext();
    [[UIColor whiteColor] set];
    CGFloat ins = 2.0;
    CGRect r = CGRectInset(self.bounds, ins, ins);
    CGFloat radius = r.size.height / 2.0;
    CGMutablePathRef path = CGPathCreateMutable();
    CGPathMoveToPoint(path, NULL, CGRectGetMaxX(r) - radius, ins);
    CGPathAddArc(path, NULL,
    radius+ins, radius+ins, radius, -M_PI/2.0, M_PI/2.0, true);

    CGPathAddArc(path, NULL,
    CGRectGetMaxX(r) - radius, radius+ins, radius, M_PI/2.0, -M_PI/2.0, true);
    CGPathCloseSubpath(path);
    CGContextAddPath(c, path);
    CGContextSetLineWidth(c, 2);
    CGContextStrokePath(c);
    CGContextAddPath(c, path);
    CGContextClip(c);
    CGContextFillRect(c, CGRectMake(
    r.origin.x, r.origin.y, r.size.width * self.value, r.size.height));
}
```

图 9-25　一个定制的进度视图

9.5.3　UIPickerView

UIPickerView 显示可选择的选项（参见图 9-26），用户可以选择一个选项。每列叫做一个 component。在数据源（UIPickerViewDataSource）和委托（UIPickerViewDelegate）上配置 UIPickerView 的显示内容。数据源和委托必须回答类似 UITableView 提出的问题：

- numberOfComponentsInPickerView:（数据源）
  该选择器视图有多少组件（列）？
- pickerView:numberOfRowsInComponent:（数据源）
  该组件有多少行？第一个组件被编号为 0。
- pickerView:titleForRow:forComponent: （委托）
- pickerView:viewForRow:forComponent:reusingView:（委托）

该组件的该行应该显示什么？第一行被编号为 0。可以提供一个简单的字符串，也可以提供一个视图（如 UILabel）。有一个要求：必须以相同的方式提供给每个组件的每行。这是因为如果 viewForRow 方法被实现，那么 titleForRow 不被调用。reusingView 参数（如果不为空）是为了重用（正如在一个表视图中的单元重用）。

下面这个例子是用 UIPickerView 显示来自一个文本文件的 50 个美国州名。我们实现了 pickerView:viewForRow:forComponent:reusingView:方法。在我们的视图上，我们使用 UILabel 来显示州名。州名存放在一个类型为 NSArray 的 states 属性中，标签位于选择器视图的中心（参见图 9-26）：

```
- (NSInteger)numberOfComponentsInPickerView:(UIPickerView *)pickerView {
    return 1;
}
- (NSInteger)pickerView:(UIPickerView *)pickerView
    numberOfRowsInComponent:(NSInteger)component {
    return 50;
}
- (UIView *)pickerView:(UIPickerView *)pickerView viewForRow:(NSInteger)row
forComponent:(NSInteger)component reusingView:(UIView *)view {
    UILabel* lab;
```

```
    if (view)
        lab = (UILabel*)view;
    else
        lab = [[UILabel alloc] init] ;
        lab.text = [self.states objectAtIndex:row];
        lab.backgroundColor = [UIColor clearColor];
        [lab sizeToFit];
        return lab;
}
```

图 9-26　选择器视图

可以使用委托的以下方法来进一步配置 UIPickerView 的外观：

● pickerView:rowHeightForComponent:
● pickerView:widthForComponent:

当用户每次旋转到一个新位置时，委托的 pickerView:didSelectRow:inComponent:方法可被调用。也可以发送 selectedRowInComponent: 消息来直接询问选择器视图。还可以使用 selectRow:inComponent:animated:方法来设置转向的位置。下面的一些选择器视图方法实现数据重新加载功能，通过它的属性可以获得选择器视图的内容：

● reloadComponent:
● reloadAllComponents
● numberOfComponents
● numberOfRowsInComponent:
● viewForRow:forComponent:

通过实现 pickerView:didSelectRow:inComponent:方法，并使用 reloadComponent:方法，可以使一个 component 基于另一个 component 中的选中选项来显示。例如，我们假设选择州和州里的城市。当用户在第一个 component 中转到另一个州，第二个 component 上就出现不同的城市集合。

9.5.4　UISearchBar

一个搜索栏（UISearchBar））显示一个包含放大器图形的圆角矩形，用户可以输入文本，如图 9-27 所示。其实它自己不做任何搜索或显示搜索的结果；通常是用一个表视图来显示搜索结果。UISearchBar 一般同一个控制器类 UISearchDisplayController 一起使用。

图 9-27　一个有搜索结果按钮的搜索栏

一个搜索栏的当前文本是它的 text 属性。它有一个 placeholder 属性，当没有文本的时候就出现 placeholder 属性值。一个 prompt 能够被显示在搜索栏上，来解释它的用途。委托方法（UISearchBarDelegate）通知以下编辑事件：

- searchBarShouldBeginEditing:
- searchBarTextDidBeginEditing:
- searchBar:textDidChange:
- searchBar:shouldChangeTextInRange:replacementText:
- searchBarShouldEndEditing:
- searchBarTextDidEndEditing:

一个搜索栏有一个 barStyle。类似一个工具栏或导航栏，可以选择 UIBarStyleDefault 或 UIBarStyleBlack。搜索栏也可以有一个 tintColor（如果它被设置，barStyle 被忽略）。一个搜索栏一般放在屏幕的顶部。如果搜索栏中有文本，一个搜索栏自动显示一个内部的 Cancel 按钮（在圆圈中有一个叉号）。在右端，一个搜索栏也许显示一个搜索结果按钮（showsSearchResultsButton），这取决于 searchResultsButtonSelected 属性，也可能显示一个书签按钮（showsBookmarkButton）。这些按钮覆盖 Cancel 按钮。当用户在搜索栏上输入文本时，它就消失。用户也可以选择在外部显示一个 Cancel 按钮（showsCancelButton）。当按钮被单击时，下面的委托方法就被调用：

- searchBarResultsListButtonClicked:
- searchBarBookmarkButtonClicked:
- searchBarCancelButtonClicked:

一个搜索栏也许会显示一个范围按钮。可以设置 showsScopeBar 属性来让范围按钮显示。该按钮标题是 scopeButtonTitles 属性值，selectedScopeButtonIndex 属性标识了当前被选择的范围按钮。当用户单击一个不同的范围按钮时，下面的委托方法被调用：

- searchBar:selectedScopeButtonIndexDidChange:
  搜索栏的文本框属性配置它的键盘和输入行为，如 keyboardType、autocapitalizationType 和 autocorrectionType。当用户在键盘中按 search 键时，下面的委托方法被调用，然后由你来关闭键盘以及执行搜索操作：
  - ➢　searchBarSearchButtonClicked:

此外，由 UISearchDisplayController 管理的工具栏中的搜索栏将自动在 popover 视图里面显示搜索结果，这就省时省力了。我们可以在搜索栏上包含一个结果列表按钮，当单击时调出 popover，并且在那种情况下，popover 包含一个 Clear 按钮，该按钮清空搜索栏，并关闭该 popover。所有这些操作都是搜索显示控制器帮助我们完成的。

9.5.5 UIControl

UIControl 是 UIView 的子类，并且是那些用户可以交互的控件类（如按钮）的超类。UIControl 描述了这些类的共同行为。所有控件的共同特点是，它们自动跟踪和分析触摸事件，并发送控制事件（消息）给相应的对象。在 nib 或代码中，使用目标-操作模式来处理每个控制事件。对于一个给定的控件，每个控制事件和它的目标-操作对形成一个调度表。下面的方法允许你来操作和查询调度表：

- addTarget:action:forControlEvents:
- removeTarget:action:forControlEvents:
- actionsForTarget:forControlEvent:
- allTargets
- allControlEvents （控制事件的位掩码）

当一个控件需要发送一个操作消息（即报告控制事件），它调用 sendAction:to:forEvent:方法，这就调用共享的应用程序实例的 sendAction:to:from:forEvent:方法，这实际上是调用指定目标的指定方法。为了强迫一个控件报告一个特定的控制事件消息，需要调用它的 sendActionsForControlEvents:方法。例如，假设在代码中把一个 UISwitch 从 OFF 变为 ON（参见图 9-28），这不会引起 UISwitch 报告控制事件。因此，需要调用 sendActionsForControlEvents:方法，类似下面的做法：

```
[switch setOn: YES animated: YES];
[switch sendActionsForControlEvents:UIControlEventValueChanged];
```

图 9-28 一个开关

也可以用 sendActionsForControlEvents:方法在子类中定义在什么情况下一个控件会报告控制事件。控件有 enabled、selected 和 highlighted 属性。一个未启用的控件不响应用户的交互操作。一个控件有 contentHorizontalAlignment 和 contentVerticalAlignment 属性。这些属性只有在控件有内容要对齐时才可能被用到。一个文本域（UITextField）是一个控件，我们已经在前面章节中讲过。本章后面的内容会讲解其余的控件。

9.5.6　UISwitch 和 UIPageControl

一个 UISwitch 描绘了一个 BOOL 值：它看起来像一个滑动的电器开关，其位置标记有 ON 和 OFF，并且它的 on 属性为 YES 或者 NO（参见图9-28）。用户可以滑动或单击切换 switch 的位置。当用户改变 switch 的位置，switch 报告一个 Value Changed 控制事件。可以调用 setOn:animated:方法来改变 on 属性值。我们不能自定义 ON 和 OFF 标签。

一个 UIPageControl 是一行点，每个点被称为一页。点的数目是页面控件的 numberOfPages。当前页就是它的 currentPage。当前页是一个实心点，其他点略透明，如图9-29所示。用户可以单击（当前页的）点的任何一边，这就递增或递减当前页。页控制器就报告一个 Value Changed 控制事件。如果一个页面控件的 hidesForSinglePage 属性为 YES，那么，当 numberOfPages 为 1 时，页面控件变为不可见。

图 9-29　页控制器视图

9.5.7　UIDatePicker

UIDatePicker 看起来像 UIPickerView，但它不是 UIPickerView 的子类。其目的是为了选择日期和时间。当用户改变其设置时（即选择了一个新日期），日期选择器会报告一个 Value Changed 控制事件。UIDataPicker 有以下四种模式：

- UIDatePickerModeTime
  日期选择器显示一个时间。例如，它有小时部分和分钟部分。
- UIDatePickerModeDate
  日期选择器显示一个日期。例如，它有月部分、日部分和年部分。
- UIDatePickerModeDateAndTime
  日期选择器显示一个日期和时间。例如，它由星期、月、日、小时和分钟这几部分组成。
- UIDatePickerModeCountDownTimer
  日期选择器显示小时和分钟的数字。例如，它有小时部分和分钟部分。

日期选择器如图9-30所示。究竟是什么组成一个日期选择器的显示，以及它们所包含的值是什么，这取决于区域设置。例如，美国时间显示小时（1~12）、分钟以及 AM 或 PM（参见图9-30)，但英国时间显示小时(1~24)和分钟。一个日期选择器有 locale、calendar 和 timeZone 属性，分别为 NSLocale、NSCalendar 和 NSTimeZone。默认值都是 nil。日期选择器响应用户的系统设置。例如，你的应用程序包含日期选择器显示的时间，如果用户从美国时区改变到英国时区，日期选择器的显示会立即改变。

如果有一个分钟的部分，默认显示每分钟，但可以用 minuteInterval 属性改变它。最大值改变为 30，在这种情况下，分钟的值为 0 和 30。日期选择器的最大值和最小值是由它的 maximumDate 和 minimumDate 属性决定。

日期选择器代表的日期是其 date 属性，它是一个 NSDate。默认的日期为日期选择器实例化的时间。对于一个 UIDatePickerModeDate 日期选择器，默认时间是本地时间 12AM；对于一个 UIDatePickerModeTime 日期选择器，默认日期是今天。

由 UIDatePickerModeCountDownTimer 日期选择器代表的值是它的 countDownDuration。日期选择器实际上并没有做任何倒计数；苹果 Clock 应用程序的 Timer 选项卡显示了一个典型的界面。用户配置日期选择器时，首先初始化设置 countDownDuration。然后，一旦计数开始，日期选择器就隐藏，一个标签（label）显示剩余时间。countDownDuration 是一个 NSTimeInterval（这是一个 double，表示秒数）。例如：

```
NSTimeInterval t = [datePicker countDownDuration];
NSDate* d = [NSDate dateWithTimeIntervalSinceReferenceDate:t];
NSCalendar* c = [[NSCalendar alloc]
initWithCalendarIdentifier:NSGregorianCalendar];
[c setTimeZone: [NSTimeZone timeZoneForSecondsFromGMT:0]]; // normalize
NSUInteger units = NSHourCalendarUnit | NSMinuteCalendarUnit;
NSDateComponents* dc = [c components:units fromDate:d];
NSLog(@"%i hr, %i min", [dc hour], [dc minute]);
```

如果需要在一个 NSDate 和字符串之间的转换，那么需要一个 NSDateFormatter：

```
NSDate* d = [datePicker date];
NSDateFormatter* df = [[NSDateFormatter alloc] init];
[df setTimeStyle:kCFDateFormatterFullStyle];
[df setDateStyle:kCFDateFormatterFullStyle];
NSLog(@"%@", [df stringFromDate:d]);
// "12 月 12 日，星期三，Pacific Daylight Time2011 年上午 3:16:25"
```

图 9-30　日期选择器

9.5.8 UISlider 和 UISegmentedControl

如图 9-31（a）所示，一个滑动条就是 UISlider，它可以让用户选择在最大值（maximumValue）和最小值（minmumValue）之间的值（最大值和最小值默认为 1 和 0）。当用户滑动位置时，滑动条报告一个 Value Changed 控制事件。可以在滑动条两边放上图像，那是 UISlider 的 minimumValueImage 和 maximumValueImage（它们默认是 nil）。

如图 9-31（b）所示，一个分段控件（UISegmentedControl）是一行可以单击的片段，每段非常像一个按钮。这为用户提供了一个方法来选择几个相关的选项。默认情况下（momentary 为 NO），最近被单击的片段保持选中状态。当 momentary 是 YES 时，被单击的片段显示瞬间被选择的状态，但随后没有片段是被选择的状态。可以通过 selectedSegmentIndex 属性来获得选中的片段；也可以通过设置 selectedSegmentIndex 属性让某个片段被选定。如果 selectedSegmentIndex 属性值是 UISegmentedControlNoSegment（-1）的话，则表示没有片段被选中。当用户单击一个未选定的片段时，分段控件就报告一个 Value Changed 事件。

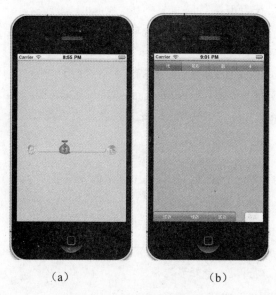

（a）　　　　　　　　　　　　（b）

图 9-31　滑动条和分段控件

一个片段有一个标题或图像（当一个被设置，另一个就变为 nil）。设置和获取片段的标题和图像的方法是：

- setTitle:forSegmentAtIndex:
- setImage:forSegmentAtIndex:
- titleForSegmentAtIndex:
- imageForSegmentAtIndex:

在改变现有片段的标题和图像后，可能需要调用 sizeToFit 来自动调整片段。

当创建片段时，可以设置标题和图像，如果是在代码中创建分段控件，那么可以在代码中用 initWithItems:方法做这些事情，这需要一个数组，其中每一项是一个字符串或一幅图像。动态管理

分段的方法是:

- insertSegmentWithTitle:atIndex:animated:
- insertSegmentWithImage:atIndex:animated:
- removeSegmentAtIndex:animated:
- removeAllSegments

只读属性 numberOfSegments 记录了片段的个数。另外，分段控件有下面的样式（segmentedControlStyle 属性）:

- UISegmentedControlStylePlain
  大高度（44 像素）和大标题。取消选定的片段是灰色的，选定的片段是蓝色的。
- UISegmentedControlStyleBordered
  就像 UISegmentedControlStylePlain，但有深色的边框（强调分段控件的轮廓）。
- UISegmentedControlStyleBar
  小高度（30 像素）和小标题。所有片段都是蓝色的，但可以通过设置 tintColor 来改变颜色。选中的片段颜色稍微深一点。
- UISegmentedControlStyleBezeled（在 iOS4.0 中引进的）
  大高度（40 像素）和小标题。与 UISegmentedControlStyleBar 相似。所有片段都是蓝色的，但可以通过设置 tintColor 来改变颜色。选中的片段更明亮。

9.5.9 UIButton

UIButton 是最基本的可单击的控件。在代码中创建的方法是一个类方法（buttonWithType:)，其中的类型是:

- UIButtonTypeCustom
  如果 backgroundColor 是 clearColor，则完全看不见（没有标题和其他内容）。如果提供了 backgroundColor，则出现一个矩形边框。
- UIButtonTypeDetailDisclosure
- UIButtonTypeContactAdd
- UIButtonTypeInfoLight
- UIButtonTypeInfoDark

上面这些按钮的图片被自动设置为标准按钮图像。例如：UIButtonTypeContactAdd 是一个加号，UIButtonTypeInfoLight 是一个浅色的字符 "i"，UIButtonTypeInfoDark 是一个深色的字母 "i"。

- UIButtonTypeRoundedRect
  一个圆角矩形按钮，是白色背景和灰色边框。

按钮有一个标题、一个标题颜色、一个标题阴影颜色、一张图片及一个背景图片。如果图片足够小，按钮可以既有一个标题也有一张图片。在这种情况下，图像默认显示在标题左侧。标题是一个 UILabel，可以通过按钮的 titleLabel 访问。例如：可以设置标题的 font、lineBreakMode 和 shadowOffset。如果 shadowOffset 不是（0,0），那么该标题有一个阴影。使按钮的标题由多行组成的一个简单的方法是设置按钮的 titleLabel.lineBreakMode 为 UILineBreakModeWordWrap，并且把换行符（\n）放到按钮的标题里，如@ "This is a line\nand this is a line"。按钮的图像是一个 UIImageView，可以通过按钮的 imageView 访问。例如，可以改变图像的 alpha 值，使其更加透明。整个图像和标题的位置是由按钮的 contentVerticalAlignment 和 contentHorizontalAlignment 来配置。通过设置按钮的 contentEdgeInsets、titleEdgeInsets 和 imageEdgeInsets，还可以调整图像和标题的位置。下面这四个方法也提供了访问按钮的元素的位置：

- titleRectForContentRect
- imageRectForContentRect
- contentRectForBounds
- backgroundRectForBounds

当按钮被重绘时（包括每次改变状态的时候），这些方法都会被调用。内容矩形是标题和图像被放置的区域（参见图 9-32）。默认情况下，contentRectForBounds:和 backgroundRectForBounds: 产生相同的结果。可以在子类中重载这些方法以改变按钮的放置方式。在下面这个例子中，当高亮按钮时，我们稍微缩小按钮：

```
- (CGRect)backgroundRectForBounds:(CGRect)bounds {
  CGRect result = [super backgroundRectForBounds:bounds];
  if (self.highlighted)
      result = CGRectInset(result, 3, 3);
  return result;
}
```

图 9-32　带有拉伸背景图像的按钮

9.5.10　导航栏、工具栏和标签栏

在 iOS 上，有三种栏样式，即导航栏（UINavigationBar）、工具栏（UIToolbar）及标签栏（UITabBar），通常与一个专用的视图控制器结合使用。UINavigationBar 可以与 UINavigationController 一起使用（它经常出现在视图的顶部）。UIToolbar 可以与 UINavigationController 一起使用（它经常出现在视图的底部）。UITabBar 可以与 UITabBarController 一起使用（它经常出现在视图的底部）。一个 UINavigationBar 的用途是让用户在不同视图间操作。为了设置一个 UINavigationBar，需要一个 UINavigationItem。它是 UIViewController 的 navigationItem，并且 UINavigationController 管理两者之间的联系，这包括 UIViewController 的视图的显示。类似地，一个 UITabBar 是一种让用户在多条目之间选择的方式。那些条目通常对应着整个视图，全部的管理由 UITabBarController 完成。UIToolbar 也可以在界面上独立存在（不与 UINavigationController 一起），特别在 iPad 上。它通常在顶栏出现，类似一个菜单栏的作用。

1. UINavigationBar

一个 UINavigationBar 由 UINavigationItems 组成。UINavigationBar 维护一个栈，UINavigationItems 被压入和弹出该栈。当前栈顶（UINavigationBar 的 topItem）的 UINavigationItem，和栈中第二个 UINavigationItem（UINavigationBar 的 backItem），决定了在导航栏上出现的内容：

- topItem 的 title（string）或 titleView（UIView）出现在导航栏的中间。
- topItem 的 prompt（string）出现在导航栏的顶部。
- rightBarButtonItem 和 leftBarButtonItem 出现在导航栏的右端和左端。它们是 UIBarButtonItems。一个 UIBarButtonItem 可以是一个系统按钮、一个带标题的按钮、一个图片按钮或是一个 UIView 容器（一个 UIBarButtonItem 本身不是一个 UIView）。
- backItem 的 backBarButtonItem 出现在导航栏的左端，它一般指向左边。当单击时，topItem 弹出栈。如果 backItem 没有 backBarButtonItem，那么在导航栏的左端仍然有一个回退（back）按钮，标题是 backItem 的 title。然后，如果 topItem 有一个 leftBarButtonItem，或者如果 topItem 的 hidesBackButton 为 YES，则回退按钮被禁用。

可以使用 UINavigationBar 的 barStyle、translucent 及 tintColor 属性来设置样式。UINavigationController 是导航栏（UINavigationBar）的委托。这些委托方法是：

- navigationBar:shouldPushItem:
- navigationBar:didPushItem:
- navigationBar:shouldPopItem:
- navigationBar:didPopItem:

下面这个例子只是使用 UINavigationBar（而没有 UINavigationController），结果如图 9-33 所示。

```
- (void)viewDidLoad {
    [super viewDidLoad];
    UINavigationItem* ni = [[UINavigationItem alloc]
initWithTitle:@"Tinker"];
    UIBarButtonItem* b = [[UIBarButtonItem alloc] initWithTitle:@"Evers"
```

```
            style:UIBarButtonItemStyleBordered
            target:self action:@selector(pushNext:)];
    ni.rightBarButtonItem = b;
    nav.items = [NSArray arrayWithObject: ni]; // nav is the UINavigationBar
}
- (void) pushNext: (id) sender {
    UIBarButtonItem* oldb = sender;
    NSString* s = oldb.title;
    UINavigationItem* ni = [[UINavigationItem alloc] initWithTitle:s];
    if ([s isEqualToString: @"Evers"]) {
        UIBarButtonItem* b = [[UIBarButtonItem alloc] initWithTitle:@"Chance"
                style:UIBarButtonItemStyleBordered
                target:self action:@selector(pushNext:)];
        ni.rightBarButtonItem = b;
    }
    [nav pushNavigationItem:ni animated:YES];
}
```

图 9-33　导航示意图

2. UIToolbar

一个 UIToolbar 显示一行 UIBarButtonItems，它们是 UIToolbar 的 items。按照它们在 items 数组中的顺序，这些条目从左到右显示。可以使用系统栏按钮条目 UIBarButtonSystemItemFlexibleSpace 和 UIBarButtonSystemItemFixedSpace，连上 UIBarButtonItem 的 width 属性一起，在工具栏中放置这些条目。

3. UITabBar

一个 UITabBar 显示 UITabBarItems（它的 items），每个由一幅图片和一个名称组成。它的 selectedItem 是一个 UITabBarItem，是当前所选择的条目。为了获得选择的改变，应该在委托（UITabBarDelegate）中实现 tabBar:didSelectItem:方法。为了以动画的形式改变条目，可调用 setItems:animated:方法。

用户可以定制标签栏的内容。可调用 beginCustomizingItems:方法，并传递一个 UITabBarItems

的数组。一个带有 Done 按钮的模态视图显示可定制的条目，然后用户可以拖动一个条目到标签栏，替换一个已经存在的条目。为了得知模态视图的出现和消失，实现下列委托方法：

- tabBar:willBeginCustomizingItems:
- tabBar:didBeginCustomizingItems:
- tabBar:willEndCustomizingItems:changed:
- tabBar:didEndCustomizingItems:changed:

在下面这个例子中，我们使用四个系统标签栏条目和一个 More 条目来设置一个 UITabBar。我们在一个实变量数组中存放这四个系统标签栏条目，并加上另外四个。当用户单击 More 条目时，我们显示一个包含八个标签栏条目的界面，结果如图 9-34 所示。

```
- (void)viewDidLoad {
    [super viewDidLoad];
    NSMutableArray* arr = [NSMutableArray array];
    for (int ix = 1; ix < 8; ix++) {
        UITabBarItem* tbi =
            [[UITabBarItem alloc] initWithTabBarSystemItem:ix tag:ix];
        [arr addObject: tbi];
    }
    self.items = arr; // 复制方法
    [arr removeAllObjects];
    [arr addObjectsFromArray: [self.items
subarrayWithRange:NSMakeRange(0,4)]];
    UITabBarItem* tbi = [[UITabBarItem alloc] initWithTabBarSystemItem:0
tag:0];
    [arr addObject: tbi]; // More 按钮
    tb.items = arr; // tb 是 UITabBar
}
- (void)tabBar:(UITabBar *)tabBar didSelectItem:(UITabBarItem *)item {
    NSLog(@"did select item with tag %i", item.tag);
    if (item.tag == 0) {
        // More 按钮
        tabBar.selectedItem = nil;
        [tabBar beginCustomizingItems:self.items];
    }
}
```

当同一个 UITabBarController 一起使用时，系统自动提供界面。如果有很多条目，自动出现一个 More 条目，这可用来访问一个表视图中的余下条目。在这里，用户可以选择额外条目（并导航到相应的视图）。或者，用户可以通过单击 Edit 按钮来切换到客户化界面。图 9-34 显示一个不使用代码自动产生条目的例子，该标签栏完全在 nib 中被创建和被配置。More 条目对应着 UINavigationController 的根视图控制器（UIViewController），该根视图控制器的 view（视图）是一个 UITableView。因此，当用户单击 More 按钮时，这个 UITableView 就出现在导航界面上。当用户在表中选择一个条目，相应的 UIViewController 被压入 UINavigationController 的栈中。可以访问 UINavigationController，它是 UITabBarController 的 moreNavigationController。通过它，可以访问根视图控制器，它是 UINavigationController 的 viewControllers 数组的第一个条目。并且通过它，可以访问表视图，它是根视图控制器的 view（视图）。这说明，当用户单击 More 按钮时，可以定制出现的内容。例如，让我们设置导航栏为 black，并从它的标题中删除 More 单词：

```
    UINavigationController* more =
self.tabBarController.moreNavigationController;
    UIViewController* list = [more.viewControllers objectAtIndex:0];
    list.title = @"";
    UIBarButtonItem* b = [[UIBarButtonItem alloc] init];
    b.title = @"Back";
    list.navigationItem.backBarButtonItem = b; // 因此用户可以设回导航
    more.navigationBar.barStyle = UIBarStyleBlack;
```

图 9-34　自动产生的 More 列表

我们也可以使用一个自己的数据源：使用自己的 MyDataSource 实例替换表视图数据源，在实例变量 MyDataSource 上保存一个原数据源对象的引用。

```
    UITableView* tv = (UITableView*)list.view;
    MyDataSource* mds = [[MyDataSource alloc] init];
    self.myDataSource = mds;
    self.myDataSource.originalDataSource = tv.dataSource;
    tv.dataSource = self.myDataSource;
```

接下来，将使用 Objective-C 的消息自动转发机制，MyDataSource 充当 originalDataSource 的前端，MyDataSource 将响应任何 originalDataSource 响应的消息，并且任何 MyDataSource 不能处理的消息将被转发给 originalDataSource。通过这种方式，MyDataSource 的介入并不会破坏原数据源的行为：

```
    - (id)forwardingTargetForSelector:(SEL)aSelector {
        if ([self.originalDataSource respondsToSelector: aSelector])
            return self.originalDataSource;
        return [super forwardingTargetForSelector:aSelector];
    }
```

最后，我们将实现 UITableViewDataSource 协议。首先传递消息给 originalDataSource（有点类

似于访问 super)，然后添加我们自己的定制。在这里，我们将每个单元的右边标志去掉，并改变它的文本字体，结果显示在图 9-35 中。

图 9-35　定制 More 列表

```
    - (NSInteger)tableView:(UITableView *)tv
numberOfRowsInSection:(NSInteger)sec {
        // 这仅仅是为了不让编译器报错
        return [self.originalDataSource tableView:tv numberOfRowsInSection:sec];
}
    - (UITableViewCell *)tableView:(UITableView *)tv
            cellForRowAtIndexPath:(NSIndexPath *)ip {
        UITableViewCell* cell =
            [self.originalDataSource tableView:tv cellForRowAtIndexPath:ip];
        cell.accessoryType = UITableViewCellAccessoryNone;
        cell.textLabel.font = [UIFont systemFontOfSize:14];
        return cell;
}
```

9.6　模态对话框

当一个模态对话框出现时，用户除了可以关闭一个对话框之外什么也不能做。这是为了给用户一些提示信息或要求用户是否继续。模态对话框是 UIView 子类。下面是两个最常用的模态对话框：

● UIAlertView

一个 UIAlertView 弹出一个警告窗口，其主要目的是引人注意。一个警告窗口显示在屏幕中心：它包含一个标题、一条消息以及一些按钮（其中一个可能是取消按钮），如图 9-36 所示。取消按钮一般显示在最后，稍微和其他按钮分开。警告窗口也可能只有一个取消按钮，它的主要目的是向用户显示消息。如果有其他按钮，那可能是用来给用户选择下一步（如保存和取消）。

- UIActionSheet

一个 UIActionSheet 相当于一个 Mac 操作系统上的菜单。在 iPhone 上，它是从屏幕底部向上滑动；在 iPad 上，它通常显示在一个 popover 上。它包含一些按钮，最后一个可能是取消按钮。一个 UIActionSheet 通常提供多种选项，如图 9-37 所示。

图 9-36 警告视图   图 9-37 iPhone 上的操作单

9.6.1 警告视图

构造一个警告视图（UIAlertView）的基本方法是 initWithTitle:message:delegate:cancelButtonTitle:otherButtonTitles:。让警告视图显示在屏幕上的方法是 show。例如，下面的代码实现图 9-36 所示的结果。

```
UIAlertView* alert = [[UIAlertView alloc] initWithTitle:@"Not So Fast!"
    message:@"Do you really want to do this tremendously destructive thing?"
    delegate:self cancelButtonTitle:@"Yes" otherButtonTitles:@"No", @"Maybe",
nil];
    [alert show];
```

otherButtonTitles 参数是不确定长度的，因此，它必须是由 nil 结尾的一系列字符串。取消按钮比其他按钮暗，并在一系列按钮中的最后一个。用户单击任何一个按钮，警告视图都会被立即关闭。如果想在用户关闭（解除）警告视图的时候作出回应，或者如果有几个按钮，想知道用户单击了哪个按钮来解除警告，那么，需要至少实现这些委托方法（UIAlertViewDelegate）之一：

- alertView:clickedButtonAtIndex:
- alertView:willDismissWithButtonIndex:
- alertView:didDismissWithButtonIndex:

取消按钮的索引通常是 0，其余按钮的索引是按照它们定义的顺序增加的。如果需要按钮的标题，可以调用 buttonTitleAtIndex:方法。可以使用下面的一些属性来获得按钮信息：

- cancelButtonIndex（如果没有，那就是-1）
- firstOtherButtonIndex（如果没有，那就是-1）
- numberOfButtons（包括取消按钮）

也可以在程序中使用 dismissWithClickedButtonIndex:animated:方法来关闭（解除）一个警告视图。当一个警告视图在代码中被解除时，委托方法 alertView:clickedButtonAtIndex:并不被调用，这是因为用户没有单击任何按钮。另外，当警告开始显示时，下面两个委托方法就被调用：

- willPresentAlertView
- didPresentAlertView

9.6.2　操作单

构造一个操作单（UIActionSheet）的基本方法是 initWithTitle:delegate:cancelButtonTitle: destructiveButtonTitle:otherButtonTitles:。以下方法是用于在 iPhone，操作单通常从屏幕的底部出现：

- showInView:
  在 iPhone 上，这显然是最常用的方法。通常会指定根视图控制器的视图，如标签栏控制器的视图或导航控制器的视图。例如，我们有一个标签栏（tab bar）界面，视图控制器弹出一个操作单（参见图 9-37）：

```
[sheet showInView: self.tabBarController.view];
```

- showFromTabBar:, showFromToolbar:
  在 iPhone 上，操作单就从屏幕底部弹出，正如 showInView:方法一样。这是因为标签栏或工具栏在屏幕底部。

在 iPad 上，需要使用下列方法之一。这些方法的做法类似呈现一个 popover 的方法。它们实际上以 popover 的方式呈现该操作单，并带有一个箭头（参见图 9-38）：

- showFromRect:inView:animated
- showFromBarButtonItem:animated

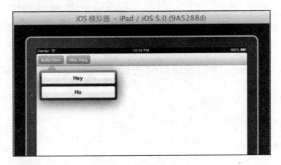

图 9-38　以 popover 形式呈现的一个 action sheet

在 iPad 上，通常没有取消按钮：如果操作单作为一个 popover 显示，则将不出现取消按钮。

当用户单击 popover 以外的区域时，popover 自动解除，这就相当于取消它。

一个操作单也有一个风格，在它的 actionSheetStyle 属性上设置：

- UIActionSheetStyleAutomatic
- UIActionSheetStyleDefault
- UIActionSheetStyleBlackTranslucent
- UIActionSheetStyleBlackOpaque

当操作单的一个按钮被单击，则该操作单自动关闭。可以使用下面的委托方法（UIActionSheetDelegate）来了解哪个按钮被单击：

- actionSheet:clickedButtonAtIndex
- actionSheet:willDismissWithButtonIndex
- actionSheet:didDismissWithButtonIndex

如果操作单是作为一个 popover 显示在 iPad 上，那么，当用户单击 popover 以外的区域使该 popover 被关闭，则该按钮的索引是-1。

可以在代码中使用 dismissWithClickedButtonIndex:animated:方法来解除一个操作单。在这种情况下，actionSheet:clickedButtonAtIndex:方法不会被调用。当操作单开始显示时，下面两个委托方法将被调用：

- willPresentActionSheet:
- didPresentActionSheet:

下面的代码是呈现如图 9-37 所示的操作单，也包含了关闭操作单的代码：

```
- (void) chooseLayout: (id) sender {
    UIActionSheet* sheet =
        [[UIActionSheet alloc] initWithTitle:@"Choose New Layout" delegate:self
        cancelButtonTitle:(NSString *)@"Cancel" destructiveButtonTitle:nil
        otherButtonTitles:@"3 by 3", @"4 by 3", @"4 by 4", @"5 by 4", @"5 by 5",
        nil];
    [sheet showInView: self.tabBarController.view];
}
- (void)actionSheet:(UIActionSheet *)as clickedButtonAtIndex:(NSInteger)ix {
    if (ix == as.cancelButtonIndex)
        return;
    NSString* s = [as buttonTitleAtIndex:ix];
    // …
}
```

对于操作单，其实也可以使用模态视图来实现。相比较而言，操作单只需几行代码即可完成。

9.6.3 本地通知

对于用户来说，一个本地通知（local notification）是一个 alert。即使你的应用程序没有运行它也可以出现。无论那一刻用户在做什么，它作为一个对话框出现在顶部。实际上，你的应用程序并没有显示这个本地通知，进一步说，你的应用程序不能自己显示一个本地通知。而是，你的应用程序传递一个本地通知到系统，这包括一个关于什么时候本地通知应该启动的说明。当指定时间到了的时候，如果你的应用程序不是最前面，系统代表你显示该通知。

本地通知可以包含一个操作按钮。如果用户单击它，你的应用程序将被带到前面。如果它在后台处于暂停状态，则系统就启动它。

为了创建一个本地通知，配置一个 UILocalNotification 对象，并通过 UIApplication 的 scheduleLocalNotification:方法传递给系统。UILocalNotification 对象有一些属性，这些属性描述了对话框的外观和行为以及在什么时候显示：

- alertBody, alertAction
  通知显示的信息和操作按钮的文本信息。如果没有设置alertAction，并且没有设置hasAction 为 NO，那么，仍然会有一个操作按钮，其文本信息是 "View"。
- soundName
  在你的应用程序包中的声音文件的名称。当通知出现时就播放。这是一个未压缩的声音文件（AIFF 或 WAV 格式）。也可以指定默认的声音 UILocalNotificationDefaultSoundName。如果没有设置这个属性，将不会播放声音。
- userInfo
  一个可选的 NSDictionary，其内容由自己决定。
- fireDate, timeZone
  本地通知发出的时间。fireDate 是一个 NSDate。如果没有包含一个 timeZone，日期是对照国际标准时间；如果设置了 timeZone，日期是对照用户当地的时间。
- repeatInterval, repeatCalendar
  如果设置了这两个属性，local notification 将循环发送。

通过 UIApplication 的 scheduleLocalNotification:方法传递一个配置了的本地通知到系统上。还可以使用 UIApplication 的其他方法来管理已经安排好的本地通知列表。可以取消一个本地通知（cancelLocalNotification）或所有通知（cancelAllLocalNotification）。从 iOS4.2 开始，可以使用 UIApplication 的 scheduledLocalNotifications（一个 NSArray 属性）来直接设置列表。

图 9-39 显示了一个本地通知发送后的报警。下面这个例子创建和调度本地通知，从而出现报警：

```
UILocalNotification* ln = [[UILocalNotification alloc] init];
ln.alertBody = @"Time for another cup of coffee!";
ln.fireDate = [NSDate dateWithTimeIntervalSinceNow:15];
ln.soundName = UILocalNotificationDefaultSoundName;
[[UIApplication sharedApplication] scheduleLocalNotification:ln];
```

图 9-39　当一个本地通知启动时由系统发出的 alert

当一个设定的本地通知发出后，发生了什么？根据你的应用程序的当时状态，总共有三种可能性：

● 你的应用程序是在后台暂停

报警出现了（并且有声音播放）。如果用户单击操作按钮，你的应用程序就被带到前台。你的应用程序委托将接收到 application:didReceiveLocalNotification:消息，其中第二个参数是 UILocalNotification，并且你的应用程序的 applicationState 将是 UIApplicationStateInactive。

● 你的应用程序在前台

这不会有报警（也没有声音）。你的应用程序委托将接收到 application: didReceiveLocalNotification: 消息，其中第二个参数是 UILocalNotification，并且你的应用程序的 applicationState 将是 UIApplicationStateActive。如果想让用户知道报警发生了，那么可以在应用程序中做些处理。

● 你的应用程序没有运行

报警出现了（有声音播放）。如果用户单击操作按钮，你的应用程序会启动。你的应用程序委托将不会接收到 application:didReceiveLocalNotification:消息。相反，它会接收到 application:didFinishLaunchingWithOptions:消息，该方法带一个 NSDictionary 参数，它包含 UIApplicationLaunchOptionsLocalNotificationKey，其值是 UILocalNotification。

因此，应该实现 application:didReceiveLocalNotification:方法来检查 UIApplication 的 applicationState，并且应该实现 application:didFinishLaunchingWithOptions:方法来检查它的第二个参数，看看应用程序是否因为本地事件而启动了。这样的话，将能够区分三种不同的可能性，然后做出适当的反应。

第 10 章 GPS、地图和通讯录编程

iPhone 中有 GPS 功能，所以，iPhone 可以获得用户的当前位置信息。比如，如果 iPhone 上的"定位服务"已打开，相机照片会标记上位置数据，包括由内置指南针提供的当前地理坐标。你可以在应用程序和照片共享网站上使用位置数据，以便记录和公布照片的拍摄位置。当然，用户可以选择关闭"定位服务"。

图 10-1　地图

在 iPhone/iPad 上，"地图"应用提供了街道地图、卫星照片和混合视图。你可以获得详细的驾驶路线、公交路线或步行路线及交通信息。它找到并跟踪你当前的大致位置，并使用当前的位置获取到达另一个地点（或从另一个地点出发）的路线。内建数字指南针可让你看到你面朝的方向。在地图上（参见图 10-1），你可以使用大头针图标来标示位置。轻按大头针图标以查看位置的名称或描述。你的当前位置用蓝色标记指示（如图 10-1 右图所示）。如果系统不能准确确定你的位置，标记周围还会出现一个蓝色圆圈。圆圈的大小取决于可以确定的你的位置的准确度：圆圈越小，准确度越高。

在 iPhone/iPad 上，你可以使用通讯录来保存朋友和同事的电话、电子邮件等信息。你可以直接在 iPhone 上添加联系人，或者与电脑上的应用程序同步通讯录，或者使用 Microsoft Exchange、Google 或 Yahoo! 帐户同步通讯录。在本章，我们讲解如何从应用程序中访问通讯录，并修改联系人信息。

10.1　位置类

iPhone/iPad SDK 提供了三个类来管理位置信息：CLLocation、CLLocationManager 和 CLHeading（不常用）。除了使用 GPS 来获得当前位置信息，iPhone 也可以基于 Wifi 基站和无线发射塔来获得位置信息。GPS 的精度最高（精确到米级别），但是也最耗电。

10.1.1　CLLocation

CLLocation 类就是代表一个位置信息，其中还包括了方向和速度。比如：我在长安街 188 号以 5 公里/小时的速度往西走。CLLocation 具有下面的属性和方法：

```
@property CLLocationCoordinate2D coordinate;//以经度和纬度表示的位置信息
@property CLLocationDistance altitude;// 海拔
@property CLLocationAccuracy horizontalAccuracy;//水平精度（比如：精确到米）
@property CLLocationAccuracy verticalAccuracy;//垂直精度
@property CLLocationDirection course;//方向
@property CLLocationSpeed speed;//速度
- (NSDate *)timeStamp;
//两个位置间距离
- (CLLocationDistance)distanceFromLocation:(CLLocation *)location;
```

10.1.2　CLLocationManager

CLLocationManager 类就是管理和提供位置服务。它的属性和方法有：

```
@property CLLocation *location;//位置
@property id <CLLocationManagerDelegate> delegate;
@property CLLocationDistance distanceFilter;//距离过滤，比如：500 米之内
@property CLLocationAccuracy verticalAccuracy;//垂直精度
- (void)startUpdatingLocation//开始更新位置（比如：你在往某个地方走）
- (void)stopUpdatingLocation//停止更新位置
- (void)startUpdatingHeading//开始更新方向（比如：你改往东走）
- (void)stopUpdatingHeading//停止更新方向
```

CLLocationManagerDelegate 是一个委托类。你的应用程序需要使用这个委托类。当用户改变位置时，CLLocationManager 回调的方法是：

```
- (void)locationManager:(CLLocationManager *)manager
didUpdateToLocation:(CLLocation *)newLocation  fromLocation:(CLLocation
*)oldLocation;
```

当用户改变行进的方向时，所回调的方法是：

```
- (void)locationManager:(CLLocationManager *)manager
didUpdateHeading:(CLHeading *)newHeading;
```

当 iPhone/iPad 无法获得当前位置信息时，所回调的方法是：

```
- (void)locationManager:(CLLocationManager *)manager
didFailLoadWithError:(NSError *)error;
```

下面我们来看一个位置类例子的基本步骤：

01 启动定位服务：

```
CLLocationManager* locManager = [[CLLocationManager alloc] init];
locManager.delegate = self;
[locManager startUpdatingLocation];
```

02 获得位置信息：

```
- (void)locationManager:(CLLocationManager*)manager
didUpdateToLocation:(CLLocation*)newLocation
fromLocation:(CLLocation*)oldLocation
{
    NSTimeInterval howRecent =[newLocation.timestamp timeIntervalSinceNow];
    if (howRecent < -10) return;//离上次的更新时间少于 10 秒
    if (newLocation.horizontalAccuracy > 100) return;//精度>100 米
    // 经度和纬度
    double lat = newLocation.coordinate.latitude;
    double lon = newLocation.coordinate.longitude;
}
```

03 获得方向信息（比如：往南走）：

```
- (void)locationManager:(CLLocationManager *)manager
didUpdateHeading:(CLHeading *)newHeading
{
    // 获得方向
    CLLocationDirection heading = newHeading.trueHeading;
}
```

04 停止定位：

```
[locManager stopUpdatingLocation];
```

你可以设置你想要的精度和距离过滤：

```
locManager.desiredAccuracy = kCLLocationAccuracyBest;
locManager.distanceFilter = 1000;
```

系统默认使用最好的精度。精度越高，就越消耗电池。如果你的应用程序对精度要求不高，那么，你应该使用精度较低的设置。比如：你的手机应用程序提供城市级的信息，那么，你就不需要精确到街道。

另外，当一个需要定位服务的手机应用程序第一次启动时，系统会询问用户是否允许定位该手机的位置。用户可能选择不允许。这时，系统会返回 kCLErrorDenied 错误。我们建议读者总是在应用程序中检测这个错误，不能总是假定用户是允许定位服务的。最后一点，iPhone 模拟器并没有定位服务，所以，你需要在手机上测试你的定位程序。iPhone 模拟器的定位服务总是指向苹果公司地址。

10.1.3　位置类例子

我们来看一个实际的例子，如图 10-2 所示。

图 10-2　CoreLocation 实例

你首先新建一个基于视图的应用项目，名称为 mapDemo，然后把 CoreLocation.framework 加到项目上。在 mapDemoViewController.h 上，导入 CoreLocation.h，使用 CLLocationManagerDelegate 协议，并添加一个 CLLocationManager 属性：

```
#import <UIKit/UIKit.h>
#import <CoreLocation/CoreLocation.h>
@interface mapDemoViewController : UIViewController <
CLLocationManagerDelegate> {
    CLLocationManager    *locmgr;
}
@property (nonatomic, retain)  CLLocationManager  *locmgr;
@end
```

在实现类 mapDemoViewController.m 的 viewDidLoad 方法上，初始化 CLLocationManager 变量，设置回调和精度，并开始获取位置信息：

```
#import "mapDemoViewController.h"
@implementation mapDemoViewController
@synthesize locmgr;
- (void)viewDidLoad {
    [super viewDidLoad];
    self.locmgr = [[CLLocationManager alloc] init];// 初始化
    locmgr.delegate = self;//设置回调
    locmgr.desiredAccuracy = kCLLocationAccuracyBest;//设置精度
    [locmgr startUpdatingLocation];//开始更新（获取）位置信息

}
```

在 didUpdateToLocation 方法上，打印出纬度和经度信息：

```
- (void)locationManager:(CLLocationManager *)manager
didUpdateToLocation:(CLLocation *)newLocation fromLocation:(CLLocation
*)oldLocation {
    NSLog([[NSString alloc] initWithFormat:@"%f°",
newLocation.coordinate.latitude]);
    NSLog([[NSString alloc] initWithFormat:@"%f°",
newLocation.coordinate.longitude]);
```

```
        [locmgr stopUpdatingLocation];
    }
```

如果获取不到位置信息，就打印一些错误信息：

```
    - (void)locationManager:(CLLocationManager *)manager
didFailWithError:(NSError *)error {
        NSLog([@"LocationManager didFailWithError"
stringByAppendingString:[error localizedDescription]]);
    }
```

上述程序必须在 iPhone/iPad 的设备上运行，而不是在模拟器上。因为模拟器没有 GPS 功能。另外，应用程序会询问用户是否允许使用当前位置信息，如图 10-3 所示。

图 10-3　询问能否定位手机

10.2　地图

在第一节中，我们描述了位置类，其实，iPhone SDK 提供了比位置类更方便的工具来完成所有同位置和地图相关的操作，这就是地图工具（MapKit）框架。

10.2.1　MapKit 框架

MapKit 框架主要提供四个功能：显示地图、CLLocation 和地址之间的转化、支持在地图上做标记（比如：标记北京天安门广场）、把一个位置解析成地址（比如：我在水立方，想要知道确切的地址信息）。下面我们来看看 MapKit 框架中的一些类。

10.2.2　MKMapView

如图 10-4 所示，MKMapView 类主要完成下述功能：

- 显示地图，比如：显示北京市的地图。
- 提供多种显示方式，比如：标准地图格式，卫星地图等。
- 支持地图的放大缩小。
- 支持在地图上作标记，比如：标记天安门广场。
- 在地图上显示手机所在的当前位置（参见图 10-4）。

图 10-4 地图类功能

MKMapView 类的属性有：

```
@property MKCoordinateRegion region;//地图所显示的区域
@property CLLocationCoordinate2D centerCoordinate;//经度和纬度确定的中心位置
@property MKMapType mapType;//地图的显示类型，比如：卫星地图
@property NSArray *annotations;//地图上的标记
@property MKUserLocation userLocation;//用户位置
@property id <MKMapViewDelegate> delegate;//委托类（回调方法见下面）
```

装载地图时的回调方法有：

```
- (void)mapViewWillStartLoadingMap:(MKMapView *)mapView;//开始装载地图
- (void)mapViewDidFinishLoadingMap:(MKMapView *)mapView;//结束装载地图
- (void)mapViewDidFailLoadingMap:(MKMapView *)mapView
withError:(NSError *)error; //装载失败
```

当手机位置发生更改时的回调方法：

```
- (void)mapView:(MKMapView *)mapView
regionWillChangeAnimated:(BOOL)animated;//将要更改（更改前）
- (void)mapView:(MKMapView *)mapView
regionDidChangeAnimated:(BOOL)animated;//已经更改（更改后）
```

10.2.3 MKPlacemark、MKUserLocation 和 MKReverseGeocoder

在地图上做标记是通过 MKPlacemark 类完成的。这个类使用（符合）MKAnnotation 协议。

MKAnnotation 包含了多个属性，比如：位置（经纬度，CLLocationCoordinate2D 类型）、文字标记信息（NSString 类型）等。

MKPlacemark 保存了位置（经纬度）和地址（字典类）之间的映射。下面是它的初始化方法：

```
- (void)initWithCoordinate:(CLLocationCoordinate2D *)coordinate
addressDictionary:(NSDictionary *)dictionary;
```

MKUserLocation 就是指手机的当前位置，它是 MKAnnotation 的一个特别案例（因为 MKAnnotation 可以是地图上的任何标记，而 MKUserLocation 只是标记了地图上手机所在的当前位置）。这个类包含了多个属性：手机的位置（类型为 CLLocation）、位置文字信息（类型为 NSString）等。

MKPlacemark 保存了位置（经纬度）和地址之间的映射。那么，有没有工具在这两者之间做转换呢？这就是 MKReverseGeocoder。给定一个位置信息，这个类可以返回相应的地址信息。MKReverseGeocoder 的初始化方法为：

```
- (void)initWithCoordinate:(CLLocationCoordinate2D)coordinate;
```

下面是 MKReverseGeocoder 常用的一些属性和方法：

```
@property id <MKReverseGeocoderDelegate> delegate;//委托
- (void)start;//开始转换
- (void)cancel;//取消转换
```

回调方法有：

```
- (void)reverseGeocoder:(MKReverseGeocoder *)geocoder
didFindPlacemark:(MKPlacemark *)placemark;//转换成功
- (void)reverseGeocoder:(MKReverseGeocoder *)geocoder
didFailWithError:(NSError *)error; //转换失败
```

10.3 地图实例

我们通过一个实例来了解如何使用第 10.2 节中阐述的地图相关的框架和类。

10.3.1 显示地图

在这个例子中，我们显示一个全球地图。步骤如下：

01 创建一个基于视图的应用，如图 10-5 所示。

02 单击 ViewController.xib，如图 10-6 所示。

03 如图 10-7 所示，拖一个 Map View 到视图中。

图 10-5 创建基于视图应用的项目

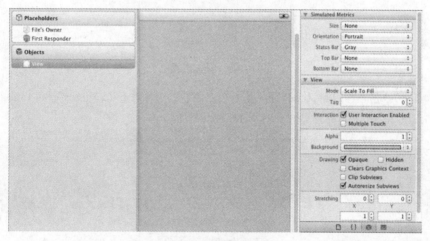

图 10-6 打开 XIB

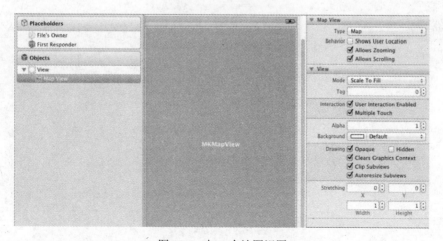

图 10-7 加一个地图视图

04 如图 10-8 所示，点击 MKMapView，按下 ctrl 键，拖动一个光标到 "File's Owner"，选择 delegate。

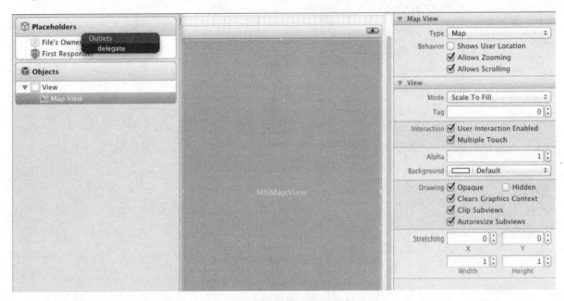

图 10-8　设置连接

05 如图 10-9 所示：回到 Xcode 下，点击项目名称。选择 "Build Phases" 和 "Link Binary With Libraries"。在图 10-10 所示的窗口上，选择 MapKit 框架。

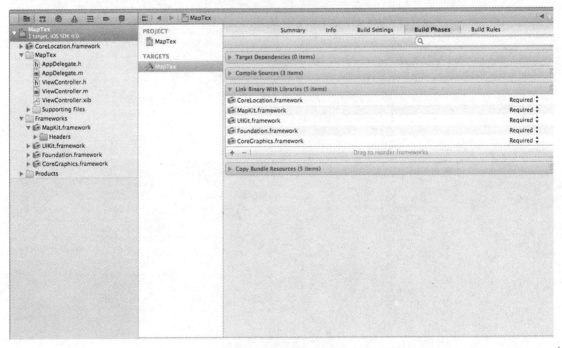

图 10-9　添加框架

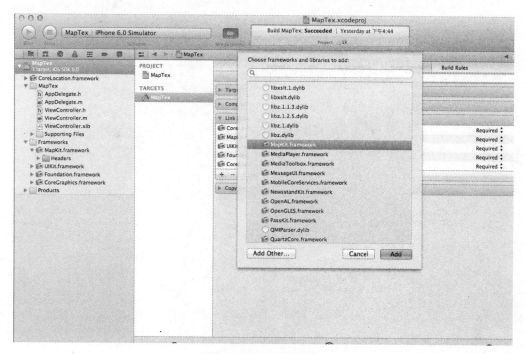

图 10-10 MapKit 框架

06 运行程序，你就可以看到地图了，如图 10-11 所示。

图 10-11 运行结果

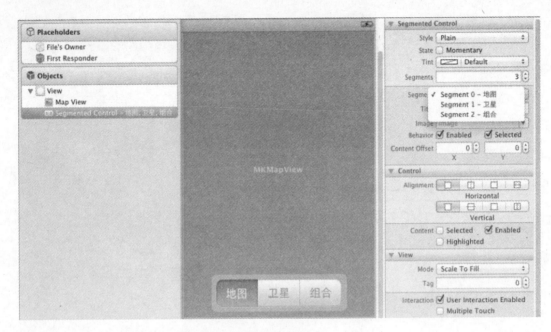

图 10-12 添加分段

07 添加一个分段控件（segmented control），分别显示标准地图、卫星地图和前面两个的混合地图：从左边库中拖一个 Segmented Control 到视图上，在 segments 那里输入 3，表明那是一个三段的控件。在 Title 上分别输入各段的名称。如图 10-12 所示。

08 在 MapTestViewController.h 上，添加一个 IBOutlet，用于关联这个地图视图。另外，添加一个更改地图类型的方法 changeMapType。当用户选择不同的分段时，就触发该方法来更改地图的显示格式。

```
#import <UIKit/UIKit.h>
#import <MapKit/MapKit.h>
@interface ViewController : UIViewController <MKReverseGeocoderDelegate>{
    MKReverseGeocoder *geo; //下一节中使用，用于位置和地址的转换
    IBOutlet MKMapView *mv;//地图视图
}
-(IBAction)changeMapType:(id)segcontrol;//更改地图的显示格式
-(IBAction)addPin; //添加标记（下一节中使用）
@end
```

上面代码中的 addPin 方法用于在地图上标记两个位置。MKReverseGeocoder 变量是用于将一个位置信息，比如：{39.908605,116.398019}，转化为地址信息（比如：中国北京市东城区西长安街）。

09 如图 10-13 所示，在界面创建器上，关联 mv 到界面上的地图视图。如图 10-14 所示，关联分段控件的 "Value Changed" 事件到 changeMapType 方法。结果如图 10-15 所示。当用户在地图、卫星和混合之间切换时，这个方法被调用。

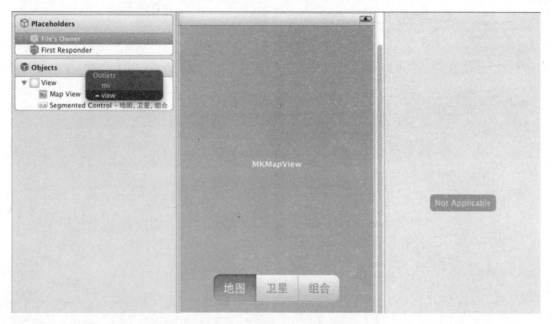

图 10-13　关联 mv 到地图视图

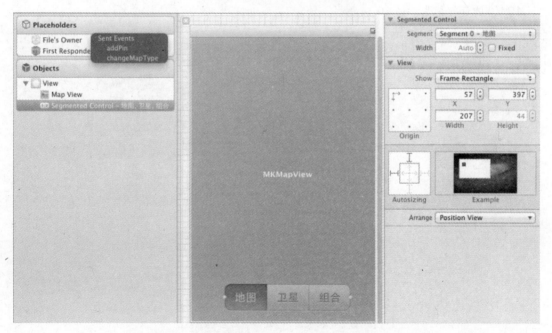

图 10-14　关联分段控件的事件到 changeMapType 方法

图 10-15 分段控件的事件同方法的连接信息

10 总的连接信息如图 10-16 所示。

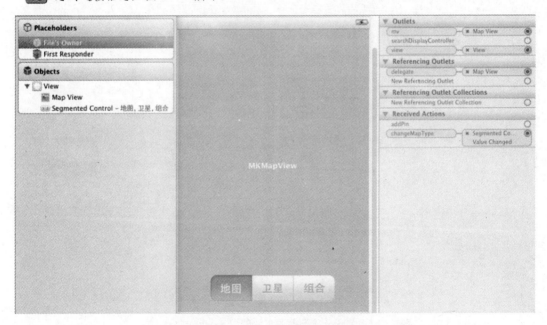

图 10-16 总的连接信息

11 在 MapTestViewController.m 上，添加 changeMapType 方法的代码如下：

```
-(IBAction)changeMapType:(id)segcontrol {
    UISegmentedControl *ctrl = (UISegmentedControl*) segcontrol;
    NSInteger temp = ctrl.selectedSegmentIndex;//获取分段控件上的选择: 0/1/2
    mv.mapType=temp;//设置地图的显示类型（也是使用 0/1/2 来代表 3 种显示）
```

```
    }
```

地图类型 1 为 MKMapTypeStandard（标准），2 为 MKMapTypeSatellite（卫星），3 为 MKMapTypeHybrid（混合）。

12　执行代码，结果如图 10-17 所示。你可以在各个地图类型之间切换。

图 10-17　地图的不同显示风格

10.3.2　在地图上标记位置

下面在地图上标记两个位置。一个位置是北京，另一个位置是上海。如图 10-18 所示，在视图上添加一个按钮"标识北京和上海"（另外两个按钮将在下一节的内容中讲解）。

图 10-18　添加几个按钮

在"标识北京和上海"按钮的事件上，从"Touch Down"那里拖动一个光标到"File's Owner"。选择 addPin 方法。编写 addPin 代码如下：

```
- (IBAction)addPin
{
    CLLocationCoordinate2D coordinate1 = {31.240948,121.485958};//上海的纬经度
    NSDictionary *address = [NSDictionary dictionaryWithObjectsAndKeys:@"中国", @"Country",@"上海",@"Locality", nil];//上述位置的地址信息
    MKPlacemark *shanghai = [[MKPlacemark alloc]
initWithCoordinate:coordinate1 addressDictionary:address]; //创建 MKPlacemark
    [mv addAnnotation:shanghai]; //在地图上标识
    [shanghai release];

    //按照同样的方法，在地图上标记北京
    CLLocationCoordinate2D c = {39.908605,116.398019};
    address = [NSDictionary dictionaryWithObjectsAndKeys:@"中国",
@"Country",@"北京",@"Locality", nil];
    MKPlacemark *mysteryspot = [[MKPlacemark alloc] initWithCoordinate:c
addressDictionary:address];
    [mv addAnnotation:mysteryspot];
    [mysteryspot release];
}
```

执行程序，结果如图 10-19 所示。

图 10-19　在地图上标记北京和上海

10.3.3　根据位置找到地址信息

MKReverseGeocoder 类的作用是根据位置找到地址信息。比如：将一个位置信息（纬度和经度 {39.908605,116.398019}）转化为地址信息（中国北京市东城区西长安街）。在.h 文件中，我们定义了 MKReverseGeocoder 属性"MKReverseGeocoder *geo;"。另外，在.h 文件中添加如下方法：

```
-(IBAction)reverseGeoTest;//位置到地址信息的转换
- (IBAction)currentLocation;//获得当前位置信息
```

打开界面控制器，添加按钮"转换地名"，连接按钮的 Touch Down 事件到 reverseGeoTest 方法。下面在.m 中实现上述的方法：

```
-(IBAction)reverseGeoTest{
    CLLocationCoordinate2D c = {39.908605,116.398019};//一个位置
    //调用 MKReverseGeocoder 来查询上述位置的地址名称
    geo=[[MKReverseGeocoder alloc] initWithCoordinate:c];
    geo.delegate=self; //设置回调（找到后的回调方法和找不到的回调方法）
    [geo start]; //开始转换
}

//找不到地址信息，就调用下述方法
-(void) reverseGeocoder:(MKReverseGeocoder*)geocoder
didFailwithError:(NSError*)error{
    NSLog(@"reverseGeoCoder error");
}

//找到了地址信息，就标识在地图上
-(void)reverseGeocoder:(MKReverseGeocoder*)geocoder
didFindPlacemark:(MKPlacemark*)placemark{
    MKPlacemark *mysteryspot = [[MKPlacemark alloc]
initWithCoordinate:placemark.coordinate
addressDictionary:placemark.addressDictionary];
    [mv addAnnotation:mysteryspot];//标记在地图上
    [mysteryspot release];
    [mv setCenterCoordinate:placemark.coordinate animated:YES];
}
```

执行上述代码，结果如图 10-20 所示。

10.3.4　获取当前位置

在手机应用程序中，我们有时需要获取用户所在的当前位置，从而为其提供在该位置附近的信息。下面我们演示如何获取当前位置。

打开界面控制器，添加按钮"当前位置"，连接按钮的 Touch Down 事件到 currentLocation 方法。下面在.m 中实现上述的方法：

```
- (IBAction)currentLocation
{
    mv.showsUserLocation = YES;//允许显示用户当前位置（默认为否）
    MKUserLocation *userLocation = mv.userLocation;//获取当前位置
    CLLocationCoordinate2D coordinate = userLocation.location.coordinate;//经纬度
    if (!geo)
    {//使用 MKReverseGeocoder，获取当前位置的地址信息，并在地图上标记
        geo = [[MKReverseGeocoder alloc] initWithCoordinate:coordinate];
        geo.delegate = self;
        [geo start];
    }
}
```

执行代码，结果如图 10-21 所示。

图 10-20　位置和地址的转换　　　　图 10-21　标记当前位置

10.4　通讯录

图 10-22 所示的是一个 iPhone 上的通讯录。AddressBookUI.framework 和 AddressBook.framework 框架提供了操作通讯录的所有类。最主要的是四个控制器类，比如：ABPeoplePickerNavigation-Controller。在本节，我们按照不同的功能来讲解通讯录类。

图 10-22　通讯录

10.4.1　选取通讯录上的联系人

iPhone SDK 提供了简便的方法来访问手机上的通讯录。如果你只是想打开通讯录，选择某一个联系人，那么你使用 ABPeoplePickerNavigationController（选择联系人导航控制器）类即可。这个类显示通讯录视图（如图 10-22 所示）。另外，你需要实现回调操作，即：
ABPeoplePickerNavigationControllerDelegate 代理类中的方法：当用户取消了选择联系人操作、或者
选择一个联系人（也可以是联系人的某个具体属性）时，所要完成的操作。比如：你在本节中将实
现如下代码：

● 当用户单击一个"选择联系人"按钮时（如图 10-25 所示），创建一个 ABPeoplePicker-
NavigationController 对象，并通过 presentModalViewController 显示通讯录信息（关于
presentModalViewController 类，我们将在 10.4.4 详细解释）：

```
- (IBAction)selectPerson:(id)sender
{
    ABPeoplePickerNavigationController *peoplePickerController =
[[ABPeoplePickerNavigationController alloc] init];// 创建
    peoplePickerController.peoplePickerDelegate = self; //指定回调
    //类似弹出窗口的模式，显示通讯录（从而用户可以选择某个联系人）
    [self presentModalViewController:peoplePickerController animated:YES];
    [peoplePickerController release];//释放内存
}
```

● 当用户在通讯录视图上选择取消时，peoplePickerNavigationControllerDidCancel 回调方法
被调用。该方法通过 dismissModalViewControllerAnimated（详细情况参见第 10.4.4 小节）
来关闭通讯录：

```
-(void) peoplePickerNavigationControllerDidCancel :
(ABPeoplePickerNavigationController *)peoplePicker
{
    [self dismissModalViewControllerAnimated:YES];//关闭通讯录
}
```

当用户选择某一个联系人时，shouldContinueAfterSelectingPerson 方法被调用。这也是一个回
调方法。在这个方法中，你可以处理从通讯录获得的 ABRecordRef（联系人）。我们把该人员的信
息显示在视图上。下面的代码只是返回姓名信息（我们在后面讲解 ABRecordRef 类和它的
ABRecordCopyCompositeName 方法）：

```
-
(BOOL)peoplePickerNavigationController:(ABPeoplePickerNavigationController
*)peoplePicker shouldContinueAfterSelectingPerson:(ABRecordRef)person
{
    NSString *name = (NSString *)ABRecordCopyCompositeName(person);//组合姓名
    personField.text = [name autorelease];//姓名显示在视图上
    [self dismissModalViewControllerAnimated:YES];       //关闭通讯录
    return NO;//return NO 表示不触发 iPhone/iPad 上的默认操作
}
```

● 下面的代码返回人员的某个属性信息（ABMultiValueIdentifier）。回调方法是一样的，但
是，参数不同。这个方法返回某一个具体的属性值（比如：电话号码）。你可以在这个方
法中特别处理某个属性：

```
-
(BOOL)peoplePickerNavigationController:(ABPeoplePickerNavigationController
*)peoplePicker shouldContinueAfterSelectingPerson:(ABRecordRef)person
```

```
property:(ABPropertyID)property identifier:(ABMultiValueIdentifier)identifier
{
    //return NO 表示不触发 iPhone 上的默认操作。当你返回 YES，而且你选择
    //的是电话号码，那么，iPhone 就拨打这个电话号码（这是 iPhone 的默认操作）
    return NO;
}
```

图 10-23   一个联系人的详细信息

ABRecordRef 类用于表示一个人的信息（如图 10-23 所示）。这个类包含了多个属性，比如：姓名、照片、电话号码、电子邮件等等。有些属性有多个值，比如，电话号码包括家里的电话号码、单位的电话号码、手机号码等等。在 shouldContinueAfterSelectingPerson 上，其中一个参数就是用户所选择的联系人（ABRecordRef 类）。这个 ABRecordRef 类提供了多个方法来读取和设置上述属性值：

● 对于单值（比如：姓名）属性：

```
//获取名的值
CFStringRef first =ABRecordCopyValue(person, kABPersonFirstNameProperty);
CFDateRef date = CFDateCreate(…)
//设置出生日期
ABRecordSetValue(person, kABPersonBirthdayProperty, date, &error);
//获取姓和名信息（相当于姓和名的组合）
NSString *name = (NSString *)ABRecordCopyCompositeName(person);
```

● 对于多值（比如：多个电话号码）属性：

系统提供了 ABMultiValueRef 类来访问多值。图 10-24 所示的属性例子有两个家里电话号码，一个单位电话号码。

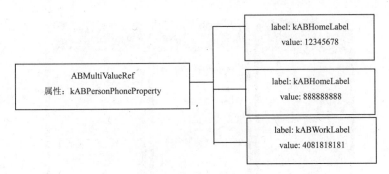

图 10-24　多值例子

ABMultiValueRef 类提供了多个方法来获取多值的个数、其中的各个值等：

```
CFIndex count = ABMultiValueGetCount(multiValue);//获取多值个数，返回3
CFTypeRef value = ABMultiValueCopyValueAtIndex(mv, index);//获取其中一个值
CFStringRef label = ABMultiValueCopyLabelAtIndex(mv, index);//获取 label 名称
//获取某个值的标识器
CFIndex identifier = ABMultiValueGetIdentifierAtIndex(mv, index);
```

还有一点要说明的是，通讯录（AddressBook）framework 是基于 CoreFoundation。CoreFoundation 本身是用 C 写的，而不是 Objective-C。CoreFoundation 采用的数据类型的名称略有不同，比如：CFArrayRef 是数组、CFStringRef 是字符串等等。对于开发人员而言，系统提供了在两个数据类型（C 和 Objctive-C）之间的无缝转化。你可以直接在 CFArrayRef 值前面使用 Objective-C 数据类型 NSArray 来转化。在编程时，开发人员只需要注意这些类的返回类型并进行相应转换即可。比如：

```
CFArrayRef array = ABAddressBookCopyPeopleWithName(...);
NSLog(@"%d", [(NSArray *)array count]);
```

另外，CoreFoundation 使用 CFRetain 和 CFRelease 来管理内存，而不是 retain 和 release。比如：

```
if (array) {//CoreFoundation 需要判断是否 NULL。只有不是 NULL，才可释放
CFRelease(array);
}
```

在判断是否 nil 上，CoreFoundation 使用 NULL（同 Java 类似），比如：

```
CFStringRef string = ……;
if (string != NULL) {
    ………
}
```

在释放 CF 对象时，你需要判断是否 NULL。如果不是，才释放它的内存。

10.4.2　ABPeoplePickerNavigationController 使用实例

如图 10-25 所示，本节中的实例就是让用户单击一个按钮，从而显示通讯录。在用户选择某一个人员信息后，应用程序将所选择的人员姓名放在输入框上。

图 10-25　选取通讯录上的联系人实例

下面是实现这个例子的步骤：

01　如图 10-26 所示，创建一个基于视图的项目。

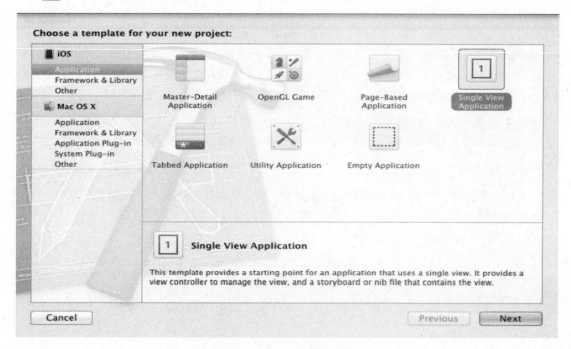

图 10-26　创建基于视图的项目

02　如图 10-27 所示，添加一个文本输入框（Text Field）和一个按钮（Round Rect Button）。修改文本输入框的提示文字为"输入姓名"，按钮的名称为"选择联系人"。

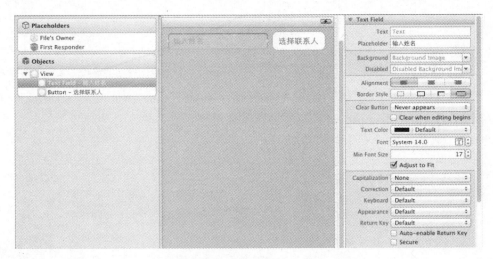

图 10-27　添加控件到窗口上

03　如图 10-28 所示，回到 Xcode，右击 Frameworks，选择 "Build Phases" 和 "Link Binary With Libraries"。把 AddressBookUI.framework 和 AddressBook.framework 加到项目中。

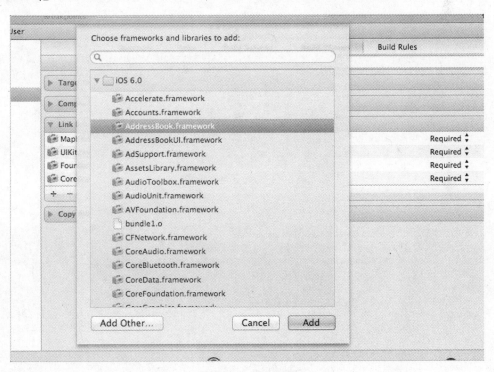

图 10-28　添加框架

04　修改 selectPersonViewController.h 代码如下：

```
#import <UIKit/UIKit.h>
#import <AddressBookUI/AddressBookUI.h>
@interface SelectPersonViewController : UIViewController
<ABPeoplePickerNavigationControllerDelegate, UINavigationControllerDelegate>
```

```
{
    UITextField *personField; //输入框
}
@property (retain) IBOutlet UITextField *personField;
- (IBAction)selectPerson:(id)sender; //按下按钮后要触发的方法
@end
```

05 设置连接信息（personField 输出口属性同界面上的输入框的连接，按钮的事件同 selectPerson 方法的连接），结果如图 10-29 所示。

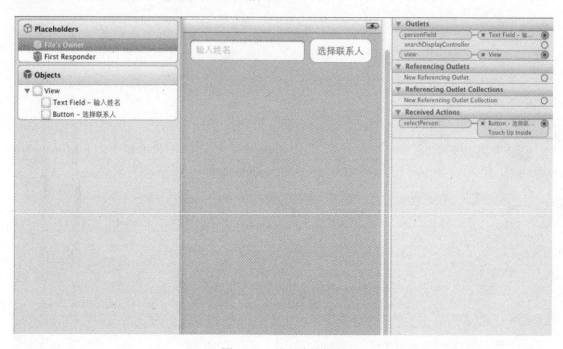

图 10-29　设置连接信息

06 编写类实现代码如下：

```
#import "SelectPersonViewController.h"
@implementation SelectPersonViewController
@synthesize personField;
- (IBAction)selectPerson:(id)sender
{
    ABPeoplePickerNavigationController *peoplePickerController =
[[ABPeoplePickerNavigationController alloc] init];//创建选择联系人的导航控制器
    peoplePickerController.peoplePickerDelegate = self;//设置回调
    //显示通讯录
    [self presentModalViewController:peoplePickerController animated:YES];
    [peoplePickerController release];
}
//回调方法。当用户在通讯录上选择取消时调用
- (void)peoplePickerNavigationControllerDidCancel :
(ABPeoplePickerNavigationController *)peoplePicker
{
    [self dismissModalViewControllerAnimated:YES];//关闭通讯录
}
```

```
    //回调方法。当用户在通讯录上选择一个联系人时调用
    -
(BOOL)peoplePickerNavigationController:(ABPeoplePickerNavigationController
*)peoplePicker shouldContinueAfterSelectingPerson:(ABRecordRef)person
    {
        NSString *name = (NSString *)ABRecordCopyCompositeName(person);//姓名
        personField.text = [name autorelease];//在输入框上显示
        [self dismissModalViewControllerAnimated:YES];      //关闭通讯录
        return NO;
    }

    //回调方法。当用户选择某个联系人的某个属性时调用。
    //iPhone 有一些默认操作。比如：当你选择某个电话时，就直接拨打出去。为了不
    //触发这些默认操作，返回 NO
    -
(BOOL)peoplePickerNavigationController:(ABPeoplePickerNavigationController
*)peoplePicker shouldContinueAfterSelectingPerson:(ABRecordRef)person
property:(ABPropertyID)property identifier:(ABMultiValueIdentifier)identifier
    {
        return NO;
    }
    ......
    - (void)dealloc {
        [personField release];//内存释放
        [super dealloc];
    }
```

07 执行程序，结果如图 10-25 所示。如果你的电话本上没有联系人信息，那么你可以先回到电话本上，输入一些联系人。然后，再执行该程序。

10.4.3 使用 presentModalViewController 弹出和关闭视图

在上一节的实例中，应用程序弹出通讯录视图。在选择一个用户后，自动关闭通讯录视图。这是使用 presentModalViewController 来完成新视图（通讯录视图）的弹出和使用 dismissModalView-Controller 来完成新视图的关闭功能。在 iPhone/iPad 上，很多应用程序都需要使用这个类完成类似功能，比如：某一个照片管理程序使用这个类来添加更多的新照片（弹出一个新视图来添加）。

正如上面的 SelectPersonViewController.m 代码中所使用的，一般是同一个对象来弹出和关闭新视图。比如：

```
......
//弹出新视图 peoplePickerController
[self presentModalViewController:peoplePickerController  animated:YES];
......
//关闭新视图
[self dismissModalViewController Animated:YES];
```

第一个视图（在例子中，那是有"选择联系人"按钮的视图）的控制器类上需要为新视图提供（和实现）回调方法。当新视图的功能完成后，这些回调方法就被调用。回调方法来完成实际的关闭新视图的任务。下面图 10-30 表示了调用关系：

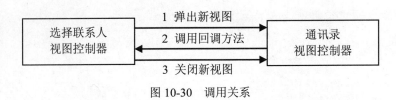

图 10-30　调用关系

我们在第 11.2 节中还将使用类似的方法弹出一个输入框。还有，你可以设置弹出的风格。比如：下面的语句设置通讯录的某一个弹出方式：

peoplePickerController.modalTransitonStyle=UIModalTransitionStyleFlipHorizontal

10.4.4　查询并更新通讯录上的联系人

在上两节，我们只是显示通讯录视图，让用户选择一个人名，从而进行某些操作。在下两节，我们将查询通讯录上的人员信息，并在通讯录上更新或者创建新的联系人。ABAddressBookRef 类就是代表 iPhone/iPad 上的通讯录，通过这个类你就可以访问通讯录上的所有信息。你首先创建通讯录实例，比如：

```
ABAddressBookRef ab = ABAddressBookCreate();//获取通讯录
```

然后，使用 ABAddressBookCopyPeopleWithName 来查询通讯录上的信息。比如：

```
//查询通讯录是否有指定姓名的联系人（可能有多个）。返回所有满足条件的。
CFArrayRef matches = ABAddressBookCopyPeopleWithName(ab, name);
// 从数组上获得第一个满足条件的人员信息
ABRecordRef person =  (id)CFArrayGetValueAtIndex(matches, 0);
//获取该联系人的详细属性，比如：姓名
NSString *name = (NSString*)ABRecordCopyCompositeName(person);
//……你还可以获取其他属性，比如：电子邮件地址、和自定义的属性
```

你可以给联系人添加新值。比如：下面这个例子添加一个新值到 URL 属性，这里，URL 属性是一个多值属性；新值是（Label： 新老师，值：一个 URL）：

```
//获取 URL 属性的多值（列表）
ABMultiValueRef  urls = ABRecordCopyValue(person, kABPersonURLProperty);
ABMutableMultiValueRef  mutableURLs = NULL;
if (urls) {//如果通讯录上已经有了该属性，就复制属性值到 mutableURLs
    mutableURLs = ABMultiValueCreateMutableCopy(urls);
    CFRelease(urls);//释放内存
} else {//如果没有，就创建一个
    mutableURLs = ABMultiValueCreateMutable(kABStringPropertyType);
}
//给 URL 属性值（多值）添加一个新值：Label 是"新老师"，值是另一个 URL
ABMultiValueAddValueAndLabel(mutableURLs, [webPerson urlString], CFSTR("新老师"), NULL);
//把多值设置给 URL 属性
ABRecordSetValue(person, kABPersonURLProperty, mutableURLs, NULL);
//保存新值到通讯录上
```

```
ABAddressBookSave(ab, &err);
```

有时，你需要对联系人列表排序，这时就需要使用 **ABPersonGetSortOrdering** 和 **ABPerson-CompareePeopleByName** 方法。具体的排序规则由系统定义。比如：

```
[people sortUsingFunction:(NSInteger (*)(id, id, void
*))ABPersonComparePeopleByName context:(void*)ABPersonGetSortOrdering()];
```

10.4.5　显示和编辑一个联系人信息

如图 10-31 所示，ABPersonViewController 用于显示一个人的信息。你可以设置是否可以编辑这个人的信息（见导航栏上的 Edit 按钮）。

图 10-31　显示和编辑一个联系人信息

下面是典型的使用方法：

```
//创建 ABPersonViewController 对象
ABPersonViewController *personViewController = [[ABPersonViewController
alloc] init];
//创建导航对象，并把 ABPersonViewController 的视图放到导航器下
navigationController = [[UINavigationController alloc]
initWithRootViewController:personViewController];
[personViewController release];

//创建一个联系人记录
ABRecordRef person = ABPersonCreate();
//设置属性（比如：姓名）
ABRecordSetValue(person, kABPersonFirstNameProperty, CFSTR("Jun"), NULL);
ABRecordSetValue(person, kABPersonLastNameProperty, CFSTR("Tang"), NULL);
......//设置其他属性，如电话号码，URL 等

//在 ABPersonViewController 上设置为指定人员
```

```
personViewController.displayedPerson = person;
CFRelease(person);
personViewController.allowsEditing = YES;
//把导航器的视图放到窗口下
[window addSubview:navigationController.view];
```

注意：上述的代码的显示结果同图 10-31 所示的略有不同。上述代码设置根视图控制器为 ABPersonViewController，所以没有"新老师-网上教育平台"返回按钮。

10.4.6   添加新联系人

如图 10-32 所示，手机用户有时需要添加一个或多个新联系人到手机通讯录上，比如：你在某网站上有一些新朋友，你想把他们加到你的通讯录上。通讯录框架提供了 ABUnknownPersonViewController 用于添加一个新联系人到通讯录上。你设置要添加的联系人，并设置 allowsAddingToAddressBook 来允许添加到通讯录上。在图 10-32 上，有一个链接（Create New Contact），当用户点击这个链接时，就执行下述代码，最后出现图 10-32 右图所示。

图 10-32   添加一个新联系人

```
    ABUnknownPersonViewController *unknownPersonViewController =
[[ABUnknownPersonViewController alloc] init];//创建陌生人视图控制器
    unknownPersonViewController.displayedPerson = person;//联系人设置
    unknownPersonViewController.allowsAddingToAddressBook = YES;//允许添加
    [self.navigationController pushViewController:unknownPersonViewController
animated:YES];
    [unknownPersonViewController release];
```

10.4.7   查询和更新通讯录实例

我们来看一个实际例子。校园云是一个云教育平台，提供各类基于互联网的课程，包括 IT 课程、基础课程（小学、初中和高中）和网上 1-1 英语实时课程（在美国的老师通过网上视频完成）。

在这个平台上，学生可以注册课程并上课。学生进入虚拟课堂（网上课堂），看到了各地的同学，并在网络上上课，如图 10-33 所示。

图 10-33　云教育平台

现在你想把这些同学的信息放到你的通讯录上，所以你可以同这些同学打电话讨论一些问题。下面这个应用程序就是访问云教育平台，获取该用户的同学信息，然后访问 iPhone 通讯录，把网上同学和通讯录上的联系人放在同一个列表上。

然后，你可以逐个查看。如果这个同学尚未在你的通讯录上，你可以选择把他/她放到通讯录上；如果这个同学已经在你的通讯录上，你可以把他/她在新老师的链接放在你的通讯录上，从而可以快速地看到该同学的最新学习信息。

如图 10-34 所示，我们创建了一个名叫 SocialBook 项目。SocialBookAppDelegate.h 文件中声明了一个导航控制器，其他都是默认的代码：

```
#import <UIKit/UIKit.h>
@class SocialBookViewController;
@interface SocialBookAppDelegate : NSObject <UIApplicationDelegate> {
    IBOutlet UIWindow *window;
    UINavigationController *navigationController;
}
@property (nonatomic, retain) UIWindow *window;
@property (nonatomic, retain) UINavigationController *navigationController;
@end
```

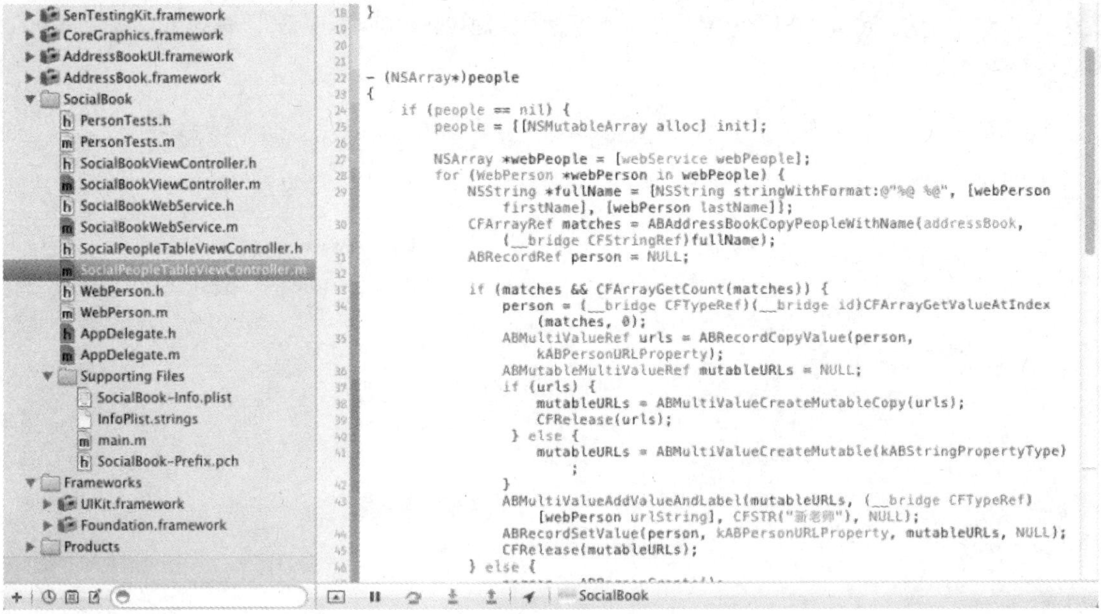

图 10-34　项目结构

在 AppDelegate.m 的实现代码上，也是一个经典操作：就是把表视图控制器放到导航控制器下，然后把导航控制器放到窗口下。在写了一些 iPhone 程序后，你会发现：整个应用程序就是一级一级的控制器，最上面是窗口。

```objc
#import "AppDelegate.h"
#import "SocialPeopleTableViewController.h"
@implementation SocialBookAppDelegate
@synthesize window;
@synthesize navigationController;

- (void)applicationDidFinishLaunching:(UIApplication *)application {
    //创建一个表视图控制器
    SocialPeopleTableViewController *viewController =
[[SocialPeopleTableViewController alloc] init];
    //创建一个导航控制器，把视图控制器放到导航控制器下
    navigationController = [[UINavigationController alloc]
initWithRootViewController:viewController];
    [viewController release];
    //把导航控制器放到窗口下
    [window addSubview:navigationController.view];
}

- (void)dealloc {
    [navigationController release];//释放内存
    [window release];
    [super dealloc];
}
@end
```

SocialPeopleTableViewController.h 是表视图控制器的头文件，通过表视图方式显示人员：

```
#import <UIKit/UIKit.h>
#import <AddressBook/AddressBook.h>
@class SocialBookWebService;
@interface SocialPeopleTableViewController : UITableViewController {
    ABAddressBookRef       addressBook; //通讯录
    SocialBookWebService *webService; //Web 服务的管理类，见 9.3 节
    NSMutableArray         *people; //人员数组
}
@end
```

SocialPeopleTableViewController.m 是实现类，完成下述功能：

● 从外部获得的人员集，同通讯录上的比较，并生成一个人员数组。

从 Web 服务那里获取外部人员，对于每个人：

● 查询通讯录是否有指定姓名的联系人（可能有多个）。
● 如果在通讯录上存在该人的信息：
  ➢ 获取第一个人员信息。
  ➢ 获取该人的 URL 属性值（一个多值列表）。
  ➢ 如果该人有 URL 属性。
  ➢ 给多值引用添加一个新值：Label 是"新老师"，值是 URL。
  ➢ 如果该人没有 URL 属性。
  ➢ 创建一个多值引用。
  ➢ 给多值引用添加一个新值：Label 是"新老师"，值是 URL。
  ➢ 把多值引用设置回该人的 URL 属性。
● 如果在通讯录上不存在该人的信息：
  ➢ 创建一个人员对象。
  ➢ 设置姓名属性，创建一个多值引用，设置 URL 属性。
● 把人员放到数组中（以备表视图来显示这些人员信息）。

当处理完所有人员后，对在数组中的人员排序。

● 根据上面的人员数组，生成表视图。
● 点击表视图上的某一个人名时的处理：
  ➢ 如果是通讯录上的人员，就通过 ABPersonViewController 显示。
  ➢ 如果不是通讯录上的人员，使用 ABUnknownPersonViewController 来显示。

代码如下：

```
#import "SocialPeopleTableViewController.h"
#import "SocialBookWebService.h"
#import "WebPerson.h"
#import <AddressBookUI/AddressBookUI.h>
@implementation SocialPeopleTableViewController
//初始化表视图控制器
- (id)initWithStyle:(UITableViewStyle)style {
```

```
        if (self = [super initWithStyle:style]) {
            addressBook = ABAddressBookCreate(); //创建通讯录
            webService = [[SocialBookWebService alloc] init];//初试化 Web 服务
            self.title = @"新老师一网上教育平台";
        }
        return self;
    }
    //释放内存
    - (void)dealloc {
        [webService release];
        [people release];
        CFRelease(addressBook);
        [super dealloc];
    }
    //people 方法获取外部人员信息，并同通讯录上的联系人做比较，生成人员数组
    - (NSArray*)people
    {
        if (people == nil) {
            people = [[NSMutableArray alloc] init];//初始化
            NSArray *webPeople = [webService webPeople];//从 Web 服务那里获取外部人员
            for (WebPerson *webPerson in webPeople) {//处理每个人员
                NSString *fullName = [NSString stringWithFormat:@"%@ %@", [webPerson
firstName], [webPerson lastName]];//从 Web 上来的人员姓名
                //查询通讯录是否有指定姓名的联系人（可能有多个）。返回所有的。
                CFArrayRef matches = ABAddressBookCopyPeopleWithName(addressBook,
(CFStringRef)fullName);
                ABRecordRef person = NULL;
                if (matches && CFArrayGetCount(matches)) {//如果在通讯录上存在的话
                    person = (id)CFArrayGetValueAtIndex(matches, 0);//获取第一个人员
信息
                    //获取该人的 URL 属性值（一个多值列表）
    ABMultiValueRef urls = ABRecordCopyValue(person, kABPersonURLProperty);
                    ABMutableMultiValueRef mutableURLs = NULL;
                    if (urls) {//如果通讯录上已经有了 URL 属性值
                        //mutable 复制属性值，使用 mutable 的目的是为了以后的修改
                        mutableURLs = ABMultiValueCreateMutableCopy(urls);
                        CFRelease(urls);
                    } else {//如果没有 URL 属性值，就创建一个多值引用
                        mutableURLs =
ABMultiValueCreateMutable(kABStringPropertyType);
                    }

                    //给多值引用添加一个新值：Label 是"新老师"，值是 URL
                    ABMultiValueAddValueAndLabel(mutableURLs, [webPerson
urlString], CFSTR("新老师"), NULL);
                    //把多值应用赋值回 URL 属性
                    ABRecordSetValue(person, kABPersonURLProperty, mutableURLs,
NULL);
                    CFRelease(mutableURLs);
                } else {//如果该人在通讯录上不存在，就创建一个人员对象
                    person = ABPersonCreate();
                    ABRecordSetValue(person, kABPersonFirstNameProperty,
[webPerson firstName], NULL);//设置姓名信息
                    ABRecordSetValue(person, kABPersonLastNameProperty, [webPerson
lastName], NULL);
                    //设置 URL 属性和值
                    ABMutableMultiValueRef urls =
ABMultiValueCreateMutable(kABMultiStringPropertyType);
                    ABMultiValueAddValueAndLabel(urls, [webPerson urlString],
```

```
CFSTR("新老师"), NULL);
                ABRecordSetValue(person, kABPersonURLProperty, urls, NULL);
                CFRelease(urls);//释放内存
                [(id)person autorelease];
            }
            if (person) {//最后把人员添加到数组中
                [people addObject:(id)person];
            }
            if (matches) CFRelease(matches);
        }

        //对联系人记录排序
        [people sortUsingFunction:(NSInteger (*)(id, id, void
*))ABPersonComparePeopleByName context:(void*)ABPersonGetSortOrdering()];
    }

    return people;
}
//返回块数
- (NSInteger)numberOfSectionsInTableView:(UITableView *)tableView {
    return 1;
}
//返回数组中的人员个数
- (NSInteger)tableView:(UITableView *)tableView
numberOfRowsInSection:(NSInteger)section {
    return [[self people] count];
}
//把每一个人名在列表视图上显示出来
- (UITableViewCell *)tableView:(UITableView *)tableView
cellForRowAtIndexPath:(NSIndexPath *)indexPath {
    static NSString *MyIdentifier = @"MyIdentifier";
    UITableViewCell *cell = [tableView
dequeueReusableCellWithIdentifier:MyIdentifier];//可重用表单元
    if (cell == nil) {//不存在的话
        cell = [[[UITableViewCell alloc] initWithFrame:CGRectZero
reuseIdentifier:MyIdentifier] autorelease];//创建一个表单元
    }
    // 获取联系人信息
    ABRecordRef person = (ABRecordRef)[[self people] objectAtIndex:[indexPath
row]];
    NSString *name = (NSString*)ABRecordCopyCompositeName(person);
    cell.textLabel.text = name;// 设置表单元文本信息为人员姓名
    [name release];
    return cell;
}

//在表视图上显示用于查看详细信息的蓝色箭头图标
- (UITableViewCellAccessoryType)tableView:(UITableView *)tableView
accessoryTypeForRowWithIndexPath:(NSIndexPath *)indexPath
{
    return UITableViewCellAccessoryDetailDisclosureButton;
}

//当点击某一个人名时,
//如果是通讯录上的人员,就通过 ABPersonViewController 显示
//如果不是通讯录上的人员,使用 ABUnknownPersonViewController 来显示
- (void)tableView:(UITableView *)tableView
accessoryButtonTappedForRowWithIndexPath:(NSIndexPath *)indexPath
{
```

```
        ABRecordRef person = (ABRecordRef)[[self people] objectAtIndex:[indexPath
row]];

        if (ABRecordGetRecordID(person) != kABRecordInvalidID) {//如果是通讯录上的
人
            //通讯录上的人员都有一个 RecordID
            ABPersonViewController *personViewController =
[[ABPersonViewController alloc] init];//使用 ABPersonViewController 显示该人信息
            personViewController.displayedPerson = person;
            personViewController.allowsEditing = YES;
            [self.navigationController pushViewController:personViewController
animated:YES];//显示人员
            [personViewController release];

        } else {//如果不是通讯录上的人员
            ABUnknownPersonViewController *unknownPersonViewController =
[[ABUnknownPersonViewController alloc] init];
            unknownPersonViewController.displayedPerson = person;
            //使用 unknownPersonViewController 显示该人
            unknownPersonViewController.allowsAddingToAddressBook = YES;
            [self.navigationController
pushViewController:unknownPersonViewController animated:YES];
            [unknownPersonViewController release];
        }
    }
@end
```

执行程序，结果如图 10-35 所示。左图显示了从新老师平台上获取的同学信息。如果有些同学已经在通讯录的话，就在该同学的联系信息后面添加一个新老师链接，如图 10-35 右图所示；如果有些同学未在通讯录的话，就显示该同学的联系信息，并有"Create New Contact"等链接，如图 10-36 左图所示。当用户单击这个链接时，显示该同学信息，并可以保存到通讯录上，如图 10-36 右图所示。

图 10-35　选取一个在通讯录上存在的同学信息

图 10-36　选取一个未在通讯录上存在的同学信息

第 11 章　照片编程

iPhone 可让你随身携带照片和视频。你可以从电脑同步照片和视频、查看使用内建摄像头拍摄的照片和视频、将照片用做墙纸，以及给联系人指定照片以便在他们呼叫时识别他们。你还可以用电子邮件发送照片和视频、用彩信发送照片和视频，以及将照片和视频上传到其他网站。

iPhone SDK 提供了 UIGetScreenImage()，让你可以直接从照相机上获取照片。一些增强现实的应用就是基于这个 API 来完成的。在本章，我们讲述如何在一个 iPhone/iPad 应用程序中操作相册上的照片。

图 11-1　复制图像到 iPhone 模拟器

11.1　复制照片到 iPhone 模拟器

为了测试应用程序，你需要在 iPhone Simulator 上有一些照片。以下是把照片复制到 iPhone 模拟器（ Simulator）的步骤：

01 在 Mac 机器上打开照片所在的文件夹。放在窗口的右边。

02 打开 iPhone Simulator，放在窗口的做边。

03 拖动右边的照片到左边的 iPhone Simulator 上。这是 iphone 模拟器打开 safari 浏览器，并在浏览器上显示了照片。

04 用手指点该照片，保持一些时间。这时，出现如图 11-1 所示的窗口。选择"储存图像"。

05 使用类似的方法复制其他照片到 iPhone 模拟器上。

06 打开 iPhone 模拟器上的相册，你就能看到复制过来的照片，如图 11-2 所示。

图 11-2 复制到相册的照片

11.2 从相册中读取照片

UIImagePickerController 是 UINavigationController 的子类。通过使用 UIImagePickerController 就可以完成从相册中读取照片。你的应用程序需要符合 UIImagePickerControllerDelegate 协议。它包含两个主要的回调方法（你的应用程序需要实现这两个方法）来处理选择/取消后的操作：

● 当用户选择了某一个照片后，就调用 didFinishPickingImage 方法：

```
- (void)imagePickerController:(UIImagePickerController*)picker
didFinishPickingImage:(UIImage*)image
editingInfo:(NSDictionary*)editingInfo;
```

上述的 image 就是所选择的照片。

● 当用户取消照片选择时，就调用 imagePickerControllerDidCancel 方法：

```
- (void)imagePickerControllerDidCancel: (UIImagePickerController*)picker;
```

下面我们通过一个实际的例子来讲述如何从相册中读取照片，并显示在视图上。以下是开发步骤：

01 如图 11-3 所示，创建基于视图的新项目。

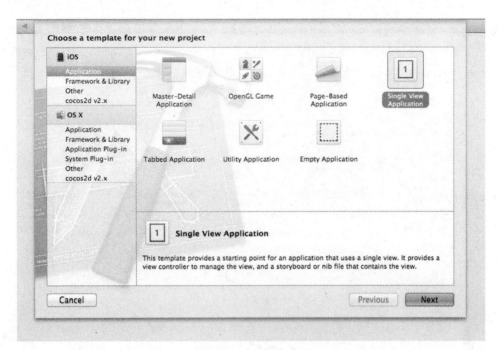

图 11-3　创建新项目

02　双击 ViewController.xib，拖两个按钮、一个 ImageView 和一个 Label 到视图上，并修改文字信息如图 11-4 所示。上面的左边按钮是"从相册中选择照片"，作用是打开相册，并从中选择照片；上面的右边按钮是"输入照片描述文字"，作用是打开另一个视图，让用户输入文字信息；当中的 UIImageView 就是显示所选择的照片；下面的"照片描述信息"就是显示用户所输入的文字信息。

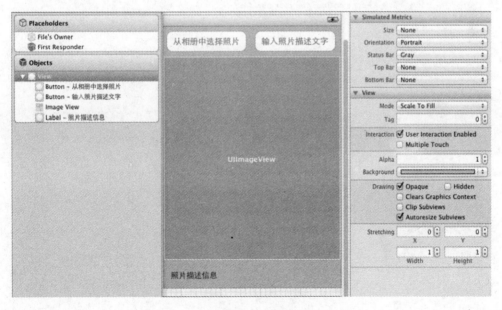

图 11-4　视图

03 创建一个新的视图控制器用于输入文字信息。从 File 下选择 New File，打开一个窗口。在这个窗口上选择 Objective-C classdan 单击 Next，下拉框选择 "UIViewController" 和下面的 "with XIB for user interface"。如图 11-5 所示。单击 Next，输入视图控制器的名称（如图 11-6 所示）。最后保存。

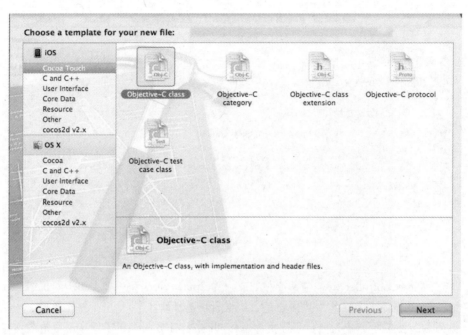

图 11-5　创建新视图控制器

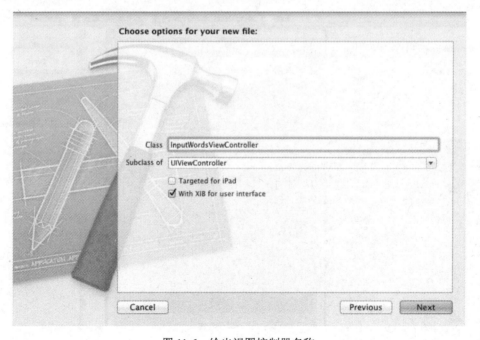

图 11-6　给出视图控制器名称

05 双击 InputWordsViewController.XIB，打开界面创建器。拖文本输入框（Text Field）和一个按钮到视图上，并修改相应的设置如图 11-7 所示：修改按钮标题为"输入完毕"，修改文本输入框的提示信息为"请输入照片描述信息"。

图 11-7　输入文本的视图

05 编写 InputWordsViewController.h 如下：

```
#import <UIKit/UIKit.h>
@protocol InputWordsViewControllerDelegate;//协议
@interface InputWordsViewController : UIViewController {
    id<InputWordsViewControllerDelegate>    delegate; //委托程序
}
@property (weak) IBOutlet UITextField *textField;
@property (assign) id<InputWordsViewControllerDelegate>    delegate;
- (IBAction)doneInput:(id)sender;//按下"输入完毕"按钮后调用该方法
@end


 @protocol InputWordsViewControllerDelegate <NSObject>//协议定义
@optional
- (void)inputWordsViewController:(InputWordsViewController *)controller
didInputWords:(NSString *)text;//协议所定义的方法，在输入完毕后回调
@end
```

06 设置界面上的关联信息如图 11-8 所示：按钮的 Touch Up Inside 事件和 doneInput 方法的连接，textField 输入口变量同界面上输入框的连接。

07 编写 InputWordsViewController.m 代码如下：

```
#import "InputWordsViewController.h"
@implementation InputWordsViewController
@synthesize textField;
@synthesize delegate;
- (IBAction)doneInput:(id)sender//按下"输入完毕"按钮后所调用的方法
{//调用回调方法
    if ([self.delegate
```

```
respondsToSelector:@selector(inputWordsViewController:didInputWords:)]) {
        [self.delegate inputWordsViewController:self
didInputWords:textField.text];
    }
}
……
```

图 11-8　关联设置

08 在 PickPhotoViewController.h 上添加如下代码：

```
#import <UIKit/UIKit.h>
#import "InputWordsViewController.h"
//上面的 InputWordsViewController 是给用户输入文字的视图控制器
@interface ViewController : UIViewController
<UIImagePickerControllerDelega
UINavigationControllerDelegate, InputWordsViewControllerDelegate>
//符合 InputWordsViewControllerDelegate 协议
{
}
@property (weak) IBOutlet UIImageView *imageView; //当中的照片
@property (weak) IBOutlet UILabel *wordsLabel; //照片下面的描述信息
- (IBAction)showImagePicker:(id)sender; //按下“从相册中选择照片”按钮后调用
- (IBAction)inputWords:(id)sender; //按下“输入照片描述文字”后调用
@end
```

09 回到界面创建器，关联 Outlet 和界面上的图像视图和 Label，并设置按钮的“Touch Up inside”事件来调用相应的方法，最后结果如图 11-9 所示。

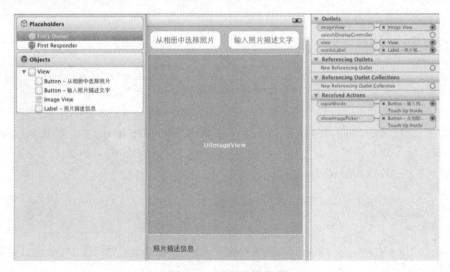

图 11-9　设置连接信息

10 编写 ViewController.m 代码如下：

```
#import "PickPhotoViewController.h"
@implementation PickPhotoViewController
@synthesize imageView;
@synthesize wordsLabel;
//当按下"从相册中选择照片"按钮后调用
- (IBAction)showImagePicker:(id)sender
{   //初试化图像选择控制器
    UIImagePickerController *imagePickerController =
[[UIImagePickerController alloc] init];
    imagePickerController.sourceType =
UIImagePickerControllerSourceTypePhotoLibrary;
    imagePickerController.delegate = self;//设置委托类为自己
    //弹出照片选择的页面
    [self presentModalViewController:imagePickerController animated:YES];
    [imagePickerController release];
}
//回调方法：当选择一个照片后调用
- (void)imagePickerController:(UIImagePickerController *)picker
didFinishPickingImage:(UIImage *)image editingInfo:(NSDictionary *)editingInfo
{
    imageView.image = image;//获取所选择的照片，并显示
    [self dismissModalViewControllerAnimated:YES];//关闭照片选择页面
}
//回调方法：当取消选择照片后调用
- (void)imagePickerControllerDidCancel:(UIImagePickerController *)picker
{
    [self dismissModalViewControllerAnimated:YES]; //关闭照片选择页面
}
//当按下"输入照片描述文字"按钮后调用
- (IBAction)inputWords:(id)sender
{
    InputWordsViewController *inputWordsViewController =
[[InputWordsViewController alloc] init];//初始化
    inputWordsViewController.delegate = self;
    //弹出文本输入的页面
    [self presentModalViewController:inputWordsViewController animated:YES];
    [inputWordsViewController release];
}
//回调方法：当用户在输入文本后调用
- (void)inputWordsViewController:(InputWordsViewController *)controller
didInputWords:(NSString *)text
{
    wordsLabel.text = text;//显示输入的文本
    [self dismissModalViewControllerAnimated:YES]; //关闭文本输入视图
}
- (void)dealloc {
    [imageView release];//释放内存
    [wordsLabel release];
    [super dealloc];
}
```

11 执行代码。结果如图 11-10、11-11 和 11-12 所示。在图 11-10 中，按下"从照片中选择照片"就弹出右图的视图（即相册）。用户点击相册中的一项，就显示图 11-11 所示的多个照片（左图），用户选择一个照片。该照片就显示在窗口上（右图）。用户按下"输入照片描述文字"就弹出图 11-12 的左图，用户输入文字信息，按下"输入完毕"按钮，就通过回调方法把文字信息显示在

照片下面（并关闭这个弹出窗口）。结果如右图所示。

图 11-10　从相册中选择照片　　　　图 11-11　从相册中选择照片

图 11-12　输入照片描述信息

你也可以限制只操作手机照相机所拍摄的照片。比如：

```
if ([UIImagePickerController  isSourceTypeAvailabel:
UIImagePickerControllerSourceTypeCamera])//如果有照相机的话（iPad 没有）
{
    UIImagePickerController* picker =[[UIImagePickerController alloc] init];
    //只显示照相机所拍摄的照片（传递给 UIImagePickerController 参数）
    picker.sourceType = UIImagePickerControllerSourceTypeCamera;
    picker.delegate = self;//告诉 UIImagePickerController 委托类就是自己
    //上面的设置的作用是，这个类实现了回调方法
    [self presentModalViewController:picker animated:YES];
}
```

11.3　保存照片到相册

你可以使用 UIImageWriteToSavedPhotosAlbum 方法来保存照片到相册上，你也可以使用 UISaveVideoAtPathToSavedPhotosAlbum 方法来保存视频到 iPhone/iPad 上。在保存视频之前，你最好使用 UIVideoAtPathIsCompatibleWithSavedPhotosAlbum 来判断 iPhone/iPad 能否兼容（播放）这个视频。关于这部分的例子，读者可以参考苹果开发文档。

11.4　使用照相机

为了让用户照相或录像，实例化 UIImagePickerController 并设置它的源类型为 UIImagePicker-ControllerSourceTypeCamera。一定要预先检查 isSourceTypeAvailable:属性。如果用户的设备没有摄像头或者摄像头不可用，该属性将为 NO。如果它为 YES，调用 availableMediaTypesForSourceType: 方法来得知用户是否能够照相（kUTTypeImage），或录制一段视频（kUTTypeMovie），或两者都可以。从而你可以决定 mediaTypes 属性值。设置一个委托，并模态地显示视图控制器。对于视频，你也可以指定 videoQuality 属性和 videoMaximumDuration 属性。下面的这些属性和类方法允许你确定摄像头性能：

- isCameraDeviceAvailable:

使用下面这些参数之一，检查前向或后向摄像头是否可用：

- UIImagePickerControllerCameraDeviceFront
- UIImagePickerControllerCameraDeviceRear
- cameraDevice

让你知道并设置哪个摄像头正在被使用。

`availableCaptureModesForCameraDevice:`

检查给定的摄像头是否可以捕获静态图片、视频或者两者都能捕获。你指定前向或后向摄像头。它返回一个 NSNumbers 的 NSArray，这样你可以从中取出整数值。可能的模式是：

- UIImagePickerControllerCameraCaptureModePhoto
- UIImagePickerControllerCameraCaptureModeVideo
- cameraCaptureMode

让你知道并设置捕获模式（静态或视频）。

- isFlashAvailableForCameraDevice:

检查 flash 是否可用。

- cameraFlashMode

让你知道并设置 flash 模式。你可以选择：

- UIImagePickerControllerCameraFlashModeOff
- UIImagePickerControllerCameraFlashModeAuto
- UIImagePickerControllerCameraFlashModeOn

当视图控制器出现时，用户将看到照相的界面，类似 Camera 应用程序，该界面也许含 flash 按钮，摄像头选择按钮，数码变焦（如果硬件支持的话），still/video 开关，取消（Canc 和快门(Shutter) 按钮。

你也可以通过设置 showsCameraControls 属性为 NO 来隐藏标准的控件，使用你自己覆盖视图（cameraOverlayView 的值）来替代他们。在这种情况下，你在覆盖视图中需要个按钮来照相。你可以通过下面这些方法来实现：

- takePicture
- startVideoCapture
- stopVideoCapture

即使你不设置 showsCameraControls 为 NO，你可以提供一个 cameraOverlayView。通过设置 cameraViewTransform 属性，你也可以对预览图片进行变焦或其他变换。如果你设置 showsCameraControls 属性为 NO，你也许注意到屏幕底部的一个空白区域（工具栏的大小）。你可以设置 cameraViewTransform 属性，这样该区域被填充。比如：

```
CGAffineTransform translate = CGAffineTransformMakeTranslation(0.0, 27.0);
CGAffineTransform scale = CGAffineTransformMakeScale(1.125, 1.125);
picker.cameraViewTransform = CGAffineTransformConcat(translate, scale);
```

在下面这个例子中，我们显示一个用户可以照相的界面，在界面中，将照片贴到界面上的一个 UIImageView 上：

```
- (void)imagePickerController:(UIImagePickerController *)picker
  didFinishPickingMediaWithInfo:(NSDictionary *)info {
  UIImage* im = [info objectForKey:UIImagePickerControllerOriginalImage];
  [self->iv setImage:im];
  [self dismissModalViewControllerAnimated:YES];
}
```

在传递给委托的字典中不会有任何 UIImagePickerControllerReferenceURL key，这是因为图片并不在照片库中。

你也可以不使用 UIImagePickerController，而是使用 AV Foundation framework 来控制摄像头以及捕获图片。

11.5　通过 Assets Library 框架访问照片库

在 iOS4 中引入的 Assets Library 框架允许你访问照片库（类似 Media Player 框架允许你访问音乐库）。你需要链接到 AssetsLibrary.framework 并导入<AssetsLibrary/AssetsLibrary.h>。照片库中的一幅图片或一个视频是一个 ALAsset。类似一个媒体条目，一个 ALAsset 可以通过被称为 properties（属性）的键值对来描述它自己。例如，它可以报告它的类型（照片或视频）、它的创建时间、它的方向（如果它是照片），以及它的持续时间（如果它是一个视频）。你使用 valueForProperty: 方法来获取一个属性值。properties 有诸 ALAssetPropertyType 的名字。

一幅照片可以提供多种表示法（类似图片文件格式）。一幅给定照片的 ALAsset 列出这些表示法（LAssetPropertyRepresentations，一个 UTI 字符串的数组）。比如：一个 UTI 也许是@"public.jpeg"。一个表示法是一个 ALAssetRepresentation。你可以得到一幅照片的 defaultRepresentation，或通过将一个文件格式的 UTI 传递给 representationForUTI: 方法来返回一个特定的表示法。

一旦你有一个 ALAssetRepresentation，你就可以获得实际图片。该图片要么是一个原始数据，要么是一个 CGImage。最简单的方法是要求返回它的 fullResolutionImage，然后你使用 imageWithCGImage:scale:orientation:方法得到一个 UIImage。ALAssetRepresentation 的 scale 和 orientation 保存了图像的原始比例和方向。一个 ALAssetRepresentation 也有一个 url，它是 ALAsset 的唯一识别符（类似于音乐库中一首歌的 persistent ID）。

照片库本身是一个 ALAssetsLibrary 实例。它分成多组，有多种类型。例如，用户也许有多个相册；每个都是一组 ALAssetsGroupAlbum 类似。为了从库中获取 assets，你要么通过提供它的 URL 获取特定的 assets，要么你枚举某一类型的组。如果你使用第二种方法，你获得每组（一个 ALAssetsGroup），然后你可以枚举组的 assets。在枚举之前，你也许使用一个 ALAssetsFilter 来过滤该组。比如：只是照片、只是视频等。一个 ALAssetsGroup 也有属性，比如一个名字（你可以使用 valueForProperty:来获取）。Assets Library 框架使用 Objective-C 块来获取和枚举 assets 和组。

下面这个例子是在我的照片库中从名为"mattBestVertical"的相册中获取第一张照片，并且将它粘贴在界面中的一个 UIImageView 中。我在代码中分别建立各块。我使用 getGroups 块进行枚举（在代码的后面部分），该块本身使用 getPix 块枚举。

```
// 这是我对组的 assets 所做的处理
ALAssetsGroupEnumerationResultsBlock getPix =
^ (ALAsset *result, NSUInteger index, BOOL *stop) {
  if (!result)
    return;
  ALAssetRepresentation* rep = [result defaultRepresentation];
  CGImageRef im = [rep fullResolutionImage];
  UIImage* im2 = [UIImage imageWithCGImage:im];
  [self->iv setImage:im2]; // 将照片放入我们的 UIImageView 中
  *stop = YES; // 得到第一幅图片，大功告成
  };
//这是我对来自库的组所做的处理
ALAssetsLibraryGroupsEnumerationResultsBlock getGroups =
  ^ (ALAssetsGroup *group, BOOL *stop) {
    if (!group)
      return;
```

```
        NSString* title = [group valueForProperty: ALAssetsGroupPropertyName];
        if ([title isEqualToString: @"mattBestVertical"]) {
          [group enumerateAssetsUsingBlock:getPix];
          *stop = YES; // 得到目标组，大功告成
        }
    };
//也许根本不能访问库
ALAssetsLibraryAccessFailureBlock oops = ^ (NSError *error) {
    NSLog(@"oops! %@", [error localizedDescription]);
    // e.g. "全局拒绝访问"
};
//枚举
ALAssetsLibrary* library = [[ALAssetsLibrary. alloc] init];
[library enumerateGroupsWithTypes: ALAssetsGroupAlbum
        usingBlock: getGroups
        failureBlock: oops];
```

你可以将一个图片文件写进 Camera Roll /Saved Photos 相册，或者写入一个视频文件。这些方法都通过 ALAssetsLibrary 类的以下五种方法实现：

● writeImageToSavedPhotosAlbum:orientation:completionBlock:

使用一个 CGImageRef 和方向。

● writeImageToSavedPhotosAlbum:metadata:completionBlock:

使用一个 CGImageRef 和可选择的元数据字典（例如，当用户使用 UIImagePickerController 照相时，通过 UIImagePickerControllerMediaMetadata key 获得）。

● writeImageDataToSavedPhotosAlbum:metadata:completionBlock:

使用原始图片数据（NSData）和可选择的元数据。

● videoAtPathIsCompatibleWithSavedPhotosAlbum:

使用一个文件路径字符串。返回一个布尔值。

● writeVideoAtPathToSavedPhotosAlbum:completionBlock:

使用一个文件路径字符串。

保存一个文件需要时间，因此一个完成块允许你在它结束时收到通知。完成块提供两个参数：一个 NSURL 和一个 NSError。如果第一个参数不为 nil，就成功了，并且这是作为结果的 ALAsset 的 URL。如果第一个参数为 nil，就失败，并且第二个参数描述该错误。

第 12 章　多线程与网络编程

本章讲解了多线程相关内容，iOS 支持多个层次的多线程编程，层次越高的抽象程度越高，使用起来也越方便，也是苹果最推荐使用的方法。多线程编程抽象层次从低到高依次为：Thread、Cocoa Operations、GCD。本章还讲解了网络编程的要点和基本步骤。

12.1　多线程编程和 NSOperation

iPhone SDK 支持多线程序编程，并且提供了 NSOperation 和 NSOperationQueue 类来方便多线程编程。

12.1.1　多线程

在应用程序中使用多个线程。这也就意味着两个线程可以在同一时刻修改同一个对象，这就有可能在程序中导致严重的错误。我们先看一下线程同步中会出现的一个问题，比如说我们现在定义一个 Person 类。这个类有两个变量，一个是 givenName，一个是 familyName；

```
@implementation Person : NSObject {
    NSString *givenName;
    NSString *familyName;
}
@property (nonatomic, strong) NSString *givenName;
@property (nonatomic, strong) NSString *familyName;
@end
```

如果这个 Person 类的一个实例能够被不同的线程访问，我们就有问题了，比如说现在这个 Person 的实例正被一个线程更新，然后被另一个线程读取，比如说这个 Person 类的实例叫 firstPerson，它的 givenName 是 Chen，familyName 是 Guo，我们在第一个线程中执行下面的代码：

```
firstPerson.givenName = @"Zhenghong";
firstPerson.familyName = @"Yang";
```

然后我们在第二个线程中执行下面一段代码：

```
NSLog(@"Now processing %@ %@.", firstPerson.givenName,
firstPerson.familyName);
```

如果第二个线程在第一个线程执行到一半的时候被触发，第二个线程显示出来的结果就是：Now processing Zhenghong，Guo，这明显不是我们想要看到的结果。

Mutex lock 就保证了当一段代码被触发了以后，其它的线程不能执行同样的一段代码或是相关的代码。那么这段代码就用@synchronize 包裹住。

当用@synchronize 包裹住以后，这段代码就只能一次被一个线程执行，那么在之前的例子中，代码就会被这样重写：

```
@synchronized(self) {
    firstPerson.givenName = @"Samantha";
    firstPerson.familyName = @"Stephens";
}
```

这个地方 self 被称作为是信号量或者是 mutex，@synchronize 工作的方式就是当一个线程要执行这段代码的时候，它就会检查是否有别的线程在使用这个信号量（mutex），如果有的话，这段代码会被阻止执行，直到另一个线程没有使用这个 mutex，这样也就保证了我们的线程安全。因此，Objective-C 提供@synchronized()指令用于确保同一时刻只有一个线程可以访问程序中的特定代码段 @synchronized()指令使得单一线程可以锁住一个程序段，只有当这个线程退出这个保护的代码段的时候（也就是说，程序执行到保护代码段以外的时候），其他的线程才能访问这个被保护的代码段。

@synchronized()指令只有一个参数可以设置，这个参数可以是任何的 Objective-C 对象，当然也可以是它本身。这个参数对象通常被理解为互斥量（mutex 或者 mutual exclusion semaphore），它允许一个线程锁住代码段从而阻止其他线程使用和修改这个代码段。通过这样的方式，系统就可以使得多线程程序避免线程之间相互竞争同一个资源。你应该使用多个不同的互斥量，从而保护程序中的不同代码块。

上面我们演示一个例子，使用 self 作为互斥量来同步访问一个对象的实例方法，你可以使用 Class 来代替下例中的 self，从而同步访问一个类方法。

下面我们演示一下@synchronized()的经典用法，在执行一个关键操作之前（即：多个线程在同一时刻不能同时执行这个操作），程序从 Account 类那里获得了一个互斥量。通过这个互斥量，我们就能锁住关键操作所在的代码段。Account 类是在初始化方法中创建的这个互斥量。

```
Account *account = [Account accountFromString:
[accountFiled stringValue]];
id accountSemaphore = [Account semaphore];
@synchronized(accountSemaphore){
    ...//关键操作
}
```

一个线程能够在递归方式中多次使用同一个互斥量，而其他的线程在这个线程释放所有锁之后才能获得对这个代码段的使用权，在这种情况下，每一个@synchronized()指令不是正常退出就是抛出一个异常。当在@synchronized()中的代码段抛出一个异常的时候，系统会捕获这个异常，然后释放这个互斥量（所以，其他的线程就能访问这个被保护的代码段了）。系统最后将这个异常重新抛给下一个异常处理器。

在实际开发中，我们使用 NSOperation 来完成多线程的功能。NSOperation 会帮助我们创建和管理线程，比直接使用 NSThread 简单。在本节，我们将详细讲解 NSOperation。

12.1.2　NSThread

在单个程序中同时运行多个线程完成不同的工作，称为多线程。使用线程可以把占据长时间的程序中的任务放到后台去处理，比如：在从互联网上下载数据的同时可以弹出一个进度条来显示处理的进度。在一个单线程应用中，某个费时的操作可能让用户感觉整个应用不动了。比如：某个应用程序首先需要获得互联网上的一些数据。但是由于网络速度比较慢，数据的下载花费了很多时间。一个经典的做法是使用多线程。在 iOS SDK 上，NSThread 类实现多线程。比如：下面的代码定义了一个获取照片的方法，该方法产生一个线程来下载照片。

```
- (void)getPhotos:(id)sender
{
    //  产生一个线程
    [NSThread    detachNewThreadSelector:@selector(getWebPhotos:)
withTarget:self
    object:someData];
}
//下载照片
- (void)getWebPhotos:(id)someData
{
    NSAutoreleasePool *pool = [[NSAutoreleasePool alloc] init];
    //……具体下载照片的代码
    //  下载完成后，给主线程发送一些信息
    [self    performSelectorOnMainThread:@selector(allDone:)
withObject:result
    waitUntilDone:NO];
}
```

异步操作也能实现多线程所提供的功能（即：让某一个长操作在后台运行）。比如：在 iOS SDK 上，NSURLConnection 可以是一个异步调用。当你使用它来获取网上数据时，你可以通过定义委托方法来返回控制。当系统得到网上数据后，系统会调用这个回调方法。

如果你有太多的线程在执行的话，你的系统可能就会瘫痪。一个解决办法就是创建少一点的线程，这个 NSOperationQueue 能够帮助你达到目的。另一个办法就是 sleep，你可以让一个线程 sleep 一段设定时间或者是让它在某一个时间点被唤醒。在 sleep 的这段时间内，该线程就把系统的时间片交给了其它的线程。如果你想让线程休眠特定的一段时间你就用 NSThread 的类方法：sleepForTimeInterval：

```
[NSThread sleepForTimeInterval:2.5];
```

如果你想让线程在某个特定的时刻被唤醒就用方法：sleepUntilDate:

```
[NSThread sleepUntilDate:[NSDate dateWithTimeIntervalSinceNow:2.5]];
```

12.1.3 NSOperation 和 NSOperationQueue

我们在研究 operation queue 之前首先来讲一讲 operation。operation 就是一些指令的集合，然后由 operation queue 来管理。这里每一个 operation 基本都是 NSOperation 子类的实例。iOS 提供了 NSOperation 的一个子类叫做 NSInvocationOperation，在这个类中你可以指定一个对象以及一个 selector。

当你把一个 operation 加入到 operation queue 的时候，你要遵循几个步骤，首先你创建一个 NSOperation 的子类，然后在这个类中声明几个成员变量，包含这个 operation 的输入和输出。接下

来就是要重写 main 这个函数，在 main 中具体就是这个 operation 要执行的代码，最好是把这些代码全部包裹在@try 中，这样我们就可以捕捉到一些异常。

1. Operation 的相互依赖性

任何一个 operation 都能够选择性的和另一个或是几个 operation 存在一定的依赖性。所谓的依赖性比如说就是一个 operation 要在另一个 operation 之前完成。那么 operation queue 就会知道先完成哪一个 operation。你可以通过 addDependency：方法来添加依赖关系，比如：

```
MyOperation *firstOperation = [[MyOperation alloc] init];
MyOperation *secondOperation = [[MyOperation alloc] init];
[secondOperation addDependency: firstOperation];
…
```

在这个例子中，如果 firstOperation 和 secondOperation 都被加入到同一个 operation queue 当中，那么就算这个 queue 有足够的线程能够执行这两个 operation，这两个 operation 也不会同时执行，因为 secondOperation 是依赖于 firstOperation 的，在 firstOperation 执行完毕之前，secondOperation 是不会执行的。

你可以通过 dependencies 这个方法以 NSArray 的形式返回一个 operation 所有的依赖关系：

```
NSArray *dependencies = [secondOperation dependencies];
```

你也可以利用 removeDependency：方法移除一个 operation 的某一个依赖关系：

```
[secondOperation removeDependency: firstOperation];
```

2. Operation 的优先级

我们可以用 setQueuePriority：方法来设置每个 operation 的优先级，有以下几种优先级可以选择：

```
NSOperationQueuePriorityVeryLow
NSOperationQueuePriorityLow
NSOperationQueuePriorityNormal
NSOperationQueuePriorityHigh
NSOperationQueuePriorityVeryHigh
```

你所创建的 operation 的默认的优先级是 NSOperationQueuePriorityNormal。你可以通过下面的方法来设置其优先级：

```
[firstOperation setQueuePriority: NSOperationQueuePriorityVeryHigh];
```

虽然优先级高的 operation 会比优先级低的 operation 先执行，但是任何一个 operation 在没有准备好的时候都不会执行。比如说，一个有很高优先级的 operation 在它所依赖的 operation 完成之前是不会执行的，即使所依赖的 operation 的优先级很低。

你可以通过 queuePriority 获得一个 operation 的优先级。

3. Operation 的状态

operation 类的一些成员变量能够反应其状态。比如 isCancelled 可以反应一个 operation 是否被取消，在一个 operation 的 main 方法执行之前首先会检查 isCancelled 属性，如果为 YES，那么 operation 就不会执行。

如果一个 operation 的 main 方法正在被实行，那么 isExecuting 属性就会被设置为 YES，如果返回值是 NO 的话，就说明这个 operation 可能刚刚被创建或者是它所依赖的 operation 还没有执行完毕，也有可能是现在的线程数已经达到了上限，没有多余的线程来执行这个 operation。

当一个 operation 的 main 方法返回之后，其 isFinished 属性就会被设置为 YES，然后这个 operation 就从这个 operation queue 当中被移除。

4. 取消一个 Operation

你可以用 cancel 方法来取消一个 operation，比如：

```
[firstOperation cancel];
```

这样做会把一个 operation 的 isCancelled 属性设置为 YES。我们调用了这个函数以后，这个 operation 也不是说马上就被 cancelled 掉了。什么时候取消这个 operation 是由这个 operation 的 main 方法决定的，当这个 main 方法检测到 isCancelled 属性为 YES 的时候，就会返回，那么这个 operation 就才被 cancelled 掉了。

这个 cancel 的操作是在 operation 级别的，而不是在 operation queue 级别的。所以这里看似有些奇怪的情况要说明一下，如果一个 operation 在还没开始执行的时候就被 cancel 掉，那么这个 operation 还是会留在这个 queue 里面。如果对一个正处于挂起状态的 operation 调用 cancel 方法，那么这个 operation 也不会马上从这个队列中移除，它要等到它下次执行的时候，main 方法检测到它被 cancel 的时候才会返回，继而从 queue 中移除。

5. Operation queue

现在我们已经知道怎么创建一个 operation 了，那么我们现在看看 operation queue，创建一个 operation queue 就跟创建其它的对象一样的操作：

```
NSOperationQueue *queue = [[NSOperationQueue alloc] init];
```

现在我们已经创建了一个可用的 operation queue。那么我们现在就可以用 addOperation: 方法向其中添加 operation 了：

```
[queue addOperation: newOperation];
```

当这个 operation 被添加到了 queue 以后，一旦有多余的线程来执行这个 operation，那么这个 operation 就会马上被执行，甚至在你继续添加 operation 的时候，前面的 operation 就已经开始执行了。具体能够创建多少个线程就根据你的硬件来定了。

一般的情况下我们都是让 operation queue 来决定并发多少个线程，这样可以让你的硬件资源得到充分的利用。但是在有些情况下，你想对这个线程的数量进行一个控制，比如，有些情况下，你的很多 operation 会因为某些原因很长时间都没有运行完毕，这个时候你就希望每个 operation 一次性获得多一点的时间，从而能够尽量完成，我们可以创建一个 serial queue，也就是每次只能执行一个 operation 的 queue：

```
[queue setMaxConcurrentOperationCount:1];
```

如果想把 queue 的 operation 的数目恢复成默认的最大的值，你可以：

```
[queue setMaxConcurrentOperationCount:
        NSOperationQueueDefaultMaxConcurrentOperationCount];
```

一个 operation 的队列可以被暂停或是挂起。当被暂停或挂起了以后，目前正在被执行的 operation 会继续执行，那么没有执行的新的 operation 就不会被执行了。要挂起一个 queue，我们把 YES 传递给 setSuspended: 方法，当我们要继续一个 queue，就传递 NO。

12.1.4　NSOperation 实例

正如我们在上一节提到的，NSOperation 会帮助我们创建和管理线程。我们来看一个实际的例子（项目结构参见图 12-1）。从网上下载大量照片很费时间。一个比较好的做法是使用多线程来同时下载照片，每个线程完成一个操作（即：下载照片）。NSOperation 类就是描述这个操作（换句话说，NSOperation 封装操作，而不是线程）。还有，我们并不直接执行 NSOperation，而是将这些 NSOperation 放到一个队列上（叫做"NSOperationQueue"）。根据操作的优先级，这个队列调度要执行的操作。你还可以在队列上设置并发操作的个数。在操作结束后，系统会通知你。

我们需要初始化操作队列（**NSOperationQueue**）并指定其属性（比如：并发操作的个数），并把操作加到队列上。

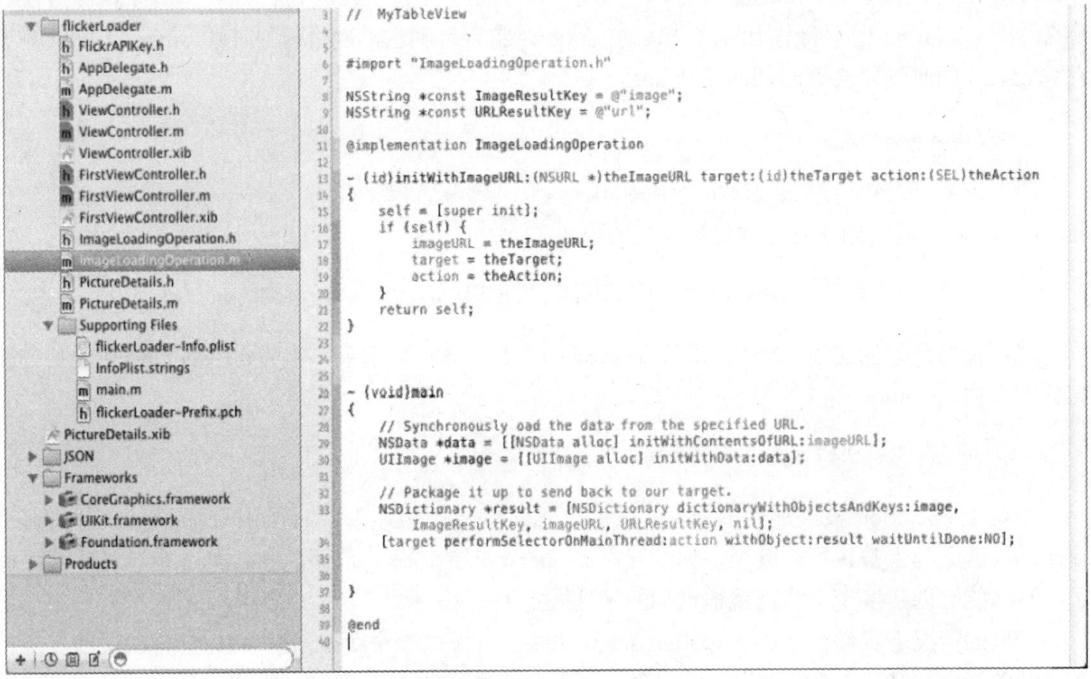

图 12-1　项目结构

我们定义了一个下载照片类 ImageLoadingOperation，它本身是 NSOperation 的子类。在这个类上，定义了图像的 URL 等属性信息。

```
#import <UIKit/UIKit.h>
extern NSString *const ImageResultKey;
extern NSString *const URLResultKey;
@interface ImageLoadingOperation : NSOperation {
    NSURL *imageURL;
    id target;
    SEL action;
}

- (id)initWithImageURL:(NSURL *)imageURL target:(id)target
action:(SEL)action;
@end
```

在实现类上，首先要有一个初始化操作的方法：

```
- (id)initWithImageURL:(NSURL *)theImageURL   target:(id)theTarget
action:(SEL)theAction
{
    self = [super init];
    if (self) {
        imageURL = [theImageURL retain];
        target = theTarget;
        action = theAction;
    }
    return self;
}
```

线程（NSOperation）自动调用 main 方法。下面的 main 方法就是线程要执行的具体操作：

```
- (void)main
{
    //  从指定的 URL 那里异步下载照片
    NSData *data = [[NSData alloc] initWithContentsOfURL:imageURL];
    UIImage *image = [[UIImage alloc] initWithData:data];

    //  回调主线程来返回照片数据
    NSDictionary *result = [NSDictionary dictionaryWithObjectsAndKeys:image,
ImageResultKey, imageURL, URLResultKey, nil];
    [target performSelectorOnMainThread:action withObject:result
waitUntilDone:NO];
}
```

在我们的例子程序中，我们使用表视图来显示这些照片。在表视图控制器的实现代码上，初始
化操作队列（NSOperationQueue）并指定其属性（比如：并发操作的个数）：

```
- (id)initWithStyle:(UITableViewStyle)style
{
    self = [super initWithStyle:style];
    if (self) {
        photoURLs = [[NSMutableArray alloc] init];
        photoNames = [[NSMutableArray alloc] init];
        photoIDs = [[NSMutableArray alloc] init];

        //初始化操作队列
        operationQueue = [[NSOperationQueue alloc] init];
        //指定并发操作的个数，1 意味着只允许一个操作进行
        [operationQueue setMaxConcurrentOperationCount:1];
        //缓存照片的字典变量
        cachedImages = [[NSMutableDictionary alloc] init];
    }
    return self;
}
```

在运行时，showLoadingIndicators 方法是显示一个正在装载的图。装载照片的方法是 beginLoadingFlickrData。

```
- (void)viewWillAppear:(BOOL)animated
{
    [super viewWillAppear:animated];
    [self showLoadingIndicators];//显示一个"装载中"的图
    [self beginLoadingFlickrData];//从 Flickr 上获取照片数据
}
```

在 beginLoadingFlickrData 方法上，使用了 NSInvocationOperation 方法来调用一个获取照片目录信息的方法。这个方法返回满足查询条件的照片的 URL 信息。

```
- (void)beginLoadingFlickrData
{      //创建一个操作
    NSInvocationOperation *operation = [[NSInvocationOperation alloc]
initWithTarget:self selector:@selector(synchronousLoadFlickrData)
object:nil];
    [operationQueue addOperation:operation];//添加到队列中
}
```

在 synchronousLoadFlickrData 方法上，从 Flickr 网站上获取满足查询条件的照片的 URL 等信息（不是照片本身）。在获得后，就回调 didFinishLoadingFlickrDataWithResults 方法。

```
- (void)synchronousLoadFlickrData//查询照片
{
    NSString *urlString = [NSString
    stringWithFormat:@"http://api.flickr.com/services/rest/?method=flickr.p
hotos.search&api ke
y=%@&tags=%@&per page=%d&format=json&nojsoncallback=1", FlickrAPIKey,
@"Hanzhou", NumberOfImages];
    //获取 Flickr 照片的 URL（查询关于杭州的照片）
    NSURL *url = [NSURL URLWithString:urlString];
    // Flicrk 返回的 JSON 数据（一个大字符串）
    NSString *jsonString = [NSString stringWithContentsOfURL:url
encoding:NSUTF8StringEncoding error:nil];
    //  解析 JSON 数据，保存在字典类变量上
    NSDictionary *results = [jsonString JSONValue];
    //回调主线程的 didFinishLoadingFlickrDataWithResults 方法
    [self
performSelectorOnMainThread:@selector(didFinishLoadingFlickrDataWithResult
s:)
    withObject:results waitUntilDone:NO];
}
```

在 didFinishLoadingFlickrDataWithResults 方法上，调用 reloadData 方法，从而在表视图上显示照片的信息。

```
- (void)didFinishLoadingFlickrDataWithResults:(NSDictionary *)results
{
    ......
    [self.tableView reloadData];
    ......
}
```

在生成表视图时，通过 NSOperation 来获得各个照片：

```
- (void)tableView:(UITableView *)tableView
```

```
didSelectRowAtIndexPath:(NSIndexPath
    *)indexPath {
    ......
    cell.imageView.image = [self cachedImageForURL:[photoURLs
    objectAtIndex:indexPath.row]];
    ......
}
```

上述方法调用了 cachedImageForURL 方法，该方法首先从缓存数组中获取照片信息。如果不存在的话，就直接从 Flickr 上获得。

```
- (UIImage *)cachedImageForURL:(NSURL *)url
{
    id cachedObject = [cachedImages objectForKey:url];//在缓存数组中查找
    if (cachedObject == nil) {//如果不存在的话
        [cachedImages setObject:LoadingPlaceholder forKey:url];
        // 创建一个装载照片的操作
        ImageLoadingOperation *operation = [[ImageLoadingOperation alloc]
initWithImageURL:url target:self
action:@selector(didFinishLoadingImageWithResult:)];
        [operationQueue addOperation:operation];//把操作放到队列中
    } else if (![cachedObject isKindOfClass:[UIImage class]]) {
        cachedObject = nil;
    }
    return cachedObject;
}
```

有兴趣的读者可以仔细阅读该程序的其他代码。执行应用程序后，你就能看到如图 12-2 和图 12-3 所示的结果。在图 12-2 上，首先显示一个正在装载的图。当从 Flickr 网站上获得照片数据后，就显示照片。在图 12-2 所示的界面上，你可以滚动照片，并轻按照片来浏览照片的详细信息，包括照片的标题、描述信息和作者。

图 12-2　执行结果（开始装载照片）

图 12-3　滚动照片列表和查看具体照片

12.1.5　GCD

GCD（Grand Central Dispatch）提供了一种很简单的操作方式来实现并行处理。你可以把你要并发执行的代码放在一个 block 中，然后把这个 block 加入到一个 queue 当中。

我们在之前讨论过 operation queue，在 GCD 中为我们需要执行的 block 提供了 3 种队列：

- Main: 这个队列顺序执行我们的 block，并保证这些 block 都在主线程中执行。
- Concurrent: 这个队列会遵循 FIFO（first-in-first-out）的原则来执行其中的 block，自动为你管理线程。
- Serial: 这个类型的队列每次执行一个 block，也遵循 FIFO 的规则。

如果想要获得一个 concurrent 队列，我们使用 dispatch_get_global_queue()方法，这个方法是这样声明的：

```
dispatch queue t dispatch get global queue(long priority, unsigned long
flags);
```

第一个参数是这个队列的优先级，第二个参数是为以后做准备的，第一个参数你可以设为 0 来获得一个默认优先级的队列，设为 2 得到一个高优先级的队列，设为-2 获得一个低优先级的队列。系统在执行的时候，会先把高优先级的队列执行完以后再执行低优先级的队列。

为了获得一个 main 队列，我们使用方法 dispatch_get_main_queue()。你也可以创建一个队列，dispatch_queue_create()，原型如下：

```
dispatch queue t dispatch queue create( const char *label
dispatch_queue_attr_t attr);
```

使用完了以后记得使用 dispatch_release()释放。

如果想在后台完成一些任务，就把指令包裹在一个 block 中，然后把 block 加入到指定的队列中，我们使用方法：

```
dispatch async(dispatch get global queue(0, 0),
^{ // perform long running task in background});
```

dispatch_async 方法接受两个参数，第一个是我们要请求加入的队列，第二个就是我们要加入的 block。读者要注意的是，回到主线程也是 dispatch_async 方法，只是指定主队列而已。

我们现在用一个简单的例子，把我们所讲到的 GCD 的知识串连起来，这个例子很简单，我们在一个 TextField 中输入一个数值，模拟我们需要执行的指令的个数，然后单击 Go 按钮，在下面的 Label 中就会逐条显示进行到哪一条指令了，同时在把执行的过程在控制台（console）下进行输出。执行结果如图 21-5 所示。

我们创建一个 Single View Application，将项目名称命名为 GCD，然后在类声明 ViewController.h 中加入如下代码：

```
@property (weak) IBOutlet UITextField* numOfInstructions;
@property (weak) IBOutlet UILabel* currentCount;
-(IBAction)Go;
```

其中第一个 numOfInstructions 是一个 UITextField，用于输入我们要执行的指令的个数，第二个 currentCount 是一个 UILabel，用于显示我们现在所执行的指令的计数。-（IBAction）Go 是我们按钮的响应函数。我们在 ViewController_iPhone.xib 中布局相应的控件，如图 12-4 所示。注意的是这里的 TextField 我们需要输入数字，所以我们可以在 attribute inspector 中将 keyboard 的类型指定为 Number Pad，然后把按钮上的文字设置为 Go，label 上的文字设置为"instruction：0"作为初始的字符，为了更形象我们在 currentCount label 前面加上一个文字为"now we are processing"的静态 label。在布局完毕以后，连接相关的输出口，并指定 Go 按钮的响应方法为 Go。如图 12-5 所示。

图 12-4　模拟指令执行　　　　图 12-5　编辑 nib 文件

在这里，我还想介绍另外一个小技巧。在 app 执行的过程中，如果我们单击 TextField，会从下面弹出一个 keyboard，输入完了个数以后，我们想单击背景让这个 keyboard 消失，这个操作不是程序默认的，需要我们手动实现，其实实现的过程很简单，UIView 本身是无法对你单击背景做出反应的，所以 Identity Inspector 再把它的 customer class 改成 UIControl。在 ViewController.m 中加入方法 backgroundClick 作为单击背景的响应方法：

```
-(IBAction)backgroundClick{
    [numOfInstructions resignFirstResponder];
}
```

最后在 connection inspector 中把这个方法和 Touch Down 事件联系起来。

回到 ViewController.m，我们来实行按钮响应方法 Go，按照原来的基本思路，我们会写出如下的代码：

```
Go{
    NSInteger count = [numOfInstructions.text intValue];
    for (int i = 1 ; i <= count; i++) {
        NSLog(@"current count: %d",i);
        currentCount.text = [NSString stringWithFormat:@"instruction %d",i];
    }
}
```

现在我们执行这个程序，我们在 numOfInstruction 中把值设大一点，例如在执行 10000 这段代码的时候，我们会发现，Go 按钮在被单击了以后，会长时间处于高亮的状态，同时 currentCount label

的字符也不会变化，直到整个程序结束以后，label 才会显示出最后一条指令 "instruction：10000"。这明显不是我们想要的结果。这是因为在执行按钮响应方法的过程中，所有的控件都不能得到刷新，为了能够让控件能够及时更新，我们需要把这段代码转到后台去执行。

根据我们之前所学到的知识，我们先利用 dispatch_get_global_queue()方法得到一个 concurrent 队列，然后把这段代码包裹到 block 中，接着利用 dispatch_async 方法把这个 block 加到之前的 concurrent 队列中，代码如下：

```
-(IBAction)Go{
    dispatch_async(dispatch_get_global_queue(0, 0), ^{
        NSInteger count = [numOfInstructions.text intValue];
        for (int i = 1 ; i <= count; i++) {
            NSLog(@"current count: %d",i);
            currentCount.text = [NSString stringWithFormat:@"instruction
%d",i];
        }
    });
}
```

再次执行程序，我们发现控件还是得不到刷新，为什么呢？因为 UI 的更新是在主线程中，在后台是无法更新，所以我们在 block 中把更新 UI 的代码加入到 main 线程中就可以了。最终代码如下：

```
-(IBAction)Go{
    dispatch_async(dispatch_get_global_queue(0, 0), ^{
        NSInteger count = [numOfInstructions.text intValue];
        for (int i = 1 ; i <= count; i++) {
            NSLog(@"current count: %d",i);
            dispatch_async(dispatch_get_main_queue(), ^{
              currentCount.text = [NSString stringWithFormat:@"instruction
%d",i];
            });
        }
    });
}
```

再次运行程序，就可以得到我们要想的结果了。

12.2　网络编程

一个最为简单的 HTTP 请求是通过 NSURLConnection 发送的。给你 NSURLConnection 发送一个 NSURLRequest（描述我们要请求的内容）和一个 delegate。下面我们就可以等着我们请求的数据传输过来了。这些网络的工作都是异步完成的，NSURLConnection 在后台完成所有的工作。当请求完成（或发生错误时），它就会给我们的代理类发送代理消息，然后代理类做出相应响应。

我们从网络上获得的数据是 NSData 类型。这些数据是一块一块传过来的，所以我们一般要定义一个 NSMutableData 类型的变量来一块一块地接纳这些数据，直到数据全部传输过来，或者是网络发生了异常而传输停止。这些工作都是在代理方法中完成的：

- connection:didReceiveResponse: 当我们请求的数据所在的服务器有响应的时候，就会接到这个消息，发送回来的响应是 NSURLResponse 类型，我们可以从中得知我们请求数据的大小和 MIME TYPE。在此之后，数据应该会发送过来了。
- connection: didReceiveData: 数据传输过来，存放到 NSMutableData 中（一个一个附加的方式）。
- connection: didFinishLoading: 数据传输结束，我们的 NSMutableData 对象应该包含了所有的数据，我们在这里也可以进行一些收尾的工作。
- connection: didFailWithError: 网络出现了一些异常。

下面给出一个下载 JPEG 图像的例子。我们把 NSURLConnection 作为我们自定义类 MyDownloader 中的一个成员变量，并把这个类就可以作为 NSURLConnection 的代理类：

```
- (id) initWithRequest: (NSURLRequest*) req
{
    self = [super init];
    if (self) {
        self->request = [req copy];
        self->connection = [[NSURLConnection alloc]
        initWithRequest:req delegate:self startImmediately:NO];
        self->receivedData = [[NSMutableData alloc] init];
    }
    return self;
}

- (void) connection:(NSURLConnection *)connection
didReceiveResponse:(NSURLResponse *)response {
    [receivedData setLength:0];
}

- (void) connection:(NSURLConnection *)connection didReceiveData:(NSData
*)data {
    [receivedData appendData:data];
}

- (void)connection:(NSURLConnection *)connection didFailWithError:(NSError
*)err {
    [[NSNotificationCenter defaultCenter]
    postNotificationName:@"connectionFinished" object:self
    userInfo:[NSDictionary dictionaryWithObject:err forKey:@"error"]];
}

- (void)connectionDidFinishLoading:(NSURLConnection *)connection {
    [[NSNotificationCenter defaultCenter]
    postNotificationName:@"connectionFinished" object:self];
}
```

在创建 NSURLConnection 的代码中，我加入了一个参数叫做 startImmediately:，并且把它的参数值设置为 NO。这样的话，在下载工作开始之前我们的 myDownloader 这个变量就可以存在了。如果我们想开始下载的工作，我们就设置 myDownloader 的 connection 为 start：

```
[connection start];
```

如果我们有很多个对象要下载的时候，那该怎么办？这个时候我们可以创建一个储存 MyDownloader 对象的数组。为了初始化一个下载，我们创建一个 myDownloader 对象，并注册 "connectionFinished" 类型的通知（使得当我们的 myDownloader 完成它的下载任务的时候会给所在的类一个通知），然后加到数组中，并启动下载：

```
if (!self.connections)
    self.connections = [NSMutableArray array];
NSString* s = @"http://www.someserver.com/somefolder/someimage.jpg";
NSURL* url = [NSURL URLWithString:s];
NSURLRequest* req = [NSURLRequest requestWithURL:url];
MyDownloader* d = [[MyDownloader alloc] initWithRequest:req];
[self.connections addObject:d];
[[NSNotificationCenter defaultCenter] addObserver:self
selector:@selector(finished:) name:@"connectionFinished" object:d];
[d.connection start];
```

当我们在下载的过程中遇到了什么错误或者是我们正常完成了下载的工作，我们都会收到通知。正常情况下，我们会收到我们需要的数据。不管是哪一种情况，我们都会把这个已经结束其工作的 MyDownloader 类从数组中移除。

```
- (void) finished: (NSNotification*) n {
    MyDownloader* d = [n object];
    NSData* data = nil;
    if ([n userInfo]) {
        // ... error of some kind! ...
    } else {
        data = [d receivedData];
        [data retain]; // about to go out of existence otherwise
        // ... and do something with the data right now ...
    }
    [self.connections removeObject:d];
}
```

在实际情况中，你根据需求动态地获得相应的数据。比如：我们有一个 TableView，tableView 的每一个 tableViewCell 中都会有一张图片，每一个 cell 内容由数据模型提供。数据模型是一个字典类型的数组。每一个字典中都包含了一段文字和一个 downloader，这个 downloader 的作用就是下载这个 cell 对应的图片。当我们的 table 向其 datasource 询问数据的时候，对应的 cell 的 downloader 提供需要显示的图片。如果我们的 downloader 已经有这个图片，并存在本地了，那么就直接提供给 table，如果没有存在本地的话，就会从网上下载。

按照这个想法，我们设计一个 MyDownloader 的子类，叫做 MyImageDownloader，在这个类中我们加入一个 image 的成员变量，为我们的 table 提供图片。这个子类的实现方式也十分直观：

```
- (UIImage*) image {
    if (image)
        return image;
    [self.connection start];
    return nil; // or a placeholder
}
- (void)connectionDidFinishLoading:(NSURLConnection *)connection {
```

```
    UIImage* im = [UIImage imageWithData:self->receivedData];
    if (im) {
        self.image = im;
        [[NSNotificationCenter defaultCenter]
        postNotificationName:@"imageDownloaded" object:self];
    }
}
```

Datasource 方法为：

```
- (UITableViewCell *)tableView:(UITableView *)tableView
cellForRowAtIndexPath:(NSIndexPath *)indexPath {
    static NSString *CellIdentifier = @"Cell";
    UITableViewCell *cell =
[tableView dequeueReusableCellWithIdentifier:CellIdentifier];
    if (cell == nil) {
        cell = [[UITableViewCell alloc]
initWithStyle:UITableViewCellStyleDefault
        reuseIdentifier:CellIdentifier];
    }
    NSDictionary* d = [self.model objectAtIndex: indexPath.row];
    cell.textLabel.text = [d objectForKey:@"text"];
    MyImageDownloader* imd = [d objectForKey:@"pic"];
    cell.imageView.image = imd.image;
    return cell;
}
```

data source 注册了@"imageDownloaded"通知。当通知发出后，重新装载表单元数据。

```
- (void) imageDownloaded: (NSNotification*) n {
    MyImageDownloader* d = [n object];
    NSUInteger row = [self.model indexOfObjectPassingTest:
    ^BOOL(id obj, NSUInteger idx, BOOL *stop) {
        return ([(NSDictionary*)obj objectForKey:@"pic"] == d);
    }];
    if (row == NSNotFound)
        return; // shouldn't happen
    NSIndexPath* ip = [NSIndexPath indexPathForRow:row inSection:0];
    NSArray* ips = [self.tableView indexPathsForVisibleRows];
    if ([ips indexOfObject:ip] != NSNotFound) {
        [self.tableView reloadRowsAtIndexPaths:[NSArray arrayWithObject: ip]
        withRowAnimation:UITableViewRowAnimationFade];
    }
}
```

一旦 NSURLConnection 下载失败，那么这个 NSURLConnection 就不能再工作了，在这种情况下，我们可以在其失败的时候，初始化另一 NSURLConnection，再重新传递给这个实例变量。

```
- (void)connection:(NSURLConnection *)connection didFailWithError:(NSError
*)err {
    self.connection = [[[NSURLConnection alloc] initWithRequest:self.request
    delegate:self startImmediately:NO] autorelease];
}
```

有时我们设置一个定时器，如果图片下载失败，那么过一段时间，比如说 30 秒，就再次尝试下载。

12.3 网络编程之同步、异步、请求队列

1. 同步

同步意味着线程阻塞，在主线程中使用此方法会不响应任何用户事件。所以，在应用程序设计时，大多被用在专门的子线程增加用户体验，或用异步请求代替。

```
- (IBAction)grabURL:(id)sender
{
    NSURL *url = [NSURL URLWithString:@"http://allseeing-i.com"];
    ASIHTTPRequest *request = [ASIHTTPRequest requestWithURL:url];
    [request startSynchronous];
    NSError *error = [request error];
    if (!error) {
        NSString *response = [request responseString];
    }
}
```

使用 requestWithURL 快捷方法获取 ASIHTTPRequest 的一个实例 startSynchronous 方法启动同步访问。由于是同步请求，没有基于事件的回调方法，所以从 request 的 error 属性获取错误信息 responseString，为请求的返回 NSString 信息。

注意：在这里我发现 NsUrlRequset 和 connect 系统 Api 就可以配合做到效果。也不需要到移植开源代码。

2. 异步

异步请求的好处是不阻塞当前线程，但相对于同步请求略为复杂，至少要添加两个回调方法来获取异步事件

```
- (IBAction)grabURLInBackground:(id)sender
{
    NSURL *url = [NSURL URLWithString:@"http://allseeing-i.com"];
    ASIHTTPRequest *request = [ASIHTTPRequest requestWithURL:url];
    [request setDelegate:self];
    [request startAsynchronous];
}

- (void)requestFinished:(ASIHTTPRequest *)request
{
    // Use when fetching text data
    NSString *responseString = [request responseString];

    // Use when fetching binary data
    NSData *responseData = [request responseData];
}

- (void)requestFailed:(ASIHTTPRequest *)request
```

```
{
    NSError *error = [request error];
}
```

与上面不同的地方是指定了一个 "delegate"，并用 startAsynchronous 来启动网络请求。在这里实现了两个 delegate 的方法，当数据请求成功时会调用 requestFinished，请求失败时（如网络问题或服务器内部错误）会调用 requestFailed。

异步请求一般来说更常用一些，而且里面封装都挺不错的，至少比 symbian 等平台方便的多，而且还可以修改源代码。多数这个跟队列混合封装来达到图片和异步下载包的目的（已实现）。

3. 请求队列

请求队列提供了一个对异步请求更加精准丰富的控制。比如：可以设置在队列中同步请求的连接数。往队列里添加的请求实例数大于 maxConcurrentOperationCount 时，请求实例将被置为等待，直到前面至少有一个请求完成并出列才被放到队列里执行。这也适用于当我们有多个请求需求按顺序执行的时候(可能是业务上的需要，也可能是软件上的调优)，仅仅需要把 maxConcurrentOperationCount 设为 "1"。

```
- (IBAction)grabURLInTheBackground:(id)sender
{
    if (![self queue]) {
        [self setQueue:[[[NSOperationQueue alloc] init] autorelease]];
    }

    NSURL *url = [NSURL URLWithString:@"http://allseeing-i.com"];
    ASIHTTPRequest *request = [ASIHTTPRequest requestWithURL:url];
    [request setDelegate:self];
    [request setDidFinishSelector:@selector(requestDone:)];
    [request setDidFailSelector:@selector(requestWentWrong:)];
    [[self queue] addOperation:request]; //queue is an NSOperationQueue
}

- (void)requestDone:(ASIHTTPRequest *)request
{
    NSString *response = [request responseString];
}

- (void)requestWentWrong:(ASIHTTPRequest *)request
{
    NSError *error = [request error];
}
```

创建 NSOperationQueue，这个 Cocoa 架构的执行任务(NSOperation)的任务队列。我们通过 ASIHTTPRequest.h 的源码可以看到，此类本身就是一个 NSOperation 的子类。也就是说它可以直接被放到 "任务队列" 中并被执行。

12.4 网络编程基本步骤

网络编程基本步骤包括确认网络环境和使用 NSConnection 下载数据。

12.4.1　确认网络环境

1. 添加源文件和 framework

开发 Web 等网络应用程序的时候，需要确认网络环境，连接情况等信息。如果没有处理它们，是不会通过 Apple 的审查的。

Apple 的例程 Reachability 中介绍了取得/检测网络状态的方法。要在应用程序程序中使用 Reachability，首先要完成如下两步工作：

- 添加源文件：在你的程序中使用 Reachability 只须将该例程中的 Reachability.h 和 Reachability.m 复制到你的工程中。
- 添加 framework：将 SystemConfiguration.framework 添加进工程。

2. 网络状态

Reachability.h 文件中定义了三种网络状态：无连接、使用 3G/GPRS 网络和使用 WiFi 网络。代码如下所示：

```
typedef enum {
    NotReachable = 0,           //无连接
    ReachableViaWiFi,           //使用 3G/GPRS 网络
    ReachableViaWWAN            //使用 WiFi 网络
} NetworkStatus;
```

因此，可以这样检查网络状态：

```
Reachability *r = [Reachability reachabilityWithHostName:@"www.apple.com"];
switch ([r currentReachabilityStatus]) {
    case NotReachable:
        // 没有网络连接
        break;
    case ReachableViaWWAN:
        // 使用 3G 网络
        break;
    case ReachableViaWiFi:
        // 使用 WiFi 网络
        break;
}
```

3. 检查当前网络环境

程序启动时，如果想检测可用的网络环境，可以像这样：

```
    // 是否 wifi
    + (BOOL) IsEnableWIFI {
        return ([[Reachability reachabilityForLocalWiFi]
currentReachabilityStatus] != NotReachable);
    }
    // 是否 3G
    + (BOOL) IsEnable3G {
        return ([[Reachability reachabilityForInternetConnection]
currentReachabilityStatus] != NotReachable);
    }
```

例子代码如下：

```
- (void)viewWillAppear:(BOOL)animated {
    if (([[Reachability
reachabilityForInternetConnection].currentReachabilityStatus == NotReachable)
&& ([Reachability reachabilityForLocalWiFi].currentReachabilityStatus ==
NotReachable))
    {
        self.navigationItem.hidesBackButton = YES;
        [self.navigationItem setLeftBarButtonItem:nil animated:NO];
    }
}
```

4. 链接状态的实时通知

网络连接状态的实时检查，通知在网络应用中也是十分必要的。接续状态发生变化时，需要及时地通知用户。

Reachability 1.5 版本的代码如下：

```
// My.AppDelegate.h
#import "Reachability.h"
@interface MyAppDelegate : NSObject <UIApplicationDelegate> {
    NetworkStatus remoteHostStatus;
}

@property NetworkStatus remoteHostStatus;
@end

// My.AppDelegate.m
#import "MyAppDelegate.h

@implementation MyAppDelegate
@synthesize remoteHostStatus;

// 更新网络状态
- (void)updateStatus {
    self.remoteHostStatus = [[Reachability sharedReachability]
remoteHostStatus];
}

// 通知网络状态
- (void)reachabilityChanged:(NSNotification *)note {
    [self updateStatus];
    if (self.remoteHostStatus == NotReachable) {
        UIAlertView *alert = [[UIAlertView alloc]
initWithTitle:NSLocalizedString(@"AppName", nil)
                            message:NSLocalizedString (@"NotReachable", nil)
                            delegate:nil cancelButtonTitle:@"OK"
otherButtonTitles: nil];
        [alert show];
        [alert release];
    }
}

// 程序启动器，启动网络监视
- (void)applicationDidFinishLaunching:(UIApplication *)application {

    // 设置网络检测的站点
    [[Reachability sharedReachability] setHostName:@"www.apple.com"];
    [[Reachability sharedReachability]
setNetworkStatusNotificationsEnabled:YES];
```

```
       // 设置网络状态变化时的通知函数
       [[NSNotificationCenter defaultCenter] addObserver:self
selector:@selector(reachabilityChanged:)
                                           name:@"kNetworkReachabili
tyChangedNotification" object:nil];
       [self updateStatus];
   }

- (void)dealloc {
       // 删除通知对象
       [[NSNotificationCenter defaultCenter] removeObserver:self];
       [window release];
       [super dealloc];
   }
```

Reachability 2.0 版本 的代码如下：

```
   // MyAppDelegate.
   @class Reachability;
   @interface MyAppDelegate : NSObject <UIApplicationDelegate> {
       Reachability  *hostReach;
   }
   @end

   // MyAppDelegate.m
- (void)reachabilityChanged:(NSNotification *)note {
       Reachability* curReach = [note object];
       NSParameterAssert([curReach isKindOfClass: [Reachability class]]);
       NetworkStatus status = [curReach currentReachabilityStatus];

       if (status == NotReachable) {
           UIAlertView *alert = [[UIAlertView alloc] initWithTitle:@"AppName""
                                  message:@"NotReachable"
                                  delegate:nil
                                  cancelButtonTitle:@"YES"
otherButtonTitles:nil];
           [alert show];
           [alert release];
       }
   }
- (void)applicationDidFinishLaunching:(UIApplication *)application {

       // 监测网络情况
       [[NSNotificationCenter defaultCenter] addObserver:self
                                  selector:@selector(reachabilityChanged:)
                                  name: kReachabilityChangedNotification
                                  object: nil];
       hostReach = [[Reachability reachabilityWithHostName:@"www.google.com"]
retain];
       hostReach startNotifer];
   }
```

12.4.2　使用 NSConnection 下载数据

1. 创建 NSConnection 对象，设置委托对象

```
   NSMutableURLRequest *request = [NSMutableURLRequest requestWithURL:[NSURL
URLWithString:[self urlString]]];
   [NSURLConnection connectionWithRequest:request delegate:self];
```

2. NSURLConnection delegate 委托方法

```
    - (void)connection:(NSURLConnection *)connection didReceiveResponse:(NSURL
Response *)response;
    - (void)connection:(NSURLConnection *)connection didFailWithError:(NSError
 *)error;
    - (void)connection:(NSURLConnection *)connection didReceiveData:(NSData *)
data;
    - (void)connectionDidFinishLoading:(NSURLConnection *)connection;
```

3. 实现委托方法

```
    - (void)connection:(NSURLConnection *)connection
didReceiveResponse:(NSURLResponse *)response {
        // store data
        [self.receivedData setLength:0];                    //通常在这里先清空接受数据的缓存
    }

    - (void)connection:(NSURLConnection *)connection
     didReceiveData:(NSData *)data {
        /* appends the new data to the received data */
        //可能多次收到数据，把新的数据添加在现有数据最后
        [self.receivedData appendData:data];
    }

    - (void)connection:(NSURLConnection *)connection didFailWithError:(NSError
*)error {
        //  错误处理
    }

    - (void)connectionDidFinishLoading:(NSURLConnection *)connection {
        // disconnect
        [UIApplication sharedApplication].networkActivityIndicatorVisible = NO;
        NSString *returnString = [[NSString alloc] initWithData:self.receivedData
encoding:NSUTF8StringEncoding];
        NSLog(returnString);
        [self urlLoaded:[self urlString] data:self.receivedData];
        firstTimeDownloaded = YES;
    }
```

12.4.3   使用 NSXMLParser 解析 xml 文件

本小节讲解了使用 NSXMLParser 解析 xml 文件的方法。

1. 设置委托对象，开始解析

```
NSXMLParser *parser = [[NSXMLParser alloc] initWithData:data];
```

或者也可以使用 initWithContentsOfURL 直接下载文件，但是有一个原因不这么做：

```
    // It's also possible to have NSXMLParser download the data, by passing it a
URL, but this is not desirable
    // because it gives less control over the network, particularly in responding
to connection errors.
    [parser setDelegate:self];
    [parser parse];
```

2. 常用的委托方法

```
    - (void)parser:(NSXMLParser *)parser didStartElement:(NSString *)elementName
                        namespaceURI:(NSString *)namespaceURI
```

```
                                    qualifiedName:(NSString *)qName
                                    attributes:(NSDictionary *)attributeDict;
    - (void)parser:(NSXMLParser *)parser didEndElement:(NSString *)elementName
                                    namespaceURI:(NSString *)namespaceURI
                                    qualifiedName:(NSString *)qName;
    - (void)parser:(NSXMLParser *)parser foundCharacters:(NSString *)string;
    - (void)parser:(NSXMLParser *)parser parseErrorOccurred:(NSError
*)parseError;
    static NSString *feedURLString = @"http://www.yifeiyang.net/test/test.xml";
```

3. 应用举例

```
    - (void)parseXMLFileAtURL:(NSURL *)URL parseError:(NSError **)error
    {
        NSXMLParser *parser = [[NSXMLParser alloc] initWithContentsOfURL:URL];
        [parser setShouldProcessNamespaces:NO];
        [parser setShouldReportNamespacePrefixes:NO];
        [parser setShouldResolveExternalEntities:NO];
        [parser parse];
        NSError *parseError = [parser parserError];
        if (parseError && error) {
            *error = parseError;
        }
        [parser release];
    }
    - (void)parser:(NSXMLParser *)parser didStartElement:(NSString *)elementName
namespaceURI:(NSString *)namespaceURI
                                    qualifiedName:(NSString*)qName
attributes:(NSDictionary *)attributeDict{
        // 元素开始句柄
        if (qName) {
            elementName = qName;
        }
        if ([elementName isEqualToString:@"user"]) {
            // 输出属性值
            NSLog(@"Name is %@ , Age is %@", [attributeDict objectForKey:@"name"],
[attributeDict objectForKey:@"age"]);
        }
    }
    - (void)parser:(NSXMLParser *)parser didEndElement:(NSString *)elementName
namespaceURI:(NSString *)namespaceURI qualifiedName:(NSString *)qName
    {
        // 元素终了句柄
        if (qName) {
            elementName = qName;
        }
    }
    - (void)parser:(NSXMLParser *)parser foundCharacters:(NSString *)string
    {
        // 取得元素的 text
    }
    NSError *parseError = nil;
    [self parseXMLFileAtURL:[NSURL URLWithString:feedURLString]
parseError:&parseError];
```

第13章 音频和视频编程

iPhone/iPad 可以与电脑上的 iTunes 同步，从而获得在 iTunes 资料库（如图 13-1 所示）中收集的歌曲、视频和其他内容。只有以 iPhone/iPad 支持的编码格式制作的歌曲和视频才会被传输至 iPhone。另外，在 iPhone/iPad 文件系统上，你也可以自己存放音频和视频文件。在本章，我们讲解如何处理音频和视频。

图 13-1　iTunes 的资料库

13.1 音频 API

iPhone SDK 的 CoreAudio 提供了不同类型的 API 来处理音频。

13.1.1 系统声音 API

系统声音 API 适用于长度较短的音频（少于 5 秒），这个 API 不提供回放功能，也不提供音量控制等功能。一旦调用，就直接播放声音（当中不能暂停）。另外，这类 API 也只限制于 PCM、IMA4、.caf、.aif、.wav 等格式的声音文件。调用代码比较简单，比如：

```
NSURL *fileURL = ... // 声音文件的 URL
SystemSoundID myID;
```

```
// 注册声音来获取声音 ID
AudioServicesCreateSystemSoundID ((CFURLRef)fileURL, &myID);
// 播放声音
AudioServicesPlaySystemSound (myID);
//从系统上去掉声音
AudioServicesDisposeSystemSoundID (myID);
//播放系统声音，比如震动（一种系统声音）
AudioServicesPlaySystemSound (kSystemSoundID_Vibrate);
```

系统声音 API 支持的文件格式有限，但是它提供了一个转化工具。从而，你可以使用这个转化工具来转化其他格式的声音到所支持的格式。比如：转化 mp3 为 aif 格式：/usr/bin/afconvert -f aiff -d BEI16 hongloumen.mp3 output.aif。我们将在第 13.2 节使用系统声音 API 来实现播放一个 caf 声音文件的功能。

13.1.2 声音播放器（AVAudioPlayer）

AVAudioPlayer 是 Objective-C API，对音频的长度没有限制，所支持的格式也比系统声音 API 多，并且提供了暂停等功能。比如：

```
AVAudioPlayer *player;
//声音文件
NSString *path = [[NSBundle mainBundle] pathForResource...];
NSURL *url = [NSURL fileURLWithPath:path];
player = [[AVAudioPlayer alloc] initWithContentsOfURL:url];//初始化播放器
……
if (!player.playing) { //如果尚未播放
    [player play];//播放
} else {//否则
    [player pause]; //暂停
}
```

AVAudioPlayer 类本身提供了播放、暂停、快进、后退等方法。另外，它还提供了回调方法（AVAudioPlayerDelegate）。比如，当声音播放完毕后进行其他处理。在第 13.2 节中，我们将使用这个播放器播放一个 MP3 文件。

13.1.3 录音

AVAudioRecorder 提供了录音的功能。所录制的声音可以放在一个文件上。代码比较简单：

```
//存放声音的文件
NSString *path = [[NSBundle mainBundle] pathForResource...];
NSURL *url = [NSURL fileURLWithPath:path];
AVAudioRecorder *recorder;
NSError *error = nil;
//初始化录音器
recorder = [[AVAudioRecorder alloc] initWithURL:url settings:nil
error:&error];
    if (!recorder.recording) {//尚未录音？
        [recorder record];//录音
    } else {
        [recorder pause];//暂停
    }
```

开发人员在自己的类上使用 AVAudioRecorderDelegate，从而实现回调操作，比如：当录音结束后的处理。

13.1.4 访问资料库中的音乐

iPhone/iPad 本身具有 iPod 的功能，能够播放资料库中的音乐。在 iPhone/iPad 应用程序中，MPMediaPickerController 类可以帮助我们选择 iPhone/iPad 上的音乐库中的某一个音乐。在第 10 章，我们讲述了如何从通讯录上选择某个联系人。使用同样的方式（presentModalViewController），你可以使用 MPMediaPickerController 来获取某一个音乐。

MPMediaPickerController 提供了下面的属性和方法：

```
- (id)init;// 初始化
//指定媒体类型，可以是 Music、Podcasts、AudioBooks、Any
- (id)initWithMediaTypes:(MPMediaType)mediaTypes;
@property (BOOL) allowsPickingMultipleItems;// 是否允许选择多个音乐
@property (MPMediaType) mediaTypes;//媒体类型
@property (NSString *)prompt;
```

MPMediaPickerController 的委托（回调）方法有：

```
mediaPicker: didPickMediaItems://当选择一个或多个音乐后调用
mediaPickerDidCancel://当取消选择后调用
```

MPMediaItemCollection 类是一组 MPMediaItem。一个播放列表（ Playlists）、专辑（Albums）等都是 MPMediaItemCollection。它的属性有：

```
@property (NSArray *) items;//包含的音乐（比如：12 个歌曲）
@property (NSUInteger) count;//音乐的个数
@property (MPMediaType) mediaTypes;//媒体类型：音乐、Popcast 等
MPMediaItem 代表了一首歌曲，有很多属性：Title（歌名）、 Artist（表演者）等等。
```

13.1.5 其他 API

iPhone SDK 上还有一些底层的 API 来处理音频，开发人员可以使用这些 API 来进行更细的控制，比如：Audio Toolbox。它提供了声音队列服务（把声音文件放在队列上，然后逐个处理它们）、回放等功能。它还支持流播放。在下一节的实例中会使用 Audio Toolbox 播放网上音频文件。除了 Audio Toolbox，底层的 API 还有 Audio Units（处理音频）和 OpenAL 等。

13.2　音频操作实例

在第 9 章，我们曾经提到，www.langspeech.com 提供中文文字到英文声音的同声翻译。当你输入一段中文文字，该网络能够说出相对应的英文。这个网站提供了 Web 服务，比如文字到声音的转化服务。调用这个网站的 Web 服务的返回数据是一个 XML 内容。这个 XML 内容其实是返回了一个获取声音文件（MP3 格式）的 URL。应用程序可以直接播放这个 URL 所指定的 MP3 文件来

播放文字所对应的声音。我们在本节将完成这个文本到声音的转换工具。以下是开发步骤：

01 创建一个基于视图的项目，并双击 XIB 文件。在界面创建器上，添加一个文本输入框（Text Field），一个名叫"说英语"的按钮，一个工具栏（Toolbar）。在这个工具栏上添加多个按钮（后退、"听听红楼梦"、暂停、前进和"短音测试"），结果如图 13-2 所示。

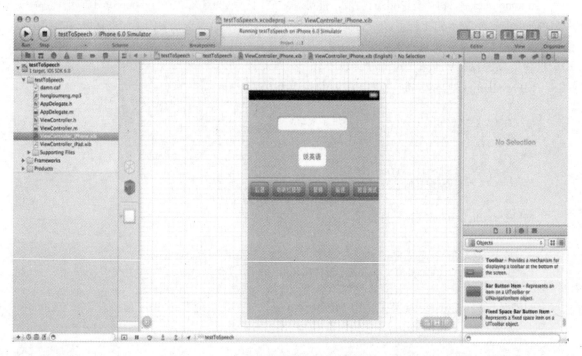

图 13-2　界面

02 回到 Xcode 下面，添加 AudioToolbox 和 AVFoundation framework 到这个项目下。另外，还添加两个声音文件（hongloumeng.mp3 和 damn.caff）到项目下。你要使用 AudioToolbox 来播放音乐。当用户按下"听听红楼梦"按钮就播放 hongloumeng.mp3，当用户按下"短音测试"就播放 damn.caff 文件。

03 如图 13-3 所示，编写 ViewController.h 如下：

```
#import <UIKit/UIKit.h>
#import <AudioToolbox/AudioToolbox.h>
#import <AVFoundation/AVFoundation.h>
@interface tViewController : UIViewController
<NSXMLParserDelegate,AVAudioPlayerDelegate> {
    IBOutlet UITextField *tf;//文本输入框
    SystemSoundID soundID;//系统声音 ID
    AVAudioPlayer *player;//音频播放器
}
@property (retain) UITextField *tf; //文本输入框
@property (nonatomic, retain) AVAudioPlayer *player; //播放器
- (IBAction)playShortSound; //播放红楼梦，是一个长的音频
- (IBAction)playLongSound; //短音播放
- (IBAction) pause; //暂停
- (IBAction)skipForward;//前进
```

```
- (IBAction)skipBack;//后退
-(IBAction)speak;//说英语
//解析 XML 数据
-(void)parser:(NSXMLParser*)parser foundCharacters:(NSString*)string;
@end
```

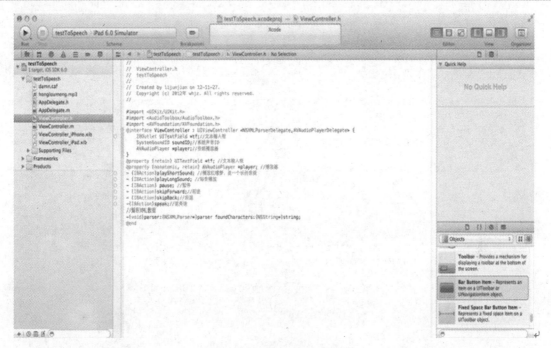

图 13-3　ViewController.h

04 回到界面控制器下，关联 Outlet 变量和控件，关联控件和所调用的方法。结果如图 13-4 所示：界面上的文本输入框和 IBOutlet tf 的连接，连接后退、听听红楼梦、暂停、快进和短音测试按钮到 skipBack、playLongSound、pause、skipForward 和 playShortSound 方法。连接"说英语"按钮到 speak 方法。

图 13-4　连接信息

05 编写 ViewController.m 代码如下（关于 XML 的数据处理，请见第 9 章相关内容）：

```objc
#import "ViewController.h"
#import <AVFoundation/AVFoundation.h>
@implementation ViewController
@synthesize player;
@synthesize tf;

//中文文本到英语的转化，并播放英语 mp3 文件（在网上）
-(IBAction)speak{
    //合成 Web 服务调用的 URL
    NSString *loc=
[@"http://www.langspeech.com/voiceproxy.php?url=tts4all&langvoc=mdfe01rs&text=
" stringByAppendingString:[tf.text
stringByAddingPercentEscapesUsingEncoding:NSASCIIStringEncoding]];
    NSURL *url=[NSURL URLWithString:loc];
    //初始化 NSXMLParser
    NSXMLParser *p = [[NSXMLParser alloc] initWithContentsOfURL:url];
    [p setDelegate:self]; //设置回调
    [p parse]; //解析 XML 数据，并播放 MP3 文件
}

//解析 XML 数据，并播放 MP3 文件
-(void)parser:(NSXMLParser*)parser foundCharacters:(NSString*)string{
    if ([string hasPrefix:@"http"]) { //查找 http 开头的 URL（一个字符串）
        //设置播放器
        AVPlayer *player2 = [[AVPlayer playerWithURL:[NSURL
URLWithString:string]] retain];
        [player2  play];//播放网上的 MP3 文件
    }
}

//播放短音
- (IBAction)playShortSound {
    if (soundID == 0) {
        NSString *path = [[NSBundle mainBundle] pathForResource:@"damn"
ofType:@"caff"];//声音文件
        NSURL *url = [NSURL fileURLWithPath:path];
        AudioServicesCreateSystemSoundID ((CFURLRef)url, &soundID);//声音 ID
    }
    AudioServicesPlaySystemSound(soundID);//播放
}
//暂停
- (void)pause {
    [player pause];
}
//播放
- (void)play {
    [player play];
}
//使用播放器播放声音
- (IBAction)playLongSound {
    if (!player) {
        NSError *error = nil;
        //红楼梦文件
        NSString *path = [[NSBundle mainBundle]
pathForResource:@"hongloumeng" ofType:@"mp3"];
        NSURL *url = [NSURL fileURLWithPath:path];
        //初始化播放器
```

```
            player = [[AVAudioPlayer alloc] initWithContentsOfURL:url
error:&error];
            player.delegate = self;
        }
        if (player.playing) {//正在播放?
            //[self pause];
        } else if (player) {
            [self play];//播放
        }
    }

    //快进 30 秒
    - (IBAction)skipForward {
        player.currentTime = player.currentTime + 30.0;
    }
    //后退 30 秒
    - (IBAction)skipBack {
        player.currentTime = player.currentTime - 30.0;
    }
    //回调方法：在播放被中断之前调用（比如：来一个电话）
    - (void)audioPlayerBeginInterruption:(AVAudioPlayer *)thePlayer{
        if (thePlayer == player) {
            [self pause];//暂停
        }
    }
    //回调方法：在中断的播放继续之前调用（比如：电话结束）
    - (void)audioPlayerEndInterruption:(AVAudioPlayer *)thePlayer{
        if (thePlayer == player) {
            [self play];
        }
    }
    - (void)disposeSound {//从系统上删除声音
        if (soundID) {
            AudioServicesDisposeSystemSoundID(soundID);
            soundID = 0;
        }
        [player release];
        player = nil;
    }
    - (void)didReceiveMemoryWarning {
        [self disposeSound];
        [super didReceiveMemoryWarning];
    }
    //内存释放
    - (void)dealloc {
        [tf release];
        [self disposeSound];
        [super dealloc];
    }
    @end
```

06 执行应用程序。结果如图 13-5 所示。当用户输入一段文字，单击"说英语"按钮，应用程序调用 Web 服务，并播放出来。另外，用户还可以单击"听听红楼梦"来听一段红楼梦，可前进、后退或者暂停。短音测试来播放一个短音。

图 13-5　根据文字说出英语

13.3　视频

iPhone/iPad 应用程序有时需要播放一些视频。这些视频可能来自网上，也可能来自设备上的文件系统。iPhone SDK 提供了 MediaPlayer.framework 来帮助你实现这个功能。目前支持的视频格式为.mov、.mp4、.m4v 和.3gp。在 MediaPlayer 框架下，MPMoviePlayerController 就是用于播放视频的控制器类。它包含的方法有：

```
- (id)initWithContentURL:(NSURL *)url;//初始化播放器，URL 是视频文件的位置
- (void)play;//播放
- (void)stop;//停止
```

它包含的属性有：

- controlStyle: 控制播放的工具条设置，包括 MPMovieControlStyleNone（不显示控制条）、MPMovieControlStyleFullscreen（默认设置，显示整个控制条）等。
- fullscreen: 布尔值，表示播放器是否处于全屏模式。
- scalingMode: 缩放模式。这个设置有点像我们买的 16：9 的电视。当电视不是按照 16：9 播放时，你就选择某一个方式来缩放图像。缩放模式包括：
  - MPMovieScalingModeNone: 不缩放。
  - MPMovieScalingModeAspectFit: 把整个电影放在视图内，如果电影的尺寸太大，缩小一点；如果电影的尺寸小，放大一点。在放大时，到达一边即停止放大。
  - MPMovieScalingModeFill: 缩放直到两边都有图像。

装载电影到系统上可能需要一些时间。在电影结束后，也需要在某个方法中指定后续的动作。另外，当用户改变缩放的模式时，电影播放也需要做相应调整。所有这些都是通过 NSNotificationCenter 完成的。在应用程序中，你注册来获得上述通知（比如：电影结束播放）。当相关事件（比如：电影结束播放）发生时，你的应用程序接收到通知并触发回调方法。

除了播放，SDK 还提供了视频编辑功能，比如：UIVideoEditorController。有兴趣的读者可以参考苹果开发文档。

13.4　视频实例

下面你使用 MPMoviePlayerController 类来播放一个本地电影文件。这个电影文件来自苹果的技术支持网站（http://support.apple.com/kb/HT1425），名称叫 sample_iTunes.mov。文件不大，大概 2.8MB。在下载后，你可以使用 Quicktime 来测试一下，看看能否播放。开发步骤如下：

01 创建一个基于视图的应用项目。添加 MediaPlayer.framework 到项目上。另外，添加 sample_iTunes.mov 电影文件到项目上，结果如图 13-6 所示。

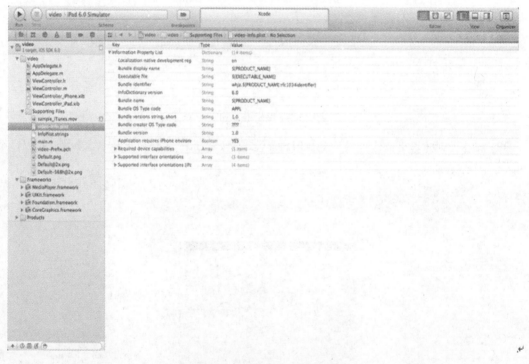

图 13-6　视频实例的程序结构

02 为了让电影全屏显示，你隐藏了状态栏，在 video-Info.plist 上，添加了一行：key 为 "Status bar is initially hidden"，值为 true。另外，为了横向显示，你右击 video-Info.plist 文件，选择 "Open As" 和 "Source Code File"（参见图 13-7 所示）。添加以下键/值：

```
<key>UIInterfaceOrientation</key>
<string>UIInterfaceOrientationLandscapeRight</string>
```

在 Info.plist 上设置 initial interface orientation 为 Landscape(right home button)也应该可以实现相同的功能。

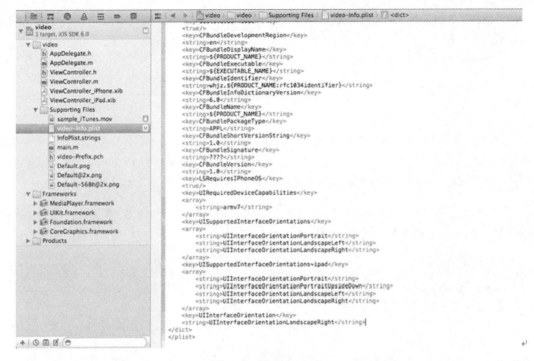

图 13-7　编辑 Info.plist

03 在界面创建器上，你可以设置视图的属性，比如：水平（横向）显示，如图 13-8 所示。

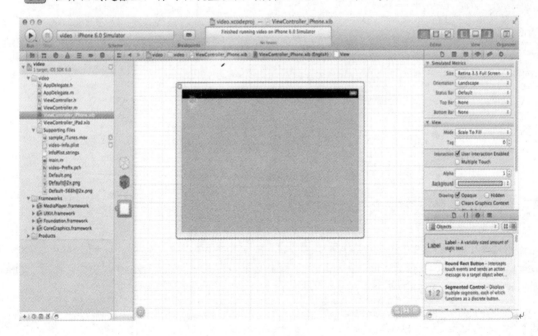

图 13-8　设置视频播放视图的属性

04 在头文件上，导入视频播放器的头文件，并添加播放器控制器属性。结果如下：

```
#import <UIKit/UIKit.h>
#import <MediaPlayer/MediaPlayer.h>
@interface ViewController : UIViewController {
    MPMoviePlayerController *mpcontrol;// 播放器
}
@property (nonatomic, retain) MPMoviePlayerController *mpcontrol;
@end
```

05 编写视频播放程序（见下面代码中的注释）:

```
#import "ViewController.h"
@implementation ViewController
@synthesize mpcontrol;
//在视图装载时，就播放视频
- (void)viewDidLoad {
    NSString *loc = [[NSBundle mainBundle] pathForResource:@"sample iTunes"
    ofType:@"mov"];//电影文件的位置
    NSURL *url=[NSURL fileURLWithPath:loc];
    //初始化播放器
    mpcontrol = [[MPMoviePlayerController alloc] initWithContentURL:url];
    //把播放器的视图添加到当前视图下（作为子视图）
    [self.view addSubview:mpcontrol.view];
    //设置 frame，让它显示在屏幕上，分别是 X，Y，宽度和高度。你可以再调整
    mpcontrol.view.frame = CGRectMake(0, 0, 480, 300);
    //设置电影结束后的回调方法（方法名为 callbackFunction）。注册自己为 observer
    //当 MPMoviePlayerPlaybackDidFinishNotification 事件发生时，就调用指定的方法
    [[NSNotificationCenter defaultCenter] addObserver:self
selector:@selector(callbackFunction:)
name:MPMoviePlayerPlaybackDidFinishNotification object:mpcontrol];
    //设置播放器的一些属性
    mpcontrol.fullscreen = YES;//全屏
    mpcontrol.scalingMode = MPMovieScalingModeFill;
    //mpcontrol.controlStyle = MPMovieControlStyleNone;
    //播放电影
    [mpcontrol play];
    [super viewDidLoad];
}

//电影结束后的回调方法
-(void)callbackFunction:(NSNotification*)notification{
    MPMoviePlayerController* video = [notification object];//也可以直接使用
mpcontrol
    //从通知中心注销自己
    [[NSNotificationCenter defaultCenter] removeObserver:self
    name:MPMoviePlayerPlaybackDidFinishNotification object:video];
    [video release]; //释放播放器
    video = nil;
}

// 设置横向播放
-
(BOOL)shouldAutorotateToInterfaceOrientation:(UIInterfaceOrientation)interface
Orientation {
    return (interfaceOrientation == UIInterfaceOrientationLandscapeRight);
}
//内存释放
- (void)dealloc {
    [[NSNotificationCenter defaultCenter] removeObserver:self];
    [mpcontrol release];
```

```
    [super dealloc];
}
@end
```

06 执行应用程序，结果如图 13-9 所示。

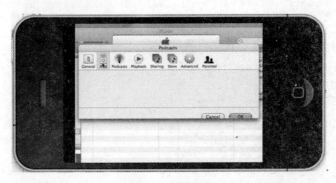

图 13-9　播放视频

第 14 章　图　层

UIView 与图层（CALayer）相关。UIView 实际上不是将其自身绘制到屏幕，而是将自身绘制到图层，然后图层在屏幕上显示。正如前面提到过，系统不会频繁地重画视图，而是将绘图缓存起来了，这个缓存版本的绘图在需要时就被使用。缓存版本的绘图实际上就是图层。理解了图层就能更深入地理解了视图，图层使视图看起来更强大。尤其是：

- 图层有影响绘图效果的属性

  由于图层是视图绘画的接收者和呈现者，你可以通过访问图层属性来修改视图的屏幕显示。换言之，通过访问图层，你可以让视图达到仅仅通过 UIView 方法无法达到的效果。

- 图层可以在一个单独的视图中被组合起来

  视图的图层可以包含其他图层。由于图层是用来绘图的，在屏幕上显示。这使得 UIView 的绘图能够有多个不同板块。通过把一个绘图的组成元素看成对象，这将使绘图更简单。

- 图层是动画的基本部分

  动画给你的界面增添明晰感，着重感，以及简单的酷感。图层被赋有动感（CALayer 里面的 CA 代表 Core Animation）。

例如，在应用程序界面上添加一个指南针。图 14-1 描绘这个指南针的简单版本。利用我们前面绘制的箭头，该箭头在它自己的图层上。指南针上其他部分也分别是图层：圆圈是一个图层，每个基点字母是一个图层。用代码很容易组合绘图，各版块可以重定位以及各自动起来，因此很容易使箭头转动而不移动圆圈。

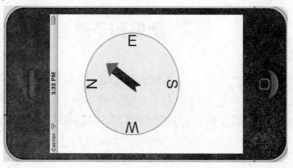

图 14-1　指南针

CALayer 不是 UIKit 的一部分，它是 Quartz Core 框架的一部分，该框架默认情况下不会链接到工程模板。因此，如果要使用 CALayer，我们应该导入<QuartzCore/QuartzCore.h>，并且你必须将 QuartzCore 框架链接到项目中。

14.1　视图和图层

UIView 实例有 CALayer 实例伴随，通过视图的图层（layer）属性即可访问它。图层没有对应的视图属性，但视图是图层的委托。默认情况下，当 UIView 被实例化，它的图层是 CALayer 的一个实例。如果你为 UIView 添加子类并且你想要你的子类的图层是 CALayer 子类的实例，那么，你需要实现 UIView 子类的 layerClass 类方法。

对于上面的指南针例子，我们有一个 UIView 的子类 CompassView 和一个 CALayer 的子类 CompassLayer。CompassView 包含这几行代码：

```
+ (Class) layerClass {
    return [CompassLayer class];
}
```

当 CompassView 被实例化，它的图层就是 CompassLayer 的实例。在 CompassView 中没有任何绘图，它的工作就是在可视界面中放置 CompassLayer 图层（因为没有视图，图层不能显示）。我们也没有直接在 CompassLayer 上绘图，它的工作就是组合其他图层，这些图层组成指南针界面。

由于每个视图有个图层，它们两者紧密联系。图层在屏幕上显示并且描绘所有界面。视图是图层的委托，并且当视图绘图时，它是通过让图层绘图来绘图。视图的属性通常仅仅为了便于访问图层绘图属性。例如，当你设置视图背景色，实际上是在设置图层的背景色，并且如果你直接设置图层背景色，视图的背景色自动匹配。类似地，视图框架实际上就是图层框架，反之亦然。

视图在图层中绘图，并且图层缓存绘图；然后我们可以修改图层来改变视图的外观，无须要求视图重新绘图。这是图形系统高效的一方面。它解释了前面遇到的现象：当视图边界尺寸改变时，图形系统仅仅伸展或重定位保存的图层图像。

14.2　图层和子图层

图层可以有子图层，并且一个图层最多只有一个超图层，形成一个图层树。这与前面提到过的视图树类似。实际上，视图和它的图层关系非常紧密，它们的层次结构几乎是一样的。对于一个视图和它的图层，图层的超图层就是超视图的图层；图层有子图层，即该视图的子视图的图层。确切地说，由于图层完成视图的具体绘图，也可以说视图层次结构实际上就是图层层次结构，如图 14-2 所示。

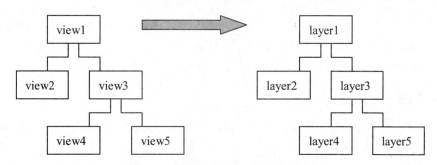

图 14-2　视图继承关系和图层继承关系

　　要提醒读者的是，图层层次结构可以超出视图层次结构。一个视图只有一个图层，但一个图层可以拥有不属于任何视图的子图层。在前面的章节中，我们通过视图层次结构画了 3 个重叠的矩形，如图 14-3 所示。下面的代码是使用图层实现同样的显示：

```
CALayer* lay1 = [[CALayer alloc] init];
lay1.frame = CGRectMake(113, 111, 132, 194);
lay1.backgroundColor = [[UIColor colorWithRed:1 green:.4 blue:1 alpha:1]
CGColor];
[self.window.layer addSublayer:lay1];
CALayer* lay2 = [[CALayer alloc] init];
lay2.backgroundColor = [[UIColor colorWithRed:.5 green:1 blue:0 alpha:1]
CGColor];
lay2.frame = CGRectMake(41, 56, 132, 194);
[lay1 addSublayer:lay2];
CALayer* lay3 = [[CALayer alloc] init];
lay3.backgroundColor = [[UIColor colorWithRed:1 green:0 blue:0 alpha:1]
CGColor];
lay3.frame = CGRectMake(43, 197, 160, 230);
[self.window.layer addSublayer:lay3];
[self.window makeKeyAndVisible];
```

运行程序，结果如图 14-3 所示。

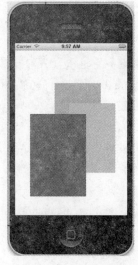

图 14-3　图层实现 3 个重叠的矩形

在现实编程中，一个界面既可以由视图层次结构组成，也可以由图层层次结构组成。从性能上而言，图层本身比视图的开销小，但视图是一个 UIResponder，因此可以对触摸操作做出反应，而且图层不会自动布局。

14.2.1　操纵图层层次结构

图层类提供了一整套读取和操纵图层层次结构的方法，与视图层次结构的读取和操作方法一样。图层有一个 superlayer（超图层）属性和一个 sublayer（子图层）属性，方法有 addSublayer:、insertSublayer:atIndex:、insertSublayer:below:、insertSublayer:above:、replaceSublayer:with: 及 removeFromSuperlayer。和视图的 subviews（子视图）属性不同的是，图层的 sublayers（子图层）属性是可改写的。因此，可以一次给一个图层添加多个子图层（给 sublayers 属性赋值）。为了删除图层的所有子图层，只需要设置 sublayers（子图层）属性值为 nil。

图层的多个子图层是有先后顺序的，这个顺序未必要和绘图前后顺序一致（默认情况下，是一致的）。图层有一个 zPosition 属性，是一个 CGFloat 结构，这同样决定绘图顺序。所有具有相同的 zPosition 属性值的子图层按它们插入到 sublayers 的先后顺序排序，但是较低 zPosition 值的图层在较高 zPosition 值的图层之前绘制（zPosition 的默认值为 0）。

有时，用 zPosition 属性指定绘图次序比较方便。例如，如果在一个纸牌游戏中，不同图层表示各张纸牌，通过设置它们的 zPosition 来实现排序。

14.2.2　定位子图层

图层坐标系统和定位类似视图中的这些操作。图层自己的内部坐标系由边界表示（这同视图一样）。它的尺寸就是边界的尺寸，它的边界原点是内部坐标的左上角。超图层中的子图层位置不是用中心位置来描述（同视图一样），图层没有中心。超图层中的子图层位置是通过两个属性的结合来定义的：position（位置）和 anchorPoint（锚点）。把子图层想象为用别针在它的超图层上标志出来，那么，你必须同时说明针在子图层的点和超图层上的点。position（位置）是使用超图层坐标系描述的点。anchorPoint（锚点）是在图层自己的边界内的位置点。它是一对浮点数（一个 CGPoint 结构类型数据），用来描述图层自己边界的宽和高。例如：(0,0)是图层的左上角，而(1,1)是图层的右下角。

如果锚点是(0.5,0.5)（默认值），那么，position（位置）属性就像视图的 center（中心）属性一样。因此，视图的 center 是图层 position 的一个特例。这是视图属性和图层属性之间非常典型的关系，视图属性通常是一个简单版本的图层属性。

图层的 position 和 anchorPoint 是互相独立的；改变一个而不会改变另一个。如图 14-1 所示，圆的最关键点是它的中心位置，所有其他对象需要参照该点放置。因此它们拥有相同的 position 属性：圆圈的中心，但是它们不同的是它们的锚点。例如：箭头的锚点是(0.5,0.8)，字母的锚点大约是(0.5,3.8)。

图层的 frame 属性是根据边界大小、position 和 anchorPoint 计算出来的。当设置 frame 时，设置了边界大小和 position。例如，为了把一个子图层正好放置在它的超图层之上，你可以把子图层 frame 设为超图层的边界。

14.2.3　CAScrollLayer

如果你要移动图层边界原点，从而重定位它的所有子图层，那么，你可以设置图层为一个
CAScrollLayer，它是 CALayer 的子类，该子类提供了一些方法来完成上述功能。虽然它的名字带
有 scroll，但是，CAScrollLayer 并不提供一个滚动的界面。所以用户不能通过拖动来滚动界面。在
默认情况下，CAScrollLayer 的 masksToBounds 属性为 YES。因此，CAScrollLayer 就像窗口一样，
只能看到边界内的东西。为了移动 CAScrollLayer 的边界，可以操作图层或者子图层：

● 操作 CAScrollLayer
　　scrollToPoint: 将 CAScrollLayer 的边界原点设置为该点。
　　scrollToRect: 最低限度地改变边界原点以致所给边界矩形部分可以被看见。
● 操作子图层
　　scrollPoint: 改变 CAScrollLayer 的边界原点，让所给子图层的点在 CAScrollLayer 的左上角。
　　scrollRectToVisible: 改变 CAScrollLayer 的边界原点，让子图层边界矩形在 CAScrollLayer
　　边界区域内。也可以调用 visibleRect 方法来获得子图层的可见区域（即在 CAScrollLayer
　　边界内的子图层部分）。

14.2.4　子图层的布局

当一个图层需要布局（Layout）时（要么是因为它的边界改变了，要么因为调用了
setNeedsLayout 方法），layoutSublayers（布局子图层）方法就被调用。iOS 上只能手动布局子
图层，所以在 CALayer 子类中重载上述方法。也可以实现图层委托的 layoutSublayersOfLayer:
方法来完成相同功能。通常情况下，图层是一个视图的底层，你在 UIView 的子类的
layoutSublayersOfLayer: 方法上实现。

有时需要标识子图层。可以设置实体变量来达到这个目的，也可以使用键-值的方法。对于熟
悉 Mac 编程的读者来说，在 Mac OS X 上，图层有"springs and struts"约束和可定制的布局手段。
但这些 iOS 都没有。

14.3　在一个图层中绘制

我们有各种方法让图层展现内容。图层有 contents（内容）属性，这与 UIImageView 的 image
类似。这是一个 CGImageRef 类型（或者为 nil，表示没有任何内容）。CGImageRef 不是一个对象
类型，但 contents 属性是 id 类型。为了使编译器顺利编译，必须强制将 CGImageRef 类型转换为 id
或 void*类型，比如"arrow.contents = (id)[im CGImage];"。

要注意的是，不能设置图层 contents 为 UIImage。否则，内容不会出现，但也不会报错。

类似 UIView 的 drawRect:方法，系统有 4 种方法来实现图层内容的按需绘制。不能直接调用它
们。如果图层的 needsDisplayOnBoundsChange 的属性值是 NO（默认值），只有调用 setNeedsDisplay
或者 setNeedsDisplayInRect:才会调用上述方法。有时还需要调用 displayIfNeeded，后一个方法确
保系统立即调用系统的 4 个方法。如果图层的 needsDisplayOnBoundsChange 属性是 YES，那么，

当图层边界改变时，上述 4 个方法同样被调用（很像 UIView 的 UIViewContentModeRedraw）。下面是 4 个方法的介绍：

- 子类的 display
  你的 CALayer 子类可以重载 display。在这里没有图形上下文，display 被限定为设置内容。
- 子类的 drawInContext:
  你的 CALayer 子类可以重载 drawInContext:。该参数是你可以直接绘图的图形上下文。
- 在委托中的 displayLayer: 或 drawLayer:inContext:
  可以设置 CALayer 的 delegate 属性，并且实现 displayLayer: 或者 drawLayer:inContext:。与 display 和 drawInContext:方法类似。前者不提供图形上下文，所以用来设置内容；而后者提供图形上下文，可以直接绘图。

不能设置一个视图的图层的委托属性。例如，我的应用程序中有个覆盖（overlay）视图，该视图是透明的，通常没有绘画，并且该视图不响应触屏事件。总之，这个视图就好像不存在似的。但是有时我想要在覆盖视图上显示一些内容。我的应用程序有一个主控制器，知道要画什么内容。因此我想要用这个控制器作为图层的委托 delegate 来绘图。但是，它不能作为覆盖视图的图层的委托，因此我要给该图层添加一个子图层，并且将控制器作为子图层的委托 delegate。因此我们有一个视图并且它的图层不做任何事情，只是作为子图层的宿主，如图 14-4 所示。

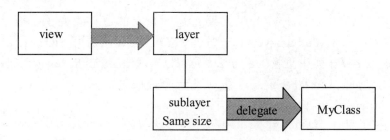

图 14-4　视图和视图中图层的委托

当调用 setNeedsDisplay，或者当 needsDisplayOnBoundsChange 为 YES 时边界大小改变了，图层就需要重新显示。如果 display 方法没有提供内容（也许没有重载它们），那么，图层的内容将为空。所以，除非你需要，否则不要重新显示图层。还有，如果它的 opaque（不透明）属性为 YES，那么它将用黑色背景绘制；如果图层的 opacity 值为 1，图层的背景色将被忽略。这些功能是为了帮助你提高绘图效率。

设置视图 backgroundColor（背景色）为不透明（alpha 为 1）也是设置了图层的 opaque（不透明）属性为 YES，这就是 CGContextClearRect 所完成的功能。

14.3.1　内容的重设大小和重定位

不管图层内容是来自一幅图片（设置 contents 属性），或者直接来自绘图（drawInContext:或者 drawLayer:inContext:），图层的多个属性规定了如何在图层边界内绘制这些内容。把这些缓存的内容看做一个图片，它们可以被放大缩小、重定位等。这些属性是：

- contentsGravity

  该属性与 UIView 的 contentMode 属性类似，规定了应该怎样根据边界放置以及伸展内容。例如，kCAGravityCenter 表示内容图像放在边界中心，不重设大小；kCAGravityResize 表示内容图像应该自动调整来适合边界的大小，即使该方法会扭曲图像的外形等。

- contentsRect

  CGRect 表示将要被绘制的图形的比例。默认的（0,0,1,1）表示整个内容图形。根据 contentsGravity 的设置值，图形的指定部分是根据边界来指定大小和位置。例如，可以移动一幅大点图片的某部分到一个图层，而无须重绘和改变内容。

- contentsCenter

  CGRect 表示了 contentsRect 区域中的 9 个矩形区域的中间区域。如果 contentsGravity 允许伸展，中间区域（contentsCenter）在两个方向上伸展。在其他 8 个区域中，4 个角区域不伸展，4 个边界区域沿一个方向伸展（UIView 有一个相似的属性 contentStretch）。

如果直接在图层上下文上绘图（即调用 drawLayer:inContext:），那么 contentsRect 是完整的内容。如果图层内容需要重绘（由于调用 setNeedsDisplay，或者当 needsDisplay OnBoundsChange 为 YES 时边界大小改变了），contentsGravity 将不起作用，因为上下文充满整个图层。但是当 needsDisplayOnBoundsChange 为 NO 时图层边界被调整大小，那么上一次缓存的内容将被看做一个图像。通过一些设置的组合，在不需要重绘内容的前提下，你将得到相当不错的动画效果。例如下面设置的结果，如图 14-5 所示。

```
arrow.needsDisplayOnBoundsChange = NO;
arrow.contentsCenter = CGRectMake(0.0, 0.4, 1.0, 0.6);
arrow.contentsGravity = kCAGravityResizeAspect;
```

图 14-5　重置指南针箭头的大小

箭头图层边界被重设大小了，在两个方向上增加 40。因为 needsDisplayOnBoundsChange 为 NO，所以内容没有重绘，而是使用了缓存的内容。contentsGravity 的设置是告诉系统按比例调整大小。因此，箭头变宽也变长了（相对于图 14-1 所示来说），而且这种方式不会扭曲它的比例。另外，尽管三角形箭头的头部变宽了，它没有变长；变长是由于柄的伸长。那是因为 contentsCenter 区域是限定为箭头的柄。

如果内容超出图层边界，并且 contentsGravity 和 contentsRect 没有调整内容的大小来适应边界，那么，默认情况下内容将画得比图层大，图层不会自动裁剪它的内容。为了裁剪它们，设置图层的 masksToBounds 属性为 YES。

14.3.2　自绘图的图层

一些系统的 CALayer 子类提供了一些基本的但是极其有用的自绘图能力：

- CATextLayer
  CATextLayer 绘制字符串，它有一个 string（字符串）属性和其他文本格式属性，string 属性可以是 NSString 或 NSAttributedString。默认文本颜色（属性名为 foregroundColor）是白色。文本与内容（contents）不能一起使用：要么绘制内容，要么绘制文本，但是不能同时绘制。因此，通常不应该给 CATextLayer 设置任何内容。如图 14-1 所示，那几个字母是 CATextLayer 实例。
  CATextLayer 字符串属性的 NSAttributedString 让你使用多种字体、尺寸和风格显示文本，这是 UILabel 所没有的功能。还有用 CATextLayer 可以在一些字下面加上下划线，而用 UILabel 则不能。
- CAShapeLayer
  CAShapeLayer 有一个 path（路径）属性，这是一个 CGPath 结构。根据它的 fillColor 和 strokeColor 值，它填充路径或描边（或两者都做），并显示结果。默认是填充黑色和不描边。CAShapeLayer 也有 contents。可以将形状显示在内容的上面。在图 14-1 中，背景圆圈是 CAShapeLayer 的一个实例，灰色描边，并用浅灰色填充。
- CAGradientLayer
  CAGradientLayer 用一个简单的线性渐变色来覆盖它的背景，这种方式很容易将渐变色融合到你的界面上。此处的渐变色的定义和 Core Graphics 渐变色类似，需要一个位置数组和与之相应的颜色数组（NSArray 数组，而不是 C 数组），以及一个起点和终点。

颜色数组要求是 CGColors 结构，而不是 UIColors。但是 CGColorRef 不是对象类型，然而 NSArray 需要对象类型，因此为了使编译器不报错，要将数组的第一个元素强制类型转换为 id 或者 void*。图 14-6 显示用 CAGradientLayer 绘画的指南针。

图 14-6　指南针后面的渐变色彩

14.4　变　换

图层在屏幕上的绘图方式可以通过变换（Transform）来修改。因为一个视图可以有变换，而视图是通过图层在屏幕上绘图。通过边界和其他属性，视图和它的图层紧密联系着，当你改变它们中的一个变换，你将看到另一个变换也改变了。还有，图层的变换比视图的变换更强大。因此，你可以使用图层的变换配合视图来完成仅仅通过视图变换无法完成的事情。

如果一个变换是二维的，那么你可以使用 setAffineTransform:和 affineTransform 方法。它的值是 CGAffineTransform 结构，变换是围绕着锚点进行的。这 4 个极点的字母是通过 CATextLayer 绘制，并通过变换放置。它们被画在相同的坐标中，但是它们有不同的旋转变换。另外，尽管 CATextLayer 很小（仅仅是 30×40），并且出现在圆圈周边，但是，它们被固定了，并且它们是绕圆心旋转的。在代码中，self 表示 CompassLayer，它不做任何绘制，仅仅收集和组合它的子图层。为了构建箭头，我们自己就是箭头图层的委托并调用 setNeedsDisplay，这就会使得在 CompassLayer 中的 drawLayer:inContext:被调用：

```
// the gradient
CAGradientLayer* g = [[CAGradientLayer alloc] init];
g.frame = self.bounds;
g.colors = [NSArray arrayWithObjects:(id)[[UIColor blackColor] CGColor],
[[UIColor redColor] CGColor],nil];
g.locations = [NSArray arrayWithObjects:[NSNumber numberWithFloat: 0.0],
[NSNumber numberWithFloat: 1.0],nil];
[self addSublayer:g];

// the circle
CAShapeLayer* circle = [[CAShapeLayer alloc] init];
circle.lineWidth = 2.0;
circle.fillColor =[[UIColor colorWithRed:0.9 green:0.95 blue:0.93 alpha:0.9]
CGColor];
circle.strokeColor = [[UIColor grayColor] CGColor];
CGMutablePathRef p = CGPathCreateMutable();
CGPathAddEllipseInRect(p, NULL, CGRectInset(self.bounds, 3, 3));
```

```
circle.path = p;
[self addSublayer:circle];
circle.bounds = self.bounds;
circle.position = CGPointMake(CGRectGetMidX(self.bounds),
CGRectGetMidY(self.bounds));

// the four cardinal points
NSArray* pts = [NSArray arrayWithObjects: @"N", @"E", @"S", @"W", nil];
for (int i = 0; i < 4; i++) {
CATextLayer* t = [[CATextLayer alloc] init];
t.string = [pts objectAtIndex: i];
t.bounds = CGRectMake(0,0,40,30);
t.position = CGPointMake(CGRectGetMidX(circle.bounds),
CGRectGetMidY(circle.bounds));
CGFloat vert = (CGRectGetMidY(circle.bounds) - 5) / CGRectGetHeight(t.bounds);
t.anchorPoint = CGPointMake(0.5, vert);
t.alignmentMode = kCAAlignmentCenter;
t.foregroundColor = [[UIColor blackColor] CGColor];
[t setAffineTransform:CGAffineTransformMakeRotation(i*M PI/2.0)];
[circle addSublayer:t];
}

// the arrow
CALayer* arrow = [[CALayer alloc] init];
arrow.bounds = CGRectMake(0, 0, 40, 100);
arrow.position = CGPointMake(CGRectGetMidX(self.bounds),
CGRectGetMidY(self.bounds));
arrow.anchorPoint = CGPointMake(0.5, 0.8);
arrow.delegate = self;
[arrow setAffineTransform:CGAffineTransformMakeRotation(M PI/5.0)];
[self addSublayer:arrow];
[arrow setNeedsDisplay];
```

完整的图层变换是发生在三维空间里，它包括一个 z 轴，垂直于 x 轴和 y 轴（默认情况下，z 轴正方向是从屏幕穿出，指向用户）。图层不会给你太真实的三维透视图。如果需要的话，你应该使用 OpenGL。图层是二维的对象，然而，它们确实在三维空间内操作，产生类似卡通的效果。例如：我们在屏幕上翻转一张纸来看看纸的背后是什么，那就是三维的旋转。anchorPoint 的 z 成分是由 anchorPointZ 属性提供。

我们使用 CATransform3D 结构来描述变换。下面是二维变换的函数声明：

```
CGAffineTransform CGAffineTransformMakeScale (
    CGFloat sx,
    CGFloat sy
);
```

下面是三维变换的函数声明：

```
CATransform3D CATransform3DMakeScale (
    CGFloat sx,
    CGFloat sy,
    CGFloat sz
);
```

3D 变换的旋转有点复杂。除了角度，你必须提供三坐标的矢量，旋转是围绕该矢量发生的。

假设锚点是原点（0,0,0），一个箭头由锚点发出，另一个端点是由你提供的三个坐标值来描述。假想一个平面交于锚点，垂直于箭头。这就是旋转发生的平面。正角是顺时针旋转，如图14-6所示。你给的三个坐标值定义了一个方向。如果三个值是（0,0,1），那就是CGAffineTransform变换，因为旋转面是屏幕。另外，如果三个值是（0,0,-1），那就是CGAffineTransform逆变换，这时正角度看起来就是逆时针的（因为我们正看着旋转平面的"背面"）。例如，接下来的旋转是围绕y轴倒转一个图层：

```
someLayer.transform = CATransform3DMakeRotation(M_PI, 0, 1, 0);
```

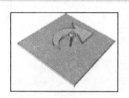

图14-7　锚点加矢量定义一个旋转平面

默认情况下，图层被看成两面的，因此当它被倒转来显示它的"背面"，该绘图是图层内容的倒转版本。如果图层的doubleSided属性是NO，那么当它颠倒过来显示"背面"时，图层不见了，它的"背面"是空的。

14.4.1　深度

有两种方式放置图层在不同的深度（Depth）上：一种是通过zPosition属性，另一种是应用变换，在z轴方向上平移图层。这两个方法是相通的。

在现实世界中，改变一个物体的zPosition可能会让它看起来变大或者变小，因为它的位置相对于视角变近或变远了。但是，在图层绘图世界里不会出现这种情况。各个图层面板以它们实际的尺寸绘画，并且平铺在另一个上面，没有距离感（这就是所谓的正交投影）。然而，你可以使用下面的方式来实现透视效果：图层的子图层具有sublayerTransform属性，将它的所有像素点映射到一个远的平面上，从而在绘图上实现了单点透视。例如，让我们在指南针上实现某种"页面翻转"的效果：在它的右边锚点，绕y轴旋转（所有其他图层被作为渐变图层的子图层）：

```
g.anchorPoint = CGPointMake(1,0.5);
g.position=CGPointMake(CGRectGetMaxX(self.bounds),
CGRectGetMidY(self.bounds));
g.transform = CATransform3DMakeRotation(M_PI/4.0, 0, 1, 0);
```

图14-8所示的结果不太满意，指南针看起来扁了。下面我将用distance-mapping变换（g为self的子图层）：

```
g.anchorPoint = CGPointMake(1,0.5);
g.position = CGPointMake(CGRectGetMaxX(self.bounds),
CGRectGetMidY(self.bounds));
g.transform = CATransform3DMakeRotation(M_PI/4.0, 0, 1, 0);
CATransform3D transform = CATransform3DIdentity;
transform.m34 = -1.0/1000.0;
self.sublayerTransform = transform;
```

图 14-8　失败的页面旋转

图 14-9 显示的结果看起来好多了。

另一个用深度绘制图层的方法是使用 CATransformLayer。该 CALayer 子类不做任何绘图工作，只是拥有其他子图层。你可以对它进行变换，然后它将保持其子图层之间的深度关系。下面我们还是对 self 图层使用 sublayerTransform，但是 self 的唯一图层是 CATransformLayer。图 14-10 显示了结果。页面翻转所作用的 CATransformLayer 包含了渐变图层、圆圈图层和箭头图层。这三个图层在不同深度（通过使用不同的 zPosition 设置），你可以看到圆圈图层在渐变图层前面浮动。通过阴影，圆圈和箭头看上去是分开的。

图 14-9　令人满意的页面旋转　　　图 14-10　CATransformLayer 在页面旋转中的应用

在图 14-10 上，你注意到一个白色的定桩从箭头中穿出。它是一个 CAShapeLayer，垂直于 CATransformLayer 旋转（通常情况下，它笔直地从圆圈中穿出（指向我们），所以你就看到一个点）。

14.4.2 变换和键-值码

除了使用 CATransform3D 和 CGAffine 变换函数，还可以使用键-值码（Key-Value Coding）来改变或使用图层变换中某个特定成分。例如，替换下面代码：

```
g.transform = CATransform3DMakeRotation(M_PI/4.0, 0, 1, 0);
```

为

```
[g setValue:[NSNumber numberWithFloat:M_PI/4.0]
forKeyPath:@"transform.rotation.y"];
```

对于后一种形式，我们将 CGFloat 封装在 NSNumber 中（因为 setValue:forKeyPath:中的值必须是一个对象）。

你经常用到的变换 key path 是 rotation.x、rotation.y、rotation.z 和 rotation（与 rotation.z 相同）、scale.x、scale.y、scale.z、translation.x、translation.y、translation.z 和 translation（二维的 CGSize 结构类型）。Quartz Core 框架同样在 CGPoint、CGSize 及 CGRect 中兼容 KVC，从而允许你使用与结构成员名称相符的关键字和关键路径。

14.4.3 阴影、边界以及更多信息

CALayer 还有许多与绘图相关的属性。同样的，所有这些都可以应用到 UIView 上。改变 UIView 的图层的属性会改变绘图。图层可以有阴影，阴影由 shadowColor、shadowOpacity、shadowRadius 及 shadowOffset 属性定义。为了让图层绘出阴影，设置 shadowOpacity 属性为非零值。阴影通常基于图层非阴影区域的形状，但获得该形状可能需要复杂的计算。你可以自己定义形状，并且设定该形状为 shadowPath 属性的一种 CGPath 结构。

图层可以包含边界（borderWidth 和 borderColor）。borderWidth 朝着边界向内方向绘制，这很可能会挡住一些内容。图层可以被一个圆矩形包围，这通过给 cornerRadius 一个大于 0 的值来实现。如果图层有背景色，背景被裁减为圆矩形形状。如果图层包含边界，边界同样有圆角。

正如 UIView，CALayer 有一个主要的 opacity（不透明）属性，并且它有一个 hidden（隐藏）属性，该属性可以从可视界面上隐藏图层。另外，CALayer 可以根据边界裁减上下文中的图画和子图层（masksToBounds）。CALayer 可以有背景色。

CALayer 可以有遮掩（mask），它本身是一个图层，它的内容必须以某种方式被提供。例如，图 14-11 显示了我们的箭头图层，该图层后面是灰色的圆圈，并且一个 mask 被应用到该箭头图层。mask 是一个椭圆，该椭圆是不透明填充，并且有一个厚的半透明的描边。以下是产生该 mask 的代码：

```
CAShapeLayer* mask = [[CAShapeLayer alloc] init];
mask.frame = arrow.bounds;
CGMutablePathRef p2 = CGPathCreateMutable();
CGPathAddEllipseInRect(p2, NULL, CGRectInset(mask.bounds, 10, 10));
mask.strokeColor = [[UIColor colorWithWhite:0.0 alpha:0.5] CGColor];
mask.lineWidth = 20;
mask.path = p2;
arrow.mask = mask;
```

```
CGPathRelease(p2);
```

图 14-11　带有 mask 的图层

为了定位该 mask，我们假设它是一个图层。

如果图层比较复杂（如有阴影和子图层等），而且看上去性能不好（特别是当滚动图层时），你可以"冻结"图层的整个绘图为一个 bitmap（位图），这可以提高效率。你可以将在图层中绘制的所有东西保存在一个次缓存中，并且利用这个缓存绘到屏幕上。为了做到这点，设置图层的 shouldRasterize 为 YES，并且设置 rasterizationScale 为一些合理值（如[UIScreen mainScreen].scale）。

14.4.4　图层和键-值码

在前面，我们讲述了图层变换方面的功能是可以通过键-值码实现的。该功能源于 CALayer 是兼容@"transform"键的 KVC。所有的图层属性都是这样，它们都可以通过 KVC 来访问（属性名就是键值）。例如：

```
[arrow setValue: mask forKey: @"mask"];
```

另外，你可以把 CALayer 看成一种 NSDictionary，并且为任何 key 设置值。这是极其有用的，因为这意味着你可以把结构信息附加到任何图层实例并且稍后读取它。CALayer 类有一个类方法 defaultValueForKey:。为了实现这个方法，你需要创建子类并且对它重载，从而你可以给 keys 提供默认值。

第 15 章 动 画

动画就是随着时间的推移而改变界面上的显示。例如：视图的背景颜色从红逐步变为绿，而视图的不透明属性可以从不透明逐步变成透明。一个动画涉及很多内容，包括定时、屏幕刷新、线程化等。在 iOS 上，你不需要自己完成一个动画，而只需描述动画的各个步骤，让系统执行这些步骤，从而获得动画的效果。

15.1 动 画 概 述

当你只是改变一个视图的可见属性（而没有涉及动画），这个改变就不会立即发生。而是，系统会记录这个你想要做的改变，标志着这个视图需要被重绘。你还可以改变视图的其他可见属性，这些改变都积累起来。系统在空闲的时候就会绘制这些需要被重绘的视图。例如，假设视图的背景颜色是绿色的，你把它变成红色的，然后再变回绿色，代码如下：

```
// view starts out green
view.backgroundColor = [UIColor redColor];
// ··· time-consuming code goes here ...
view.backgroundColor = [UIColor greenColor];
// code ends, redraw moment arrives
```

系统累积各个改变，直到重绘的时刻到来。在你的代码没有完成的时候，重绘时刻是不会到来的。所以，当重绘时刻发生的时候，最后视图颜色的累积的变化就是变成绿色。一开始就是绿色的，然后累积在最后的变化就是要变成绿色，因此，不管花费多少代码在绿色变为红色，红色变回绿色上，用户看不到什么变化。setNeedsDisplay 方法只是告诉系统在下一个重绘时刻重绘指定的视图。

我们以电影为例来说明动画。在屏幕上，整个电影就是从第一帧放到最后一帧，每个帧看上去非常连贯。因此，当你用动画重新定位一个视图从位置 1 到位置 2 的时候，你可以设想系统执行了如下的事件：

01 设置视图到位置 2，但因为没到重绘时刻，所以它仍然在位置 1。

02 代码的其余部分完成了运行。

03 重绘时刻到来。如果这时没有动画，视图现在被描绘在位置 2。如果有动画的时候，动画从位置 1 开始，用户还看到视图在位置 1。

04 动画的效果出来了，在位置 1 和位置 2 之间绘制视图。有一个移动的感觉。

05 动画终止，视图最终在位置 2 上绘制。

06 动画的效果结束。

动画的播放需要一个独立的线程，这是一个多线程程序。正是因为多线程的特性，所以：

- 动画开始的时间有点不确定（因为你不知道重绘时刻什么时候发生）。动画结束的时间也是不确定的（因为动画在另一个线程发生，所以你的代码不能一直等待它结束）。那么，在动画开始和结束的时候，如果你的代码要做一些其他操作（如通知用户动画结束），那么应该怎么办呢？动画有委托消息（方法）。当动画开始和结束的时候，你可以处理相应的消息。
- 动画是在它自己的线程上执行的。在有些时候，你的代码和动画同时执行（即你的代码运行时，动画仍然在执行中）。如果这时你的代码改变一个当前正在变化着的属性会发生什么呢？或者，如果你的代码启动另一个动画会发生什么呢？

当动画正在发生时，如果你改变其中的一个属性，并且属性值与之前不同，它不会使系统紊乱，但最终的结果看起来可能会很奇怪。如果该属性值原本是从 1 变化到 2，但是你设置变化到 3，则该属性很可能会突然变为 3。

如果你启动另一个动画（前一个动画尚未结束），那么这两个动画同时进行。如果这两个动画是基于同一个属性，那么第一个动画会被迫立即结束。如果你想让动画一个连着另一个播放，那么，你可以等到前一个动画结束再执行下一个（使用委托方法）。或者，你可以组合多个变化为一个动画，这些变化不需要在同一时刻开始或是有相同长度，你只需要使用 setAnimationBeginsFromCurrentState: 方法即可。

- 当动画在进行的时候，如果你的代码没有在运行，那么界面就会响应用户的操作。如果用户尝试去单击正在动画的那个视图，会发生什么呢？

  这个视图可能正在动画中，因此当用户单击它的时候，系统可能没有反应。通常的做法是关闭应用程序界面的响应：当动画开始进行时，调用 UIApplication 实例方法 beginIgnoringInteractionEvents 方法；当动画结束的时候，你可以调用 endIgnoringInteractionEvents 来解决。这作用于整个界面。如果你觉得这样做涉及的范围太广了，可以只限制某个视图。例如，你可以关闭一个视图的 userInteractionEnabled（直到动画结束）。

- 在多任务系统中，用户可以暂停某个应用程序而不退出，这时，如果动画在进行中，那会发生什么呢？

  如果应用程序在动画进行时暂停，那么这个动画会被关闭。任何动画，无论是进行中的或是将要进行的，只是通过视觉化的放慢动作来展现一个属性的改变。如果应用再重新运行，那么，该属性仍然被改变，只是没有动画而已。

15.2　UIImageView 动画

你可以使用 UIImageView 来实现动画。UIImageView 的 animationImages 或 highlightedAnimationImages 属性是一个 UIImage 数组，这个数组代表一帧帧动画。当你发送 startAnimating 消息时，图像就被轮流显示，animationDuration 属性确定帧的速率（间隔时间），animationRepeatCount 属性（默认为 0，表示一直重复，直到收到 stopAnimating 消息）指定重复的次数。

例如，假设你希望火星的图形出现在屏幕并且闪现三次，你就可以使用 UIImageView 来完成动画：

```
UIImage* mars = [UIImage imageNamed: @"mars.png"];
UIGraphicsBeginImageContext(mars.size);
UIImage* empty = UIGraphicsGetImageFromCurrentImageContext();
UIGraphicsEndImageContext();
NSArray* arr = [NSArray arrayWithObjects: mars, empty, mars, empty, mars, nil];
iv.animationImages = arr;
iv.animationDuration = 2;
iv.animationRepeatCount = 1;
[iv startAnimating];
```

15.3 视图动画

你可以直接使用 UIView 来实现动画。这通过视图的 alpha、backgroundColor、bounds、center、frame 和 transform 完成。你可以使用上述的各种参数来实现多类动画效果。事实上，系统有两种方法来完成 UIView 动画：旧方法（iOS4.0 以前的版本，仍然有效），新方法（iOS4.0 以后的版本，它使用 Objective-C 块）。我们首先介绍旧方法。

15.3.1 动画块

用旧方法来实现动画效果。我们在 UIView 类方法 beginAnimations：context：和 commitAnimations 之间包含各个变化的代码，这两个方法之间的区域称为动画块。因此，动画改变一个视图的背景颜色的代码如下：

```
[UIView beginAnimations:nil context:NULL];
v.backgroundColor = [UIColor yellowColor];
[UIView commitAnimations];
```

下面我们同时动画地变化视图的颜色和它的位置：

```
[UIView beginAnimations:nil context:NULL];
v.backgroundColor = [UIColor yellowColor];
CGPoint p = v.center;
p.y -= 100;
v.center = p;
[UIView commitAnimations];
```

我们也可以动画地变化多个视图。例如，假设我们想将一个视图融入到另一个中。从视图的结构层次看，我们应该从第二个视图开始，但它的 alpha 属性值为 0，是不可见的。所以我们动画的变化第一个视图的 alpha 值为 0，第二个视图的 alpha 值为 1。

beginAnimation: context: 方法的两个参数类型是 NSString 和 void 指针，你可以在这里提供值。一个动画可以有一个委托（这样你就可以在动画开始和结束时完成一些其他操作）。委托消息包含上述值，从而你可以确定是哪个动画。

15.3.2 修改动画块

在动画块中，你可以修改动画的各种属性。这是通过调用一些 UIView 类方法（类方法名以 setAnimation 开头）来实现。动画块可以嵌套。因此，在不同的动画块内调用以 setAnimation 开头的方法，你就可以给该部分动画不同的特性。在每一个动画块中，任何动画属性的变化都有默认的特性，除非你改变它们。

下面是一些以 setAnimation 开头的 UIView 类方法。

● setAnimationDuration:

设置动画从开始到结束的时间（秒）。显然，如果两幅视图在相同的时间要移动不同的距离，移动更远的那一个就必须移动更快。

● setAnimationRepeatAutoreverses:

如果设置为 YES，动画将从开始运行到结束（在给定的持续时间内），然后从结束点运行到开头（也是在给定的持续时间内）。

● setAnimationRepeatCount:

设置动画重复多少次，除非动画是 autoreverses，否则动画将直接跳到开头来重复运行。该方法设置的属性值是浮点类型的，所以它有可能在动画的中间结束。

● setAnimationCurve:

描述动画在进行过程中如何改变速度，你可以选择：

➢ UIViewAnimationCurveEaseInOut （默认）

➢ UIViewAnimationCurveEaseIn

➢ UIViewAnimationCurveEaseOut

➢ UIViewAnimationCurveLinear

ease 的意思是在动画开始或结束的时候，有一个零速度到动画的速度之间的渐进的加速或减速的过程。

● setAnimationStartDate，setAnimationDelay

这是推迟动画开始的两种方法。

● setAnimationDelegate

当动画开始或结束时被调用的代码。在委托上被调用的方法是通过下述方法来指定的：

➢ setAnimationWillStartSelector:

启动方法必须有两个参数，一个是 NSString 类型，一个是 void 指针类型，这些值被传递到 beginAnimations:context:方法。这个方法不会被调用，除非动画块内的某些代码触发了实际的动画。

➢ setAnimationDidStopSelector:

停止方法必须有三个参数，第二个参数是一个 BOOL（封装为一个 NSNumber），表明动画是否成功完成（其他两个参数和启动方法的参数一样）。当第二个参数为 YES 时，这个方法就被调用（即使动画块内没有任何代码触发任何动画）。

- setAnimationsEnabled

  设置为 NO，表示在动画块内执行后续的属性变化，但是不产生动画效果。

- setAnimationBeginsFromCurrentState

  如果你启动另一个动画（前一个动画尚未结束），那么这两个动画同时进行。如果这两个动画是基于同一个属性，那么第一个动画会被迫立即结束。如果设置为 YES，那么不会立即结束前一个动画，系统尽可能混合这两个动画。

如果一个动画自动翻转（autoreverse），并且当动画结束时视图的当前属性仍停留在结束时的值，那么，当动画结束时，视图将从开始"跳到"终止。例如，假设我们希望一个视图从当前位置向右移动，然后返回到初始位置。下面的代码将导致视图向右移动，回到最左端，然后直接跳到最右端：

```
[UIView beginAnimations:nil context:NULL];
[UIView setAnimationRepeatAutoreverses:YES];
CGPoint p = v.center;
p.x += 100;
v.center = p;
[UIView commitAnimations];
```

怎样才能防止该事件发生？我们希望视图在反向移动后停留在开始的位置。如果我们在动画块的后面把视图的位置设置为它的开始点（见下面代码），这将没有任何动画（这是因为当重新绘制时，没有属性改变）。

```
[UIView beginAnimations:nil context:NULL];
[UIView setAnimationRepeatAutoreverses:YES];
CGPoint p = v.center;
p.x += 100;
v.center = p;
[UIView commitAnimations];
p = v.center;
p.x -= 100;
v.center = p;
```

正确的解决方法是用 stop 委托方法来设置视图的位置为初始点。该委托方法在动画结束时调用：

```
- (void) someMethod {
    [UIView beginAnimations:nil context:NULL];
    [UIView setAnimationRepeatAutoreverses:YES];
    [UIView setAnimationDelegate:self];
    [UIView setAnimationDidStopSelector:@selector(stopped:fin:context:)];
    CGPoint p = v.center;
    p.x += 100;
    v.center = p;
    [UIView commitAnimations];
}
- (void) stopped:(NSString *)anim fin:(NSNumber*)fin context:(void *)context
{
    CGPoint p = v.center;
    p.x -= 100;
    v.center = p;
}
```

在该例中，我们知道动画怎样改变视图的位置，因此我们可以写一些代码来做逆转变换。一个通用的做法是，我们可以在图层中存储视图的初始位置。例如：

```
- (void) someMethod {
    [UIView beginAnimations:nil context:NULL];
    [UIView setAnimationRepeatAutoreverses:YES];
    [UIView setAnimationDelegate:self];
    [UIView setAnimationDidStopSelector:@selector(stopped:fin:context:)];
    CGPoint p = v.center;
    [v.layer setValue:[NSValue  valueWithCGPoint:p] forKey:@"origCenter"];
    p.x += 100;
    v.center = p;
    [UIView commitAnimations];
}
- (void) stopped:(NSString *)anim fin:(NSNumber*)fin context:(void *)context
{
    v.center = [[v.layer valueForKey:@"origCenter"] CGPointValue];
}
```

为了解释 setAnimationBeginsFromCurrentState:的功能，看下面的代码：

```
[UIView beginAnimations:nil context:NULL];
[UIView setAnimationDuration:1];
CGPoint p = v.center;
p.x += 100;
v.center = p;
[UIView commitAnimations];
[UIView beginAnimations:nil context:NULL];
// uncomment the next line to fix the problem
//[UIView setAnimationBeginsFromCurrentState:YES];
[UIView setAnimationDuration:1];
CGPoint p2 = v.center;
p2.x = 0;
v.center = p2;
[UIView commitAnimations];
```

结果是视图向右跳了 100 个像素点，然后向左动画展现。那是因为第二个动画导致第一个动画被丢弃，从而系统立即右移了 100 个像素点，而不是动画展现。在上述代码中，如果我们取消了调用 setAnimationBeginsFromCurrentState:的注释，那么就没有跳跃了。

当我们在第二个动画里将 x 改变为 y，结果会怎样？如果我们取消对 setAnimationBegins-FromCurrentState:的注释，视图在 x 轴和 y 轴上一起动画，这两个动画看上去就好像一个动画。

15.3.3　过渡动画

过渡（Transition）是使用动画的形式重画视图。使用过渡动画的通常原因是，通过视图动画来突出视图上的改变。为了使用一个动画块来实现过渡动画，需要调用 setAnimationTransition:forView:cache 方法。

● 第一个参数描述动画怎样表现，你可以选择：

　　➢　UIViewAnimationTransitionFlipFromLeft
　　➢　UIViewAnimationTransitionFlipFromRight

> ➢ UIViewAnimationTransitionCurlUp
>
> ➢ UIViewAnimationTransitionCurlDown

● 第二个参数是视图。
● 第三个参数是是否马上缓存视图内容，并且在整个过渡过程中使用缓存内容。另一种方法
是反复重绘。你应该尽可能设置该参数值为 YES。

下面这个例子翻转 UIImageView,这就好像一张纸被翻转到背面——正面是火星,背面是土星:

```
[UIView beginAnimations:nil context:NULL];
[UIView setAnimationTransition:UIViewAnimationTransitionFlipFromLeft
forView:iv cache:YES];
// iv 是一个 UIImage 视图, 它的图片是 Mars.png
iv.image = [UIImage imageNamed:@"Saturn.gif"];
[UIView commitAnimations];
```

在上面的例子中，图形的更改没有必要包含在动画块内。由 setAnimationTransition:...描述的动画和图形的改变都发生在重绘时刻，所以它们总是一起执行。因此，我们可以修改为:

```
iv.image = [UIImage imageNamed:@"Saturn.gif"];
[UIView beginAnimations:nil context:NULL];
[UIView setAnimationTransition:UIViewAnimationTransitionFlipFromLeft
forView:iv cache:YES];
[UIView commitAnimations];
```

通常情况下，我们是在动画块指定视图的改变。

你可以在任何内置的视图子类上实现相同的功能。下面这个例子是翻转一个按钮，它看上去像是一面标有 Start，另一面标有 Stop:

```
[UIView beginAnimations:nil context:NULL];
// "b" 是一个 UIButton; "stopped" 推测是一个 BOOL 变量或整型
[UIView setAnimationTransition:UIViewAnimationTransitionFlipFromLeft
forView:b cache:YES];
[b setTitle:(stopped ? @"Start" : @"Stop") forState:UIControlStateNormal];
[UIView commitAnimations];
```

你可以在你自己定义的 UIView 子类上实现相同功能。调用 setNeedsDisplay 方法来重绘。例如，假设 UIView 子类有一个 BOOL 属性 reverse，当 reverse 为 YES 时绘制一个椭圆，当 reverse 为 NO 时绘制一个正方形。然后我们能够动画地显示正方形翻转并且呈现出一个椭圆（反之亦然）:

```
v.reverse = !v.reverse;
[UIView beginAnimations:nil context:NULL];
[UIView setAnimationTransition:UIViewAnimationTransitionFlipFromLeft
forView:v cache:YES];
[v setNeedsDisplay];
[UIView commitAnimations];
```

15.3.4 基于块的视图动画

从 iOS4.0 开始，UIView 可以使用 Objective-C 块的语法来动画显示。新的语法体现在以下几个方面。

（1）当动画终止时运行的代码也是一个块。因此，不再需要分为两个部分（一个动画块和一个单独的委托方法）。

（2）描述动画的选项是动画方法调用的一部分，而不再是动画块内的单独调用。

（3）默认情况下，用户触屏交互功能在动画期间是禁止的（对于动画块而言，不是这种情况）。UIViewAnimationOptionAllowUserInteraction 选项允许你改变这种设置。

（4）过渡动画比动画块有更多选项。UIView 类方法 animateWithDuration:delay:options:animations:completion:是新语法的基础。这个方法有两种简化版本，第一种允许你省略 delay 和 options 参数，第二种允许你省略 completion 参数。下面是各个参数的完整说明。

- duration：动画的持续时间。
- delay：动画开始之前的延时。默认情况下，没有延时。
- options：一种位掩码，用来描述额外选项。在简化版本上，默认情况是 UIViewAnimationOptionCurveEaseInOut 选项（它同样是动画块的默认动画曲线）。对一个普通的动画（不是过渡动画），主要的选项是：

  - 动画曲线（Animation curve）。你的选择是 UIViewAnimationOptionCurveEaseInOut、UIViewAnimationOptionCurveEaseIn、UIViewAnimationOptionCurveEaseOut 或 UIViewAnimationOptionCurveLinear。
  - 重复（Repetition）和自动倒转（autoreverse）。你的选择可以是 UIViewAnimationOptionRepeat 或 UIViewAnimationOptionAutoreverse。我们不能指定重复次数。你要么永远循环，要么不循环。
  - 动画（animations）：包含视图属性动态改变的块。
  - 完成（completion）：当动画终止后所执行的块。它有一个 BOOL 型参数，用来指定动画是否运行完结。该块也可以指定一个新的动画。当参数值为 YES 时，这个块就被调用。

下面这个例子使用 Objective-C 块，而不使用动画块来实现前面的一个功能。我们向右移动一个视图，然后再返回到原来位置。对于动画块，我们使用一个委托，让视图返回到初始位置（我们在图层中保存该位置，因此可以在委托方法中获取它）。对于 Objective-C 块，初始位置可以保存在一个变量中，因此更简单。

```
CGPoint p = v.center;
CGPoint pOrig = p;
p.x += 100;
void (^anim) (void) = ^{
    v.center = p;
};
void (^after) (BOOL) = ^(BOOL f) {
```

```
     v.center = pOrig;
};
NSUInteger opts = UIViewAnimationOptionAutoreverse;
[UIView animateWithDuration:1 delay:0 options:opts
animations:anim completion:after];
```

在上面的例子中，我们通过命名变量来表示块，这可以增加代码的可读性。另外，除了我们已经列出的选项，还有些选项表示：如果一个动画已经运行了，那将会发生什么。

- UIViewAnimationOptionBeginFromCurrentState
  类似 setAnimationBeginsFromCurrentState。
- UIViewAnimationOptionOverrideInheritedDuration
  阻止从正在执行的动画中继承（默认）持续时间。
- UIViewAnimationOptionOverrideInheritedCurve
  阻止从正在执行的动画中继承（默认）动画曲线。

对于 Transition，与动画块的 setAnimationTransition... 等价的方法是 transitionWithView: duration:options:animations:completion:。之前有一个例子，是我们将一个矩形翻转变为一个椭圆，下面我们使用新的方法来实现：

```
v.reverse = !v.reverse;
void (^anim) (void) = ^{
    [v setNeedsDisplay];
};
NSUInteger opts = UIViewAnimationOptionTransitionFlipFromLeft;
[UIView transitionWithView:v duration:1 options:opts animations:anim
completion:nil];
```

还有一个过渡方法是 transitionFromView:toView:duration:options:completion:。该方法命名了两个视图。当它们的超视图正在执行过渡动画时，第一个视图被第二个视图替换。根据你提供的选项，实际上有以下两种可能的配置。

（1）删除一个子视图，再添加另一个。

如果 UIViewAnimationOptionShowHideTransitionViews 不是选项中的一个选项，那么第二个子视图在我们启动的时候不在视图层次结构中；第一个子视图从超视图中移除，第二个子视图被添加到相同的超视图下。

（2）隐藏一个子视图，显示另一个。

如果 UIViewAnimationOptionShowHideTransitionViews 是选项中的一个选项，那么，在我们启动时，这两个子视图就在该视图层次结构中；第一个视图的 hidden 为 NO，第二个视图的 hidden 为 YES，那么，它们的值被颠倒过来了。

例如，下面的代码的效果是：当 v1 被删除并且 v2 被添加时，v1 的超视图就像一张纸一样被翻转过来。

```
NSUInteger opts = UIViewAnimationOptionTransitionFlipFromLeft;
```

```
    [UIView transitionFromView:v1 toView:v2 duration:1 options:opts
completion:nil];
```

你需要确保 v2 有一个正确的位置，从而它将出现在超视图的适当位置。

15.4　隐 式 动 画

如果一个图层不是一个视图的底图层，只要设置它的属性就可以实现动画。换言之，图层属性的动画改变是默认的属性。多个属性改变被看做同一个动画的不同部分。该机制称为隐式动画。

在前面，我们使用多个图层构建了一个指南针。指南针本身是一个 CompassView，该视图本身不做任何绘图工作；它的底图层是一个 CompassLayer，同样不做任何绘图工作，它只是那些实际绘图的图层的超图层。这些实际绘图的图层都不是一个视图的底图层，因此，它们的属性改变被自动地动画显示。

因此，假设 CompassLayer 的 theArrow 属性指向箭头图层，应用程序委托（self）的 compass 属性指向 CompassView。如果我们通过改变它的 transform 属性来旋转箭头，那么旋转动作是以动画显示的：

```
CompassLayer* c = (CompassLayer*)self.compass.layer;
// 下一行是一个隐式动画
c.theArrow.transform = CATransform3DRotate(c.theArrow.transform, M_PI/4.0, 0, 0, 1);
```

CALayer 的动画属性是 anchorPoint 和 anchorPointZ、backgroundColor、borderColor、borderWidth、bounds、contents、contentsCenter、contentsRect、cornerRadius、doubleSided、hidden、masksToBounds、Opacity、position 和 zPosition、rasterizationScale 和 shouldRasterize、shadowColor、shadowOffset、shadowOpacity、shadowRadius 以及 sublayerTransform 和 transform。

除此之外，还有 CAShapeLayer 的 path、fillColor、strokeColor、lineWidth、lineDashPhase 及 miterLimit 是可动画的属性，CATextLayer 的 fontSize 和 foregroundColor 也是可动画的属性。

15.4.1　动画事务

隐式动画是以事务 (CATransaction)的方式操作。事务将多个动画请求组合为一个单独的动画。每个动画请求在事务的上下文中发生。你也可以通过调用 CATransaction 类方法 begin 和 commit 来显式声明一个事务，这就是一个事务块(transaction block)。

修改隐式动画的事务来修改它的特性。下面是一些常用的类方法：

● setAnimationDuration:
　　动画的持续时间

● setAnimationTimingFunction:
　　是一个 CAMediaTimingFunction。时间函数将在后面讨论。

● setCompletionBlock:
　　当动画结束时被调用的一个块。该块不带任何参数。即使在事务中没有触发动画，该块也会被调用。

通过嵌套事务块，你可以应用不同的动画特性到动画的不同元素中。你也可以在任何事务块之外使用事务指令来修改隐含事务。因此，在我们之前的例子中，你可以使用下面的代码来慢放箭头动画：

```
CompassLayer* c = (CompassLayer*)self.compass.layer;
[CATransaction setAnimationDuration:0.8];
c.theArrow.transform = CATransform3DRotate(c.theArrow.transform, M PI/4.0, 0,
0, 1);
```

另一个有用的动画事务特征是关闭隐式动画。隐式动画是默认的，但是有时你不需要（动画影响性能）。为了做到这点，调用 CATransaction 类方法 setDisableActions:，并且设置值为 YES。

15.4.2 媒体定时函数

CATransaction 类方法 setAnimationTimingFunction:的参数是一个媒体定时函数（CAMediaTiming-Function）。该类是动画曲线的通式（ease-in-out, ease-in, ease-out, 以及 linear）。其实，你主要使用那些预先定义的曲线。这通过调用 CAMediaTimingFunction 类方法 functionWithName:和下面的参数来完成：

- kCAMediaTimingFunctionLinear
- kCAMediaTimingFunctionEaseIn
- kCAMediaTimingFunctionEaseOut
- kCAMediaTimingFunctionEaseInEaseOut
- kCAMediaTimingFunctionDefault

事实上，一个媒体定时函数是一个贝塞尔曲线，该曲线由两点定义。该曲线的 x 轴是动画的时间，y 轴是动画。它的两个端点是 （0,0）和（1,1）。在动画开始时，没有时间流逝以及没有动画改变；在动画结束后，所有时间流逝完了，所有改变都发生了。

由于曲线的决定点是它的端点，每个点只需要一个贝塞尔控制点来定义曲线的切线。并且因为曲线的端点是已知的，所以定义两个控制点就足够用来描述整条曲线。由于一个点是一对浮点数值，所以一个媒体定时函数可以用四个浮点型值来表示。例如，ease-in-out 定时函数是由 0.42、0.0、0.58 和 1.0 这 4 个浮点数表示。这定义一条贝塞尔曲线，其中一个端点在(0,0)处,它的控制点是(0.42,0),并且另一个端点在（1,1）处，它的控制点是（0.58,1），如图 15-1 所示。

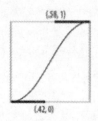

图 15-1 贝塞尔曲线

如果你想定义自己的媒体定时函数，可以通过调用 functionWithControlPoints::::或 initWithControlPoints::::来提供两个控制点的坐标系。例如，我们有个媒体定时函数，开始非常平缓，然后在大约过了 2/3 时间后发生大的变化。下面的代码就是对指南针箭头实现了如此的效果：

```
CAMediaTimingFunction* clunk =
[CAMediaTimingFunction functionWithControlPoints:.9 :.1 :.7 :.9];
[CATransaction setAnimationTimingFunction: clunk];
c.theArrow.transform = CATransform3DRotate(c.theArrow.transform, M PI/4.0, 0,
0, 1);
```

15.5 核 心 动 画

核心动画（Core Animation）是 iOS 动画技术的基础。视图动画和隐式层动画仅仅是核心动画的一个方面。核心动画是显式层动画，并且主要围绕 CAAnimation 类和它的子类，这允许你创建更复杂的动画。

你也许从不需要使用核心动画编程，但是，为了理解动画是怎样工作的，你应该理解核心动画。下面是核心动画的一些特征：

● 核心动画可以在视图底层上起作用。因此，核心动画是应用图层属性动画到视图的唯一方法。

● 核心动画提供针对动画中间值和动画时间的良好控制。

● 核心动画允许动画被归并到复杂的组合中。

● 核心动画增加了过渡动画效果，这些效果在其他地方不能得到。例如：新内容把之前的内容"挤"出图层。

15.5.1　CABasicAnimation 和它的继承

使用核心动画来设置动画属性的最简单的方式是通过一个 CABasicAnimation 对象。CABasicAnimation 从它的继承者中获得大部分功能。迄今为止遇到的所有属性的动画特征都在一个 CABasicAnimation 实例中体现出来。

1. CAAnimation

CAAnimation 是一个抽象类。CAAnimation 的部分能力来自对 CAMediaTiming 协议的实现。

● animation: 一个类方法，用于创建一个动画对象。

● delegate: 委托消息是 animationDidStart:消息和 animationDidStop:finished:消息（类似 UIView 的动画委托消息）。一个 CAAnimation 实例保留（retain）它的委托。从 iOS4 版本开始，你可以使用 CATransaction 类方法 setCompletionBlock:（而不是使用委托消息）来运行动画结束后的代码。

● duration、timingFunction: 动画的长度以及它的定时函数（CAMediaTimingFunction）。0（默认）表示 0.25s，除非事务重新设置了该值。

● autoreverses、repeatCount、repeatDuration、cumulative: 前两个和 UIView 动画类似。repeatDuration 属性指定循环持续的时间而不是次数；不要同时指定 repeatCount 和 repeatDuration。如果 cumulative 为 YES，每次重复的动画都开始于上次结束的地方（而不是跳回到开始值）。

- beginTime：动画开始前的延时。为了延时一个动画，调用 CACurrentMediaTime 获得当前时间，然后添加所需要的延时秒数。延时不算入动画持续时间。
- timeOffset：指定"动画"的开始帧。例如，一个持续时间为 8 并且时间偏移为 4 的动画，就会从动画后半部分开始进行。

2. CAPropertyAnimation

CAPropertyAnimation 是 CAAnimation 的子类，也是一个抽象类。它增加了如下内容：

- keyPath：指定将要动画显示的 CALayer 键（key）。通过 KVC 键可以访问 CALayer 属性。一个 CAPropertyAnimation 类方法 animationWithKeyPath:创建实例并且给它分配一个 keyPath。
- additive：如果为 YES，动画提供的值被增加到当前的描述层（presentation-layer）的值中。
- valueFunction：将一个简单标量值转化为一个变换（transform）。

3. CABasicAnimation

CABasicAnimation 是 CAPropertyAnimation 的一个子类（不是抽象类）。它增加以下内容：

- fromValue 和 toValue：动画的开始值和终止值。这些值必须是对象，因此数字和结构体必须被封装起来。如果 fromValue 和 toValue 都没有提供，之前的和当前属性值都被使用。如果只有一个（fromValue 或 toValue）被提供，另一个使用属性的当前值。
- byValue：与另一个端点值的差值，而不是绝对值。因此，你也许会提供 byValue 值而不是 fromValue 值或 toValue 值，实际的 fromValue 或 toValue 值将通过对另一个值做加法或减法计算出来。如果你只提供一个 byValue 值，fromValue 值是属性的当前值。

15.5.2 使用 CABasicAnimation

在构造 CABasicAnimation 之后，你把它添加到图层。这是通过 CALayer 实例方法 addAnimation:forKey:来完成的。然而， CAAnimation 仅仅是一个动画，它对图层自身没有任何影响。因此，如果你创建一个 CABasicAnimation 并且通过 addAnimation:forKey:将它添加到图层，那么，动画发生了，最后的结果是图层跟之前状态一模一样。你需要自己改变图层来匹配动画的状态。下面是你使用 CABasicAnimation 的基本步骤：

01 记录你将改变的图层属性的开始值和终止值，你在后面需要这些值。

02 改变图层属性为它的终止值，调用 setDisableActions:来避免隐式动画。

03 使用你先前记录的开始值和终止值，并且使用你刚改变的图层属性的 keyPath，来构造显式动画。

04 将显式动画添加到图层上。

下面我们使用上述方法来动画显示指南针箭头转动：

```
CompassLayer* c = (CompassLayer*)self.compass.layer;
// 获取开始和结束值
CATransform3D startValue = c.theArrow.transform;
```

```
CATransform3D endValue = CATransform3DRotate(startValue, M PI/4.0, 0, 0, 1);
// 改变 layer，不用隐式动画
[CATransaction setDisableActions:YES];
c.theArrow.transform = endValue;
// construct the explicit animation
CABasicAnimation* anim = [CABasicAnimation
animationWithKeyPath:@"transform"];
anim.duration = 0.8;
CAMediaTimingFunction* clunk =
[CAMediaTimingFunction functionWithControlPoints:.9 :.1 :.7 :.9];
anim.timingFunction = clunk;
anim.fromValue = [NSValue valueWithCATransform3D:startValue];
anim.toValue = [NSValue valueWithCATransform3D:endValue];
// 请求显式动画
[c.theArrow addAnimation:anim forKey:nil];
```

当 fromValue 和 toValue 值没有被设置，属性的之前值和当前值将被自动使用（展示层仍然有之前的属性值，尽管图层本身有新值）。因此，我们没有必要设置它们，并且也没有必要预先记录开始值和终止值。这是简洁的版本：

```
CompassLayer* c = (CompassLayer*)self.compass.layer;
[CATransaction setDisableActions:YES];
c.theArrow.transform = CATransform3DRotate(c.theArrow.transform, M PI/4.0, 0,
0, 1);
CABasicAnimation* anim = [CABasicAnimation
animationWithKeyPath:@"transform"];
anim.duration = 0.8;
CAMediaTimingFunction* clunk =
[CAMediaTimingFunction functionWithControlPoints:.9 :.1 :.7 :.9];
anim.timingFunction = clunk;
[c.theArrow addAnimation:anim forKey:nil];
```

如果图层在动画过程中没有变化，那么你将省去改变图层的步骤。例如，我们让指南针的箭头出现快速地振动，当最终不改变它的当前方向。为做到这点，我们将前后摇动它：使用一个重复的动画（在当前位置的左右方向之间重复动画，即顺时针偏移当前位置和逆时针偏移当前位置，偏移量很小）。

```
CompassLayer* c = (CompassLayer*)self.compass.layer;
// 获取开始值和结束值
CATransform3D nowValue = c.theArrow.transform;
CATransform3D startValue = CATransform3DRotate(nowValue, M PI/40.0, 0, 0, 1);
CATransform3D endValue = CATransform3DRotate(nowValue, -M PI/40.0, 0, 0, 1);
// 构建明确的动画
CABasicAnimation* anim = [CABasicAnimation
animationWithKeyPath:@"transform"];
anim.duration = 0.05;
anim.timingFunction =
[CAMediaTimingFunction functionWithName:kCAMediaTimingFunctionLinear];
anim.repeatCount = 3;
anim.autoreverses = YES;
anim.fromValue = [NSValue valueWithCATransform3D:startValue];
anim.toValue = [NSValue valueWithCATransform3D:endValue];
// 请求动画
[c.theArrow addAnimation:anim forKey:nil];
```

在上述代码中，我们没必要去计算基于箭头当前变换（transform）的新旋转值。通过设置动画的 additive 属性为 YES 就可以避免上述的计算。这意味着动画的属性值加到已经存在的属性值上，因此它们是相对值，不是绝对值（对于一个变换，"相加"意味着"矩阵-乘（matrix-multiplied）"）。此外，由于我们的旋转是围绕一个基轴的简单操作，我们可以利用 CAPropertyAnimation 的 valueFunction 属性，这个属性指示动画绕 z 轴旋转：

```
CompassLayer* c = (CompassLayer*)self.compass.layer;
CABasicAnimation* anim = [CABasicAnimation
animationWithKeyPath:@"transform"];
anim.duration = 0.05;
anim.timingFunction =
[CAMediaTimingFunction functionWithName:kCAMediaTimingFunctionLinear];
anim.repeatCount = 3;
anim.autoreverses = YES;
anim.additive = YES;
anim.valueFunction = [CAValueFunction
functionWithName:kCAValueFunctionRotateZ];
anim.fromValue = [NSNumber numberWithFloat:M_PI/40];
anim.toValue = [NSNumber numberWithFloat:-M_PI/40];
[c.theArrow addAnimation:anim forKey:nil];
```

15.5.3 关键帧动画

关键帧动画（CAKeyframeAnimation）可以代替基本动画（CABasicAnimation）。它们都是 CAPropertyAnimation 的子类，并且它们以完全相同的方式使用。不同的是，对于关键帧动画，除了指定开始值和终止值以外，你还要指定动画进行过程中经过的多个值（即动画的各个阶段（帧））。这通过设置动画的 values 属性（NSArray）来完成。

下面我们修改那个振动指南针箭头动画的程序：动画包含开始和终止状态，并且振动程度逐渐减小：

```
CompassLayer* c = (CompassLayer*)self.compass.layer;
NSMutableArray* values = [NSMutableArray array];
[values addObject: [NSNumber numberWithFloat:0]];
int direction = 1;
for (int i = 20; i < 60; i += 5, direction *= -1) { // 每次反向
    [values addObject: [NSNumber numberWithFloat:
direction*M_PI/(float)i]];
}
[values addObject: [NSNumber numberWithFloat:0]];
CAKeyframeAnimation* anim = [CAKeyframeAnimation
animationWithKeyPath:@"transform"];
anim.values = values;
anim.additive = YES;
anim.valueFunction = [CAValueFunction functionWithName:
kCAValueFunctionRotateZ];
[c.theArrow addAnimation:anim forKey:nil];
```

下面是一些 CAKeyframeAnimation 属性。

● values：动画将要采用的值的数组，包括开始值和终止值。

- timingFunctions：定时函数的数组，每个元素对应动画的每个阶段（因此该数组的元素个数将比 values 数组的个数少 1 个）。
- keyTimes：伴随数值（values）数组的时间数组，指定每个数值的显示时间。时间开始于 0 并且以小数增长，终止于 1。
- calculationMode：动画过程中经过的所有值的产生方式。

  ➢ 默认是 kCAAnimationLinear，一种简单的从一个值到另一个值的线性插值。
  ➢ kCAAnimationCubic（在 iOS 4 版本之后才有）构造一个平滑曲线，该曲线经过所有值。其他的高级属性还有 tensionValues、continuityValues 及 biasValues。这些属性都助你改善曲线。
  ➢ kCAAnimationDiscrete 表示没有插值：我们在对应的关键时间直接地跳到每个值。
  ➢ kCAAnimationPaced 和 kCAAnimationCubicPaced 表示定时函数和关键时间都被忽略，整个动画的速率是一个常数。

- path：当你设置一个动画属性时，也可以使用浮点数对（CGPoints）表示该属性值（而不是用一个数值数组 values 描述）。你通过 CGPathRef 来提供整个插值。用来绘制路径的点是关键帧值，因此你仍然可以运用定时函数和关键时间。如果你动画显示一个位置的改变，rotationMode 属性指定动画旋转的模式（如：垂直于路径）。

15.5.4 自定义属性的动画显示

到目前为止，我们探讨了可动画的内置属性。如果你在 CALayer 的子类中定义了你自己的属性，那么，你可以通过 CAPropertyAnimation（CABasicAnimation 或 CAKeyframeAnimation）来使该属性表现动画特征。你通过声明 @dynamic 属性（因此核心动画可以创建它的存储器）并且从类方法 needsDisplayForKey:（key 是属性名称）中返回 YES，这些步骤就实现了一个属性的动画。

例如，以下是图层类 MyLayer 的代码，该图层有一个可动画的 thickness 属性：

```
//接口部分
@interface MyLayer : CALayer {
}
@property (nonatomic, assign) CGFloat thickness;
@end
//实现部分
@implementation MyLayer
@dynamic thickness;
+ (BOOL) needsDisplayForKey:(NSString *)key {
    if ([key isEqualToString: @"thickness"])
        return YES;
    return [super needsDisplayForKey:key];
}
@end
```

因为 needsDisplayForKey:返回 YES，所以，当 thickness 属性改变时，该图层被重复地显示。为了看到动画效果，该图层根据 thickness 属性来绘制。在下面的代码中，我将使用图层的 drawInContext:来使 thickness 表示矩形的厚度：

```
- (void) drawInContext:(CGContextRef)ctx {
    CGRect r = CGRectInset(self.bounds, 20, 20);
    CGContextFillRect(ctx, r);
    CGContextSetLineWidth(ctx, self.thickness);
    CGContextStrokeRect(ctx, r);
}
```

现在我们就可以使用显式动画（lay 是 MyLayer 的实例）来动画地显示矩形的厚度：

```
CABasicAnimation* ba = [CABasicAnimation animationWithKeyPath:@"thickness"];
ba.toValue = [NSNumber numberWithFloat: 10.0];
ba.autoreverses = YES;
[lay addAnimation:ba forKey:nil];
```

在动画的每一步中，drawLayer:inContext:被调用，并且由于厚度值在每一步不同，动画效果就显示出来了。

15.5.5　分组的动画

分组动画（CAAnimationGroup）将多个动画组合成一个动画，这是通过它的 animations 属性（是存储多个动画的 NSArray）来完成的。通过对各个动画的延时和定时设定，这就产生了复杂的效果。

CAAnimationGroup 本身是一个动画，它是 CAAnimation 的一个子类，因此它有 duration（持续时间）和其他动画特征。你可以把 CAAnimationGroup 看成"父亲"，其中的动画看成它的"孩子们"，那些"孩子"从它们的"父亲"那里继承默认值。例如，如果你不显式地设置一个"孩子"的持续时间，那么它将继承"父亲"的持续时间。另外，你要确保"父亲"的持续时间足够用来包含所有你想播放的"孩子"动画片段。

例如，下面我们将指南针旋转和指南针振动组合到一起。我们描述了第一个动画的完整形式（设置了 fromValue 和 toValue 值）。我们使用 beginTime 属性推迟播放第二个动画（注意：beginTime 采用的是相对值，不是基于 CACurrentMediaTime，而是基于"父亲"的持续时间的一个数）。最后，我们把"父亲"持续时间设为所有"孩子"持续时间的总和：

```
CompassLayer* c = (CompassLayer*)self.compass.layer;
// 获取当前值，设置终值
CGFloat rot = M PI/4.0;
[CATransaction setDisableActions:YES];
CGFloat current = [[c.theArrow valueForKeyPath:@"transform.rotation.z"]
floatValue];
[c.theArrow setValue: [NSNumber numberWithFloat: current + rot]
forKeyPath:@"transform.rotation.z"];
// 第一次动画 (旋转和弹响)
CABasicAnimation* anim1 = [CABasicAnimation
animationWithKeyPath:@"transform"];
anim1.duration = 0.8;
CAMediaTimingFunction* clunk =
[CAMediaTimingFunction functionWithControlPoints:.9 :.1 :.7 :.9];
anim1.timingFunction = clunk;
anim1.fromValue = [NSNumber numberWithFloat: current];
anim1.toValue = [NSNumber numberWithFloat: current + rot];
anim1.valueFunction = [CAValueFunction
functionWithName:kCAValueFunctionRotateZ];
```

```
    // 第二次动画（摇摆）
    NSMutableArray* values = [NSMutableArray array];
    [values addObject: [NSNumber numberWithFloat:0]];
    int direction = 1;
    for (int i = 20; i < 60; i += 5, direction *= -1) { // reverse direction each
time
        [values addObject: [NSNumber numberWithFloat: direction*M PI/(float)i]];
    }
    [values addObject: [NSNumber numberWithFloat:0]];
    CAKeyframeAnimation* anim2 =
    [CAKeyframeAnimation animationWithKeyPath:@"transform"];
    anim2.values = values;
    anim2.duration = 0.25;
    anim2.beginTime = anim1.duration;
    anim2.additive = YES;
    anim2.valueFunction = [CAValueFunction
functionWithName:kCAValueFunctionRotateZ];
    // 组
    CAAnimationGroup* group = [CAAnimationGroup animation];
    group.animations = [NSArray arrayWithObjects: anim1, anim2, nil];
    group.duration = anim1.duration + anim2.duration;
    [c.theArrow addAnimation:group forKey:nil];
```

此例中，我使两个动画归并为一组，使它们以相同属性按次序地播放。

下面我们组合一些动画，这些动画同时以不同属性播放。要实现的功能是帆船沿着它的曲线路径移动。我有一个小视图（56×38），定位在靠近屏幕的右上角，它的图层内容是一个面朝左的帆船图片。我将以曲线路径来向下"行驶"帆船，如图 15-2 所示。每当帆船到达曲线的顶点，就要改变方向，这时，我将转动帆船图片，因此它所朝向的路径就是将要移动的方向。同时，我将不断地摇晃船，因此它看上去总是在水波中颠簸。

图 15-2　船和它的航线

这个例子解释了带有 CGPath 的 CAKeyframeAnimation 的使用，kCAAnimationPaced 的 calculationMode 确保了整个行进的恒速。我们不用设置显示的持续时间，这是因为我们采用组的持续时间。

```
    CGFloat h = 200;
    CGFloat v = 75;
    CGMutablePathRef path = CGPathCreateMutable();
    int leftright = 1;
    CGPoint next = self.view.layer.position;
    CGPoint pos;
    CGPathMoveToPoint(path, NULL, next.x, next.y);
    for (int i = 0; i < 4; i++) {
```

```
    pos = next;
    leftright *= -1;
    next = CGPointMake(pos.x+h*leftright, pos.y+v);
    CGPathAddCurveToPoint(path, NULL, pos.x, pos.y+30, next.x, next.y-30,
    next.x, next.y);
}
CAKeyframeAnimation* anim1 = [CAKeyframeAnimation
animationWithKeyPath:@"position"];
anim1.path = path;
anim1.calculationMode = kCAAnimationPaced;
```

下面是第二个动画：逆转船面朝的方向。这是简单的绕 y 轴旋转。我们设置 calculationMode 为 kCAAnimationDiscrete（船的图片的逆转是一瞬间的改变，没有动画效果）。第一个动画是恒速，因此，逆转发生在曲线的每个顶点。我们也没有设置持续时间。

```
NSArray* revs = [NSArray arrayWithObjects:[NSNumber numberWithFloat:0],
[NSNumber numberWithFloat:M PI],
[NSNumber numberWithFloat:0],
[NSNumber numberWithFloat:M PI],nil];
CAKeyframeAnimation* anim2 =
[CAKeyframeAnimation animationWithKeyPath:@"transform"];
anim2.values = revs;
anim2.valueFunction = [CAValueFunction
functionWithName:kCAValueFunctionRotateY];
anim2.calculationMode = kCAAnimationDiscrete;
```

下面是第三个动画：船的摇晃。它的持续时间很短，而且不停地重复 （通过给 repeatCount 赋一个巨大的值）。

```
NSArray* pitches = [NSArray arrayWithObjects:[NSNumber numberWithFloat:0],
    [NSNumber numberWithFloat:M PI/60.0],
    [NSNumber numberWithFloat:0],
    [NSNumber numberWithFloat:-M PI/60.0],
    [NSNumber numberWithFloat:0],
    nil];
CAKeyframeAnimation* anim3 =
    [CAKeyframeAnimation animationWithKeyPath:@"transform"];
anim3.values = pitches;
anim3.repeatCount = HUGE VALF;
anim3.duration = 0.5;
anim3.additive = YES;
anim3.valueFunction = [CAValueFunction
functionWithName:kCAValueFunctionRotateZ];
```

最后，我们组合这三个动画，给组设置一个持续时间，该持续时间也会被前两个动画使用。当我们将动画交付给显示船的图层，我们也基于第一个动画的最终位置而改变了图层的位置，从而使它与最终位置相匹配，船才不会回到它的最初位置：

```
CAAnimationGroup* group = [CAAnimationGroup animation];
group.animations = [NSArray arrayWithObjects: anim1, anim2, anim3, nil];
group.duration = 8;
[view.layer addAnimation:group forKey:nil];
[CATransaction setDisableActions:YES];
view.layer.position = next;
```

下面是另外一些 CAAnimation 属性（来自 CAMediaTiming 协议）。当动画被组合的时候，你需要这些属性：

- speed：子时间标度和父时间标度之间的比例。例如，如果父动画和子动画有相同的持续时间，但是孩子的 speed 是 1.5，它的动画播放速度是父动画播放速度的 1.5 倍。
- fillMode：如果子动画播放开始于父动画播放之后，或者在父动画结束之前结束，或者同时满足这两者，那么，在子动画范围之外，动画的属性如何展现？这取决于子动画的fillMode：
  - ➢ kCAFillModeRemoved：只要子动画停止播放，子动画就会被删除，图层属性值就是当前值。
  - ➢ kCAFillModeForwards：子动画的最后展示层的数值被保留下来。
  - ➢ kCAFillModeBackwards：出现子动画的最初展示层的数值。
  - ➢ kCAFillModeBoth：结合前两者。

CALayer 遵循 CAMediaTiming 协议，因而图层能够有 speed（速度）。这将对任何附在图层上的动画都有影响。一个速度为 2 的 CALayer 可以在 5 秒钟内播放持续 10 秒的动画。

15.5.6 过渡

图层的过渡是一个图层的两个"副本"的动画。看上去，第二个"副本"替换第一个。它由 CATransition（CAAnimation 的一个子类）的实例来描述。CATransition 有以下主要属性来描述动画：

- type（类型）

  你的选择是：
  - ➢ kCATransitionFade
  - ➢ kCATransitionMoveIn
  - ➢ kCATransitionPush
  - ➢ kCATransitionReveal
- subtype（子类型）

  如果 type 不是 kCATransitionFade，你的选择是：
  - ➢ kCATransitionFromRight
  - ➢ kCATransitionFromLeft
  - ➢ kCATransitionFromTop
  - ➢ kCATransitionFromBottom

理解过渡动画的最好途径是一个个地试。例如：

```
CATransition* t = [CATransition animation];
t.type = kCATransitionPush;
t.subtype = kCATransitionFromBottom;
[view.layer addAnimation: t forKey: nil];
```

你将看到整个图层从它最初位置向下移动，逐渐消失，并且另一个相同图层的"副本"从顶部向下移动，逐渐呈现。在图 15-3 中，绿色的图层（大的矩形）是红色图层（小的矩形，出现了两次）的超图层。正常的情况下，红色图层显示在绿色图层的中间，图 15-3 是红色图层在过渡的中间状态。

图 15-3　一个推送过渡

你可以使用图层的超图层来限制图层过渡的可视部分。如果超图层的 masksToBounds 为 NO，用户可以看到完整的过渡，移动过程会将整个屏幕当做它的可视边界。但是，如果超图层的 masksToBounds 为 YES，那么过渡移动过程的可视部分将会被限制在超图层的边界。例如，在图 15-3 中，如果绿色图层的 masksToBounds 为 YES，在它的边界外面，我们将看不见过渡动画的任何部分。通常的设计是将要过渡的图层限制在超图层中，它将可视的过渡限制到图层本身的边界之内。

上面的例子中，图层的"副本"是完全一样的。一个典型的做法是改变图层的内容。我们对上例做些改变，让土星图片替换火星图片（从上面把火星图片推出图层边界）。我们得到一个滑动的效果，就好像一个图层正被另一个图层替换。事实上，只有一个图层承载第一幅图片，然后承载另一幅图片。

```
CATransition* t = [CATransition animation];
t.type = kCATransitionPush;
t.subtype = kCATransitionFromBottom;
[CATransaction setDisableActions:YES];
layer.contents = (id)[[UIImage imageNamed: @"Saturn.gif"] CGImage];
[layer addAnimation: t forKey: nil];
```

15.5.7　动画列表

如果你需要触发一个显式动画，那么你可以调用 CALayer 的 addAnimation:forKey 方法。为了理解该方法是怎样工作的，并且理解 key 的含义，你首先需要了解图层的动画列表（The Animation List）。

一个动画是一个 CAAnimation 对象，该对象修改一个图层的绘制方式。一个图层包含一个当前有效的动画列表。为了添加一个动画到该列表，调用 addAnimation:forKey:。当要对它自身绘图时，图层遍历它的动画列表并且绘制动画。

动画列表是以一种奇怪的方式被保存着。该列表不完全是一个字典，但颇像字典。动画有一个键——addAnimation:forKey:的第二个参数。如果某一个键的动画被添加到列表上，但是该键的动画已经存在于列表中，那么已经存在于该列表中的那个动画会被删除。即对于一个给定键，只能有一个动画存在于列表中（排他性规则）。这也是为什么有时插入一个动画后，系统删除了一个正在运行中的动画：这两个动画有相同的键，因此第一个动画被删除了。你还可以添加一个不带键的动画(键为 nil)，这样就不受制于排他性法则（即在列表中可以存在多个不带键的动画）。动画被添加到列表的顺序就是它们运行的顺序。

因此，addAnimation:forKey:中的 Key 参数不一定是一个属性名。它可以是一个属性名，但也可以是任意值。它的用途是执行排他性法则。它并不确定 CAPropertyAnimation 所动画的属性。那是动画的 keyPath 所要做的工作。读者不要被 key 搞混了。

为了访问动画列表，使用 animationKeys 访问列表中动画的键名，然后可以使用 animationForKey:和 removeAnimationForKey:方法获得或删除一个动画（该键所对应的动画）。系统不允许你访问 nil 键所对应的动画。但是，可以使用 removeAllAnimations 删除所有动画，包括 nil 键的动画。每个动画都有一个 removedOnCompletion 属性，默认是 YES。它的意思是，当播放结束后，就从列表中删除。在有些情况下，设置 removedOnCompletion 为 NO 以及设置动画的 fillMode 为 kCAFillModeForwards 或 kCAFillModeBoth 是有意义的：即使动画结束了，图层保持动画的最后"一帧"。需要注意的是，初学者有时使用上述方法来避免动画在结束时跳回到它的初始值。这是不正确的使用方式。正确的方法是改变属性值来匹配动画的最后一帧。

15.6 操 作

下面我们将解释隐式动画是怎么工作的。隐式动画的基础是操作机制(action mechanism)。

15.6.1 操作的含义

操作（Action）是一个遵循 CAAction 协议的对象。它实现了 runActionForKey:object:arguments:。CAAnimation 是唯一遵循 CAAction 协议的类。因此，一个动画是一个 action 的特殊情况(也是唯一情况)。

当动画收到 runActionForKey:object:arguments:消息时，它就假定第二个参数 object 是一个图层，并且将它本身添加到该图层的动画列表中。因此，对于一个收到 runActionForKey:object:arguments:消息的动画而言，就好像被告知："放映你自己吧！"。你将永远不会将 runActionForKey:object:arguments:消息直接发送给一个动画。相反，作为隐式动画的基础，系统发送该消息到一个动画上。

15.6.2 操作搜索

当你设置图层的某个属性并且触发一个隐式动画，实际上是触发操作搜索（The Action Search）。图层搜索一个可以对其发送 runActionForKey:object:arguments:消息的对象。由于操作对象将会是一个动画，并且由于它将通过添加它自己到一个图层的动画列表中来对该消息作出响应，所以，图层搜索就是搜索一个可以自己播放的动画。

图层搜索该动画的过程是相当复杂的。搜索一个操作对象是因为你做了某事而导致 actionForKey:消息发送给图层。例如，改变一个动画属性值。操作机制把属性的名称看成一个键，图层收到 actionForKey:（和前面的键）。操作搜索这就开始了。在操作搜索的各个阶段，系统遵从以下规则来返回各个阶段的结果：

- 一个操作对象（An action object）：
  如果一个操作对象（动画）产生了，那就结束搜索。操作机制发送 runActionForKey: object:arguments:消息给动画，作为响应，动画将它添加到图层的动画列表中。
- 空值（nil）：
  如果产生了空值，继续下一阶段搜索。
- [NSNull null]：
  如果[NSNull null]产生了，那么，不做任何事情，立即停止搜索。搜索结束了，而且没有隐式动画。

操作搜索按照如下步骤进行：

01 图层也许会在还没开始之前终止搜索。例如，如果图层是一个视图的底图层，或者如果属性被设置为相同值，它将不会搜索。在这种情况下，就没有隐式动画。

02 如果图层有一个委托，该委托实现了 actionForLayer:forKey:，那么该消息发送给委托（该图层是图层值，属性名是 key 值）。如果返回了一个动画或者[NSNull null]，那么搜索结束。

03 图层有一个 actions 属性，这是一个字典。对于给定的键，如果该字典有相应值，那么该值将被使用，并且搜索结束。

04 图层有个 style（样式）属性，也是一个字典。如果该字典上有给定的键 actions 所对应的值，那么，对于给定的键，若该 actions 字典有相应值，则该值将被使用，并且搜索结束。否则，如果 style 字典上有 style 值，那么，执行相同的搜索。以此类推，直到带有给定键的 actions 值被找到（则搜索结束），或者 style 值都找过了（则搜索继续进行）。

05 发送 defaultActionForKey:消息给图层类(属性名是键)，如果返回一个动画或[NSNull null]，则搜索终止。

06 如果搜索到达该处，就返回一个默认的动画。对于一个属性动画，这就是一个 CABasicAnimation。

委托的 actionForLayer:forKey: 和子类的 defaultActionForKey: 值被声明为返回一个 id<CAAction>。对于返回值为[NSNull null]，将需要强制转换它为 id<CAAction>。

15.6.3　深入到操作搜索

当搜索被触发后，你可以在不同阶段影响操作搜索来产生不同结果。例如，你让搜索的某个阶段产生一个动画（该动画将稍后被用到）。通过设置一个可动画的层属性，触发了搜索，你就影响了隐式动画。

假设我们想要某个图层的隐式 position（位置）动画的持续时间为 5s，那么，我们可以使用下述的语句来实现它：

```
CABasicAnimation* ba = [CABasicAnimation animation];
ba.duration = 5;
```

为了让其在 position（位置）属性上动画，将它放入图层的 actions 字典：

```
layer.actions = [NSDictionary dictionaryWithObject: ba forKey: @"position"];
```

结果是，当我们设置了图层的 position（位置），如果一个隐式动画发生了，那么它的持续时间为 5s，CATransaction 不能改变它。

```
[CATransaction setAnimationDuration:1];
layer.position = CGPointMake(100,200); // animation takes 5 seconds
```

下面让我们使用该例来分析操作机制是怎样使隐式动画工作。

01 你设置了图层的 position（位置）属性值。

02 如果你没有改变位置值，或者该图层是视图的底图层，那就到此结束。这是因为没有隐式属性动画。

03 否则，操作搜索开始了。因为这个例子没有委托，所以搜索是根据 actions 字典进行。

04 在 actions 字典中，键@ "position" 有对应的值 (因为我们将它放在那儿)，并且它是一个动画。该动画就是操作，并且搜索终结。

05 动画发送 runActionForKey:object:arguments:消息。

06 通过调用[object addAnimation:self forKey:@ "position"]，动画作出响应。动画的 keyPath 为 nil，该调用也将 keyPath 设置为相同的键。因此，现在有一个动画存在于图层的动画列表中，动画播放它的位置，因为它的 keyPath 是@ "position"。此外，我们没有设置 fromValue 或 toValue，因此以前的属性值和新值被派上用场了。那么动画显示图层从它当前位置移动到(100,200)。

为了让隐式动画在一些属性上禁用，你可以设置键值为[NSNull null]。另外，如果你设置图层的委托是对 actionForLayer:forKey:消息作出响应的实例，你的代码在动画需要时运行，并且你可以访问将要被动画播放的图层。因此，你可以动态地创建动画（随着当前情况的变化而变化）。

我们知道，CATransaction 采用 KVC，允许你设置和获取任意键的值。我们从设置属性值并触发操作搜索的代码上发送一个附加的消息到提供操作的代码段。这是可行的，因为它们都在相同的事务中发生。

在该例中，我使用图层委托来改变默认 position 动画，因此路径不是一条直线，而是稍微有些晃动。为了做到这点，委托构造了一个关键帧动画。动画依赖于旧位置值和新位置值；委托可以直接从图层中得到前者（之前位置值），但后者（新值）必须以某种方式被传递到委托。在这里，一个 CATransaction 键@ "newP" 被用来传递该信息。当我们设置图层的 position（位置）时，必须记住把它的未来值放在委托可以获得的地方，例如：

```
CGPoint newP = CGPointMake(200,300);
[CATransaction setValue: [NSValue valueWithCGPoint: newP] forKey: @"newP"];
layer.position = newP; // the delegate will waggle the layer into place
```

操作搜索调用委托来构建动画：

```
- (id < CAAction >)actionForLayer:(CALayer *)lay forKey:(NSString *)key {
    if ([key isEqualToString: @"position"]) {
        CGPoint oldP = layer.position;
```

```
            CGPoint newP = [[CATransaction valueForKey: @"newP"] CGPointValue];
            CGFloat d = sqrt(pow(oldP.x - newP.x, 2) + pow(oldP.y - newP.y, 2));
            CGFloat r = d/3.0;
            CGFloat theta = atan2(newP.y - oldP.y, newP.x - oldP.x);
            CGFloat wag = 10*M_PI/180.0;
            CGPoint p1 = CGPointMake(oldP.x + r*cos(theta+wag), oldP.y +
r*sin(theta+wag));
            CGPoint p2 = CGPointMake(oldP.x + r*2*cos(theta-wag), oldP.y +
r*2*sin(theta-wag));
            CAKeyframeAnimation* anim = [CAKeyframeAnimation animation];
              anim.values = [NSArray arrayWithObjects:[NSValue
valueWithCGPoint:oldP],
            [NSValue valueWithCGPoint:p1],
            [NSValue valueWithCGPoint:p2],
            [NSValue valueWithCGPoint:newP],
            nil];
            anim.calculationMode = kCAAnimationCubic;
            return anim;
        }
        return nil;
    }
```

下面我们将重载 defaultActionForKey:。该代码将被封装到一个 CALayer 子类中，该部分代码设置它的 contents（内容），这会触发一个从左边开始的 push transition（过渡）。

```
    +(id < CAAction >)defaultActionForKey:(NSString *)aKey {
        if ([aKey isEqualToString:@"contents"]) {
            CATransition* tr = [CATransition animation];
            tr.type = kCATransitionPush;
            tr.subtype = kCATransitionFromLeft;
            return tr;
        }
        return [super defaultActionForKey: aKey];
    }
```

15.6.4　非属性操作

改变一个属性不是触发一个操作搜索的唯一方式。当一个图层被加入到一个超图层中（键为 kCAOnOrderIn）时，并且当一个图层的子图层通过增减子图层（键为@"sublayers"）操作改变时，操作搜索同样被触发。我们可以关注委托中的这些键并且返回一个动画。

在下面这个例子中，当我们的图层被添加到超图层中，我们使它从视图中"跃出"，这是通过从不透明度为 0 开始快速衰退，同时对它进行放缩变换（使它瞬间稍微放大一点）来完成。

```
    - (id < CAAction >)actionForLayer:(CALayer *)lay forKey:(NSString *)key {
        if ([key isEqualToString:kCAOnOrderIn]) {
            CABasicAnimation* anim1 =[CABasicAnimation
animationWithKeyPath:@"opacity"];
            anim1.fromValue = [NSNumber numberWithFloat: 0.0];
            anim1.toValue = [NSNumber numberWithFloat: lay.opacity];
            CABasicAnimation* anim2 =[CABasicAnimation
animationWithKeyPath:@"transform"];
            anim2.toValue = [NSValue valueWithCATransform3D:
CATransform3DScale(lay.transform, 1.1, 1.1, 1.0)];
            anim2.autoreverses = YES;
            anim2.duration = 0.1;
```

```
        CAAnimationGroup* group = [CAAnimationGroup animation];
        group.animations = [NSArray arrayWithObjects: anim1, anim2, nil];
        group.duration = 0.2;
        return group;
    }
}
```

第 16 章　触摸和手势编程

iPad 和 iPhone 无键盘的设计是为屏幕争取到更多的显示空间。用户不再是隔着键盘发出指令。在触摸屏上的典型操作有：轻按（tap）某个图标来启动一个应用程序，向上或向下（也可以左右）拖移来滚动屏幕，将手指合拢或张开（pinch）来进行放大和缩小，等等。在邮件应用中，如果你决定删除收件箱中的某个邮件，那么你只需轻扫（swipe）要删除的邮件的标题，邮件应用程序会弹出一个删除按钮，然后你轻击这个删除按钮，这样就删除了邮件。

UIView 能够响应多种触摸操作。例如，UIScrollView 就能响应手指合拢或张开来进行放大和缩小。在程序代码上，我们可以监听某一个具体的触摸操作，并作出响应。简单来说，我们需要创建一个 UIGestureRecognizer 类的对象，或者是它的子类的对象。

- UILongPressGestureRecognizer: 长时间点某个对象。
- UIPanGestureRecognizer: 拖移一个对象。
- UIPinchGestureRecognizer: 在视图上将手指合拢或张开。
- UISwipeGestureRecognizer: 轻扫。
- UITapGestureRecognizer: 轻按（轻击）。

上述的每个类都能准确地检测到某一个动作。在创建了上述的对象之后，你使用addGestureRecognizer 方法把它传递给视图。当用户在这个视图上进行相应操作时，上述对象中的某一个方法就被调用。在本章，我们阐述如何编写代码来响应上述触摸操作。

本章从最基本的触摸开始讲解，然后讲述各个手势相关的编程。

16.1　触　摸

触摸就是用户把手指放到屏幕上。系统和硬件一起工作，知道手指什么时候触碰屏幕以及在屏幕中的触碰位置。UIView 是 UIResponder 的子类，触摸发生在 UIView 上。用户看到的和触摸到的是视图(用户也许能看到图层，但图层不是一个 UIResponder，它不参与触摸)。

触摸是一个 UITouch 对象，该对象被放在一个 UIEvent 中，然后系统将 UIEvent 发送到应用程序上。最后，应用程序将 UIEvent 传递给一个适当的 UIView。你通常不需要关心 UIEvent 和 UITouch。大多数系统视图会处理这些低级别的触摸，并且通知高级别的代码。例如，当 UIButton 发送一个动作消息报告一个 Touch Up Inside 事件，它已经汇总了一系列复杂的触摸动作 ("用户将手指放到按钮上，也许还移来移去，最后手指抬起来了")。UITableView 报告用户选择了一个表单元；当滚动 UIScrollView 时，它报告滚动事件。还有，有些界面视图只是自己响应触摸动作，而不通知你的代码。例如，当拖动 UIWebView 时，它仅滚动而已。

然而，知道怎样直接响应触摸是有用的，这样你可以实现你自己的可触摸视图，并且充分理解 Cocoa 的视图在做些什么。

16.1.1　触摸事件和视图

假设在一个屏幕上用户没有触摸。现在，用户用一个或更多手指接触屏幕。从这一刻开始到屏幕上没有手指触摸为止，所有触摸以及手指移动一起组成 Apple 所谓的多点触控序列。

在一个多点触控序列期间，系统向你的应用程序报告每个手指的改变，从而你的应用程序知道用户在做什么。每个报告是一个 UIEvent。事实上，在一个多点触控序列上的报告是相同的 UIEvent 实例。每一次手指发生改变时，系统就发布这个报告。每一个 UIEvent 包含一个或更多个的 UITouch 对象。每个 UITouch 对象对应一个手指。一旦某个 UITouch 实例表示一个触摸屏幕的手指，那么，在一个多点触控序列上，这个 UITouch 实例就被一直用来表示该手指（直到该手指离开屏幕）。

在一个多点触控序列期间，系统只有在手指触摸形态改变时才需要报告。对于一个给定的 UITouch 对象（即一个具体的手指），只有四件事情会发生。它们被称为触摸阶段，它们通过一个 UITouch 实例的 phase（阶段）属性来描述。

- UITouchPhaseBegan
  手指首次触摸屏幕，该 UITouch 实例刚刚被构造。这通常是第一阶段，并且只有一次。
- UITouchPhaseMoved
  手指在屏幕上移动。
- UITouchPhaseStationary
  手指停留在屏幕上不动。为什么要报告这个？一旦一个 UITouch 实例被创建，它必须在每一次 UIEvent 中出现。因此，如果由于其他某事发生（例如，另一个手指触摸屏幕）而发出 UIEvent，我们必须报告该手指在干什么，即使它没有做任何事情。
- UITouchPhaseEnded: 手指离开屏幕。和 UITouchPhaseBegan 一样，该阶段只有一次。该 UITouch 实例将被销毁，并且不再出现在多点触控序列的 UIEvents 中。

上述四个阶段足够用来描述手指能做的任何事情。实际上，还有一个可能的阶段：

- UITouchPhaseCancelled：系统已经摒弃了该多点触控序列，可能是由于某事打断了它。

那么，什么事情可能打断一个多点触控序列？这有很多可能性。也许用户在当中单击了 Home 按钮或者屏幕锁按钮。在 iPhone 上，一个电话进来了。所以，如果你自己正在处理触摸操作，那么你就不能忽略这个取消动作；当触摸序列被打断时，你可能需要完成一些操作。

当 UITouch 首次出现时(UITouchPhaseBegan)，你的应用程序定位与此相关的 UIView。该视图被设置为触摸的 view（视图）属性值。从那一刻起，该 UITouch 一直与该视图关联。一个 UIEvent 就被分发到 UITouch 的所有视图上。

16.1.2　接收触摸

作为一个 UIResponder 的 UIView，它继承与四个 UITouch 阶段对应的四种方法（各个阶段需要 UIEvent)。通过调用这四种方法中的一个或多个方法，一个 UIEvent 被发送给一个视图。

- touchesBegan:withEvent:
  一个手指触摸屏幕，创建一个 UITouch。
- touchesMoved:withEvent:
  手指移动了。
- touchesEnded:withEvent:
  手指已经离开了屏幕。
- touchesCancelled:withEvent:
  取消一个触摸操作。

这些方法的参数是:

- 相关的触摸
  这些是事件的触摸，它们存放在一个 NSSet 中。如果你知道这个集合中只有一个触摸，或者在集合中的任何一个触摸都可以，那么，你可以用 anyObject 来获得这个触摸。
- 事件
  它是一个 UIEvent 实例，它把所有触摸放在一个 NSSet 中，你可以通过 allTouches 消息来获得它们。这意味着所有的事件的触摸，包括但并不局限于在第一个参数中的那些触摸。它们可能是在不同阶段的触摸，或者用于其他视图的触摸。你可以调用 touchesForView: 或 touchesForWindow:来获得一个指定视图或窗口所对应的触摸的集合。

UITouch 有一些有用的方法和属性:

- locationInView:, previousLocationInView:
  在一个给定视图的坐标系上，该触摸的当前的或之前的位置。你感兴趣的视图通常是 self 或者 self.superview，如果是 nil，则得到相对于窗口的位置。仅当是 UITouchPhaseMoved 阶段时，你才会感兴趣之前的位置。
- timestamp
  最近触摸的时间。当它被创建（UITouchPhaseBegan）时，它有一个创建时间，当每次移动（UITouchPhaseMoved）时，也有一个时间。
- tapCount
  连续多个轻击的次数。如果在相同位置上连续两次轻击，那么，第二个被描述为第一个的重复，它们是不同的触摸对象，但第二个将被分配一个 tapCount，比前一个大 1。默认值为 1。因此，如果一个触摸的 tapCount 是 3，那么这是在相同位置上的第三次轻击（连续轻击三次）。
- View
  与该触摸相关联的视图。

这有一些 UIEvent 属性:

- Type

  主要是 UIEventTypeTouches。

- Timestamp

  当事件发生时的时间。

16.1.3 限制触摸

通过 UIApplication 的 beginIgnoringInteractionEvents，你可以在应用上关掉触摸事件。例如，在动画期间，你可能不希望应用响应触摸事件。endIgnoringInteractionEvents 重新开启触摸事件。还有，UIView 的许多高级属性同样限制触摸：

- userInteractionEnabled

  如果设为 NO，该视图（和它的子视图）不接收触摸事件。

- Hidden

  如果设为 YES，该视图（和它的子视图）不接收触摸事件。

- Opacity

  如果设为 0.0（或者接近该值），该视图（和它的子视图）不接收触摸事件。

- multipleTouchEnabled

  如果设为 NO，该视图不会同时接收多个触摸动作。一旦收到一个触摸，它不会接收后续的其他触摸，直到第一个触摸结束。

16.1.4 解释触摸

在 iOS 上，手势识别器来解释触摸，手势识别器做大部分工作。但是，为了帮助大家深刻地理解触摸，我们由一个可以被用户手指拖动的视图开始来解释触摸的原理。为了简单起见，我将假设该视图一次只接收一个单独的触摸（设置视图的 multipleTouchEnabled 为 NO 即可，该属性默认值也为 NO）。视图有一个中心（center 属性），是在超视图坐标系中的位置。用户的手指也许不在视图的中心。因此在拖动的每个阶段，我们必须使用实例变量同时记录视图的中心（在超视图坐标系中）以及用户的手指所在的位置（同样在超视图坐标系中）。然后，用户的手指移动多少，我们移动中心多少。因此，我们有两个状态变量 p 和 origC。

```
- (void) touchesBegan:(NSSet *)touches withEvent:(UIEvent *)event {
    self->p = [[touches anyObject] locationInView: self.superview];
    self->origC = self.center;
}
- (void) touchesMoved:(NSSet *)touches withEvent:(UIEvent *)event {
    CGPoint loc = [[touches anyObject] locationInView: self.superview];
    CGFloat deltaX = loc.x - self->p.x;
    CGFloat deltaY = loc.y - self->p.y;
    CGPoint c = self.center;
    c.x = self->origC.x + deltaX;
    c.y = self->origC.y + deltaY;
    self.center = c;
    self->p = [[touches anyObject] locationInView: self.superview];
    self->origC = self.center;
}
```

然后，我们添加一个限制：视图仅仅只能被垂直或水平拖动。我们所做的就是固定一边。哪一边呢？这取决于用户最初的动作。因此，在第一次收到 touchesMoved:withEvent:时，将做一个一次性的测试。现在，我们多了另外两个状态变量 decided 和 horiz。

```objc
- (void) touchesBegan:(NSSet *)touches withEvent:(UIEvent *)event {
    self->p = [[touches anyObject] locationInView: self.superview];
    self->origC = self.center;
    self->decided = NO;
}
- (void) touchesMoved:(NSSet *)touches withEvent:(UIEvent *)event {
    if (!self->decided) {
        self->decided = YES;
        CGPoint then = [[touches anyObject] previousLocationInView: self];
        CGPoint now = [[touches anyObject] locationInView: self];
        CGFloat deltaX = fabs(then.x - now.x);
        CGFloat deltaY = fabs(then.y - now.y);
        self->horiz = (deltaX >= deltaY);
    }
    CGPoint loc = [[touches anyObject] locationInView: self.superview];
    CGFloat deltaX = loc.x - self->p.x;
    CGFloat deltaY = loc.y - self->p.y;
    CGPoint c = self.center;
    if (self->horiz)
        c.x = self->origC.x + deltaX;
    else
        c.y = self->origC.y + deltaY;
    self.center = c;
    self->p = [[touches anyObject] locationInView: self.superview];
    self->origC = self.center;
}
```

最后，我们使其更具真实性，允许用户水平或垂直地"抛掷"视图。这就需要我们知道手指移动速度有多快。速度是一个位置改变和时间改变的函数。在上面的例子中，我们已经知道怎样获得位置；对于时间，我们可以从事件的 timestamp（时间戳）得到。使用最近两次的位置和时间戳，我们就可以获得最后的速度。因此，现在我们再记录两个状态变量：时间和速度。实际中我们将用到的速度是记录在 touchesMoved:withEvent:中的一个数据。然后，在 touchesMoved:withEvent:中，我们将动画播放该持续移动。

```objc
- (void) touchesBegan:(NSSet *)touches withEvent:(UIEvent *)event {
    self->p = [[touches anyObject] locationInView: self.superview];
    self->origC = self.center;
    self->decided = NO;
    self->time = event.timestamp;
}

- (void) touchesMoved:(NSSet *)touches withEvent:(UIEvent *)event {
    if (!self->decided) {
        self->decided = YES;
        CGPoint then = [[touches anyObject] previousLocationInView: self];
        CGPoint now = [[touches anyObject] locationInView: self];
        CGFloat deltaX = fabs(then.x - now.x);
        CGFloat deltaY = fabs(then.y - now.y);
        self->horiz = (deltaX >= deltaY);
    }
```

```
        CGPoint loc = [[touches anyObject] locationInView: self.superview];
        CGFloat deltaX = loc.x - self->p.x;
        CGFloat deltaY = loc.y - self->p.y;
        CGPoint c = self.center;
        if (self->horiz)
            c.x = self->origC.x + deltaX;
        else
            c.y = self->origC.y + deltaY;
        self.center = c;
        //
        CGFloat elapsed = event.timestamp - self->time;
        loc = [[touches anyObject] locationInView: self.superview];
        deltaX = loc.x - self->p.x;
        deltaY = loc.y - self->p.y;
        CGFloat delta = self->horiz ? deltaX : deltaY;
        self->speed = delta/elapsed;
        //
        self->p = [[touches anyObject] locationInView: self.superview];
        self->origC = self.center;
        self->time = event.timestamp;
    }

    - (void) touchesEnded:(NSSet *)touches withEvent:(UIEvent *)event {
        CGFloat sp = self->speed;
        NSString* property = self->horiz ? @"position.x" : @"position.y";
        CGFloat start = self->horiz ? self.layer.position.x :
self.layer.position.y;
        CGFloat dur = 0.1
        CGFloat end = start + sp * dur;
        CABasicAnimation* anim1 = [CABasicAnimation animationWithKeyPath:
property];
        anim1.duration = dur;
        anim1.fromValue = [NSNumber numberWithFloat: start];
        anim1.toValue = [NSNumber numberWithFloat: end];
        anim1.timingFunction =
          [CAMediaTimingFunction
functionWithName:kCAMediaTimingFunctionEaseOut];
        [CATransaction setDisableActions:YES];
        [self.layer setValue: [NSNumber numberWithFloat: end] forKeyPath:
property];
        [self.layer addAnimation: anim1 forKey: nil];
    }
```

该例子显示了不同触摸调用之间怎样相互作用以及我们怎样在调用之间保留状态。但是，到目前为止，我们还没有处理同时发生的多个触摸。下面我们修改这个程序，从而用户可以随意拖动屏幕上的视图。为了减少状态变量的数量，我们不记录调用间的两个值（在同一个坐标系上的视图中心和触摸位置），我们只记录它们之间的差值（也表示成一个点，尽管它实际上是一个 x 差分和一个 y 差分）：

```
    - (void) touchesBegan:(NSSet *)touches withEvent:(UIEvent *)event {
        // record delta between initial touch point and center, in a CGFloat ivar
        CGPoint initialTouch = [[touches anyObject] locationInView:
self.superview];
        self->p = CGPointMake(initialTouch.x - self.center.x,
        initialTouch.y - self.center.y);
    }
```

```
- (void) touchesMoved:(NSSet *)touches withEvent:(UIEvent *)event {
    CGPoint where = [[touches anyObject] locationInView: self.superview];
    where.x -= self->p.x;
    where.y -= self->p.y;
    self.center = where;
}
```

假设我们的视图的 multipleTouchEnabled 为 YES。用户开始是用一个手指拖动视图，但之后也许放下第二个手指，抬起初始的手指，并且继续用第二个手指拖动视图——该手指离中心的 delta 值是不同的。因此，我们将必须保存每个触摸手指离中心的 delta 值。我们使用一个字典对象来保存每个触摸的 delta 值。但是，我们不能使用 UITouch 对象作为 NSDictonary 中的一个键，因为一个 NSDictonary 复制它的键，所以我们想要的是标识 UITouch 对象的标志符。从一个 UITouch 对象，我们将得到一个唯一的标识，即表示它在内存中的位置的字符串，该字符串我们可以使用 stringWithFormat: 获得。因此，我们在 UITouch 上做一个 category，从而得到这个唯一的标识。

```
@interface UITouch (additions)
- (NSString*) uid;
@end
@implementation UITouch (additions)
- (NSString*) uid {
    return [NSString stringWithFormat: @"%p", self];
}
@end
```

下面我们在多个触摸期间维护我们的字典对象。在我们第一次触摸时创建它，并且在我们最后一次触摸消失时销毁它：

```
- (void) touchesBegan:(NSSet *)touches withEvent:(UIEvent *)event {
    // 如果它不存在就创建并且保留字典
    if (!self->d)
        self->d = [[NSMutableDictionary alloc] init];
    // 为字典中 "每一个" 新的触摸存储 delta
    for (UITouch* t in touches) {
        CGPoint initialTouch = [t locationInView: self.superview];
        CGPoint delta = CGPointMake(initialTouch.x - self.center.x,
        initialTouch.y - self.center.y);
        [d setObject: [NSValue valueWithCGPoint:delta] forKey:[t uid]];
    }
}

- (void) touchesMoved:(NSSet *)touches withEvent:(UIEvent *)event {
    // *任何*已经移动的触摸将要重定位我们自己
    UITouch* t = [touches anyObject];
    CGPoint where = [t locationInView: self.superview];
    CGPoint delta = [[self->d objectForKey: [t uid]] CGPointValue];
    where.x -= delta.x;
    where.y -= delta.y;
    self.center = where;
}

- (void) touchesEnded:(NSSet *)touches withEvent:(UIEvent *)event {
    // 移除 *每一个* 已经从我们字典中结束的触摸
    for (UITouch* t in touches)
        [self->d removeObjectForKey:[t uid]];
```

```
        // if *all* touches are gone, release dictionary, nilify pointer
        if (![self->d count]) {
            self->d = nil;
        }
    }

    - (void) touchesCancelled:(NSSet *)touches withEvent:(UIEvent *)event {
        self->d = nil;
    }
```

当视图移动时，如果是多个手指落下，那么它们也许移动了不同的距离。因此，我们应该在每次调用 touchesMoved:withEvent:时重新计算 delta 值。此外，如果用户放下两只手指并且移动一只，视图就会移动。如果我们决定不动的手指应该优先考虑，视图应该保持原位。那么，我们需要在 touchesMoved:withEvent:上添加一些新的代码，整个代码如下：

```
    - (void) touchesMoved:(NSSet *)touches withEvent:(UIEvent *)event {
        BOOL move = YES;
        // 如果触摸是固定的，就不动
        for (UITouch* t in [event touchesForView:self])
            if (t.phase == UITouchPhaseStationary)
                move = NO;
        if (move) {
        // *任何*已经移动的触摸将要重定位我们自己
        UITouch* t = [touches anyObject];
        CGPoint where = [t locationInView: self.superview];
        CGPoint delta = [[self->d objectForKey: [t uid]] CGPointValue];
        where.x -= delta.x;
        where.y -= delta.y;
        self.center = where;
        }
        //为字典中所有的触摸重新计算 deltas 值
        for (UITouch* t in [event touchesForView:self]) {
        CGPoint tpos = [t locationInView: self.superview];
        CGPoint delta = CGPointMake(tpos.x - self.center.x, tpos.y -
self.center.y);
            if ([d objectForKey:[t uid]])
                [d setObject: [NSValue valueWithCGPoint:delta] forKey:[t uid]];
        }
    }
```

在上面的代码中，我们使用字典来记录该视图的所有触摸。当字典为空的时候，我们知道所有触摸都消失了。如果你不使用一个字典对象，那么你可以比较 touchesEnded:withEvent:的第一个参数上的触摸的数量和视图上的触摸的数量。

```
    if ([touches count] == [[event touchesForView:self] count])
```

如果数量是相等的，那么视图关联的所有触摸已经到达 UITouchPhaseEnded（该视图没有任何触摸了）。

16.2 手势识别器

不管你是单击、双击、轻扫或者使用更复杂的操作，你都在操作触摸屏。iPad/iPhone 屏幕还可以同时检测出多个触摸，并跟踪这些触摸。例如：通过两个手指的捏合控制图片的放大和缩小。所有这些功能都拉近了用户与界面的距离，这也使我们之前的习惯随之改变。

手势（gesture）是指从你用一个或多个手指开始触摸屏幕，直到你的手指离开屏幕为止所发生的全部事件。无论你触摸多长时间，只要仍在屏幕上，你仍然处于某个手势中。触摸（touch）是指手指放到屏幕上。手势中的触摸数量等于同时位于屏幕上的手指数量（一般情况下，2~3 个手指就够用）。轻击是指用一个手指触摸屏幕，然后立即离开屏幕（不是来回移动）。系统跟踪轻击的数量，从而获得用户轻击的次数。在调整图片大小时，我们可以进行放大或缩小（将手指合拢或张开来进行放大和缩小）。

在 Cocoa 中，代表触摸对象的类是 UITouch。当用户触摸屏幕，产生相应的事件。我们在处理触摸事件时，还需要关注触摸产生时所在的窗口和视图。UITouch 类中包含有 LocationInView、previousLocationInView 等方法：

- LocationInView：返回一个 CGPoint 类型的值，表示触摸（手指）在视图上的位置。
- previousLocationInView：和上面方法一样，但除了当前坐标，还能记录前一个坐标值。
- CGRect：一个结构，它包含了一个矩形的位置（CGPoint）和尺寸（CGSize）。
- CGPoint：一个结构，它包含了一个点的二维坐标（CGFloatX，CGFloatY）。
- CGSize：包含长和宽（width、height）。
- CGFloat：所有浮点值的基本类型。

我们先来看一个不使用手势识别器的例子。假设我们要区分两个动作：一个是手指快速地轻击，另一个是手指停留在屏幕上多一会儿时间。我们不知道一个敲击持续多久才结束，因此我们是等待到结束时才决定是哪个动作。

```
- (void) touchesBegan:(NSSet *)touches withEvent:(UIEvent *)event {
    self->time = [[touches anyObject] timestamp];
}

- (void) touchesEnded:(NSSet *)touches withEvent:(UIEvent *)event {
    NSTimeInterval diff = event.timestamp - self->time;
    if (diff < 0.4)
        NSLog(@"short");
    else
        NSLog(@"long");
}
```

另一方面，如果用户的手指放在屏幕上很长时间 （超过例子上的 0.4 秒），因为我们知道它是后一个动作（long 动作），因此我们是否可以开始对它作出反应而不需要等它结束？有人就编写了如下的延迟代码：

```
- (void) touchesBegan:(NSSet *)touches withEvent:(UIEvent *)event {
    self->time = [[touches anyObject] timestamp];
    [self performSelector:@selector(touchWasLong) withObject:nil
```

```
afterDelay:0.4];
    }

- (void) touchesEnded:(NSSet *)touches withEvent:(UIEvent *)event {
    NSTimeInterval diff = event.timestamp - self->time;
    if (diff < 0.4)
        NSLog(@"short");
    }

- (void) touchWasLong {
    NSLog(@"long");
    }
```

上述代码有一个问题：系统总是调用 touchWasLong。下面我们使用 NSObject 的一个类方法来取消延时操作的调用：

```
- (void) touchesBegan:(NSSet *)touches withEvent:(UIEvent *)event {
    self->time = [[touches anyObject] timestamp];
    [self performSelector:@selector(touchWasLong) withObject:nil
afterDelay:0.4];
    }

- (void) touchesEnded:(NSSet *)touches withEvent:(UIEvent *)event {
    NSTimeInterval diff = event.timestamp - self->time;
    if (diff < 0.4) {
        NSLog(@"short");
        [NSObject cancelPreviousPerformRequestsWithTarget:self
          selector:@selector(touchWasLong)
          object:nil];
    }
    }

- (void) touchWasLong {
    NSLog(@"long");
    }
```

我们再看另一个例子：如何区别单击和双击。UITouch 的 tapCount 属性记录了轻击次数，但是，它本身不足以帮助我们对上述两个操作做出不同反应。在收到一个 tapCount 为 1 的轻击之后，我们应该做的是延时反应它，等待足够长时间来判断是否还有第二个轻击的到来。这里有一个潜在问题：如果用户只是单击一下，我们也需要浪费一些时间来等待是否有第二次轻击。

如果我们在 touchesBegan:withEvent:中判断出是一个双击，那么，我们应该取消对单击的延时反应。我们在 touchesEnded:withEvent:上对双击做出反应。也是在 touchesEnded:withEvent:上对一个单击做延时反应。我们关心的是两个轻击之间的时间。整个代码为：

```
- (void) touchesBegan:(NSSet *)touches withEvent:(UIEvent *)event {
    int ct = [[touches anyObject] tapCount];
    if (ct == 2) {
        [NSObject cancelPreviousPerformRequestsWithTarget:self
          selector:@selector(singleTap)
          object:nil];
    }
    }

- (void) touchesEnded:(NSSet *)touches withEvent:(UIEvent *)event {
    int ct = [[touches anyObject] tapCount];
    if (ct == 1)
        [self performSelector:@selector(singleTap) withObject:nil
afterDelay:0.3];
    if (ct == 2)
```

```
        NSLog(@"double tap");
}

- (void) singleTap {
    NSLog(@"single tap");
}
```

现在，让我们把上面的代码合并成一个复杂的例子。它可以检测三种手势：单击、双击和拖动。我们必须考虑到所有可能性并确保它们互不干涉。我们添加了一个状态变量来跟踪是轻击手势还是拖动手势：

```
- (void) touchesBegan:(NSSet *)touches withEvent:(UIEvent *)event {
    // 无法决定的
    self->decidedTapOrDrag = NO;
    // 准备轻击
    int ct = [[touches anyObject] tapCount];
    if (ct == 2) {
        [NSObject cancelPreviousPerformRequestsWithTarget:self
          selector:@selector(singleTap)
          object:nil];
        self->decidedTapOrDrag = YES;
        self->drag = NO;
        return;
    }
    // 准备拖曳
    self->p = [[touches anyObject] locationInView: self.superview];
    self->origC = self.center;
    self->decidedDirection = NO;
    self->time = event.timestamp;
}

- (void) touchesMoved:(NSSet *)touches withEvent:(UIEvent *)event {
    if (self->decidedTapOrDrag && !self->drag)
        return;
    self->decidedTapOrDrag = YES;
    self->drag = YES;
    if (!self->decidedDirection) {
        self->decidedDirection = YES;
        CGPoint then = [[touches anyObject] previousLocationInView: self];
        CGPoint now = [[touches anyObject] locationInView: self];
        CGFloat deltaX = fabs(then.x - now.x);
        CGFloat deltaY = fabs(then.y - now.y);
        self->horiz = (deltaX >= deltaY);
    }
    CGPoint loc = [[touches anyObject] locationInView: self.superview];
    CGFloat deltaX = loc.x - self->p.x;
    CGFloat deltaY = loc.y - self->p.y;
    CGPoint c = self.center;
    if (self->horiz)
        c.x = self->origC.x + deltaX;
    else
        c.y = self->origC.y + deltaY;
    self.center = c;
    //
    CGFloat elapsed = event.timestamp - self->time;
    loc = [[touches anyObject] locationInView: self.superview];
    deltaX = loc.x - self->p.x;
    deltaY = loc.y - self->p.y;
    CGFloat delta = self->horiz ? deltaX : deltaY;
    self->speed = delta/elapsed;
    //
    self->p = [[touches anyObject] locationInView: self.superview];
    self->origC = self.center;
```

```
            self->time = event.timestamp;
    }

    - (void) touchesEnded:(NSSet *)touches withEvent:(UIEvent *)event {
        if (!self->decidedTapOrDrag || !self->drag) {
            // end for a tap
            int ct = [[touches anyObject] tapCount];
            if (ct == 1)
                [self performSelector:@selector(singleTap) withObject:nil
afterDelay:0.3];
            if (ct == 2)
                NSLog(@"double tap");
            return;
        }
        // 结束拖曳
        CGFloat sp = self->speed;
        NSString* property = self->horiz ? @"position.x" : @"position.y";
        CGFloat start = self->horiz ? self.layer.position.x :
self.layer.position.y;
        CGFloat dur = 0.1;
        CGFloat end = start + sp * dur;
        CABasicAnimation* anim1 = [CABasicAnimation animationWithKeyPath:
property];
        anim1.duration = dur;
        anim1.fromValue = [NSNumber numberWithFloat: start];
        anim1.toValue = [NSNumber numberWithFloat: end];
        anim1.timingFunction =
            [CAMediaTimingFunction
functionWithName:kCAMediaTimingFunctionEaseOut];
        [CATransaction setDisableActions:YES];
        [self.layer setValue: [NSNumber numberWithFloat: end] forKeyPath:
property];
        [self.layer addAnimation: anim1 forKey: nil];
    }

    - (void) singleTap {
        NSLog(@"single tap");
    }
```

上述代码比较复杂，而且还很难说是否覆盖了所有的可能性。下面我们看看怎样使用手势识别器简单地完成相同功能。

16.2.1 手势识别器类

一个手势识别器是 UIGestureRecognizer 的子类。UIView 针对手势识别器有 addGestureRecognizer 与 removeGestureRecognizer 方法和一个 gestureRecognizers 属性。UIGestureRecognizer 不是一个响应器(UIResponder)，因此它不参与响应链。当一个新触摸发送给一个视图时，它同样被发送到视图的手势识别器和超视图的手势识别器，直到视图层次结构中的根视图。

UITouch 的 gestureRecognizers 列出了当前负责处理该触摸的手势识别器。UIEvent 的 touchesForGestureRecognizer 列出了当前被特定的手势识别器处理的所有触摸。

当触摸事件发生了，其中一个手势识别器确认了这是它自己的手势时，它发出一条(例如：用户轻击视图)或多条消息(例如：用户拖动视图)；这里的区别是一个离散的还是连续的手势。手势识别器发送什么消息，对什么对象发送，这是通过手势识别器上的一个"目标—操作"调度表来设置的。一个手势识别器在这一点上非常类似一个 UIControl（不同的是一个控制可能报告几种不同的控制事件，然而每个手势识别器只报告一种手势类型，不同手势由不同的手势识别器报告）。

UIGestureRecognizer 本身是一个抽象类，提供方法和属性给它的子类，包含以下这些。

- initWithTarget:action

  指定的初始化器。这确定了发送什么操作消息给什么目标对象。可由 addTarget:action:添加更多的"目标-操作"，由 removeTarget:action:删除不需要的"目标-操作"。选择器有两种形式：要么没有参数，要么有一个手势识别器参数。通常，你将使用第二种情形，因此目标可以识别和访问手势识别器。此外，使用第二种形式同样能获得视图信息，这是因为手势识别器的 view（视图）属性提供对它的视图的引用。

- locationOfTouch:inView

  一个触摸是由索引号指定。numberOfTouches 属性提供当前触摸的个数。

- enabled

  这可以关掉手势识别器，而不用从视图中删除它。

- state、view

  视图是手势识别器附属的视图。

系统的 UIGestureRecognizer 子类提供六种常见的手势类型：轻击、挤压、拖动、划动、旋转和长按，具体如下。

- UITapGestureRecognizer（离散的）

  配置: numberOfTapsRequired，numberOfTouchesRequired（"touches"表示同时接触的手指）。

- UIPinchGestureRecognizer（连续的）

  状态: 比例（scale），速度（velocity）。

- UIRotationGestureRecognizer（连续的）

  状态: 旋转（rotation），速度（velocity）。

- UISwipeGestureRecognizer（离散的）

  配置: direction（表示允许的方向，位掩码表示），numberOfTouchesRequired。

- UIPanGestureRecognizer（连续的）

  配置: minimumNumberOfTouches，maximumNumber OfTouches。状态: translationInView:，setTranslation:inView:和 velocityInView:；使用指定视图的坐标系，因此为了跟踪手指，你将使用正被拖动的视图的超视图。

- UILongPressGestureRecognizer（连续的）

  配置: numberOfTapsRequired，numberOfTouchesRequired，minimumPressDuration 和 allowableMovement。numberOfTapsRequired 是轻击的次数。

UIGestureRecognizer 也提供了一个 locationInView:方法。例如，对 UIPanGestureRecognizer 来说，如果是一个触摸，这就是触摸所在的位置；如果是多点触摸，它就是一个中点（centroid）。使用一个识别器来响应单击或双击的代码如下。下面是对单击做出响应的代码：

```
UITapGestureRecognizer* t = [[UITapGestureRecognizer alloc]
   initWithTarget:self   action:@selector(singleTap)];
[view addGestureRecognizer:t];
// …
```

```
- (void) singleTap {
    NSLog(@"single");
}
```

以下是对双击做出响应的代码：

```
UITapGestureRecognizer* t = [[UITapGestureRecognizer alloc]
    initWithTarget:self   action:@selector(doubleTap)];
t.numberOfTapsRequired = 2;
[view addGestureRecognizer:t];
// …
- (void) doubleTap {
    NSLog(@"double");
}
```

对一个类似拖动的连续手势来说，我们需要同时知道手势什么时候进行以及什么时候结束。这就需要知道手势识别器的状态。手势识别器采用状态的概念（state 属性）。它在一个确定的过程中遍历这些状态。下面列出了可能的过程。

- 错误手势

  Possible→Failed。没发送动作消息。
- 离散手势（如轻击），被识别

  Possible→Ended。当状态变为 Ended 时，发送了一个动作消息。
- 连续手势（如拖动），被识别

  Possible→Began→Changed（重复多次）→Ended。对于 Began，发送一次动作消息；对于 Changed，有必要发几次就发几次；对于 Ended，只发送一次。
- 连续手势，被识别但稍后被取消

  Possible→Began→Changed（重复多次）→Cancelled。对于 Began，发送一次动作消息；对于 Changed，有必要发几次就发几次；对于 Ended，只发送一次。

实际的阶段名称为 UIGestureRecognizerStatePossible 等。下面我们采用一个手势识别器来实现一个视图，该视图自身可以用一个手指朝任意方向被拖动。我们的状态维护非常简单，因为 UIPanGestureRecognizer 为我们维护一个 delta 值（变化值）。这个值是以触摸的初始位置估算出来的。我们使用 translationInView: 获得该 delta 值。代码如下：

```
UIPanGestureRecognizer* p = [[UIPanGestureRecognizer alloc]
    initWithTarget:self  action:@selector(dragging:)];
[view addGestureRecognizer:p];
// ...
- (void) dragging: (UIPanGestureRecognizer*) p {
    UIView* v = p.view;
    if (p.state == UIGestureRecognizerStateBegan)
        self->origC = v.center;
    CGPoint delta = [p translationInView: v.superview];
    CGPoint c = self->origC;
    c.x += delta.x; c.y += delta.y;
    v.center = c;
}
```

实际上，你可能根本不用保存任何状态，因为我们可以使用 setTranslation:inView:方法重设 UIPanGestureRecognizer 的 delta。因此，代码修改为：

```
- (void) dragging: (UIPanGestureRecognizer*) p {
    UIView* v = p.view;
    if (p.state == UIGestureRecognizerStateBegan ||
      p.state == UIGestureRecognizerStateChanged) {
        CGPoint delta = [p translationInView: v.superview];
        CGPoint c = v.center;
        c.x += delta.x; c.y += delta.y;
        v.center = c;
        [p setTranslation: CGPointZero inView: v.superview];
    }
}
```

如果一个手势识别器放在视图的超视图（或层次结构的更高位置）上，手势识别器同样也有效。例如，一个轻击手势识别器被加到窗口上，用户可以轻击窗口中的任何视图，该轻击将被识别；视图的存在不会"阻挡"窗口去识别手势。

16.2.2　多手势识别器

当多手势识别器参与时，结果会怎么样呢？这不仅仅是将多个识别器加到一个视图的问题。如果一个视图被触摸，那么，不仅仅是它自身的手势识别器参与进来，同时，任何在视图层次结构中更高位置的视图的手势识别器也将参与进来。我倾向于把一个视图想象成被一群手势识别器围绕：它自带的以及它的超视图的等。在现实中，一个触摸的确有一群手势识别器。那就是为什么 UITouch 有一个 gestureRecognizers 属性，该属性名以复数形式。

通常，一旦一个手势识别器成功识别它的手势，任何其他的关联该触摸的手势识别器被强制设为 Failed 状态。识别该手势的第一个手势识别器从那一刻起拥有手势和那些触摸。系统通过这个方式来消除冲突。例如，我们可以同时给单击增加 UITapGestureRecognizer 以及给一个视图增加 UIPanGestureRecognizer。如果我们也将 UITapGestureRecognizer 添加给一个双击手势，这将发生什么？双击不能阻止单击发生。因此，对于双击，单击动作和双击动作都被调用，那不是我们所希望的。我们没必要使用前面所讲的延时操作。我们可以构建一个手势识别器与另一个手势识别器之间的依赖关系，告诉第一个手势识别器暂停判断直到第二个已经确定这是否是它的手势。这通过向第一个手势识别器发送 requireGestureRecognizerToFail:消息来实现。该消息不是 "强迫该识别器识别失败"；它表示"在第二个识别器失败之前你不能成功"。我们的视图代码如下：

```
UITapGestureRecognizer* t2 = [[UITapGestureRecognizer alloc]
    initWithTarget:self  action:@selector(doubleTap)];
t2.numberOfTapsRequired = 2;
[view addGestureRecognizer:t2];
UITapGestureRecognizer* t1 = [[UITapGestureRecognizer alloc]
    initWithTarget:self  action:@selector(singleTap)];
[t1 requireGestureRecognizerToFail:t2];
[view addGestureRecognizer:t1];
UIPanGestureRecognizer* p = [[UIPanGestureRecognizer alloc]
    initWithTarget:self  action:@selector(dragging:)];
[view addGestureRecognizer:p];
```

16.2.3　给手势识别器添加子类

为了创建一个手势识别器的子类，你必须做这些事情：

● 在实现文件的开始，导入 <UIKit/UIGestureRecognizerSubclass.h>。该文件包含一个 UIGestureRecognizer 的 category，从而你就能够设置手势识别器的状态。这个文件还包含你可能需要重载的方法的声明。

● 重载触摸方法（就好像手势识别器是一个 UIResponder）。你调用 super 来执行父类的方法，从而手势识别器设置它的状态。

例如，我们给 UIPanGestureRecognizer 创建一个子类，从而水平或垂直移动一个视图。我们创建两个 UIPanGestureRecognizer 的子类：一个只允许水平移动，并且另一个只允许垂直移动。它们是互斥的。下面我们只列出水平方向拖动的手势识别器的代码（垂直识别器的代码类似）。我们只维护一个实例变量，该实例变量用来记录用户的初始移动是否是水平的。我们重载 touchesBegan:withEvent:来设置实例变量为第一个触摸的位置。

```
- (void) touchesBegan:(NSSet *)touches withEvent:(UIEvent *)event {
    self->origLoc = [[touches anyObject] locationInView:self.view.superview];
    [super touchesBegan: touches withEvent: event];
}
```

然后我们重载 touchesMoved:withEvent:方法。所有的识别逻辑都在这个代码里。该方法第一次被调用时，它的状态应该是 Possible。这时，我们关注的是用户的移动是垂直方向的，还是水平方向的。如果都不是，我们设置状态为 Failed；如果是，我们就计超类做它的事情。代码如下：

```
- (void) touchesMoved:(NSSet *)touches withEvent:(UIEvent *)event {
    if (self.state == UIGestureRecognizerStatePossible) {
        CGPoint loc = [[touches anyObject] locationInView:self.view.superview];
        CGFloat deltaX = fabs(loc.x - origLoc.x);
        CGFloat deltaY = fabs(loc.y - origLoc.y);
        if (deltaY >= deltaX)
            self.state = UIGestureRecognizerStateFailed;
    }
    [super touchesMoved: touches withEvent:event];
}
```

我们现在有了一个视图：仅当用户的初始手势是水平方向时，视图才移动。我们还需要保证它本身只是水平移动。重载 translationInView:方法如下：

```
- (CGPoint)translationInView:(UIView *)v {
    CGPoint proposedTranslation = [super translationInView:v];
    proposedTranslation.y = 0;
    return proposedTranslation;
}
```

上面的例子很简单，这是因为 UIGestureRecognizer 帮助我们实现了大多数功能。如果你从头自己编写 UIGestureRecognizer 的功能，这将有很多的工作。

16.2.4 手势识别器委托

一个手势识别器可以有一个委托，该委托可以执行两种任务：

● 阻止一个手势识别器的操作

在手势识别器发出 Possible 状态之前，gestureRecognizerShouldBegin 被发送给委托；返回 NO 来强制手势识别器转变为 Failed 状态。在一个触摸被发送给手势识别器的 touchesBegan:...方法之前，gestureRecognizer:shouldReceiveTouch 被发送给委托；返回 NO 来阻止该触摸被发送给手势识别器。

● 调解同时手势识别

当一个手势识别器正要宣告它识别出了它的手势时，如果该宣告将强制另一个手势识别器失败，那么，系统发送 gestureRecognizer:shouldRecognizeSimultaneouslyWithGestureRecognizer: 给手势识别器的委托，并且也发送给被强制设为失败的手势识别器的委托。返回 YES 就可以阻止失败，从而允许两个手势识别器同时操作。例如，一个视图能够同时响应两手指的按压以及两手指拖动，一个是放大或者缩小，另一个是改变视图的中心（从而拖动视图）。

作为一个例子，我使用委托消息来将 UILongPressGestureRecognizer 和 UIPanGestureRecognizer 结合起来：用户必须轻击并按住手指来"得到视图的注意"（这时，在视图上出现一个动画），然后用户才可以拖动视图。当我们创建手势识别器时，我们将保持对 UILongPressGestureRecognizer 的引用，并且我们把我们自己设为手势识别器 UIPanGestureRecognizer 的委托：

```
UIPanGestureRecognizer* p = [[UIPanGestureRecognizer alloc]
   initWithTarget:self  action:@selector(panning:)];
UILongPressGestureRecognizer* lp = [[UILongPressGestureRecognizer alloc]
   initWithTarget:self  action:@selector(longPress:)];
lp.numberOfTapsRequired = 1;
[view addGestureRecognizer:p];
[view addGestureRecognizer:lp];
self.longPresser = lp;
p.delegate = self;
```

UILongPressGestureRecognizer 的处理程序将完成动画的开始和停止，UIPanGestureRecognizer 的处理程序将处理拖动行为：

```
- (void) longPress: (UILongPressGestureRecognizer*) lp {
    if (lp.state == UIGestureRecognizerStateBegan) {
       CABasicAnimation* anim =
         [CABasicAnimation animationWithKeyPath: @"transform"];
       anim.toValue =
         [NSValue valueWithCATransform3D:CATransform3DMakeScale(1.1, 1.1,
1)];
       anim.fromValue =
         [NSValue valueWithCATransform3D:CATransform3DIdentity];
       anim.repeatCount = HUGE VALF;
       anim.autoreverses = YES;
       [lp.view.layer addAnimation:anim forKey:nil];
    }
    if (lp.state == UIGestureRecognizerStateEnded) {
       [lp.view.layer removeAllAnimations];
    }
}
- (void) panning: (UIPanGestureRecognizer*) p {
    UIView* v = p.view;
    if (p.state == UIGestureRecognizerStateBegan)
       self->origC = v.center;
```

```
        CGPoint delta = [p translationInView: v.superview];
        CGPoint c = self->origC;
        c.x += delta.x; c.y += delta.y;
        v.center = c;
    }
```

对于 UIPanGestureRecognizer 的委托，当 UILongPressGestureRecognizer 的状态为 Failed 或仍然是 Possible 时，如果 UIPanGestureRecognizer 试图声明成功，那么我们将阻止它。如果 UILongPressGestureRecognizer 成功，我们允许 UIPanGestureRecognizer 操作。代码如下：

```
    - (BOOL) gestureRecognizerShouldBegin: (UIGestureRecognizer*) g {
        if (self.longPresser.state == UIGestureRecognizerStatePossible ||
          self.longPresser.state == UIGestureRecognizerStateFailed)
            return NO;
        return YES;
    }
    - (BOOL)gestureRecognizer: (UIGestureRecognizer*) g1
    shouldRecognizeSimultaneouslyWithGestureRecognizer: (UIGestureRecognizer*)
    g2 {
        return YES;
    }
```

我们使用 UIPanGestureRecognizer 的 translationInView:方法来移动视图。如果你在创建一个手势识别器的子类，你可以通过重载 canPreventGestureRecognizer: 和 canBePreventedByGesture-Recognizer:在类级别上实现多个手势识别。系统的手势识别器已经实现了这个功能。例如，numberOfTapsRequired 为 1 的 UITapGestureRecognizer 不会导致 numberOfTapsRequired 为 2 的 UITapGestureRecognizer 失败。

在一个手势识别器子类中，你可以直接将 ignoreTouch:forEvent:发送给一个手势识别器。这和委托方法 gestureRecognizer:shouldReceiveTouch:返回 NO 的效果一样。这就阻止了将触摸交付给手势识别器。例如，如果你正在处理一个手势，这时候一个新的触摸到达，你也许选择忽略新的触摸。

16.3 触摸的发送

现在让我们返回到最开始的触摸报告过程：当系统发送给应用程序一个包含触摸的 UIEvent，并把触摸交付给视图和手势识别器的完整过程。当用户将手指触摸屏幕并且触摸事件到达应用程序，应用程序按照一个标准的过程交付触摸给视图和手势识别器。

01 应用程序调用窗口上的 UIView 的实例方法 hitTest:withEvent:，该方法返回将要与该触摸关联的视图（称为 hit-test 视图）。该方法递归调用 UIView 实例方法 pointInside:withEvent: 和 hitTest:withEvent:，朝着视图层次结构向下找到最底层的包含触摸的位置和能够收到触摸的视图。

02 在确定每个触摸的 hit-test 视图后，应用程序调用它自己的 sendEvent:，该应用程序依次调用窗口的 sendEvent:。窗口通过调用合适的触摸方法交付触摸，具体如下：

①当一个触摸首次出现，它被交付给 hit-test 视图的一群手势识别器。然后也被交付给视图。

②阻止触摸的逻辑被视图采用(但不被手势识别器采用)。例如，新的触摸不会交付给视图，如

果该视图当前有一个触摸并且 multipleTouchEnabled 被设为 NO(但它们将会被交付给视图的手势识别器群)。

③如果一个手势被手势识别器识别，那么对任何与该手势识别器关联的触摸：

● touchesCancelled:forEvent:被发送到触摸的视图，并且该触摸不再发送给视图。
● 如果该触摸和任何其他手势识别器关联，该手势识别器强制失败。

④如果一个手势识别器失败了，要么因为它声明失败，要么因为它被强制失败，它的触摸将不再交付给它，但它们继续被交付给视图。

⑤如果一个触摸将被交付给视图，但该视图不对触摸方法作出响应，响应链上的更高层的对象被选出来响应，并且该触摸被交付到那里。

本章余下部分对上述标准过程的每个阶段作详细说明。

16.3.1　命中测试

命中测试（Hit-Testing）决定用户触摸了哪个视图。视图的命中测试使用 UIView 实例方法 hitTest:withEvent:，该方法返回一个视图（命中测试的视图）或者返回空。这是找到包含触摸点的最前面的视图。该方法使用递归算法，具体如下：

01 一个视图的 hitTest:withEvent:首先调用它的子视图的相同方法（如果它有子视图的话），因为一个子视图被认为在超视图的前面。子视图被倒序地访问。因此，如果两个兄弟视图重叠，前面的一个首先被击中。

02 当一个视图命中测试它的子视图，如果任何一个子视图通过返回一个视图作出响应，那么，它停止询问它的子视图，并且立即返回该视图。因此，这个声明自己是击中视图的第一个视图立即到达调用链的顶部，它就是命中测试的视图。

03 如果一个视图没有子视图，或者它的所有子视图返回空(即它们和它们的子视图都没有击中)，那么视图调用自己的 pointInside:withEvent:方法。如果该调用证明触摸是在本视图内，则视图返回它自己，声明它自己就是击中视图；否则它返回空。

如果一个视图的 userInteractionEnabled 为 NO，或者它的 hidden 为 YES，或它的透明度接近 0.0，那么，不需要命中测试它的任何子视图并且不需要调用 pointInside:withEvent:，它总是返回空。还有，命中测试根本不知道 multipleTouchEnabled（因为它包括多点触控）和 exclusiveTouch（因为它的行为包括多个视图）。

你可以自己重载 hitTest:withEvent:来定制触摸交付机制。在调用 hitTest:withEvent:时，提供（消息发送给的）视图的坐标系上的一个点。第二个参数可以为空（如果你没有事件的话）。例如，假设我们有一个自带两个 UIImageView 子视图的 UIView。我们想要在任何一个 UIImageView 上探测到轻击手势，但是我们想要在 UIView 上操作它。这时，我们可以将 UITapGestureRecognizer 附加到 UIView 上。我们怎样得知轻击发生在哪个子视图上？我们第一步是对两个 UIImageViews 的 userInteractionEnabled 设为 YES （该步很关键。UIImageView 的默认值为 NO。一个 userInteractionEnabled 为 NO 的视图将不会是 hitTest:withEvent:的返回结果） 。现在，当我们的手势识别器的操作句柄被调用时，该视图可以使用命中测试来决定轻击的地方：

```
CGPoint p = [g locationOfTouch:0 inView:self]; // g is the gesture recognizer
UIView* v = [self hitTest:p withEvent:nil];
```

命中测试可以被用来在界面的某区域内开启或关闭交互的一种方法。通过该方法，我们可以产生某些不常见的效果。例如：

● 如果一个超视图包含一个 UIButton，但 hitTest:withEvent:不返回 UIButtom，该按钮不会被轻击。
● 你重载 hitTest:withEvent:来返回自己，从而使得所有子视图不可触摸。
● 一个 userInteractionEnabled 为 NO 的视图可以打破常规，从而命中测试返回它自己（它自己成为命中测试视图）。

1. 图层的命中测试

图层也有命中测试。它不自动发生，而是由你决定。通过命中测试，你可以发现哪个图层收到一个触摸。为了命中测试图层，你可以在一个图层上调用 hitTest:（参数是超图层坐标系上的一个点）。要记住的是，图层并不接收触摸，触摸发送给视图而不是图层。到此为止，除了因为它是视图的底层并且由于它的视图收到触摸事件，图层完全是不可触摸的。无论图层会出现在哪里，触摸是发生在图层的视图上。

这些你需要命中测试的图层，它们本身不是任何视图的底图层，从而你不能通过正常的视图命中测试发现这些图层。所有图层（包括属于某个视图的底图层的图层）都是图层层次结构中的一部分。因此，命中测试图层的方式可以是从最高层的图层着手（即窗口的图层）。在下面的例子中，我们给 UIWindow 添加一个子类并且重载它的 hitTest:withEvent:方法，因此，每当视图有命中测试的时候，我们也都可以对图层进行命中测试：

```
- (UIView*) hitTest:(CGPoint)point withEvent:(UIEvent *)event {
    CALayer* lay = [self.layer hitTest:point];
    //…可能对那个信息做一些事情 ...
    return [super hitTest:point withEvent:event];
}
```

因为这是窗口，视图的命中测试点被看做图层的命中测试点；窗口边界是屏幕边界。但是你得经常转换为超图层的坐标系。我们回到前面开发的 CompassView 例子。在此例中，指南针的所有部分都是图层；我们想知道用户是否轻击箭头图层。为了简单起见，我们给 CompassView 一个 UITapGestureRecognizer，并且这就是它的操作处理。我们转换到超视图的坐标系，因为这些也是我们的图层的超图层的坐标系：

```
// self 是指南针视图
CGPoint p = [t locationOfTouch: 0 inView: self.superview];
CALayer* hit = [self.layer hitTest:p];
if (hit == ((CompassLayer*)self.layer).theArrow) // ...
```

图层命中测试可以通过调用 containsPoint:完成。然而，containsPoint:需要在图层的坐标系中的一个点。因此你必须首先转为超图层的坐标系：

```
    BOOL hit = [lay containsPoint: [lay convertPoint:point
fromLayer:lay.superlayer]];
```

2. 对绘图的命中测试

命中测试并不知道具体的绘图区域和透明区域，只要命中的区域在视图或图层之内，这就算被命中。对于上述的例子，用户也许并没有轻击在箭头的绘图上，但是，我们也算击中箭头（只要击中所在的图层即可）。如果你知道绘制的区域（使用 **CGPath** 记录），那么，你可以使用 CGPathContainsPoint 测试一个点是否在其中。因此，对一个图层，你可以重载 hitTest：

```
- (CALayer*) hitTest:(CGPoint)p {
    CGPoint pt = [self convertPoint:p fromLayer:self.superlayer];
    CGMutablePathRef path = CGPathCreateMutable();
    // ... 在这里绘制路径 ...
    CALayer* result = CGPathContainsPoint(path, NULL, pt, true) ? self : nil;
    CGPathRelease(path);
    return result;
}
```

3. 动画中的命中测试

如果视图或图层的位置是可以以动画的形式变动的，并且你希望用户可以在上面轻击，那么，你将需要命中测试显式层（presentation layer）。在下面这个例子中，我们有一个包含子视图的超视图。为了允许让用户在子视图中轻击（即使当子视图在动画播放时），我们修改超视图的 hitTest 方法为：

```
- (UIView*) hitTest:(CGPoint)point withEvent:(UIEvent *)event {
    // v 是动画子视图
    CALayer* lay = [v.layer presentationLayer];
    CALayer* hitLayer = [lay hitTest: point];
    if (hitLayer == lay)
        return v;
    UIView* hitView = [super hitTest:point withEvent:event];
    if (hitView == v)
        return self;
    return hitView;
}
```

如果用户在显式图层的外部轻击，我们不能简单调用 super，因为用户敲击的位置也许是子视图实际上已经移到的位置，在这种情况下 super 将报告它轻击了子视图。因此，如果 super 报告了这点，那么，我们应该返回 self（我们就是正在动画子视图所到的新位置上的对象）。

16.3.2　初始的触摸事件发送

通过调用 sendEvent:把触摸事件传递给 UIApplication 实例，　UIApplication 调用它的 sendEvent:将它传递给相关的 UIWindow。然后 UIWindow 执行复杂的逻辑，这些逻辑是检查命中测试的视图和它的超视图、它们的手势识别器，从而决定它们当中的谁应该接收这个触摸消息。最后发送该消息给对象。

16.3.3　手势识别器和视图

当一个触摸首次出现并且被发送给手势识别器，它同样被发送给它的命中测试视图，触摸方法同时被调用。如果一个视图的所有手势识别器不能识别出它们的手势，那么，视图的触摸处理就继续。然而，如果手势识别器识别出它的手势，视图就接到 touchesCancelled:withEvent:消息，视图也不再接收后续的触摸。如果一个手势识别器不处理一个触摸（如使用 ignoreTouch:forEvent:方法），那么，当手势识别器识别出了它的手势后，touchesCancelled:withEvent:也不会发送给它的视图。

默认情况下，手势识别器推迟发送一个触摸给视图。UIGestureRecognizer 的 delaysTouchesEnded 属性的默认值为 YES，这就意味着：当一个触摸到达 UITouchPhaseEnded 并且该手势识别器的 touchesEnded:withEvent:被调用，如果触摸的状态还是 Possible（即手势识别器允许触摸发送给视图），那么，手势识别器不立即发送触摸给视图，而是等到它识别了手势之后。如果它识别了该手势，视图就接到 touchesCancelled:withEvent:；如果它不能识别，则调用视图的 touchesEnded:withEvent:方法。我们来看一个双击的例子。当第一个轻击结束后，手势识别器无法声明失败或成功，因此它必须推迟发送该触摸给视图（手势识别器获得更高优先权来处理触摸）。如果有第二个轻击，手势识别器应该成功识别双击手势并且发送 touchesCancelled:withEvent:给视图（如果视图已经被发送 touchesEnded:withEvent:消息，则系统就不能发送 touchesCancelled:withEvent:给视图）。

当触摸延迟了一会然后被交付给视图，交付的是原始事件和初始时间戳。由于延时，这个时间戳也许和现在的时间不同了。苹果建议我们使用初始时间戳，而不是当前时钟的时间。

16.3.4 识别

如果多个手势识别器来识别（Recognition）一个触摸，那么，谁获得这个触摸呢？这里有一个挑选的算法：一个处在视图层次结构中的偏底层的手势识别器(更靠近命中测试视图)比较高层的手势识别器先获得，并且一个新加到视图上的手势识别器比老的手势识别器更优先。

我们也可以修改上面的挑选算法。通过手势识别器的 requireGestureRecognizerToFail:方法，我们指定：只有当其他手势识别器失败了，该手势识别器才被允许识别触摸。另外，你让 gestureRecognizerShouldBegin:委托方法返回 NO，从而将成功识别变为失败识别。

还有一些其他途径。例如：允许同时识别（一个手势识别器成功了，但有些手势识别器并没有被强制变为失败）。canPreventGestureRecognizer: 或 canBePreventedByGestureRecognizer:方法就可以实现类似功能。委托方法 gestureRecognizer:shouldRecognizeSimultaneouslyWithGestureRecognizer: 返回 YES 来允许手势识别器在不强迫其他识别器失败的情况下还能成功。

16.3.5 触摸和响应链

一个 UIView 是一个响应器，并且参与到响应链中。如果一个触摸被发送给 UIView(它是命中测试视图)，并且该视图没有实现相关的触摸方法，那么，沿着响应链寻找那个实现了触摸方法的响应器（对象）。如果该对象被找到了，则触摸被发送给该对象。这里有一个问题：如果 touchesBegan:withEvent:在一个超视图上而不是子视图上实现，那么在子视图上的触摸将导致超视图的 touchesBegan:withEvent:被调用。它的第一个参数包含一个触摸，该触摸的 view 属性值是那个子视图。但是，大多数 UIView 触摸方法都假定第一个参数（触摸）的 view 属性值是 self。还有，如果 touchesBegan:withEvent:同时在超视图和子视图上实现，那么，你在子视图上调用 super，相同的参数传递给超视图的 touchesBegan:withEvent:，超视图的 touchesBegan:withEvent:第一个参数包含一个触摸，该触摸的 view 属性值还是子视图。

上述问题的解决方法如下：

- 如果整个响应链都是你自己的 UIView 子类或 UIViewController 子类，那么，你在一个类中实现所有的触摸方法，并且不要调用 super。
- 如果你创建了一个系统的 UIView 的子类，并且你重载它的触摸处理，那么，你不必重载每个触摸事件，但你需要调用 super（触发系统的触摸处理）。
- 不要直接调用一个触摸方法（除了调用 super）。

16.4　手势识别器实例

在本节，我们通过一个开花的例子（Flowers 项目）来学习 gesture。这个项目完成一个画板的功能。在第一个项目中，我们完成两个功能：在视图的空白处轻击，让系统自动出现一个花蕾；在花蕾上轻击，让它开花。在后面的项目中，我们使用不同手势来操作画板和画板上的花，从而完成更加复杂的动作，如调整大小（"捏"和"开"），轻扫屏幕，甚至实现一个自定义的手势删除视图上的花等。在这章我们详细讨论手势。

16.4.1　轻击手势编程

在本节，你将创建自定义的画板，并完成下面的功能：当第一次轻击时，画板弹出你想要的花蕾，再轻击就可使花蕾变成一朵菊花。下面是我们的开发步骤。

01 创建一个基于单视图的应用程序，作为一个"显示鲜花的视图板"。

02 捕获"轻击"手势，在轻击的位置上显示花蕾图片，如图 16-1 所示。

03 当轻击手势单击花蕾时，让花蕾开放，在"鲜花视图板"上显示一个菊花图片。

图 16-1　轻击例子

理解手势的最好方法是关注与手势相关的操作。下面我们开始实施这个项目。新建的项目叫做 Flowers1。

01 创建 Single View application 项目 Flowers1，设备家族选择 iPad，如图 16-2 和图 16-3 所示。

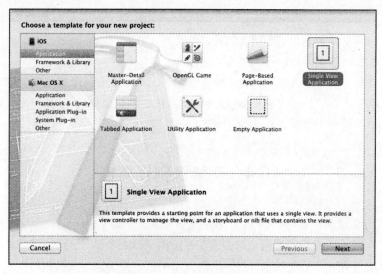

图 16-2　基于视图的应用

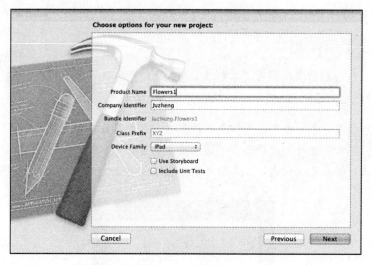

图 16-3　创建项目

02 添加两个图片（flower bud.png 和 flower.png）到 Supporting Files 文件夹下，如图 16-4 所示。一个图片是花蕾，后一个图片是开的花。

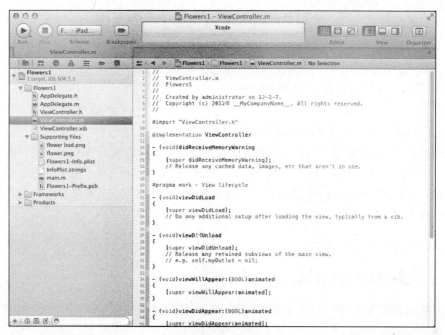

图 16-4　添加图片

03 创建轻击手势：当轻击手势被识别后，触发的 action 是在窗口上放置一个花蕾图（flower bud.png）。为了实现这一目标，我们重写 ViewController.m 中的 viewDidLoad 方法，并实例化这个轻击手势。代码如下：

```
- (void)viewDidLoad {
    [super viewDidLoad];
    UITapGestureRecognizer *tapRecognizer =
    [[UITapGestureRecognizer alloc]
      initWithTarget:self
      action:@selector(handleTapFrom:)];
    [tapRecognizer setNumberOfTapsRequired:1];
    [self.view addGestureRecognizer:tapRecognizer];
}
```

在上述代码中，我们调用 **UITapGestureRecognizer** 的 initWithTarget：action：方法来实例化一个轻击识别器。手势识别器采用"**目标-操作**"模式，自己是目标，handleTapFrom 是操作（即当轻击发生时，要调用的操作）。当轻击手势被识别出来，系统就向目标（即自己，ViewController）发送一个消息，ViewController 对象的 **handleTapFrom** 方法就被调用。

在上述代码中，你通过 **setNumberOfTapsRequired** 配置手势识别器识别多少次轻击。我们选用一次轻击。然后，你使用 **addGestureRecognizer** 来添加手势识别器到视图上。系统会监听在这个视图上的轻击事件。你最后释放识别器 **tapRecognizer**（视图已经拥有这个识别器了）。

04 实现操作代码。我们怎样才能添加一个花蕾图片到视图中呢？我们需要确定单击的位置，然后创建一个 image 代表花蕾图片，最后把它添加到 ViewController 的视图上。下面的 handleTapFrom 方法就是确定轻击位置并创建一个花蕾：

```
- (void)handleTapFrom:(UITapGestureRecognizer *)recognizer{
    CGPoint location = [recognizer locationInView:self.view];
    CGRect rect = CGRectMake(location.x - 40, location.y - 40, 80.0f, 80.0f);
    UIImageView *image = [[UIImageView alloc] initWithFrame:rect];
    [image setImage:[UIImage imageNamed:@"flower bud.png" ]];
    [self.view addSubview:image];
}
```

在上述代码中，我们使用 LocationInView 方法确定轻击所发生的（在这个视图上的）位置，并把位置信息保存在 location 里；再用 location 坐标确定一个中心位置为 location 的矩形，它的长宽各为 80；然后初始化一个图像视图，设置图像视图的 frame 为 rect（即上面的矩形位置），即长宽和 rect 一样。接着将 flowerbud.png 图片放入 image 视图中，并添加这个图像视图到当前视图上（即成为一个子视图），最后释放图像视图。

05 运行应用程序，并在空白处轻击。

16.4.2 多次触摸和响应者链

接下来我们要完成的功能是：单击花蕾使其开花。当我们单击一个花蕾时，怎样弹出一个菊花？这就涉及多次触摸与视图层次结构的内容。一个视图可以包含 1 个或多个子视图，子视图还可以包含属于它自己的视图。这些视图和子视图一起组成了视图层次结构。在本节，我们阐述如何让视图层次结构和多次触摸事件一起工作，并与手势关联起来。

为了正确地处理手势，我们还需了解响应者链（responder chain）的工作方式。如果你把视图层次结构理解为一个倒挂的树，并加上窗口和应用对象，那么，这个响应者链有点像如图 16-5 所示的倒挂树。手势是通过事件传递到系统，再由系统传递到响应者链。响应者链代表一系列响应者对象。事件先被交由第一响应者（最底层对象），如果第一响应者不处理，事件沿着响应者链继续传递，交给第二响应者，以此类推。如果传递到 UIApplication 还没有响应，则该事件就被放弃。

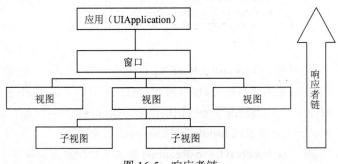

图 16-5　响应者链

我们具体地看一看响应者链。第一响应者是首先对事件进行响应的对象，一般是视图或控件。第一响应者不处理，事件就交给其视图控制器。如果此视图控制器不处理，则该事件将被传递给第一响应者的父视图。顺序是：第一响应者——视图控制器——父视图。如果父视图没有响应，则事件将传到父视图的控制器。事件将按照这个视图层次关系继续传递，直到传递给顶层视图，再到窗口，再到应用。对于触摸动作，其本身有一个触摸范围，所以，响应者链上的视图和子视图都是处于这个范围内。对于不在这个范围内的视图，触摸事件不会传递给它们。另外，第一响应者也称为 hit-tested 视图。hitTest:withEvent:方法返回这个 hit-tested 视图（后面有关于这个方法的更多说明）。

下面我们看看如何去编写代码来使花蕾开放为花朵。当单击花蕾时，触摸发生在花蕾所在的 UIImageView 上。这是第一个响应者。但是，在这个视图上，我们并没有编写手势代码来处理轻击事件，所以触摸事件将被传递到它的父视图，即 ViewController 所在的视图。在这个父视图上，轻击动作被识别出来，所以 handleTapFrom：方法被调用。在这个方法中，我们确定哪个视图被轻击，如果是 UIImageView 中的一个，我们则将 UIImageView 视图中的图片改为"flower.png"，从而实现开花的效果。在这个例子中，我们利用了现有的轻击手势代码。

下面我们来新建第二个项目 Flowers2，如图 16-6 所示。

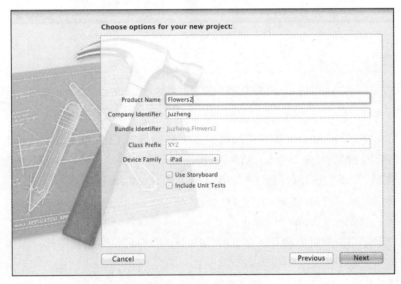

图 16-6　Flowers2 项目

创建步骤与第一个项目一样，viewDidLoad 里代码也相同。下面我们来重写 handleTapFrom 操作：

```
- (void)handleTapFrom:(UITapGestureRecognizer *)recognizer {
    CGPoint location = [recognizer locationInView:self.view];
    UIView *hitView = [self.view hitTest:location withEvent:nil];
    if ([hitView isKindOfClass:[UIImageView class]]){
        [(UIImageView *)hitView  setImage:[UIImage
imageNamed:@"flower.png" ]];
    }
    else
    {
        CGRect rect = CGRectMake(location.x - 40,location.y - 40, 80.0f, 80.0f);
        UIImageView *image =[[UIImageView alloc] initWithFrame:rect];
        [image setImage:[UIImage imageNamed:@"flower bud.png" ]];
        [image setUserInteractionEnabled: YES];
        [self.view addSubview:image];
    }
}
```

整个代码如图 16-7 所示。

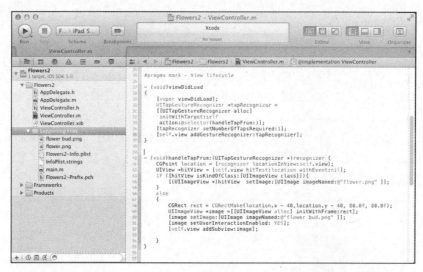

图 16-7　Flowers2 代码

在第一个应用里，我们使用识别器来获得轻击位置。在这个应用中，我们先定义了一个 hitView，通过位置和调用 hitView:withEvent 方法来获得被击中的视图，并把它放在 hitView 上。接下来是判断，如果击中的视图 hitView 是 UIImageView 视图，那么单击的是花蕾，要用 flower.png 图片代替 flower bud.png 图片，从而实现开花的效果。如果不是 UIImageView 视图，则单击位于 ViewController 的视图上（即空白处），我们放置另一个花蕾。

在默认情况下，UIImageView（图像视图）不响应触摸事件。也就是说，不能是被击中的视图。换句话说，用户不能和图像视图交互。在这种情况下，当你轻击图像视图时，图像视图不能成为 hit-tested 视图。图像视图的父视图成为第一响应者，成为了 hit-tested 视图。如果这样的话，if 语句部分永远不能被执行，从而也就无法弹出菊花了。在 else 语句中，[image setUserInteractionEnabled: YES]代码的作用是允许我们使用触摸事件和图像视图交互（这个交互是通过多点触摸事件完成）。

现在运行程序，单击视图的空白处，就可以创建花蕾，然后单击弹出的花蕾，看看有什么变化。如图 16-8 所示，开花了！

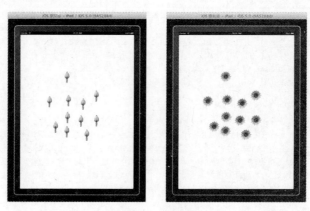

图 16-8　开花例子

16.4.3 轻扫手势编程

UIGestureRecognizer 是一个抽象类，它定义了所有手势识别器的基本功能和接口。在前几节中，用于识别轻击手势的 UITapGestureRecognizer 就是 UIGestureRecognizer 的子类。在本节，我们讲述另一个触摸动作——轻扫（从左到右或者从右到左划过屏幕）。轻扫手势识别器是 UISwipeGestureRecognizer，它也同样继承自 UIGestureRecognizer。

我们现在做一个项目 Flowers3，使用轻扫手势来清空鲜花视图板，留给我们一个空白的鲜花视图板来放置新的花蕾。换句话说，当你用手指在屏幕上一扫，所有花蕾和菊花都将被删除，留给你一个新的鲜花视图板。下面我们阐述创建步骤。

01 新建 Flowers3 项目，如图 16-9 所示。

02 我们先从轻扫识别器的实例化和配置开始。和前两个项目一样，重写 ViewController 的 viewDidLoad 方法如下（整个代码如图 16-10 所示）：

```
- (void)viewDidLoad {
    [super viewDidLoad];
    //...以前的轻击动作相关的代码，在这里省略
    UISwipeGestureRecognizer *swipeRecognizer =
      [[UISwipeGestureRecognizer alloc]
      initWithTarget:self
      action:@selector(handleSwipeFrom:)];
    swipeRecognizer.direction = UISwipeGestureRecognizerDirectionRight|
    UISwipeGestureRecognizerDirectionLeft;
    [self.view addGestureRecognizer:swipeRecognizer];
}
```

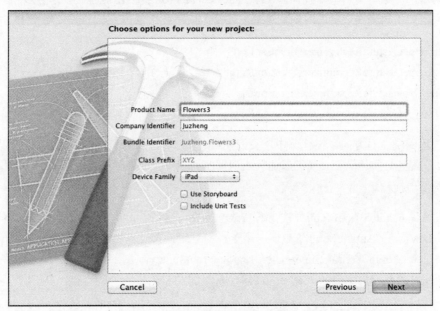

图 16-9　新建 Flowers3 项目

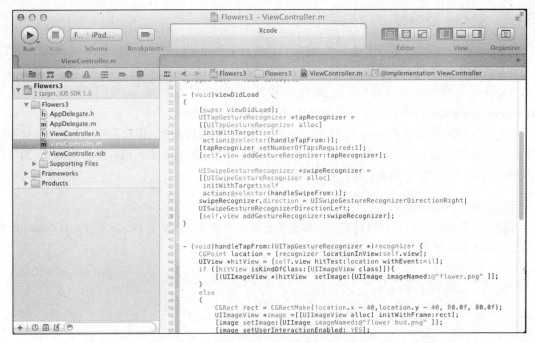

图 16-10　新旧代码

上述的代码有点类似前面的轻击手势识别器的代码。我们通过代码一步一步了解。首先，我们实例化 UISwipeGestureRecognizer 类，目标是自己，动作是 handleSwipeFrom，就像我们前面做过的轻击识别器。在这个例子里，我们写一个 handleSwipeFrom：方法处理轻扫手势。

接下来我们指定轻扫手势的方向，这里有四个方向供我们选择：

- UISwipeGestureRecognizerDirectionLeft
- UISwipeGestureRecognizerDirectionRight
- UISwipeGestureRecognizerDirectionUp
- UISwipeGestureRecognizerDirectionDown

我们选用的是左右方向。在代码中，我们使用"|（或）"来指定左右方向。你可以随意选择方向组合。在配置轻扫手势后，我们添加轻扫识别器到视图控制器所在的视图上（就像我们前面做的轻击识别器一样）。

03 编写 handleSwipeFrom:方法代码来清空画板。我们要做的是找到 ViewController 的子视图并删掉。UIView 的 subviews:方法返回一个子视图数组，我们遍历这个数组中的各个子视图，在每个子视图上调用 removeFromSuperview。removeFromSuperview 方法从父视图（在本例中，那是 ViewController 的视图）中删除子视图。具体代码如下：

```
- (void)handleSwipeFrom:(UISwipeGestureRecognizer *)recognizer {
    for (UIView *subview in [self.view subviews]){
        [subview removeFromSuperview];
    }
    [UIView beginAnimations:nil context:nil];
    [UIView setAnimationDuration:.75];
```

```
    [UIView setAnimationBeginsFromCurrentState:YES];
    [UIView setAnimationTransition:UIViewAnimationTransitionFlipFromLeft
    forView:self.view
      cache:YES];
    [UIView commitAnimations];
}
```

我们决定用一个小动画来形象地表示轻扫手势发生后的结果。虽然本章的重点不是详细地介绍动画，但是我们还需简单说明一下。在这里我们只是简单地完成一个翻转的动画，持续时间为 0.75 秒，一旦子视图被删除，动画应该显示一个空白视图的左右翻转。整个效果类似翻转到画板的后面，而后面也是一个空白的画板。

04 运行程序。用一个手指向左或向右在屏幕上轻扫，观看鲜花视图板的变化。你应该看到如图 16-11 所示的效果。

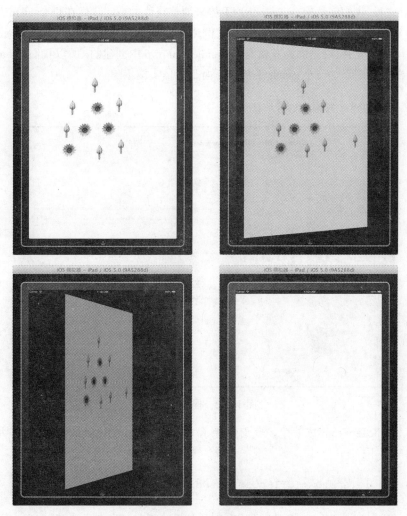

图 16-11　轻扫例子

关于轻扫手势识别器，你还可以设置 numberOfTouchesRequired 属性来规定触摸（手指）的个数。例如，通过这个属性，你可以设置为 2，那么，只有当两个手指同时轻扫时，轻扫手势识别器才会识别这个轻扫手势。

16.4.4 离散和连续手势

到目前为止，我们学习了两种手势识别器：轻击和轻扫。当这两个手势被识别时（换句话说，当这两个手势发生时），系统就向目标发送"一个"操作（action）消息。在术语上，这样的手势称为离散手势。还有另外一种手势，这叫做连续手势。对于这种手势，识别器能基于一个手势而发送多个操作消息。例如：你在 iPhone（或者 iPad）上将两个手指（一般是大拇指和食指）放在一个图片上，并连续地合拢或张开。这时，随着合拢或张开，这个图片被放大或缩小，从而连续调整图片大小，直到你的手指离开屏幕。下面我们来看看怎样编写代码，完成用捏合（即合拢或张开）手势调整图片大小的功能。

在新的项目中，我们创建捏合（pinch）手势来调整花蕾大小。我们在每个 UIImageView 对象上中添加一个 pinch 手势。我们并没有把这些实例化捏合手势的代码放在 viewDidLoad 中，而是写入 handleTapFrom 方法中。这是因为花蕾是在 handleTapFrom 中创建的，所以我们在 handleTapFrom 方法中为每个图像视图添加一个 pinch 手势。下面是具体实施步骤。

 新建 Flowers4，如图 16-12 所示。

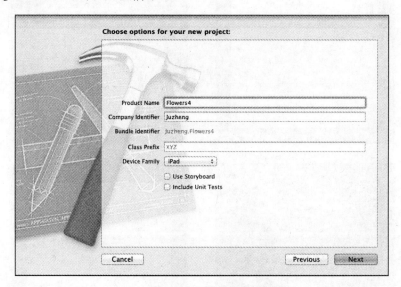

图 16-12　捏合例子

 在 handleTapFrom 方法中，我们创建了 UIPinchGestureRecognizer 对象，并同图像关联起来，具体代码如下：

```
- (void)handleTapFrom:(UITapGestureRecognizer *)recognizer {
    CGPoint location = [recognizer locationInView:self.view];
    UIView *hitView = [self.view hitTest:location withEvent:nil];
    if ([hitView isKindOfClass:[UIImageView class]]){
        [(UIImageView *)hitView  setImage:[UIImage
```

```
imageNamed:@"flower.png" ]];
      }
     else
     {
        CGRect rect=CGRectMake(location.x - 40, location.y - 40, 80.0f, 80.0f);
        UIImageView *image = [[UIImageView alloc] initWithFrame:rect];
        [image setImage:[UIImage imageNamed:@"flower bud.png" ]];
        [image setUserInteractionEnabled: YES];
        UIPinchGestureRecognizer *pinchRecognizer =
          [[UIPinchGestureRecognizer alloc]
          initWithTarget:self
          action:@selector(handlePinchFrom:)];
        [image addGestureRecognizer:pinchRecognizer];
        [self.view addSubview:image];

   }
```

这段代码的前半段比较熟悉。在 else 语句中，我们实例化一个 UIPinchGestureRecognizer，设定目标为自己，操作为 handlePinchFrom。然后把捏合手势识别器添加到新创建的图像视图中。

03 编写 handlePinchFrom 代码来处理捏合动作。随着捏合手势的进行（即手指合拢或张开的范围的变化），在屏幕上的图片的显示比例系数随着捏合动作而改变。捏合手势识别器不断地传递消息给 handlePinchFrom 方法。一旦得到图片的比例系数，handlePinchFrom 方法要完成的操作就是根据比例系数调整图片大小。下来我们看看怎样做到：

```
- (void)handlePinchFrom:(UIPinchGestureRecognizer *)recognizer{
    CGFloat scale = [recognizer scale];
    CGAffineTransform transform= CGAffineTransformMakeScale(scale, scale);
    recognizer.view.transform = transform;
}
```

在上述代码中，首先我们使用捏合识别器获得比例（scale）属性，这个属性表明了手指合拢或张开的范围。然后我们使用比例属性来创建一个转换矩阵。接下来，视图将根据新的比例来重新绘制。

04 运行新的代码：创建一个花蕾，用两个手指按在花蕾上，实现"合拢"和"张开"动作，看看花蕾有什么变化。如果你是在模拟器上运行新的代码，那么你按下 Option 键（在虚拟机上按住 Alt 键），屏幕上出现两个圆点，这代表着两个手指。让两圆点置于图片上，移动鼠标来模拟拉开或者缩小动作（即调整花蕾或者花朵图片大小）。你应该看到类似图 16-13 所示的效果。

图 16-13   捏合例子

16.4.5   创建自定义手势

正如我们在前几节所看到的，苹果公司已经为我们提供了一些内置手势。如果这些内置手势不能满足需求，该怎么办呢？你可以创造你自己的触摸手势。苹果公司允许我们基于手势识别器基类创建子类来实现我们自己的手势。

我们通过一个自定义删除手势来了解自定义手势。我们模拟用橡皮擦东西的手势，即当用手指在花所在的图上画出一个锯齿形状，就会删除那个图片（无论是花蕾，还是盛开的花）。这就是我们要定义的手势。如何编写代码来检测这种手势？如图 16-14 所示，删除实际上是一个向上/向下运动的手势，这可以通过观察在 Y 轴上的运动来判断。如果 Y 值从逐步增加变成逐步减少，我们就知道运动方向发生变化，反之亦然。如果运动方向发生多次变化（即 Y 轴上经过两三个方向转变），那么，我们就确认这个手势是一个删除手势。

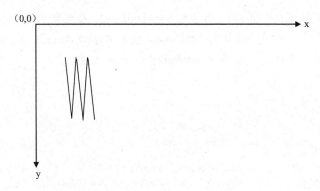

图 16-14　运动坐标

我们要定义一个删除识别器来识别这个删除动作，从而删除图片。接下来我们写这块代码。

01 我们新建 Flowers5 项目。

02 在这个项目中，我们创建一个 DeleteGestureRecognizer 类，用于识别删除手势。它是 UIGestureRecognizer 类的子类。代码如下：

```
#import <Foundation/Foundation.h>
#import <UIKit/UIGestureRecognizerSubclass.h>
@interface DeleteGestureRecognizer : UIGestureRecognizer {
    bool strokeMovingUp;
    int touchChangedDirection;
    UIView *viewToDelete;
}

@property (nonatomic, strong) UIView *viewToDelete;

- (void)touchesBegan:(NSSet *)touches  withEvent:(UIEvent *)event;
- (void)touchesMoved:(NSSet *)touches  withEvent:(UIEvent *)event;
- (void)touchesEnded:(NSSet *)touches  withEvent:(UIEvent *)event;
- (void)touchesCancelled:(NSSet *)touches  withEvent:(UIEvent *)event;
- (void)reset;
@end
```

我们首先导入 UIGestureRecognizerSubclass.h 头文件，这个头文件定义了基类 UIGestureRecognizer。然后声明一个新的接口 DeleteGestureRecognizer，它继承了 UIGestureRecognizer 类。接着添加三个属性：

● 第一个是布尔变量 strokeMovingUp，手势在 Y 轴正方向上移动时值为 YES，否则为 NO。

● 第二个是 int 类型变量 touchChangedDirection，记录手势方向改变的次数。

● 最后一个是 UIView 类型属性 viewToDelete，即将要被删除的视图（当删除手势被识别后）。

在接口文件的后面定义了多个方法。我们将在 DeleteGestureRecognizer 的实现文件中详细说明。下面是 DeleteGestureRecognizer 实现类的整个框架。我们逐步添加代码到这个类上。

```
@implementation DeleteGestureRecognizer
@synthesize viewToDelete;
@end
```

03 我们需要重写 viewController.m 里面 viewDidLoad，在里面加上 DeleteGestureRecognizer 的初始化：目标是自己，动作为 handleDeleteFrom。接下来添加 deleteRecognizer 为视图的手势识别器。当视图识别删除手势时，就会调用 handleDeleteFrom 方法。

```
- (void)viewDidLoad {
    [super viewDidLoad];
    //…前几节的代码，在这里省略
    DeleteGestureRecognizer *deleteRecognizer =
      [[DeleteGestureRecognizer alloc]
      initWithTarget:self
      action:@selector(handleDeleteFrom:)];
    [self.view addGestureRecognizer:deleteRecognizer];
}

- (void)handleDeleteFrom:(DeleteGestureRecognizer *)recognizer {
    if (recognizer.state == UIGestureRecognizerStateRecognized){
       UIView *viewToDelete = [recognizer viewToDelete];
       [viewToDelete removeFromSuperview];
    }
}
```

handleDeleteFrom 的代码比较好理解。我们从识别器获得要被删除的视图，然后调用 removeFromSuperview 方法从父视图上删除它。

04 下面我们在 DeleteGestureRecognizer.m 中重写从 UIGestureRecognizer 继承来的方法。首先是 reset 方法。当识别器完成一个手势识别后（无论是识别成功或是失败），这个方法就被调用来重新设置识别器。无论哪种情况（识别成功或失败），reset 方法都把属性置为它们的初始值（即为下一次识别做好了准备）。

```
- (void)reset {
    [super reset];
    strokeMovingUp = YES;
    touchChangedDirection = 0;
    self.viewToDelete = nil;
}
```

05 下面我们看看怎样重写各个触摸方法。我们首先把它们看成一个整体来理解它们的功能。

- touchesBegan: withEvent: 当一个或多个手指触摸到视图时，该方法将被调用。
- touchesMoved: withEvent: 当手指开始移动时（手指并没有离开触摸屏），该方法将被调用。
- touchesEnded: withEvent: 当一个或多个手指离开屏幕时，该方法将被调用。
- touchesCancelled: withEvent: 当系统决定取消一系列事件时（例如：有电话打进来时），该方法将被调用。

要注意的是，对于各个触摸事件，我们首先需要调用超类的相应方法。

首先，我们实现 touchsBegan:withEvent:方法。当你的手指第一次触摸到视图时，系统开始调用这个方法。如果有多个手指触摸视图（即触摸计数不为 1），则设置 state 属性为 UIGestureRecognizerStateFailed，表示本次手势失败。

```
- (void)touchesBegan:(NSSet *)touches withEvent:(UIEvent *)event {
    [super touchesBegan:touches withEvent:event];
    if ([touches count] != 1) {
        self.state = UIGestureRecognizerStateFailed;
        return;
    }
}
```

接下来是实现 touchesMoved:withEvent:方法。首先判断状态是否为 UIGestureRecognizerStateFailed，是则立即返回，不是则继续执行下面代码。然后定义两个点 nowPoint 和 prePoint，记录移动前位置与现在位置。接下来比较 nowPoint 和 prePoint 的 Y 坐标值，有变化就记方向改变一次，touchChangeDirection 属性值加一。

```
- (void)touchesMoved:(NSSet *)touches withEvent:(UIEvent *)event {
    [super touchesMoved:touches withEvent:event];
    if (self.state == UIGestureRecognizerStateFailed) return;
    CGPoint nowPoint = [[touches anyObject] locationInView:self.view];
    CGPoint prevPoint = [[touches anyObject]
previousLocationInView:self.view];
    if (strokeMovingUp == YES) {
        if (nowPoint.y < prevPoint.y ){
            strokeMovingUp = NO;
            touchChangedDirection++;
        }
    } else if (nowPoint.y > prevPoint.y ) {
        strokeMovingUp = YES;
        touchChangedDirection++;
    }
    if (viewToDelete == nil) {
        UIView *hit = [self.view hitTest:nowPoint withEvent:nil];
        if (hit != nil && hit != self.view){
            self.viewToDelete = hit;
        }
    }
}
```

在上述代码中，我们还记录了待删除视图（即图片）。如果 viewToDelete 还没有确定，我们选取当前点（手指移动的当前点）这个位置，然后在控制器的视图上调用 hitTest 方法。hitTest 方法返回在这一个位置上的最底层的视图。如果这个视图不存在，或者这个视图就是控制器的视图，那么我们就没有找到（要删除的）图片。如果找到，就把这个待删除的视图赋值给 viewToDelete 属性。

接下来是实现 touchesEnd：withEvent：方法。当我们手指离开视图时，该方法被调用。若 touchChangedDirection 告诉我们已经改变了三次或者更多次方向，则我们将通过设置 UIGestureRecognizerStateRecoginzed 状态属性来识别这个手势；若方向改变次数小于 3 次，则我们设置状态为失败。

```
- (void)touchesEnded:(NSSet *)touches withEvent:(UIEvent *)event {
    [super touchesEnded:touches withEvent:event];
    if (self.state == UIGestureRecognizerStatePossible) {
        if (touchChangedDirection >= 3){
            self.state = UIGestureRecognizerStateRecognized;
        }
        else
```

```
        {
            self.state = UIGestureRecognizerStateFailed;
        }
    }
}
```

最后是 touchesCancelled:withEvent:方法。当系统想取消触摸事件时，系统就调用这个方法。在这个方法中，我们调用 reset 方法，并设置状态属性为失败，即 UIGestureRecognizerStateFailed。

```
- (void)touchesCancelled:(NSSet *)touches withEvent:(UIEvent *)event {
    [super touchesCancelled:touches withEvent:event];
    [self reset];
    self.state = UIGestureRecognizerStateFailed;
}
```

06 运行程序，单击空白区域出现花蕾，单击花蕾让它开花。然后，在一些花蕾和花上移动鼠标(上下移动)，观看花蕾和花变化。你应该看到这些蕾和花被删除了。结果类似图 16-15 所示。

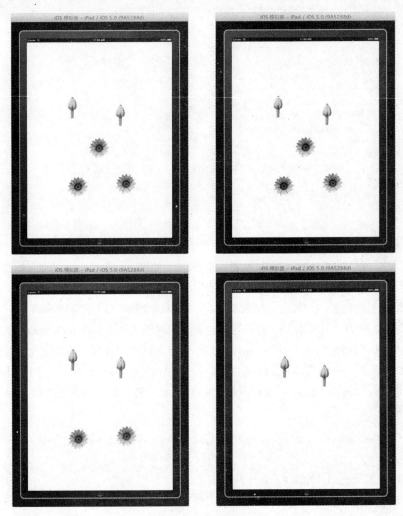

图 16-15 删除例子

在本节，我们写了一个自定义识别器并把它融合到花蕾这个程序中。我们简单回顾一下整个过程：我们创建了一个识别器，用于跟踪用户的一根手指在 Y 轴上向下向上运动。如果两个或更多个手指触摸屏幕，那么系统进入一个失败状态，并调用 reset 方法准备识别下一组触摸事件。如果用户手指在抬起（即不触摸屏幕）之前的移动方向改变次数不够三次，则进入失败状态。如果用户按照我们预期的设计做，就进入识别状态（即删除手势被识别）。这时，UIGestureRecognizer 超类就会发送一个操作消息（handleDeleteFrom）给我们的目标。另外，touchesMoved 代码跟踪用户手指的移动，并记录在哪个图上移动手指。当用户的手指离开这个图（手指在其上划过锯齿状轨迹），我们删除这个图。

这个程序代码不是完美的。如果几个花蕾很接近，是否要删除全部花蕾？不，只删除第一个"用户手指划过锯齿状的图"。另外，如何让程序区分轻扫手势和删除手势呢？

16.4.6　添加声音

下面我们给应用程序添加一些声音功能。当用户轻击屏幕上的花蕾而开花时，我们同时播放一个声音。我们新建 Flowers6 项目来实现声音功能。

01 选择基于 iPad 的单视图应用程序，并创建 Flowers6 项目。

02 添加图片和 flower.mp3 声音文件到资源文件夹下（也可以添加.aif 文件），如图 16-16 所示。

图 16-16　添加声音.mp3 文件到项目上

03 为了单击花蕾时能播放音频文件，我们使用 AVAudioPlayer 类。为了使用 AVAudioPlayer 类，你需要添加 AVFoundation 框架到你的项目中，如图 16-17 和图 16-18 所示。单击项目名称，并从右边选择 Build Phases 和 Link Binary With Libraries，并在 ViewController.h 头文件中包含如下导入语句：

```
#import <AVFoundation/AVFoundation.h>
```

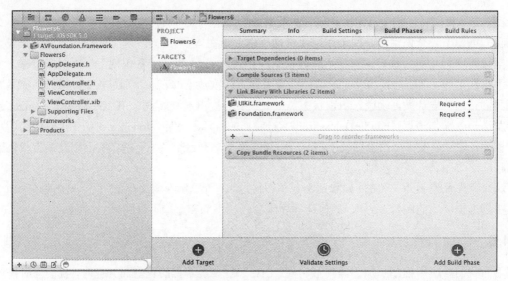

图 16-17　添加框架

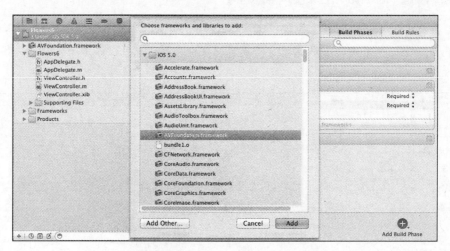

图 16-18　选择 AVFoundation.framework

04 在 ViewController.h 的头文件中，你还需要声明如下的一个实例变量（声音播放器）：

```
AVAudioPlayer *player;
```

另外，还需要声明一个播放声音的方法：

```
-(void)makePopSound;
```

每当轻击一个花蕾时，我们就调用 makePopSound 方法来播放音频文件。

05 在 viewDidLoad 方法中，我们设置了声音播放器，相关代码如下：

```
NSURL *url = [NSURL fileURLWithPath:
   [NSString stringWithFormat:@"%@/flower.mp3",
   [[NSBundle mainBundle] resourcePath]]];
```

```
NSError *error;
player = [[AVAudioPlayer alloc] initWithContentsOfURL:url error:&error];
player.numberOfLoops = 0;
```

在上述代码中，我们先建立一个 NSURL 对象，它指向声音文件 flower.mp3。然后实例化一个声音播放器（AVAudioPlayer），该播放器用来播放 url 所指向的音频文件。我们还设置其循环次数为 0（这意味着它播放一次后不会再重复）。

06 编写 makePopSound: 方法代码。它比较简单，就是让播放器播放声音。

```
-(void)makePopSound {
    [player play];
}
```

07 在 handleTapFrom 中，我们添加了声音播放的功能，代码如下：

```
- (void)handleTapFrom:(UITapGestureRecognizer *)recognizer {
  CGPoint location = [recognizer locationInView:self.view];
  UIView *hitView = [self.view hitTest:location withEvent:nil];
  if ([hitView isKindOfClass:[UIImageView class]]){
     [(UIImageView *)hitView
       setImage:[UIImage imageNamed:@"flower.png" ]];
     [self makePopSound];
  }
  else
  {
     //其他代码
  }
}
```

在上述代码中，一旦我们确定轻击的视图是一个图像视图（即花蕾图片），我们就改变这个图片为 flower.png（完成开花动作），然后调用 makePopSound: 方法来播放声音。整个代码如图 16-19 所示。

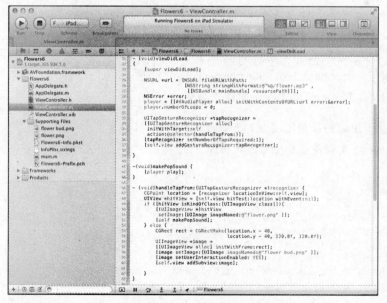

图 16-19 全部代码

08 运行程序，当单击花蕾图片时就播放 flower.mp3 文件，同时图片变为开花的图片（flower.png）。

16.4.7　手势识别的优先顺序

有时侯，你定义了多类手势。用户的操作可能让系统混淆在两个手势之间。这时，你可能希望设置手势识别的优先顺序。我们先看一个尝试用删除手势删掉图片的例子。当你运行上一节的应用程序时，如果你在花蕾上做的动作如下：先是一个手指滑动一段距离（看起来像是一个轻扫手势），然后再是删除手势。有时系统会看作是一个轻扫手势而导致整个鲜花视图板被删除，从而没有达到删除一个图片的目的。为了防止这个问题，我们将设置删除手势优先级别高于轻扫手势。

如图 16-20 所示，我们共定义了三个手势和其手势识别器：轻击识别器、轻扫识别器和我们自定义的删除手势识别器。当系统接收到触摸事件后，则送到 3 个识别器（有先后顺序），直到被其中一个识别。在我们这个例子中，轻扫识别器首先识别出轻扫手势，因此轻扫动作发生，应用程序已经删除了整个视图。在这个过程中，我们的删除手势还没被识别。

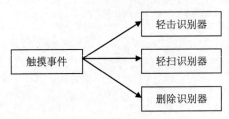

图 16-20　多类识别器

在下面的例子中，我们设置删除手势优先于轻扫手势。这是通过 UIGestureRecognizer 类的 requireGestureRecognizerToFail:方法完成的。它设置了：只有当一个识别器（如删除识别器）失败时，另一个识别器（轻扫识别器）才能去识别那些触摸事件（换句话说，删除识别器的优先级高于轻扫识别器）。因为 UIGestureRecognizer 是所有手势识别器的基类，所以，所有手势识别器（如轻扫识别器）都有一个 requireGestureRecognizerToFail:方法。该方法带有一个参数（即另一个识别器）。下面我们新建 Flowers7 项目来设置优先级别。

01 新建基于 iPad 的单视图项目 Flowers7，如图 16-21 所示。
02 在 Flowers5 的代码基础上修改代码如下：

```
- (void)viewDidLoad {
    [super viewDidLoad];
    //…前几节的代码，在这里省略
    DeleteGestureRecognizer *deleteRecognizer =
     [[DeleteGestureRecognizer alloc]
     initWithTarget:self
     action:@selector(handleDeleteFrom:)];
    [self.view addGestureRecognizer:deleteRecognizer];
    [swipeRecognizer requireGestureRecognizerToFail:deleteRecognizer];
}
```

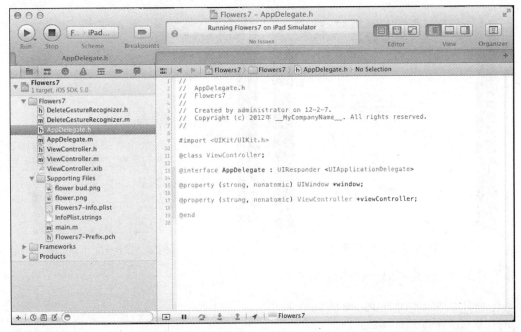

图 16-21　Flowers7 项目

上述代码中的关键语句是：

```
[swipeRecognizer requireGestureRecognizerToFail:deleteRecognizer];
```

上述代码完成如下功能：当 deleteRecognizer 的状态到达 UIGestureRecognizerStateFailed 之前，
swipeRecognizer 的状态总是处于 UIGestureRecognizerStatePossible 状态。如果 deleteRecognizer
没有到达 UIGestureRecognizerStateFailed，而是到达 UIGestureRecognizerStateRecognizer 或者
UIGestureRecognizerStateBegan，这时 swipeRecognizer 改变它的状态为 UIGestureRecognizerStateFailed。
当 deleteRecognizer 到达状态为 UIGestureRecognizerStateFailed 的情况下，swipeRecognizer 才得到识别
触摸事件的机会。总之，上述的代码设置了：删除识别器的优先级高于轻扫识别器。

03　运行程序，先轻扫，手指不离开视图，在图片上继续做锯齿状删除移动，查看图片变化。

16.4.8　长按手势

长按手势识别器 UILongPressGestureRecognizer 是 UIGestureRecognizer 的子类。用户至少按住
一个手指（numberOfTouchesRequired）在视图上，停留一段时间，这个手势就被识别
（UIGestureRecognizerStateBegan）。手指可以在一个指定的范围（minimumPressDuration）内移动，
如果超出这个范围，这个手势就不能被识别。长按手势是属于连续手势。

为了更好地理解长按手势，我们下面实现一个例子：当手指在屏幕上长时间触摸，在触摸点
会弹出一个小菜单，这个菜单的箭头指向我们的触摸点；单击菜单项，就自动打开 108 方网站，
如图 16-22 和图 16-23 所示。

图 16-22　长按手势

图 16-23　打开网站

下面是完成长按手势识别这个例子的步骤：

01 新建基于单视图的 iPad 项目 Flowers8。

02 复制图片到资源文件夹下。

03 修改 ViewController.h 文件代码如下，声明了 popover 控制器 currentPopover 和网页视图 webView。

```
#import <UIKit/UIKit.h>@interface ViewController : UIViewController {
UIPopoverController
*currentPopover;}@property(strong,nonatomic)UIPopoverController
*currentPopover;@property (nonatomic,weak) IBOutlet UIWebView *webView;@end
```

创建 Menu 类，类型是表视图，但不带 XIB 文件。这个表视图就是弹出的菜单。

04 修改 Menu.h 代码如下：

```
#import <UIKit/UIKit.h>
#define OpenWeb @"OpenWeb"//通知
@interface Menu : UITableViewController {
//UIPopoverController *container;//指向 popover 控制器
}
@property (assign, nonatomic) UIPopoverController *container;@end
```

05 修改 Menu.m 代码如下：

```
#import "Menu.h"@implementation Menu@synthesize container;
 -BOOL)shouldAutorotateToInterfaceOrientation:(UIInterfaceOrientation)inter
faceOrientation {
     return YES;
 }
 //表视图的块数
 - (NSInteger)numberOfSectionsInTableView:(UITableView *)tableView {
     return 1;
 }
 //表视图只有一行
 - (NSInteger)tableView:(UITableView *)tableView
```

```
numberOfRowsInSection:(NSInteger)section {
        return 1;
    }
    - (UITableViewCell *)tableView:(UITableView *)tableView
cellForRowAtIndexPath:(NSIndexPath *)indexPath {
        static NSString *CellIdentifier = @"Cell";
        UITableViewCell *cell = [tableView
dequeueReusableCellWithIdentifier:CellIdentifier];
        if (cell == nil) {
            cell = [[UITableViewCell alloc]
initWithStyle:UITableViewCellStyleDefault
            reuseIdentifier:CellIdentifier];
        }
        cell.textLabel.text = @" 去108方手机平台"; //设置表视图显示的内容
        return cell;
    }
    - (void)tableView:(UITableView *)tableView
didSelectRowAtIndexPath:(NSIndexPath *)indexPath {
        //单击表视图上的菜单项后，发出通知，通知名称是 OpenWeb
        [[NSNotificationCenter defaultCenter] postNotificationName:OpenWeb
object:self];
    }
    - (void)didReceiveMemoryWarning {
        [super didReceiveMemoryWarning];
    }
    - (void)viewDidUnload {}
    @end
```

06 ViewController.m 文件代码如下：

```
#import "ViewController.h"
#import "Menu.h"

@implementation Flowers8ViewController
@synthesize currentPopover;
@synthesize webView;

- (void)viewDidLoad {
    [super viewDidLoad];

    //初始化轻击手势识别器
    UITapGestureRecognizer *tapRecognizer =[[UITapGestureRecognizer alloc]
    initWithTarget:self  action:@selector(handleTapFrom:)];
    [tapRecognizer setNumberOfTapsRequired:1];
    [self.view addGestureRecognizer:tapRecognizer];

    //初始化长按手势识别器，目标是自己，动作为 handleLongPress 方法
    UILongPressGestureRecognizer *longPress = [[UILongPressGestureRecogniz
er alloc]
    initWithTarget:self action:@selector(handleLongPress:)];
    [self.view addGestureRecognizer:longPress];//把长按手势识别器添加到视图上
}

-(void)handleDismissedPopoverController:(UIPopoverController *)popoverContr
oller{
    self.currentPopover = nil;//清空 popover
}
//关闭 popover 时调用
```

```
    - (void)popoverControllerDidDismissPopover:(UIPopoverController *)popoverCon
troller{
        //调用 handleDismissedPopoverController:方法
        [self handleDismissedPopoverController:popoverController];
    }
    //一次弹出一个 popover
    - (void)setupNewPopoverControllerForViewController:(UIViewController *)vc{
        if (self.currentPopover) {
            [self.currentPopover dismissPopoverAnimated:YES];
            [self handleDismissedPopoverController:self.currentPopover];
        }
        //初始化一个 popover 视图控制器，赋给 currentPopover
        self.currentPopover = [[UIPopoverController alloc] initWithContentViewCo
ntroller:vc] ;
    }

    //处理长按手势
    - (void)handleLongPress:(UIGestureRecognizer *)gr {

        if (gr.state == UIGestureRecognizerStateBegan) {//长按手势开始

            //初始化 Menu（使用一个表视图来实现一个菜单）
            Menu *c = [[Menu alloc] initWithStyle:UITableViewStylePlain] ;

            //将表视图添加到弹出的 popover 里
            [self setupNewPopoverControllerForViewController:c];
            //设置 popover 尺寸
            self.currentPopover.popoverContentSize = CGSizeMake(230, 44*1);
            c.container = self.currentPopover;//将表视图的尺寸和 popover 尺寸设为一样

            //设置 OpenWeb 通知，调用方法是 OpenMobilePhoneWeb
            [[NSNotificationCenter defaultCenter] addObserver:self selector:@se
lector(OpenMobilePhoneWeb:) name:OpenWeb object:c];
            CGRect popoverRect = CGRectZero;//类似于 CGRectMake(0,0,0,0)
            // popover 弹出的位置就是单击的位置
            popoverRect.origin = [gr locationInView:self.view];
            //设置弹出的 popover，尺寸为 popoverRect，所在视图为当前视图，箭头为任何方向
            [self.currentPopover presentPopoverFromRect:popoverRect inView:self
.view permittedArrowDirections:UIPopoverArrowDirectionAny animated:YES];
        }
    }
    //选择菜单项后，就发 OpenWeb 通知。这个通知就触发下面方法来打开一个新网页
    - (void)OpenMobilePhoneWeb:(NSNotification *)n {

        Menu *c = [n object];
        UIPopoverController *popoverController = c.container;
        [popoverController dismissPopoverAnimated:YES];//关闭菜单
        [self handleDismissedPopoverController:popoverController];
        self.currentPopover = nil;
        //设置网页地址 url
        NSURL *url = [NSURL URLWithString:@"http://www.108fang.com"];
        //打开地址为 url 的网页
        [[UIApplication sharedApplication] openURL:url];
    }

    //轻击手势的处理，与前面的例子相同
    - (void)handleTapFrom:(UITapGestureRecognizer *)recognizer {

        CGPoint location = [recognizer locationInView:self.view];
```

```
            UIView *hitView = [self.view hitTest:location withEvent:nil];
            if ([hitView isKindOfClass:[UIImageView class]]){
              [(UIImageView *)hitView
setImage:[UIImage imageNamed:@"flower.png" ]];
            }
            else {
              CGRect rect = CGRectMake(location.x - 40,
location.y - 40, 80.0f, 80.0f);
              UIImageView *image =[[UIImageView alloc] initWithFrame:rect];
              [image setImage:[UIImage imageNamed:@"flower bud.png" ]];
              [image setUserInteractionEnabled: YES];
              [self.view addSubview:image];
            }
    }

    - (BOOL)shouldAutorotateToInterfaceOrientation:(UIInterfaceOrientation)inte
rfaceOrientation {
            return YES;
    }

    - (void)didReceiveMemoryWarning {
            [super didReceiveMemoryWarning];
    }
    - (void)viewDidUnload {
    }
    @end
```

在上述的代码中，我们先初始化长按识别器。当用户在屏幕上长按时，就会弹出一个菜单（popover）。在 popover 以外的地方单击，popover 就消失。这个 popover 是由一个表视图组成，这个表视图只有一行，里面内容是"去 108 方手机平台"。单击这个 popover，就显示 108 方网站的页面，同时关闭 popover。

这段代码中仍然保留了前面的轻击手势，单击就出现花骨朵，单击花骨朵就变为花朵。

07 运行程序。体验一下长按手势。手指在屏幕的任何位置按住，直到出现一个 popover，单击它，界面转为 108 方手机开发平台网页，如图 16-22 和图 16-23 所示。

第 17 章　游戏编程基础

　　游戏是当前国内很热门的话题，比如：网游。从个人喜好出发，我们偏好一些同教育学习相关的游戏软件，但是，我们并不喜欢一些打打杀杀的游戏。我们希望游戏的主要目标不是让人消磨时光，而是兼具知识性和趣味性。涉及游戏编程的内容很多，比如：OpenGL。在本章，我们主要讲述 iPhone/iPad 设备的一些特殊操作（比如：转动和晃动手机），设备之间的通讯等。

　　在本章，我们还将给出一个 iPad 的编程例子。

17.1　转动或晃动手机

　　使用过 iPhone/iPad 的读者可能发现了，随着你转动 iPhone/iPad，某些软件的界面做相应变化（比如：浏览器）。对于开发人员来说，转动 iPhone/iPad 就是改变 iPhone/iPad 的方位。对于方位，其实有两种：物理的方位（Physical Orientation）和界面的方位（Interface Orientation）。前一个是指 iPhone/iPad 的物理位置（横着、竖着），后一个是状态栏的位置。当然，好的应用程序，它的状态栏是随着物理位置的变化而变化。

　　在内部，物理位置的变化是由 UIDevice 类的通知（Notification）来完成的。当你转动手机时，系统发出 UIDeviceOrientationDidChangeNotification。当停止转动时，发出 endGeneratingDeviceOrientationNotifications。对于界面上的方位，你可以使用各个类的属性和方法来获得。比如：UIApplication 类的 statusBarOrientation 属性，UIViewController 类的方法：

```
- (BOOL)shouldAutorotateToInterfaceOrientation:
(UIInterfaceOrientation)interfaceOrientation
```

　　另外，当你晃动 iPhone/iPad 时，系统就产生事件（晃动是指上下、左右或前后快速移动）。事件是 UIEvent 类型。它包括下面的属性：

```
@property(readonly) UIEventType type;//事件类型
@property(readonly) UIEventSubtype subtype;//事件子类型
UIEventTypeMotion//移动类型
UIEventSubtypeMotionShake//移动子类型
```

　　当在三维空间晃动 iPhone/iPad 时，你还需要使用 Accelerometer（加速计）接口。它包括了 UIAccelerometer 和 UIAcceleration 类，还包括了 UIAccelerometerDelegate 协议。比如：

```
- (void)enableAccelerometerEvents//启用加速计事件
{
    UIAccelerometer* theAccel =[UIAccelerometer sharedAccelerometer];
```

```
    theAccel.updateInterval = 1/50; // 频率 50 Hz
    theAccel.delegate = self;
}
```

你通过回调方法来处理上述的晃动：

```
- (void)accelerometer:(UIAccelerometer*)accelerometer
didAccelerate:(UIAcceleration*)acceleration
{
    // 获取晃动数据
    UIAccelerationValue x, y, z;
    x = acceleration.x;
    y = acceleration.y;
    z = acceleration.z;
    // ......处理数据
}
```

你使用下述方法来停止晃动事件的发送：

```
- (void)disableAccelerometerEvents
{
    UIAccelerometer* theAccel =[UIAccelerometer sharedAccelerometer];
    theAccel.delegate = nil;
}
```

● 使用 Core Motion 框架

你实例化 CMMotionManager，然后获取期望的类型信息。你可以询问加速计信息、陀螺仪信息或设备运动信息；设备的运动信息是一个结合加速计和陀螺仪的信息，它准确地描述了设备在空间上的方向。

有时侯，你还需要过滤这些晃动数据。还有，iPhone 模拟器没有这个功能，你需要在设备上测试。有兴趣的读者，可以参考苹果开发中心的样本程序。

17.1.1　晃动事件

一个晃动（shake）事件是一个 UIEvent，都涉及到第一响应器的概念。为了接收晃动事件，你的应用程序必须包含一个 UIResponder，这个 UIResponder：在 canBecomeFirstResponder 方法上返回 YES ，是真正的第一响应器。

这个响应器，或在响应器链上的更高级别 UIResponder，应该实现下面的方法：

● motionBegan:withEvent: 有些手势开始发生，可能会也可能不会成为一个 shake。
● motionEnded:withEvent: 在 motionBegan:withEvent:里面报告的动作已经结束，并证明是一个 shake。
● motionCancelled:withEvent: 在 motionBegan:withEvent:里面报告的动作不是一个 shake。

有时，我们只需要实现 motionEnded:withEvent:方法，这是因为：只有用户执行一个晃动手势，才会到达这个方法。第一个参数是事件子类型（目前只是 UIEventSubtypeMotionShake）。当前视图的视图控制器一般接收晃动事件，比如：

```
- (BOOL) canBecomeFirstResponder {
    return YES;
}
- (void) viewDidAppear: (BOOL) animated {
    [super viewDidAppear: animated];
    [self becomeFirstResponder];
}
- (void)motionEnded:(UIEventSubtype)motion withEvent:(UIEvent *)event {
    NSLog(@"hey, you shook me!");
}
```

有时你的视图控制器可能不想抢夺视图上的任何响应器。为了防止这种情况，你可以测试视图控制器是否是第一响应器；如果不是，我们调用 super 传递事件到响应器链上：

```
- (void)motionEnded:(UIEventSubtype)motion withEvent:(UIEvent *)event {
    if ([self isFirstResponder])
        NSLog(@"hey, you shook me!");
    else
        [super motionEnded:motion withEvent:event];
}
```

17.1.2 UIAccelerometer

为了使用共享的 UIAccelerometer，你可以调用类方法 sharedAccelerometer 来得到全局共享实例。为了避免接收太多的通知，你可以设置它的 updateInterval 来设置间隔，并设置它的 delegate。该委托立刻开始接受 accelerometer:didAccelerate:。为了关闭这些，你可以设置共享加速计的委托为 nil。

accelerometer:didAccelerate:方法的第二个参数是 UIAcceleration。它是一个简单类，由一个时间戳和三个加速度值（UIAccelerationValue，设备的每个轴有一个）。X 轴正向指向设备的右边，正 Y 轴指向设备顶部（远离 Home 按钮的方向），正 Z 轴指向屏幕外边朝着用户。加速度值是衡量 Gs，这些值只是一个近似值。

在下面这个例子中，我们报告设备是否是平放（在它的后面）。两轴的重力正交，在这个位置是 X 轴和 Y 轴。我们的做法是首先询问 X 和 Y 值是否接近零，只有接近零，我们才可以使用 Z 值来了解设备是否在它的后面还是它的表面上。为了不断地更新界面，我们实现了一个粗略的状态机：状态（一个实例变量）开始于-1，然后为 0（设备在它的背面）到 1（设备不在背面）之间切换。当状态改变时，我们才更新界面：

```
- (void)accelerometer:(UIAccelerometer *)accelerometer
            didAccelerate:(UIAcceleration *)acceleration {
    CGFloat x = acceleration.x;
    CGFloat y = acceleration.y;
    CGFloat z = acceleration.z;
    CGFloat accu = 0.08;
    if (fabs(x) < accu && fabs(y) < accu && z < -0.5) {
        if (state == -1 || state == 1) {
            state = 0;
            self->label.text = @"I'm lying on my back... ahhh...";
        }
    } else {
        if (state == -1 || state == 0) {
            state = 1;
            self->label.text = @"Hey, put me back down on the table!";
```

```
        }
    }
}
```

上述的代码对设备的微小动作都很敏感。为了减低这种敏感性，你可以使用一个低通滤波器
（low-pass filter）。比如：

```
-(void)addAcceleration:(UIAcceleration*)accel {
    double alpha = 0.1;
    self->oldX = accel.x * alpha + self->oldX * (1.0 - alpha);
    self->oldY = accel.y * alpha + self->oldY * (1.0 - alpha);
    self->oldZ = accel.z * alpha + self->oldZ * (1.0 - alpha);
}
- (void)accelerometer:(UIAccelerometer *)accelerometer
            didAccelerate:(UIAcceleration *)acceleration {
    [self addAcceleration: acceleration];
    CGFloat x = self->oldX;
    CGFloat y = self->oldY;
    CGFloat z = self->oldZ;
    CGFloat accu = 0.08;
    if (fabs(x) < accu && fabs(y) < accu && z < -0.5) {
        // ... and the rest is as before ...
    }
}
```

我们再来看一个不同的例子。我们允许用户拍击设备的侧边，从而触发不同的操作（比如：拍
左侧是回到前一个照片）。我们通过一个高通滤波器来消除重力。我们寻找的是一个高的正或负 X
值。我们忽略时间上特别接近的两个数据：

```
-(void)addAcceleration:(UIAcceleration*)accel {
    double alpha = 0.1;
    self->oldX = accel.x - ((accel.x * alpha) + (self->oldX * (1.0 - alpha)));
    self->oldY = accel.y - ((accel.y * alpha) + (self->oldY * (1.0 - alpha)));
    self->oldZ = accel.z - ((accel.z * alpha) + (self->oldZ * (1.0 - alpha)));
}

- (void)accelerometer:(UIAccelerometer *)accelerometer
            didAccelerate:(UIAcceleration *)acceleration {
    [self addAcceleration: acceleration];
    CGFloat x = self->oldX;
    // CGFloat y = self->oldY;
    // CGFloat z = self->oldZ;
    CGFloat thresh = 1.0;
    if (acceleration.timestamp - self->oldTime < 0.5)
        return;

    if (x < -thresh) {
        NSLog(@"left");
        self->oldTime = acceleration.timestamp;
    }
    if (x > thresh) {
        NSLog(@"right");
        self->oldTime = acceleration.timestamp;
    }
}
```

17.1.3　Core Motion

在 iOS4.0 推出的 Core Motion 利用了设备的陀螺仪。你不再需要自己使用加速度计，并忍受过滤的麻烦和不准确性。通过 Core Motion，你可以让设备解释加速度计和陀螺仪所产生的数据。为了做到这一点，你需要一个 CMDeviceMotion 实例，它包括以下属性：

- gravity：一个矢量（值为 1 即指向地心）。
- userAcceleration：一个矢量来描述用户感应的加速度，没有重力部分。
- rotationRate：一个矢量，描述设备如何围绕其中心旋转。
- attitude：空间中设备瞬时方向的描述。

关于 Core Motion 进一步内容，请读者参考苹果文档资料。

17.2　设备之间通讯

设备之间有时需要通讯。比如 iPhone 上有一个流行的应用程序，叫做 Bump 。当两个手机启动这个应用程序时，这个应用程序就可以为这两个手机交换通讯录信息。这就涉及两个设备之间的通讯。有两种常用的方法来完成设备之间通讯。一个方式是 Bonjour，另一个方式是 GameKit。

1. 客户-服务器模式

我们可能对客服-服务器模式比较熟悉，因为互联网正是运用了这种模式。充当服务器的设备监听来自客户机的连接请求，然后服务器在根据客户端应用程序的请求作出相应。就 Web 来说，客户端应用程序一般就是一个网页浏览器，一个服务器能够和多个客户机连接。客户机之间不会直接交流，它们通过服务器来进行交流。比如：某些网上游戏就是应用了这样的一种模式。

就 iPhone/iPad 上的应用程序来说，如果应用了这样的模式，那么就会有一个 iPhone/iPad 充当服务器并建立一个游戏，然后其它充当客户机的 iPhone/iPad 就会加入这个游戏，在游戏运行的过程中，所有的数据都在服务器和客户机之间传输，然后由服务器决定数据的走向。

这种服务器-客户机的模式有一个弊端，那就是对于服务器的依赖性太强，那么一旦服务器崩溃的话，整个应用也就无法进行了，因为服务器是客户机之间交流的媒介，一旦失去了这个媒介，那么就意味着客户机之间就没法交流了。

2. 点对点模式

在点对点的模式中，设备之间都是直接通讯，当然可能会需要一个中间的媒介来帮助初始化它们之间的连接，但是一旦连接建立了以后，这个中间的媒介就没有什么作用了。点对点模式常常应用在一些文件共享的应用中，中间的媒介帮一台设备找寻有你需要的文件的设备，然后为这两台设备进行连接，之后文件数据互传就是设备之间的事情了。在点对点的模式中，每台设备既是服务器也是客户机。

3. 混合模式

这两种模式本身来说也不是互斥的，在有的应用程序中，有的情况下，允许两个设备之间进行数据的交互，有的时候，需要把数据先发送到服务器，比如：进行一定的过滤和加工的工作，再发送到另一个设备上去，那么这样就是一种混搭的模式。具体在你的应用中应用什么样的模式是根据你所构建的具体的程序而定。

17.2.1 Bonjour

手机和手机之间通讯，每个手机首先需要有一个不同的地址，否则很难通讯。在一个网络内，计算机往往从 DHCP 那里获得一个 IP 地址。但是，在手机和手机之间进行通讯时，并不存在什么 DHCP 服务器。那么，每个手机是怎么获得一个唯一的地址呢？这就是 Bonjour 的其中一个功能。Bonjour 随机挑选一个地址，然后查询周围，看看这个地址是否已经被使用。如果尚未使用，这个手机就使用这个地址。如果使用了，再随机选取另一个地址。依此类推，直到找到一个未用的地址为止。一般使用.local 作为最后的域名。

除了获得地址之外，Bonjour 的另一个功能是发布应用程序所提供的服务。应用程序一般提供服务名称和端口号。整个服务名称为：

服务名_服务类型_传输协议名.域名

其中服务类型就是 IANA 注册的协议名称，传输协议名就是 TCP 或 UDP。比如：

ABC._ipp._tcp.local。

你使用 NSNetService 来发布服务。比如：

```
NSNetService * service;
service = [[NSNetService alloc] initWithDomain:@""
type:@" ipp. tcp"
name:@"ABC"
port:4721];
```

如果名字为空，系统就使用设备上的 iTunes 名字。如果域名为空，就使用.local。另外，你需要设置回调方法（这是因为异步操作），比如：

```
[_service setDelegate:self];
```

发布服务的代码比较简单：

```
[_service publish];
```

在发布服务之前，或者在服务发布失败后，你还可以通过回调方法做进一步处理：

```
- (void)netServiceWillPublish:(NSNetService *)sender
- (void)netService:(NSNetService *)sender didNotPublish:(NSDictionary
*)errorDict
```

上述的服务都注册在本地 daemon 那里。Bonjour 的另一个功能是查找服务（广播方式）。

NSNetServiceBrowser 是用来查询这些服务的类。比如：

```
NSNetServiceBrowser * browser;
 browser = [[NSNetServiceBrowser alloc] init];
[ browser  setDelegate:self];
[_browser  searchForServicesOfType:@"_ipp._tcp."  inDomain:@""];
```

一旦找到服务（NSNetServices），回调方法就被调用。从而，应用程序就可以使用地址进行通讯了。NSNetService 会产生 NSStream 实例（感觉上，同 Java 的流通讯类似）来处理数据的读写，比如：

```
NSInputStream *inputStream = nil;//读数据
NSOutputStream *outputStream = nil;//写数据
[netService getInputStream:&inputStream outputStream:&outputStream];
```

下面，你就可以打开流，读写数据（读和写是异步操作），最后关闭流：

打开流：

```
[stream setDelegate:self];
[stream scheduleInRunLoop:[NSRunLoop currentRunLoop]
forMode:NSRunLoopCommonModes];
[stream open];
```

关闭流：

```
[stream close];
[stream removeFromRunLoop:[NSRunLoop currentRunLoop]
forMode:NSRunLoopCommonModes];
[stream setDelegate:nil];
```

写数据：

```
const char *buff = "Hello Beijing!";//写的数据
NSUInteger buffLen = strlen(buff);//数据大小
NSInteger writtenLength =[outputStream write:(const uint8 t *)buff
maxLength:strlen(buff)];//写数据，buff 是数据源
if (writtenLength != buffLen) {
    [NSException raise:@"WriteFailure" format:@""];//日志信息，用于调试
}
```

读数据：

```
unit8 t buff[1024];//装数据的缓冲区，设置了大小
bzero(buff, sizeof(buff));
//读
NSInteger readLength =[inputStream read:buff  maxLength:sizeof(buff) - 1];
buff[readLength] = '\0';
NSLog(@"Read: %s", (char *)buff);
```

最后，不要忘了释放内存，比如：

```
- (void)dealloc {
    [ service setDelegate:nil];
    [_service stop];
```

```
    [ service release];
    [super dealloc];
}
```

17.2.2　GameKit

GameKit 也提供了手机之间通讯的功能。它提供了一些类来简化通讯：

● GKPeerPickerController

提供了 UI（类似其他语言中的消息框）来连接到其他用户手机。这些手机可以是附近（Nearby）的手机，也可以是网上（Online）的手机。附近的手机使用蓝牙连接，而网上的手机可以是使用 Wi-Fi 连接的手机。

● GKSession

管理手机之间的数据流，并允许广播到所有连接的手机。创建 GKSession 的方法为：

```
- (id)initWithSessionID:(NSString *)sessionID
displayName:(NSString *)name//在对方手机上显示的你的名字
sessionMode:(GKSessionMode)mode//3 个类型：服务器、客户端和 peer（对方）
```

在建立一个会话之后，你就可以使用回调方法来发送或接受数据。下面是发送数据的方法（分为可靠传输和不可靠传输两个模式）：

```
//到指定手机
- (BOOL)sendData:(NSData *)data toPeers:(NSArray *)peers
withDataMode:(GKSendDataMode)mode error:(NSError **)error;
//到所有连接的手机
- (BOOL)sendDataToAllPeers:(NSData *)data withDataMode: (GKSendDataMode)mode
error:(NSError **)error;
```

下面是接收数据的回调方法：

```
- (void)receiveData:(NSData *)data fromPeer:(NSString *)peer
inSession:(GKSession *)session context:(void *)context;
```

下面我们来看一个实际的例子。假设手机 A 和手机 B 同时运行了我们的 GameKit 例子程序。手机 A：初始化一个连接（寻找周围的手机）：

```
// 初始化 GKPeerPickerController
GKPeerPickerController *peerPicker;
peerPicker = [[GKPeerPickerController alloc] init];
// 设置回调
peerPicker.delegate = self;
peerPicker.connectionMask = GKPeerPickerConnectionTypeOnline |
GKPeerPickerConnectionTypeNearby;//设置连接类型：附近或网上
// 弹出窗口
[peerPicker show];
```

01　手机 A：弹出的窗口上，系统让用户选择附近或者网上。用户选择后，回调 sessionForConnectionType 方法。在该方法下，创建一个 GKSession（一个符合请求类型的会话）并返回。

```
- (GKSession *)peerPickerController:
(GKPeerPickerController *)picker sessionForConnectionType:
(GKPeerPickerConnectionType)streamEvent {
return [[[GKSession alloc] initWithSessionID:nil
displayName:localName sessionMode:GKSessionModePeer]
autorelease];
}
```

假设我们选择附近。这时，界面上出现寻找其他手机的标志。

02 在手机 B 上，也完成上述步骤 1 和步骤 2。在这之后，手机 A 和手机 B 都在寻找对方。稍后，手机 A 和手机 B 应该都发现了对方。

03 用户在手机 A 上选择了手机 B。稍后，在手机 B 的手机上，就出现一个询问窗口：是否接纳手机 A 的连接。手机 B 接收对方的请求之后，系统回调 didReceiveConnectionRequestFromPeer 方法：

```
- (GKSession *)session:(GKSession *)session
didReceiveConnectionRequestFromPeer:(NSString *)peerID {
[session acceptConnectionFromPeer:peerID error:nil];
}
```

04 在手机 B 接收之后，手机 A 上的 didConnectPeer 方法就被调用。

05 手机 A 就可以发送数据给手机手机 B 了。手机 B 也可以给手机 A 发送数据了。

我们建议你使用 GameKit 来交换少量数据，而不是一堆大文件，比如：照片。另外，GameKit 的 In-game voice 可以让设备通过 session 或者是 Internet 传递声音的信息。

还有，我们有时需要关掉空闲时间计时器。这个计时器的作用就是如果当用户和设备有一段时间没有进行交互的话，就使程序进入睡眠的状态，我们在和网络相关的应用里面一般都会关掉这个计时器，因为应用进入睡眠的状态同样会断开网络，这会给我们带来很多的麻烦，所以我们将其关掉。你可以在 appDidFinishLaunching：方法中输入关闭这个计时器的代码：

```
- (void)applicationDidFinishLaunching:(UIApplication *)application {
    // Override point for customization after app launch
    [window addSubview:viewController.view];
    [window makeKeyAndVisible];
    [[UIApplication sharedApplication] setIdleTimerDisabled:YES];
}
```

17.3 Cocos2d 和 Unity3d 游戏引擎

本节简单提供一下 iOS 平台两个比较常用的游戏引擎 Cocos2d 和 Unity3D 的信息，以扩大读者的知识面。读者如果要掌握 iOS 游戏开发的知识，可以专门寻找相关的材料学习。

Cocos2d 是 iPhone 开发中一个非常有用的库，它可以让你在创建自己的 iPhone 游戏时节省很多的时间。它具有很多的功能，比如 sprite(精灵)扶持、非常酷的图形效果、动画效果、物理库、音频引擎等等。你完全可以免费把它用于商业开发而获得收益。Cocos2d-iPhone 是基于 GNU LGPL v3 license 的，考虑到在 iPhone 的平台上无法实现发布第三方动态链接库，因此它扩展了上述协议，允许通过静态链接库或者直接使用源代码的方式实现你的应用，而不必公开你的源代码。你不用担心这个开源引擎的效率和可能存在的内在限制，因为在 AppStore 上已经有超过 100 个游戏是基于 Cocos2d-iPhone 开发的。清华大学出版社出版的《iOS 游戏编程之从零开始—Cocos2d-x 与 cocos2d 引擎游戏开发》是一本较好的、讲解这个引擎的入门书，可以找来看看。读者也可以查看下面网站获得相关信息：

    http://www.cocoachina.com/

Unity3d 是由 Unity Technologies 开发的，一个让玩家轻松创建诸如三维视频游戏、建筑可视化、实时三维动画等类型互动内容的多平台综合游戏开发工具，是一个全面整合的专业游戏引擎。Unity 类似于 Director、Blender Game Engine、Virtools 或 Torque Game Builder 等利用交互的图型化开发环境为首要方式的软件，其编辑器运行在 Windows 和 Mac OS X 下，可发布游戏至 Windows、Mac、WII、iPhone 和 Android 平台。也可以利用 Unity Web Player 插件发布网页游戏，支持 Mac 和 Windows 的网页浏览。它的网页播放器也被 Mac Widgets 所支持。Unity3d 相关信息可以查看下面网站：

    http://www. unity3d.com/

第 18 章　性能调试与应用测试

本章我们探讨一下在 iPhone/iPad 开发时，如何做性能优化和应用测试。

18.1　性能调试

同计算机不同，iPhone/iPad 上的内存不大（几百 MB）。开发人员在开发程序时要特别注意内存的管理。Xcode 提供了性能测试工具。开发人员可以采集运行数据并找出内存管理有问题的代码。

18.1.1　内存泄露

为了防止内存泄露，并确保最有效地使用内存，你的应用程序应该只在需要时才装载数据。比如：你显示多个城市的旅游信息，你的表视图显示 10 行，那么，你可能只装载 10 个城市的名字，而不是所有的城市名称。另外，你应该使用多个视图控制器，每个视图控制器有自己的 XIB，而不是使用一个大的视图控制器和一个大的 XIB。还有，不要在 "- (id)init" 方法中装载所有数据，而是多使用视图控制器的 viewDidLoad 和 viewWillAppear 方法来装载数据。总之，只在需要时才装载，比如：当用户点击某个按钮时才显示相关的数据。这也使得应用程序能够最快启动，而不需要等待数据装载。以下是一些基本原则：

- 如果一个方法包含了 alloc、copy、new，那么你就需要考虑内存释放。一般而言，对于使用 alloc、copy 和 new 的代码，都应该有一个伴随的 release 或者 autorelease。
- 考虑对象的重用，比如：

```
-[UITableView dequeueReusableCellWithIdentifier]
```

我们在第 4 章阐述了 Autorelease 。它可以简化我们的内存管理代码。系统会自动释放 autorelease 池中的对象。那么，如果你的代码总是使用 autorelease，就没有内存泄露了吗？问题在于 autorelease 池的释放时机。每当执行应用程序时，系统自动创建 autorelease 池。系统并不是立即释放 autorelease 池中的对象，而是在一个 run loop 之后才释放。一般是微秒级别。在 autorelease 池中的对象本来可以立即释放了，但是系统很有可能过一些时候才释放它们。所以，使用 release 可以更有效地释放内存。我们建议，读者应该尽量自己管理内存，而不要太依赖于 autorelease。另外，一些系统对象使用 autorelease，比如：NSString。你可以使用自己管理内存的类，比如：NSMutableString。在一些特殊情况（比如：多个循环）下，你可以创建你自己的池：

```
NSAutoreleasePool *pool = [[NSAutoreleasePool alloc] init];
……
[pool release];
```

当系统发现应用程序过份使用内存时，系统会给应用程序发警告信息。每个视图控制器都有一个-didReceiveMemoryWarning 方法。你可以考虑在这个方法中释放一些暂时不用的对象，比如：隐藏的视图、图、音频和视频等。应用委托类有一个 –applicationDidReceiveMemoryWarning 方法，你也可以在这个方法中释放一些对象。开发人员应该利用这些方法来处理内存使用问题。

18.1.2　性能监控工具 Instruments

在 Xcode 上有一个性能监控工具，名叫 Instruments。当你在 iPhone/iPad 设备或者模拟器上运行应用程序时，你可以使用 Instruments 监控应用程序的性能，比如：内存使用情况、系统负载等。如图 18-1 所示，从 Product 菜单下选择"Profile" 打开 Profile，选择 Leaks 就可以打开 Instruments 工具监控内存泄露问题（选择其他选项也可以监控其他问题）在 Instruments 上，你看到两块内容（参见图 18-2）：Allocations（对象分配）和 Leaks（内存泄露）。

在它们的右边是 Instruments 所收集到的性能数据的图形化表示。在运行一段时间后，你可以停止运行。在对象分配部分，Instruments 记录了应用程序使用内存的情况。右下方（蓝色部分）显示了当前的活动对象数和总对象（即：到目前为止总共创建的对象数目）之间的比率。蓝色表示正常。如果你看到红色，这表明你使用了大量的临时（动态）分配。这不一定说明你代码有问题，但是你要检查代码是否合理。第一列叫做 Graph（图形）。默认情况下，"All Allocations（所有分配）"被选中。如果你只想查看某一部分的内存分配情况，你可以不选择"All Allocations"，而选择其他内容。

通过查看对象的分配情况，你可以验证内存分配是否按照你想的方式进行，另外，你也可以发现应用程序在什么时候使用了最多的内存。

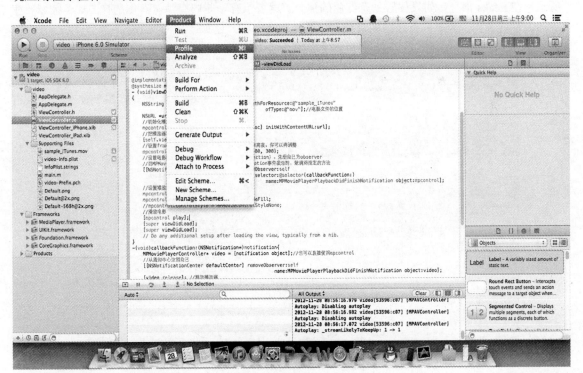

图 18-1　启动启动 Profile

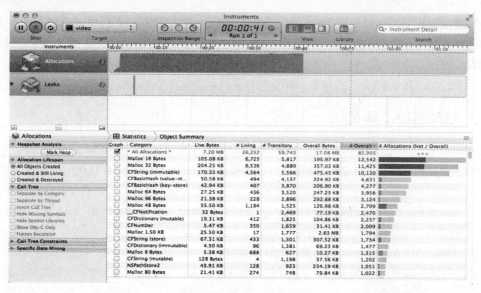

图 18-2　运行 Instruments

　　我们主要是监控内存泄露。所谓内存泄露是指：存在一块已分配的内存，但是应用程序中没有任何对象在使用（引用）它（等于说，这块内存被白白浪费了）。如果应用程序有大量的内存泄露，这可能会让应用程序被异常中止。Instruments 是这么来寻找内存泄露的对象：它记录应用程序中的所有分配操作，然后扫描应用程序所使用的内存、注册表和堆栈来找出内存泄露部分。如图 15-3 所示，在 Leaks 部分，如果你看到有红色的部分，就表示有一些内存泄露。你选择 Leaks 区域，在下面，你就看到了各个内存泄露的对象。你选择其中一行，比如：NSCFString。

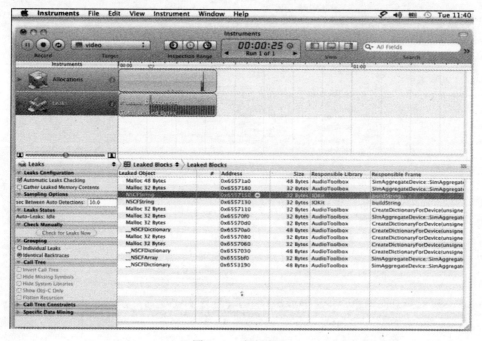

图 18-3　内存泄露

从 View 菜单下选择"Extended Detail"，你就能看到整个调用栈。另外，点击其边上的右向箭头（参见图 18-3），你可以看到更多的历史数据（参见图 18-4）。基于这些数据，你基本可以找到泄露的原因。

最后，我们要强调两点：第一，除了在模拟器上测试应用的性能，你还需要在设备上测试应用的性能；第二，对于一些使用 autorelease 的对象，在没有被自动释放前，有时也被 Instruments 算做泄露的内存。关于 Instruments 的更多内容，读者可以访问苹果开发中心的文档，网页链接如下：

```
https://developer.apple.com/iphone/library/documentation/Performance/Conceptual/ManagingMemory/
```

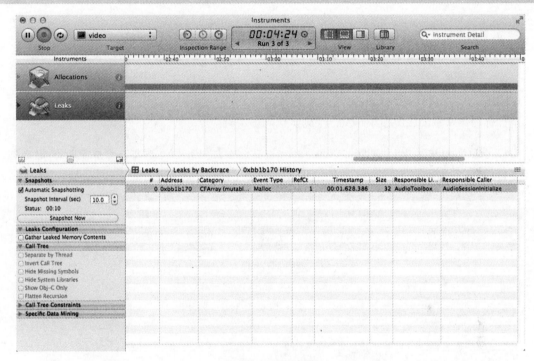

图 18-4　调用信息

18.2　应用测试（OCUnit）

在软件开发后（或当中），就进入测试阶段。关于各类测试，iPhone/iPad 软件测试同其他开发语言的软件测试一样，其主要目的是尽量找出 bug，而且越早越好。我们建议测试代码的开发和软件本身的开发同时进行，从而可以边开发，边测试。在修改一个 bug 后，要注意这次修改是否会影响其他代码。

我们在本节介绍 iPhone/iPad 软件的单元测试 OCUnit。OCUnit 同 Java 的 JUnit 类似。在 OCUnit 上，SenTestCase 是所有测试代码的父类，比如：

```
#import <SenTestingKit/SenTestingKit.h>
@interface PersonTests : SenTestCase {....}
```

这个类自动执行以 test 开头的方法。比如，testCreatePerson 是一个测试方法：

```
-(void) testCreatePerson{
......
}
```

在测试代码中，你可以使用断言语句。比如，下面的语句断言 person 不是空：

```
STAssertNotNil(person,nil);
```

在测试代码中， -setUp 方法用于设置测试数据，而-tearDown 方法用于清除测试数据。比如：

```
- (void)setUp {
    //设置测试环境
}
- (void)tearDown {
    //清除测试环境
}
```

下面你为第 9 章的应用程序开发一个测试代码。步骤如下：

01 在 Xcode 中选择 File>New>New Taregt，打开界面如图 18-5 所示。然后单击 Next 按钮，打开界面如图 18-6 所示。

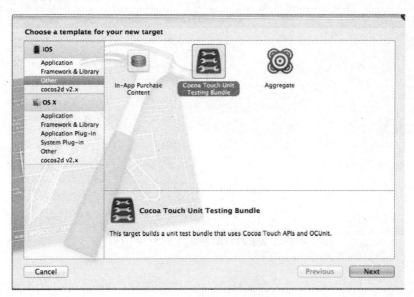

图 18-5　创建测试代码

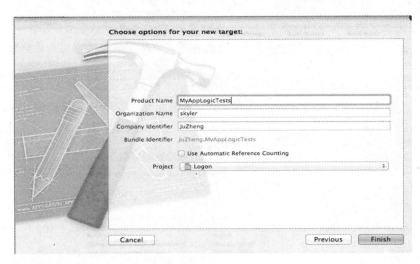

图 18-6　Target 名称

02 点击 Finish 按钮，及可以看到 MyAppLogicTests 生成。如图 18-7 所示。

03 如图 18-8 所示，在左上方的菜单下，选择 Active Target 为上面刚刚创建的 Target，即：UnitTests。

图 18-7　MyAppLogicTests.m

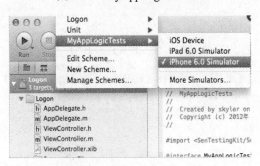

图 18-8　设置 Active Target

04 点击上图中的 Edit Scheme 菜单项，你会看到如图 18-9 所示界面。Xcode 会自动为你创建测试计划，该计划的工具栏菜单中包含一个新的方案具有相同的名称作为单元测试的目标。

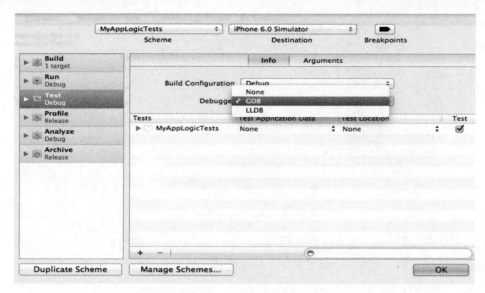

图 18-9　创建测试类

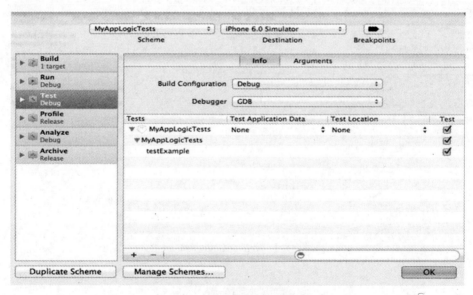

图 18-10　设置运行环境

05 选择 Product>Test 菜单项，如图 18-11 所示。测试结果如图 18-12 所示。

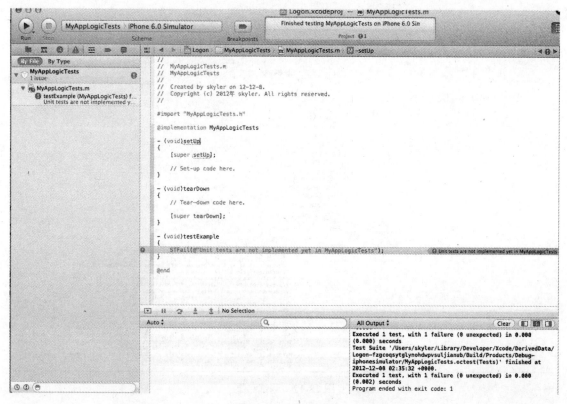

图 18-11　运行 Test

　　苹果还提供了测试环境。如果你是一个付费（99 美元/年）的开发人员，那么，你可以在 iTunes Connect 上登录并创建一些测试用户。另外，在 iTunes Connect 下，你可以看到你的应用程序的销售数据和收入情况（如果你的应用程序是收费的话）。苹果提供了各类汇总报表。还有，苹果还提供了你的应用程序的 crash 报告。关于具体的信息，请参考苹果文档。

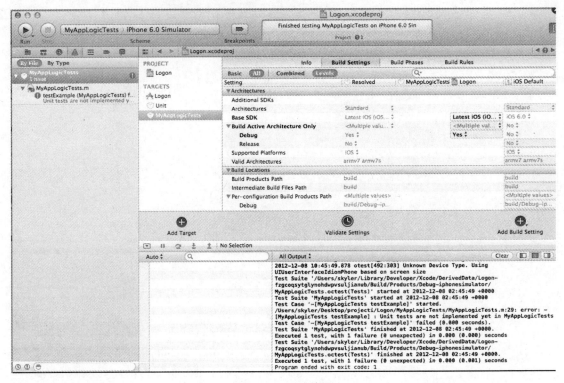

图 18-12　测试结果

第 19 章　苹果推服务、应用设置、多语言

在本章，我们探讨一些 iPhone/iPad 开发的一些高级话题，比如：苹果推服务、应用设置、多语言等等内容。

19.1　苹果推服务（Apple Push Notification Service）

我们先看一个股票应用程序。在 iPhone/iPad 上，在不启动股票应用程序的情况下，当你的股票上涨 10%时，你可能希望这些应用程序能够通知你。所以你可以决定是否卖出。通知的方式多样，比如：震动手机，在应用程序的图标上出现提示信息（类似 iPhone/iPad 的邮件应用图标的右上角的数字）。苹果推服务就可以实现这个功能：你的股票应用程序所访问的股票网站推信息给你的股票应用程序。在具体实现上，如图 19-1 所示，苹果提供了中间的推服务，从而在 iPhone/iPad 的应用程序和股票网站（相当于应用程序的服务器）之间提供了通知的传递。

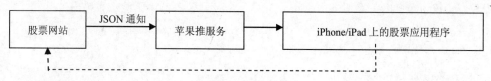

图 19-1　苹果推服务

如果没有这个推服务的话，那么，用户必须要启动 iPhone/iPad 上的应用程序，经常查看自己的股票信息（如图 19-1 上的虚线所示）。这既浪费了用户的时间，又增加了网络流量。苹果推服务传递的是 JSON 数据。所以，应用服务器（比如：股票网站）发送 JSON 格式的通知。最大为 256 字节。正如我们在第 9 章中讲到的，JSON 数据就是一些键-值对。苹果推服务的通知可以是：

● 一个声音或者震动手机。sound（声音）键所对应的值是一个字符串。这个字符串可以是一个本地声音文件的名字。比如：

```
"sound" : "ZhangLe.aiff"
```

● 弹出一个提示窗口。alert（提示）键所对应的值可以是一个字符串，也可以是一个字典数据。比如：

```
"alert" : "股票涨了 10%"
```

● 应用图标右上角的徽章（badge）。它是一个整数。比如：

```
"badge" : 10
```

这些键-值对是包含在 aps（aps 是苹果保留的关键字）下。下面是一个通知例子：

```
{
"aps" : {
"alert" : "股票涨了 10%",
"badge" : 10,
"sound" : "ZhangLe.aiff"
},
……
}
```

那么，怎么设置和使用苹果的推服务呢？下面是四个主要步骤：

01 应用服务器（比如：股票网站）需要从苹果获得数字证书，并把数字证书放在应用服务器上。从而应用服务器和苹果推服务平台就可以通讯。

02 应用程序向苹果注册服务。下面的方法设置应用程序接收的通知类型：

```
- (void)application:(UIApplication *)application
didFinishLaunchingWithOptions:(NSDictionary *)options
{
    UIRemoteNotificationType myTypes = UIRemoteNotificationTypeSounds |
    UIRemoteNotificationTypeBadges;//通知类型：声音和 Badge
    [application registerForRemoteNotificationTypes:myTypes]; // 注册
}
```

03 从 iPhone 操作系统获取 Token，并发送给应用服务器（比如：股票网站）：

```
- (void)application:(UIApplication *)application
didRegisterForRemoteNotificationsWithDeviceToken:(NSData *)token
{
    //……获得 Token，发送 Token 给应用服务器
}
//注册失败的处理
- (void)application:(UIApplication *)application
didFailToRegisterForRemoteNotificationsWithError:(NSError *)error
{
    //……无法获得 Token，做一些处理
}
```

Token 就是一个标识这个特定手机的字符和数字的组合串。应用服务器使用这个 Token 来给这个手机发送通知。当然，应用服务器是把通知和 Token 发送给苹果推服务平台，然后苹果推服务到手机。

04 使用 UIApplicationDelegate 的 didReceiveRemoteNotification 来接收远程通知并做一些处理。所接收的通知是 JSON 数据。

```
- (void)application:(UIApplication *)application
didReceiveRemoteNotification:(NSDictionary *)userInfo
```

如果你想知道手机应用正在接收什么通知，你可以调用：

```
-(UIRemoteNotificationType)enabledRemoteNotificationTypes
```

19.2　应用设置

　　如图 19-2 左图所示，在 iPhone 的设置下，你可以设置应用程序的选项。比如：你可以设置 safari 浏览器的搜索引擎等信息。应用程序也可以在设置下提供配置选项，如图 19-2 右图所示。一个基本原则是在"设置"下配置应用程序不太改变的选项，比如：用户名和密码。

图 19-2　设置

　　在 Xcode 下，应用设置是通过添加一个 Settings Bundle 文件完成的。在添加之后，系统会创建两个项目：Root.plist 和 en.lproj。后一个是用于本地化设置，前一个就是定义 iPhone/iPad 下的设置信息。在 Root.plist 下你可以设置各个属性和值。在代码中，你使用 NSUserDefaults 读取这些属性值。下面我们通过一个具体例子来讲解设置的方法。下面是具体步骤：

01　如图 19-3 所示，从"File"下选择"New File"，选择 Resource 下的"Setting Bundle"。

图 19-3　创建 settings Bundle 文件

　　02　如图 19-4 所示，输入文件名。这时，在 settings.bundle 下，你就看到了 Root.plist。如图 19-5 所示。

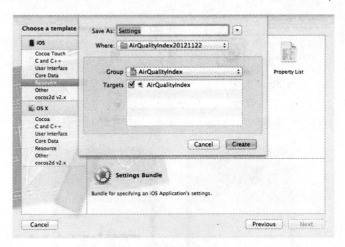

图 19-4　设置的文件名

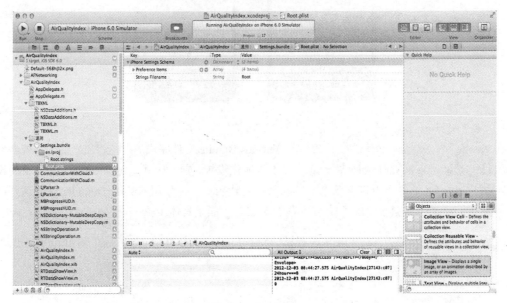

图 19-5　Root.plist

03 展开 PreferenceSpecifiers，就出现了多个 item（如图 19-6 所示）。你还可以添加更多的 item。PreferenceSpecifiers 包含了应用的设置信息。从技术的角度，PreferenceSpecifiers 就是一个 Item 数组，每个 item 就是一个字典类数据，包括了多对键和值（比如：Title=name），键包括了 Title（名 称）、Type（类型）、Key（键）、DefaultValue（默认值）等。另外，你还可以指定是否加密（IsSecure）、键盘的类型等信息。比如：Item 1 的类型是 PSTextFieldSpecifier，表明是文本输入框。在默认情况 下，PreferenceSpecifiers 有 Item 0 到 Item 3。Item 0 是一个组信息。

图 19-6　PreferenceSpecifiers 详细信息

04　修改前两个 Item 如图 19-7 所示。Item 1 是一个输入框设置，你修改 Title 为用户名，修改键（key）值为 userName，在 DefaultValue 下输入默认值（TangJun）。Item 2 是一个转换开关，修改 Title 为"使用默认用户名"。这个应用程序只需要两个 Item，所以你删除 Item 3（Item 3 是一个滑动条）。结果如图 19-8 所示。

05　保存并运行程序。结果如图 19-9 左图所示。

图 19-7　设置 Item1 和 Item2

图 19-8　删除 Item 3

06 退出应用程序，回到设置下。如图 19-9 右图和 19-10 左图所示，你可以看到 YunWenJian 的设置。你可以随时修改设置值。

图 19-9　运行结果　　　　　　　　图 19-10　设置信息和读取设置

07 如图 19-11 所示，修改视图控制器的 viewDidLoad 代码来读取这个设置值，并显示在用户名输入框内。

```
- (void)viewDidLoad {
    userName.text = [[NSUserDefaults standardUserDefaults]
                     stringForKey:@"userName"];//key 就是在 plist 中的 key
    [super viewDidLoad];
}
```

08 再次运行应用程序。这时，用户名被赋值为设置中的值。如图 19-11 右图所示。

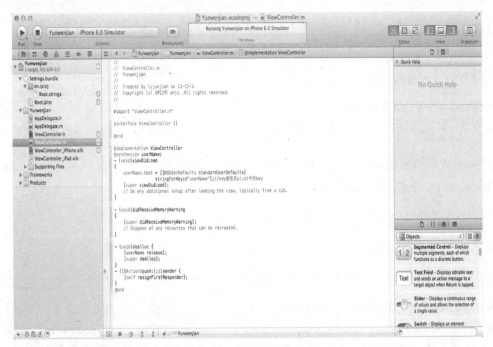

图 19-11　读取设置中的值

19.3　多语言支持

一个手机应用程序可以支持多语言，比如：英语和汉语。一般而言，我们需要把本地资源单独放在一个地方，比如：英语描述信息和汉语描述信息，英文图和中文图、英文界面（XIB）和中文界面（XIB）等。我们以前面章节中的旅游应用为例。如果我们要让旅游应用支持英语和汉语，那么，旅游应用的结构可能如下：

```
Lvyou.app/
Lvyou
English.lproj/                    ←英语部分
Localizable.strings
LvyouView.nib
chinese.lproj/                    ←汉语部分
Localizable.strings
LvyouView.nib
```

NSString 本身就通过支持多种编码来支持多种语言，比如：

```
- (id)initWithData:(NSData *)data encoding:(NSStringEncoding)encoding;
```

类似 Java 的 properties 文件的使用。在 iPhone/iPad 上，对于显示给用户的文字信息，一般都可以在一个文件中保存键-值。那个值就是某一种语言的数据。在这个文件中，往往使用 UTF-16 编码。我们看下面例子：

对于英文，en.lproj/Info.strings 可以是：

```
"Welcome" = "Welcome";
"Welcome to %@" = "Welcome to %@";
"%@ info in %@" = "%@ info in %@";
```

对于中文，cn.lproj/Info.strings 可以是：

```
"Welcome" = "欢迎";
"Welcome to %@" = "欢迎来到 %@";
"%@ info in %@" = "%2$@的%1$@信息";
```

后一个的字符串顺序有变化，所以使用 1 和 2 来标志。在默认的情况下，应用程序从 Localizable.strings 文件中查找键-值，比如：

```
NSLocalizedString(@"Welcome", @"welcome screen");
```

你可以让应用程序从指定文件中查找，比如从 Info.strings 文件中获得：

```
NSLocalizedStringFromTable(@"Welcome", @"Info",@"welcome screen");
```

NSLocalizedString 方法的第一个参数是要翻译的文字，第二个参数是一些提示信息（从而他们能够准确翻译）。另外 Xcode 提供了一个名叫 genstrings 工具。这个工具可以扫描应用程序代码并生成.strings 文件。另外，NSLocale 本身就提供了针对不同语言的设置，比如：中文是按照年-月-日的顺序，而英文是按照月-日-年的顺序；另外美元和人民币的符号也不同。所有这些都在 NSLocale 中考虑了。

在 XIB 上，你可以设置本地化信息。比如：右击 MapTest 的 MapTestViewController.XIB，选择"Get Info"。出现如图 19-12 所示的窗口。在这个窗口上，单击"Make File Localizable"按钮，出现如图 19-13 所示的窗口。你可以添加新的语言。每个语言都有自己的 XIB。比如，图 19-14 上显示的是英文。如果你还添加了中文，那么，还应该出现中文的 XIB。

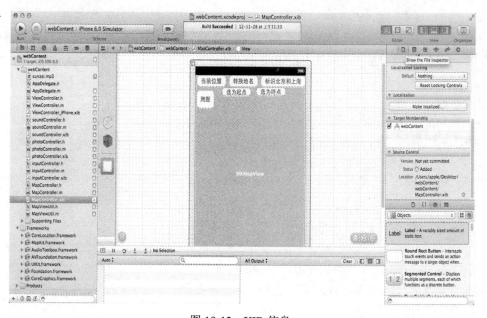

图 19-12　XIB 信息

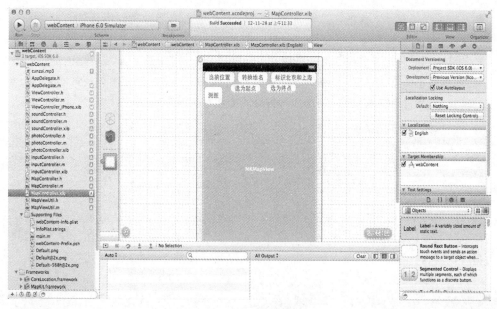

图 19-13　本地化设置

图 19-14　MapTestViewController.XIB[English]

19.4　iPhone/iPad 企业应用

　　基于 iPhone/iPad 的企业应用一般是基于云计算的模式。也就是说，手机是作为一个显示和输入的终端，主要的处理还是在云上。对于一个企业应用，要有一个好的结构是企业应用成功的关键。

在这一节，我们探讨几个实施的结构。一个 iPhone/iPad 企业应用经常使用分组的表视图。当选择某一行时，你可能需要触发不同的视图控制器。实现的方式很多。一种方式是在数组内放上字典数据，并把视图控制器放在字典内。也就是说，每一行是一个字典，多行形成外部的数组。字典内有三个元素，表单元上的文本信息，详细信息和视图控制器。比如，你在根视图控制器的 awakeFromNib 方法上创建整个系统的结构，即：包含字典数据的数组：

```
NSMutableArray *cityList = [[NSMutableArray alloc] init];
[cityList addObject:[NSMutableDictionary    dictionaryWithObjectsAndKeys:
    NSLocalizedString(@"北京", @"北京旅游"), kSelectKey,
    NSLocalizedString(@"旅游信息", @"信息"), kDescriptKey,
    ViewController, kControllerKey,nil]];
```

当然，按照 MVC 的模式，上述的数据初始化应该放在 M 上。然后，awakeFromNib 方法从 M 上来读取这些数据。我们在表视图一章中讲过，你可以使用 didSelectRowAtIndexPath 来获得指定行的数据。在获得行数据后，使用字典中的视图控制器来调用下一个视图。比如：

```
- (void)tableView:(UITableView *)tableView
didSelectRowAtIndexPath:(NSIndexPath *)indexPath {
    //去掉选中标志
    [tableView deselectRowAtIndexPath:indexPath animated:YES];
    //获得位置信息，从而映射数组中的元素
    int cityOffset = (indexPath.section*kSection1Rows)+ indexPath.row;
    //获取所选择行要触发的视图控制器
    UIViewController *targetController =
        [[cityList objectAtIndex: cityOffset]
objectForKey:kControllerKey];
    //如果数组中尚未存在（所以，没有找到）
    if (targetController == nil) {
        switch (cityOffset) { //根据不同行，放入不同的视图控制器
            case 0:
                targetController = [[ViewController alloc]
                initWithCity:NSLocalizedString(@"Beijing", @"Beijing") cityID:
1];
                break;
            case 1:
                targetController = [[ShanghaiController alloc]
                initWithCity:NSLocalizedString(@"Shanghai", @"Shanghai")
cityID: 2];
                break;
            case 2:
                targetController = [[XianController alloc]
                initWithCity:NSLocalizedString(@"Xian", @"Xian") cityID: 3];
                break;
        case 3:
                //……..
                break;
        }
        [[cityList objectAtIndex: (indexPath.row +
(indexPath.section*kSection1Rows))]
    setObject:targetController    forKey:kControllerKey]; //放入数组中
    }
    //推到导航控制器的堆栈中，从而触发该行所对应的视图控制器
    [[self navigationController]    pushViewController:targetController
animated:YES];
    }
```

如果上述应用程序收到内存警告，那么，一个方法是查看上述数组来找出目前不在使用的视图控制器，并释放他们。

在企业应用中，开发人员应该尽量使用导航控制器来实现各个页面之间的切换。导航控制器帮助我们层次化地管理视图控制器。如果当前的视图不是最高一层的视图，那么，在左上角总会出现一个返回按钮来返回到上一层视图。你还可以在视图上添加其他按钮，比如编辑现有数据等等。

开发人员在设置值时，要注意不同方法的调用顺序。常见方法的调用顺序如表19-1所示：

表 19-1　常见方法的调用顺序

顺序	对象	方法
1	View Controller	awakeFromNib
2	Application Delegate	applicationDidFinishLaunching:
3	View Controller	viewDidLoad
4	View Controller	viewWillAppear:
5	View Controller	viewWillDisappear:
6	Delegate	applicationWillTerminate:

对于在不同视图控制器之间的切换，有三种主要方式：导航控制器、标签栏控制器和使用presentModalViewController。如果视图控制器之间是分层关系，那么，你应该使用导航控制器；如果视图控制器之间是并列关系，那么，你应该使用标签栏控制器；如果类似弹出窗口（并选择什么值）的关系，那么，你应该使用 presentModalViewController。

对于在不同视图控制器之间的数据交换，有两种主要模式：在调用时设置被调用视图控制器类的属性，或者通过回调方法来传回数据给前一个视图控制器。还有一个模式，就是通知。但是，最主要的还是前面两个模式。不同视图控制器之间的数据交换，其实就是3种模式：

● 在调用时设置被调用视图控制器类的属性。
● 通过回调方法来传回数据给前一个视图控制器。
● 通知。

19.5　开发人员常问的话题

以下是一些开发人员经常问的问题：

（1）怎么让更多人知道你的 iPhone/iPad 应用？

很多开发人员把 iPhone/iPad 应用放到苹果应用商店后，就顺其自然了。其实，开发人员应该做更多的事情来宣传自己的应用。比如：通过社交网站、视频网站、Blog、报纸、电台等。

（2）怎么通过 iPhone/iPad 应用来挣钱？

一种方式是收费应用。另一种方式是免费应用+广告。手机应用的广告代理商很多。美国的有 Admob、Adwhirl 等。国内的有 www.108fang.com 等。广告的模式很多：有些是显示广告就给钱，另一些是只有点击广告才给钱。有时，你可以提供收费和免费两种应用。在使用了免费+广告的应用后，如果用户觉得特别好，那么，用户可能会购买收费的应用。另外，收费的应用可以提供更多的功能，从而吸引用户来购买收费应用。

（3）怎么获取 iPhone/iPad 应用的使用和销售信息？

苹果公司本身提供了应用下载数量等数据。另外，其他公司还提供了更详细的数据，比如：什么时候使用，等等。美国的工具有 Flurry 等。国内有 www.108fang.com 等。

（4）怎么开发一个成功的 iPhone/iPad 应用？

功能是第一重要的。要简单和好用。另外，应用应该有一个好的图标和名字。很多开发人员往往忽视后面这一点。想象你自己是一个手机用户，那么，你到苹果商店后，你首先看到什么？你看到的是应用的图标、名称、价格和客户评价。这就是用户的第一印象。所以，好的图标和名字也是很重要的。最后一个是你的应用程序的描述信息。很多用户直接查询某些关键字。所以，描述信息要比较恰当和大众化。

第 20 章　发布应用程序

　　您的大部分时间都花在了编程任务上，但是要为 App Store 开发应用程序，您还需要在应用
程序的整个生命周期中，使用 Xcode 和其他工具来执行一些管理任务。App Store 是一个受监管
的商店，限制哪些应用程序可以销售。Apple 这么做是为了尽可能地为用户提供最佳体验。例如，
在 App Store 上出售的应用程序不得崩溃或出现其他主要错误。图 20-1 列出了发布的各个步骤。

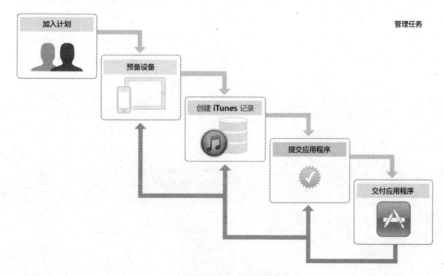

图 20-1　发布步骤

　　Apple 为您提供了所需的工具，来进行开发和测试，以及将应用程序提交到 App Store。要在
设备上运行应用程序，设备需要为开发和稍后的测试做好预备工作。还需要提供应用程序的相关信
息，以供 App Store 显示给客户，并且还需要上传屏幕快照。然后将应用程序提交给 Apple 审批。
应用程序审批通过后，您设定应用程序在 App Store 上架销售的日期。最后，使用 Apple 的工具
来监测应用程序的销售、客户评论和崩溃报告。然后再次重复整个流程，来提交应用程序的更新。

　　如果使用某些技术（例如 iCloud 储存或应用程序内购买），则需要执行额外的配置和管理任
务。您还要执行管理开发者团队的任务。

20.1　加入 iOS Developer Program

　　要为 App Store 开发应用程序，首先需要加入 iOS Developer Program。加入该计划之后，您
可以访问所需的资源和工具，来管理您的帐户，以及在设备上测试应用程序。

　　您将成为与 Apple 联络的主要人员，负责签订法律条款、创造资产并推广您的应用程序。您

将要回答是个人开发者，还是公司开发者。如果是公司开发者，您可以将其他人添加到您的团队，并授予权限给他们中的某些人来管理帐户。在开发期间，需要在设备上运行应用程序的个别人士，要先加入您的团队。

您将使用以下 iOS Developer Program 网上工具来管理您的帐户：

● Member Center 是主要工具（参见图 20-2），用来管理开发者计划帐户、邀请团队成员、购买技术支持和申请兼容实验室。Member Center 也是通向其他资源和工具的大门。

● iOS Provisioning Portal 是网上工具，用来注册应用程序 ID、注册设备、制作签名证书和创建预置描述文件（provisioning profile）。这些步骤能够确保安全性，同时能避免应用程序被贸然发布。

● iTunes Connect 是营销和商务工具，用来检查合同状态、设置税务及银行信息、获取销售及财务报告，以及管理应用程序元数据。

● 您可以使用 Xcode 执行某些 iOS Provisioning Portal 管理任务，再根据需要通过访问 Member Center 返回到这些网上工具，网址为 http://developer.apple.com/membercenter。

图 20-2 会员中心

20.2 为 App Store 创建项目并进行配置

从模板创建 Xcode 项目时，某些 App Store 配置已经完成。Xcode 会提示您输入产品名称和公司标识符。捆绑包 ID 就来自这两项属性。例如，在 下面的 HelloWorld 项目中，产品名称是 HelloWorld，公司标识符是 edu.self。因此，默认的捆绑包 ID 为 edu.self.HelloWorld。Xcode 也为其他值使用合理的默认值。您应该认真考虑，使用哪个模板来创建应用程序，使用什么设置来配置项目；从正确的模版开始，有助于加速开发过程。

如果想要稍后更改这些设置，或使用 iCloud 储存，您可在 Xcode 的目标"Summary"面板中找到大部分设置，包括启用权利（参见图 20-3）。例如要通过验证测试，您需要设定应用程序图标和启动画面，它们出现在"Summary"面板上的"iPhone/iPod Deployment Info"下面。这些图像用来在 App Store 中代表您的应用程序。

图 20-3 Summary

20.3 为开发预备好设备

开发期间，要在设备上运行应用程序，该设备必须连接到 Mac、已启动开发功能，并经过 Apple 识别。只需提供应用程序、您本人和设备的一些相关信息，就可以完成以上准备工作。您创建一种名为 development certificate 的签名证书来标识您自己。所有这些信息都会纳入开发预置描述文件，该文件最终要安装到设备上并允许应用程序开启。

通过使用 Xcode 为您创建的默认应用程序 ID 和 iOS 团队预置描述文件 (iOS Team Provisioning Profile)，您可以使用 Xcode 中的"Devices"管理器来预备设备，以进行开发。（但是，如果使用 iCloud 储存、推送通知、应用程序内购买或 Game Center，则需要创建一个专用预置描述文件。）

第一次在"Devices"管理器中刷新预置描述文件时，Xcode 会创建您的签名证书。Xcode 代表您创建开发和分发证书 (development and distribution certificates)。分发证书在稍后测试和提交应用程序到 App Store 时需要。

　　iOS 团队预置描述文件可让您立即开始在设备上运行应用程序。首次将设备添加到您的帐户时，Xcode 会使用默认的应用程序 ID、您设备的 ID 和您的开发证书来创建 iOS 团队预置描述文件。只需要将设备与 Mac 连接，然后点按"Use for Development"按钮，将设备添加到 iOS 团队预置描述文件。然后，Xcode 自动将此描述文件安装在您的 Mac 连接着的设备上。预备新设备以用于开发时，Xcode 也更新此预置描述文件。如图 20-4 所示。

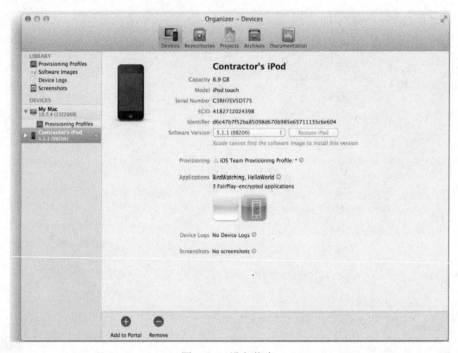

图 20-4　设备信息

20.4　签名证书和更改运行位置

　　生成应用程序时，您要进行代码签署，采用的签名证书就包含在要使用的预置描述文件中。在 Xcode 项目编辑器中，使用"Code Signing Identity"生成设置弹出式菜单，将"Code Signing Identity"设定为 iOS 团队预置描述文件中包含的开发者证书。如图 20-5 所示。

图 20-5　证书

将设备预备好用于开发后，可以告诉 Xcode 在设备上启动应用程序。方法是在生成应用程序前，在"Scheme"弹出式菜单中，更改运行目的位置的设置。将附带有效预置描述文件的设备连接到 Mac 时，设备名称和其运行的 iOS 版本，会作为选项出现在目的"Scheme"弹出式菜单中。选取"Product">"Edit Scheme"以打开方案编辑器。如图 20-6 所示。

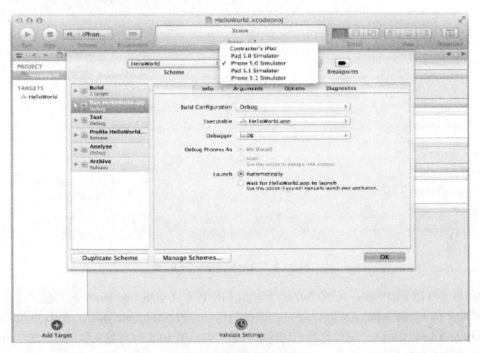

图 20-6　更改运行位置

20.5　在多个设备和多个 iOS 版本上测试应用程序

您应该制定计划，在各种设备和 iOS 版本上严格测试应用程序。仅使用模拟器并仅在预备用于开发的设备上测试应用程序，是不够的。模拟器不能运行在设备上运行的所有线程，使用 Xcode 在设备上开启应用程序，会停用某些监察定时器 (watchdog timer)。至少，您应该在所有能找到的设备上测试应用程序。最理想的做法是，在打算支持的所有设备和 iOS 版本上测试应用程序。

做法是创建一个名为 adhoc provisioning profile（临时预置描述文件）的特殊分发预置描述文件，并将其和应用程序一起发送给测试员。临时预置描述文件不需要将测试员添加到您的团队，不需要创建签名证书或使用 Xcode 运行应用程序。应用程序测试员仅需在他们的设备上安装该应用程序和临时预置描述文件，就可启动应用程序。然后，可以从这些测试员收集和分析崩溃报告或日志，从而解决问题。为测试建立 profile 的界面如图 20-7 所示。

首先，从测试员那里收集所有的设备 ID，并将它们添加到 iOS Provisioning Portal 中。测试员可使用 iTunes 来获得他们设备的 ID。使用 iOS Provisioning Portal，您创建包含应用程序 ID 和这些设备 ID 的临时预置描述文件。

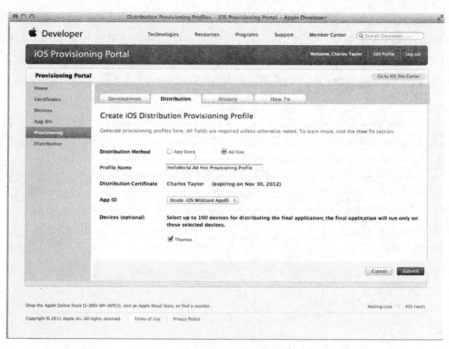

图 20-7　为测试建立 profile

　　应用程序可用于测试时，使用 Xcode 来创建归档和生成 iOS App Store 软件包（文件扩展名为 .ipa 的文件）。在"Archives"管理器中，选择归档，点按"Distribute"按钮，然后点按"Save for Enterprise or Ad-Hoc Deployment"选项来创建软件包（参见图 20-8）。创建软件包时，您使用开发证书给归档签名。然后从 iOS Provisioning Portal 下载临时预置描述文件，并将其和 IPA 文件一起发送给测试员。

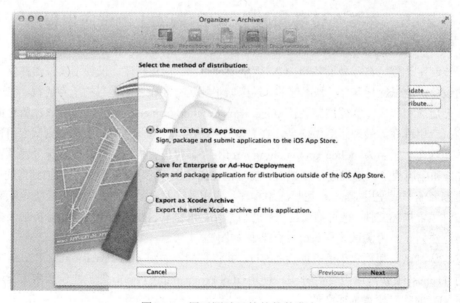

图 20-8　用于测试目的的软件发布

测试员使用 iTunes 在他们的设备上安装预置描述文件和应用程序。应用程序在设备上崩溃时，iOS 会创建该事件的记录。下次测试员将设备连接到 iTunes 时，iTunes 会将这些记录（称为"崩溃日志"）下载到测试员的 Mac 上。测试员应该将这些崩溃日志发送给您。

20.6　在 iTunes Connect 中配置应用程序数据

应用程序在 App Store 销售时，该商店会显示应用程序的很多信息，包括名称、描述、图标、屏幕快照和您公司的联系信息。要提供这些信息，请登录到 iTunes Connect，为应用程序创建记录并填写一些表单。iTunes Connect 中的记录包括捆绑包 ID 栏；在此栏中输入的值必须完全匹配应用程序的捆绑包 ID。应用程序名称和版本也需要与 Xcode 项目配置相符。插图需要上传到 App Store 以通过验证测试，App Store 要用它们将应用程序展示给客户。应用程序记录状态至少应该是"Waiting for Upload"，才可将应用程序提交到 App Store。如图 20-9 所示。

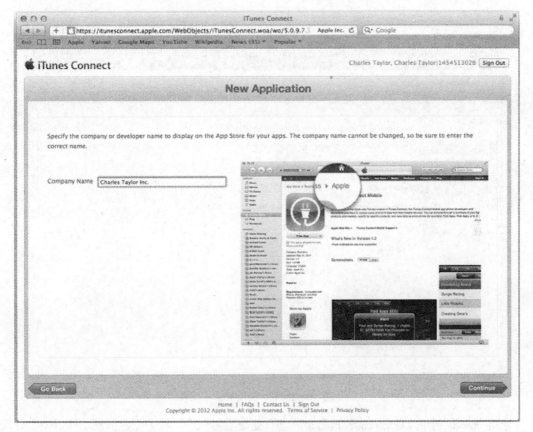

图 20-9　设置应用信息

通常在开发过程的较后阶段，才创建 iTunes Connect 应用程序记录，因为从创建记录到提交应用程序之间有时间限制。但是，一些 Apple 技术（包括 Game Center 和应用程序内购买）要求早一点创建 iTunes Connect 记录。例如，对应用程序内购买而言，需要创建应用程序记录以便添加您想要出售项目的详细信息。此内容需要在开发过程完成之前创建，以便使用它来测试实现应用程序内购买所添加的代码。

20.7 将应用程序分发到 App Store

将应用程序提交到 App Store 需要很多步骤，还会用到几个工具。首先登录到 iTunes Connect，将应用程序记录的状态更改为"Waiting for Upload"或靠后的状态。然后使用 iOS Provisioning Portal，创建分发证书并分发预置描述文件。使用 Xcode 创建归档、验证归档，并将其提交到 App Store。应用程序通过审批后，使用 iTunes Connect 设定让客户购买该应用程序的日期。

当应用程序准备发布时，您需要创建分发预置描述文件 (distribution provisioning profile)，选择 App Store 作为分发方法。创建这种类型的预置描述文件时，只需选择一个应用程序 ID，而不选择任何签名证书或设备 ID。如图 20-10 所示。

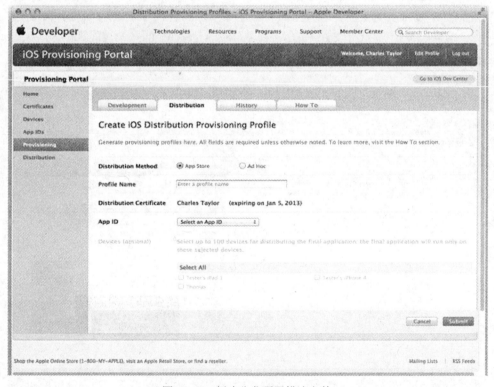

图 20-10　创建分发预置描述文件

使用 Xcode 中的"Archives"管理器来验证和提交应用程序。首先创建归档，然后使用分发证书为其签名。然后验证归档，完成对归档中的应用程序以及您在 iTunes Connect 记录中提供的信息的自动化检查。如果在验证过程中发现问题，您需要修正这些问题才能继续。

在提交应用程序前，您应该阅读 https://developer.apple.com/appstore/guidelines.html 以避免出现问题。点按"Distribute"按钮并选中"Submit to the iOS App Store"选项时，Xcode 将归档传输到

Apple——Apple 检查归档以测定它是否符合应用程序指南。如果应用程序遭拒，请修正应用程序审批过程中提出的问题，然后重新提交应用程序。

使用 iTunes Connect 设定应用程序即将发布到 App Store 的日期。例如，您可以选取在应用程序通过审批后，立即将应用程序发布到 App Store，也可以设定审批日期之后的某一天。使用晚一些的发布日期，可让您在应用程序首发日前后安排其他营销活动。

20.8　维护应用程序

不能将应用程序提交到 App Store 后就置之不理。您应该在应用程序的整个生命周期中管理应用程序记录，并维护应用程序。应用程序一旦发布到 App Store，您就需要监控其状态，回应用户的问题，并提交所需的更新。

您要关注用户对您的应用程序有什么样的感受。App Store 中的客户评级和评论，极大地影响着应用程序的成功。如果用户遇到问题，您需要迅速确定错误，然后通过审批流程提交应用程序的新版本。

iTunes Connect 提供的数据能帮助您判断应用程序有多成功，这些数据包括销售和财务报告、客户评论，以及用户提交给 Apple 的崩溃日志。崩溃日志至关重要，因为它们表示用户在应用程序中遇到的重大问题。您应该优先研究这些报告。

除了低内存崩溃日志外，所有崩溃日志都包含应用程序终止时每个线程的堆栈跟踪。要查看崩溃日志，您需要在 Xcode 管理器窗口中打开它。只要您的 Mac 上的归档与产生崩溃日志的应用程序版本相一致，Xcode 就自动将崩溃日志中的所有地址解析为应用程序中的实际类和函数。

如果使用 iCloud 储存技术，您需要创建专用预置描述文件（该文件使用明确的应用程序 ID），并相应配置应用程序。具体请读者参考苹果的文档资料。

20.9　有关应用发布的其他话题

以下是一些开发人员经常问的问题：

（1）怎么让更多人知道你的 iPhone/iPad 应用？

很多开发人员把 iPhone/iPad 应用放到苹果应用商店后，就顺其自然了。其实，开发人员应该做更多的事情来宣传自己的应用。比如：通过社交网站、视频网站、Blog、报纸、电台等。

（2）怎么通过 iPhone/iPad 应用来挣钱？

一种方式是收费应用。另一种方式是免费应用+广告。手机应用的广告代理商很多。美国的有 Admob、Adwhirl 等。国内的有 www.108fang.com 等。广告的模式很多：有些是显示广告就给钱，另一些是只有点击广告才给钱。有时，你可以提供收费和免费两种应用。在使用了免费+广告的应用后，如果用户觉得特别好，那么，用户可能会购买收费的应用。另外，收费的应用可以提供更多的功能，从而吸引用户来购买收费应用。

（3）怎么获取 iPhone/iPad 应用的使用和销售信息？

苹果公司本身提供了应用下载数量等数据。另外，其他公司还提供了更详细的数据，比如：什么时候使用，等等。美国的工具有 Flurry 等。国内有 www.108fang.com 等。

（4）怎么开发一个成功的 iPhone/iPad 应用？

功能是第一重要的。要简单和好用。另外，应用应该有一个好的图标和名字。很多开发人员往往忽视后面这一点。想象你自己是一个手机用户，那么，你到苹果商店后，你首先看到什么？你看到的是应用的图标、名称、价格和客户评价。这就是用户的第一印象。所以，好的图标和名字也是很重要的。最后一个是你的应用程序的描述信息。很多用户直接查询某些关键字。所以，描述信息要比较恰当和大众化。

第 21 章　应用安全

本章简单讲解一下 iOS 应用安全，读者可以了解一些应用安全的基本知识。详细的信息可以参看苹果开发人员网站上官方提供的相关参考材料。

21.1　iOS 是一种严格的 Walled Garden

iOS 的围栏花园是一种"圈养"式的模型，这种圈养，不仅仅是对最终用户，更是对每一个应用。打一个比喻，用户就如一个孩子，被限制在一个周围围着高大围栏的、安全的活动范围里；而应用就像围栏花园中种的鲜花瓜果，这个花园的每一棵植物只允许生存在自己的花盆里，如果有邪恶的植物，比如毒花毒草企图污染泥土、空气或者把根伸到其他花盆，那它将被苹果公司的园丁大叔连根带泥整个扔掉。于是，在园丁大叔的强制管理下，花园里的各种植物按照规划长得规规矩矩。花园里鸟语花香，孩子在围栏花园中放心玩乐，如此和谐"世界"只因有一个神一样的存在——苹果公司，它打造花园、建立秩序、维护秩序，正如人类社会一样。这样的围栏花园为一个核心的政府意志所主导，其规则被一整套审核机构进行强制推行。

21.2　每一个应用都是一个孤岛

"每一个应用都是一个孤岛（Every App Is an Island）"，苹果公司的开发文档如是说。在信息世界，其他设计师们都在想办法打破信息孤岛的时候，这个设计很值得思考，安全至上的移动操作系统，可以说极大程度的推崇应用隔离，毫不客气的牺牲了本机内应用间信息共享，如图 18-1 所示。实际上，应用间的通信可以通过云端机制来解决大部分需求。除此之外，可以说在同一台设备上，应用间的距离是"咫尺天涯"。

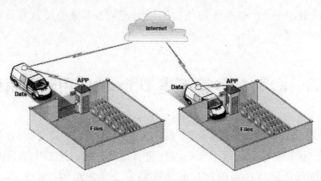

图 21-1　应用间信息不允许共享

换一种严谨的技术语言来审视 iOS 上的应用安全性特性，苹果平台中的应用，被限制在沙箱（sandbox）中，应用只看到沙箱容器目录，不可见系统的其他目录和整个文件系统，沙箱中关键子目录，例如，<Application_Home>/AppName.app 、<Application_Home>/Documents/ 、<Application_Home>/Documents/Inbox、<Application_Home>/Library/等目录，每个子目录使用方法有严格规定，如图 21-2 所示。沙箱严格控制文件目录访问，每个应用仅能访问自身的文件和数据，严格控制了硬件、系统共用数据、网络等资源的使用权限。如果应用不遵循设计规格，应用或者不能正常运作，或者在审核环节被废弃，或者上市之后被下架。

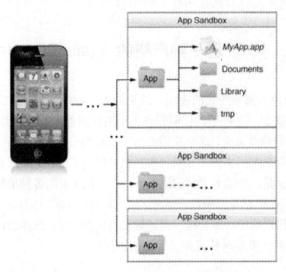

图 21-2　每个子目录使用方法有严格规定

有深入探究的读者会好奇，严格的沙箱结构下，应用只能访问沙箱的容器目录，应用之间的文件共享究竟需要多大的代价？举一个例子来帮助理解（非开发步骤），EMail 应用和 TXT 编辑应用严格隔离，如果 EMail 的应用需要 TXT 文本编辑器打开和显示一个文本的附件，TXT 文本编辑器需要声明自身能处理的文档类型，当用户点击 EMail 的附件并选择了 TXT 文件编辑器的时候，EMail 的 TXT 附件被 iOS 系统机制传送到 TXT 文本编辑应用的 /Documents/Inbox 目录下，TXT 文本应用读取这个附件文件展现给用户，当用户编辑这个文本附件，TXT 文本编辑应用应该将这个文件移动到本应用的数据目录下，因为沙箱规定/Documents/Inbox 只有读取和删除文件的权限，并没有写文件的权限。这是严格的沙箱结构的特例流程，苹果公司官方开发文档中需要专门文档进行阐述。

21.3　iOS 的沙箱不是 Unix 的应用隔离机制

iOS 和 Android 有一定的亲缘血统，这个血统来自于 Unix ，具有类似的进程账号绑定机制。Android 上使用不同的用户账号来运行进程，以此进行应用隔离；iOS 与此不同，所有应用使用相同的用户账号来运行进程，使用沙箱内核扩展来实施安全隔离机制，iOS 内置了 35 个沙箱配置文件对应不同类别应用的运行。

iOS 的沙箱机制可以参看 iOS 的同源兄弟 Mac OS X 上的 "sandbox-exec" 命令，其运作机制可以参见图 21-3 所示（来自 "技术奇异点" 博客），在操作系统内核对应用访问权限进行强制检查，图中的 Access Control List 相当于 sandbox-exec 命令中的沙箱配置文件 profile。

```
sandbox- exec [- f profile- file] [ - n profile- name] [ - p profile-
string] [- D key=value ...]
command [arguments ...]
```

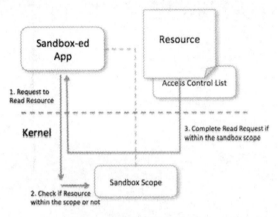

图 21-3　沙箱运行机制

为了更好地理解沙箱的运行机制，我们可以尝试使用一下沙箱环境运行程序/bin/ls 程序，看看会有什么结果。

```
$ sandbox-exec -f /usr/share/sandbox/bsd.sb /bin/ls
```

其沙箱配置文件为/usr/share/sandbox/bsd.sb。想体验一下沙箱的限制作用，可以运行下面的命令：

```
$ sandbox-exec -n no-internet ping www.google.com
PING www.l.google.com (209.85.148.106): 56 data bytes
ping: sendto: Operation not permitted
……
```

从上面命令执行结果，可以看到限制了网络的访问权限之后，ping 程序将不能正常运行。

Mac OS X 上用户可以运行 "sandbox-exec" 命令，可以看到文件系统，以及控制沙箱。然而，iOS 上的沙箱则是无所不在的幕后黑手，沙箱就像是一方井水，应用就像是坐井观天的青蛙，你能深刻理解这个比喻吗？

21.4　围栏花园是运营出来的

尽管 iOS 上具有严密的机制隔离以及控制应用，然而，再完备的操作系统也难免有漏洞，并非牢不可破。整个 iOS 围栏花园的应用安全不仅仅靠 iOS 操作系统本身的架构以及防卫体系，更加依靠苹果公司对整个平台生态系统的经营。

　　苹果公司通过终端（iPhone）与平台（应用商城 App Store 以及其他内容传送平台）的组合运营，逐步吸引和驯化用户，平台的应用和内容丰富了，成为用户获取应用和内容的主流渠道，因此用户也逐渐忠诚，于是，聚集了海量高商业价值用户的平台成为苹果公司的筹码，得以要求追求利润的应用开发商遵循苛刻的安全准则，平台安全性则会反过来增加用户对平台的信赖程度，使整个生态系统呈正反馈方向健康地发展。

　　在平台运营中，需要有足够的技术装备，还需要巨额的人力成本和资源。在应用上架之前以及任何时候，均需要对静态代码进行扫描、逆向工程、以及运行时检查，力求杜绝恶意的应用毁坏平台的安全根基。

第 22 章　iPad 应用和拆分视图

iPad 和 iPhone 使用同一个操作系统。从程序开发的角度出发，两者完全一样。当然，iPad 比 iPhone 有更大的屏幕。对于开发人员而言，我们可以开发一些多人共同使用的程序，比如：两人一起玩的游戏。另外，在界面布局上，也有所不同，iPad 可以比 iPhone 放更多的内容。

正如在前面看到的，iPhone 应用程序经常使用表视图来完成主信息和详细信息的切换。用户首先选择表视图上的某一行（如某一个团购商品标题），然后，应用程序就切换到另一个页面来显示详细的信息（如商品的内容）。在 iPhone 应用程序上，后一个页面完全覆盖前一个页面。也就是说，不能同时看到两个页面。这是因为 iPhone 的窗口比较小。在 iPad 应用上，使用基于拆分视图（split view）的应用。当用户在左边选择表视图上的某一行，应用程序在右边显示该行所对应的内容。内容部分和表视图部分都显示在窗口上。

22.1　iPad 应用开发

我们以一个实际例子为基础来讲解 ipad 应用的开发，**步骤**如下。

01 创建一个基于视图的应用程序。在 Devices 那里，选择 iPad。

02 输入项目名称，如图 22-1 所示。

03 双击 MainStoryboard，打开界面控制器。你会发现，iPad 的 view 比 iPhone 大很多。在视图上，添加一个叫做"显示照片"的按钮。如图 22-2 所示。

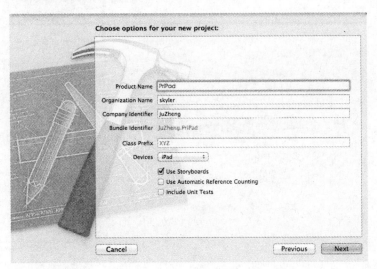

图 22-1　iPad 项目

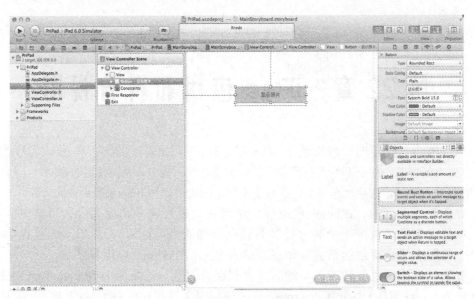

图 22-2　iPad 的 view

04　当用户点击"显示照片"按钮时，将调用第二个视图控制器来显示一个照片。在
ViewController.h 上，定义了一个操作来调用第二个视图控制器：

```
#import <UIKit/UIKit.h>
@interfaceViewController : UIViewController <UIPopoverControllerDelegate> {
}
-(IBAction) doSomething;
@end
```

05　回到界面创建器下，连接按钮的 Touch Up Inside 事件到上述定义的方法。如图 22-3 所示。

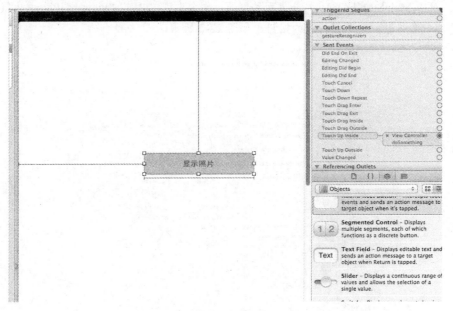

图 22-3　连接信息

06 从 "File" 菜单下选择 "New File"，选择 Objective-C 创建 UIViewController 和 "With XIB for user interface" 来创建第二个视图控制器（用于显示照片）。命名为 iPadDemoViewController.m。

07 复制一个照片到本项目下。然后，双击 iPadDemoViewController.XIB。拖动一个 UIImageView 到视图上。在图像视图的属性窗口上，为 Image 选择你所复制的照片的名字。如图 22-4 所示。

图 22-4　添加 UIImageView 并设置图像

08 如图 22-5 所示，编写代码如下：

```
-(IBAction)doSomething{
    iPadDemoViewController *two = [[iPadDemo2ViewController alloc] init];
    //设置 UIPopoverController 为第二个视图控制器
    UIPopoverController *temp =[[UIPopoverController alloc]
initWithContentViewController:two];
    [temp setDelegate:self];
    //设置 Frame，来指定第二个视图的显示位置
    [temp presentPopoverFromRect:CGRectMake(0,0,750,460)
    inView:self.view
permittedArrowDirections:UIPopoverArrowDirectionUp
    animated:YES];
    [temp setPopoverContentSize:CGSizeMake(750,460)];
}
```

09 执行应用程序，图 22-6 所示。

图 22-5　.m 代码

图 22-6　iPad 模拟器

10 在 ipadDemoViewController.h 如下代码：

```
#import <UIKit/UIkit.h>
@interface ipadDemoViewController : UIViewContronller{
    UIImageView * imageView
}

@end
```

11 在 ipadDemoViewController.m 中的 viewDidload 方法中添加图片代码：

```
-(void)viewDidLoad{
    UIImage * image=[UIImage imageName:@" 99.jpg"];
    imageView=[[UIImageView alloc]initWihtImage:image];
    [self.view addSubview:imageView];
    [super viewDidLoad];
}
```

12 点击运行按钮，则如图 22-7 所示。

图 22-7　在 iPad 模拟器上显示照片

　　由于屏幕大小限制，一个 iPhone 程序分为多个页面。例如：在为某团购网站所编写的 iPhone 应用上，第一页显示所有团购商品的目录（参见图 22-8（a）），第二页显示团购商品的具体信息（参见图 22-8（b））。用户需要在不同的页面上来回切换，从而选择不同的商品。

（a）　　　　　　　　　　　　（b）

图 22-8　iPhone 团购应用

　　因为 iPad 具有大的屏幕，所以 iPad 应用程序可以在一个屏幕上显示导航信息（也叫主信息，左边部分）和明细信息（右边部分）。如图 22-9 所示，在屏幕的左边是所有团购商品的名称，而在屏幕的右边是某一个被选中商品的内容，它们都显示在同一个界面上。在左边列表中选择某一个商品后，右边就显示该商品的详细信息。如果使用 iPhone 的术语，这就是将表视图

（UITableView）和详细视图（UIView）放在同一个窗口上。在 iPad 上，这叫做拆分视图（split view）。左边的表视图的宽度固定为 320 个像素点（从而兼容 iPhone 的导航栏）。从程序开发的角度出发，正是因为 iPad 拥有足够大的屏幕来合并 iPhone 的多个页面，所以开发人员需要重新设计显示界面。

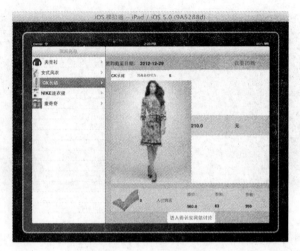

图 22-9　iPad 团购应用

Xcode 4.5 专门提供了一个新的项目模板"Master-Detail Application"来实现上述的拆分视图的应用。又专门为 iPad 提供了 UISplitViewController 控制器，用于完成上述的功能。

在 iPad 应用上，可以单击某个按钮，这时会弹出一个浮动菜单（popover），这个菜单并不充满整个屏幕，用户可以作出一些选择，如图 22-10 所示。在 iPad 上，popover 的功能随处可见。例如：从选项列表上选择不同的颜色、文字的字体大小或不同的 Web 页面（来加载到其他视图中）。需要注意的是，因为屏幕太小，iPhone 上并没有 popover 的功能。iPhone 总是使用导航控制器在整个屏幕上显示一个新视图或者使用模态视图。

图 22-10　浮动菜单

如图 22-10 所示，弹出的菜单（视图）并不充满整个屏幕，而是浮在其他视图上面。SDK 专门为 iPad 提供了一个控制器 UIPopoverController，用于完成上述的功能。UIPopoverController 对象像一个容器，它必须要同一个视图控制器关联。浮动菜单的内容来自这个视图控制器。有两种方法弹出浮动菜单。一个是使用 presentPopoverFromBarButtonItem 方法从按钮上弹出，一个是使用 presentPopoverFromRect 从其他控件（如图像）上弹出。

在 iPad 上，也可以使用模态视图来弹出一个视图。popover 和模态视图完成的功能相似，所以，开发人员有时侯要确定在什么情况下使用模态视图，在什么情况下应该使用 popover。这一章将阐述一些使用原则和 popover 的实现原理。最后要提醒读者的是，popover 和 split 视图只存在于 iPad 的界面上。

22.2　拆分视图控制器

在 iPad 应用上，使用基于 split view 的应用。当用户在左边选择表视图上的某一行，应用程序在右边显示该行所对应的内容。内容部分和表视图部分都显示在窗口上。这是通过 UISplitViewController 完成的。从功能上讲，UISplitViewController、UINavigationController 和 UITabBarController 都是实现把不同的视图组织起来的功能。

22.2.1　拆分视图例子

Xcode 4.5 有一个新的应用程序模板，这就是 Master-Detail Application（主从视图的应用程序）。当选择这个模板时，它会为你的程序创建一个主从接口的拆分视图界面：屏幕左侧是可以选择的项目清单，右侧是所选项目的详细信息。从技术的角度来说，拆分视图的左边是一个导航控制器，右面是一个详细视图控制器。当用户选择导航视图（左边）的一项时，详细视图（右边）添加信息并显示。当用户选择不同项时，详细视图随之变化，从而达到与用户的交互。为了了解拆分视图是怎样工作的，我们来创建一个基于拆分视图的应用程序。

01　如图 22-11 和图 22-12 所示，在 Xcode 上，新建一个 Master-Detail Application 项目，命名为 TestiPad。在 Device Family 的选项上，我们选择 iPad。

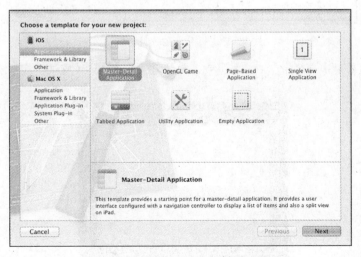

图 22-11　创建一个主从视图的应用程序

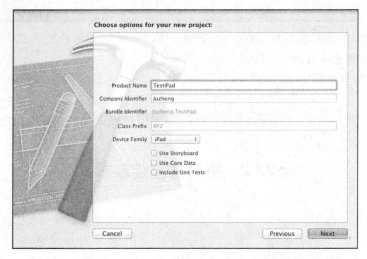

图 22-12　给定项目名称

02 观察项目的类和资源文件夹，会发现有两个视图控制器类（MasterViewController 和 DetailViewController），同样 xib 文件也有两个，如图 22-13 所示。

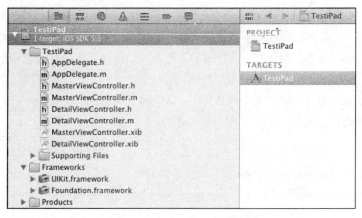

图 22-13　拆分视图项目的结构

03 在模拟器中运行程序，测试拆分视图的效果，如图 22-14 所示。

图 22-14　纵向模式

04 现在 iPad 为纵向模式，没有足够的空间一次显示两个窗格（目录和详细），图 22-14 仅显示了详细视图。那么，怎样显示目录部分呢？单击左上角的按钮，就显示了根目录信息。选择其中的一个项目，详细视图就会显示所选择目录的详细信息（参见图 22-15）。这个弹出的新的浮动菜单称为 popover，我们将在第 22.4 节详细介绍。

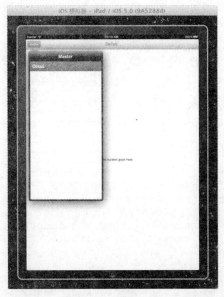

图 22-15　浮动菜单

05 旋转 iPad 进入横向模式，左边的目录视图和右边的详细视图都显示出来了（参见图 22-16）。

图 22-16　横向模式

从上面看出，拆分视图的神奇之处在于：当设备旋转时，视图随之改变。在横向模式下，在左边显示的是一系列目录信息（导航信息）。在纵向模式下，目录信息则隐藏在 popover 视图里。要提醒读者的是，虽然左边部分是一个表视图，但是，可以添加一个导航栏控制器，从而在左边实现多层次的选择。例如：iPad 上的邮件系统就实现了这样的功能。

22.2.2 理解拆分视图代码

在本节，我们分析实现上述功能的代码。首先分析 AppDelegate.h 代码：

```
#import <UIKit/UIKit.h>@interface AppDelegate : UIResponder
<UIApplicationDelegate> @property (strong, nonatomic) UIWindow *window;@property
(strong , nonatomic) UISplitViewController *splitViewController;@end
```

上述代码包含了一个 UISplitViewController 视图控制器（splitViewController）。
UISplitViewController 是一个视图控制器容器，它包含了两个视图控制器（rootViewController 和
detailViewController），实现一个主从接口。从代码上讲，UISplitViewController 的 viewControllers
属性就是一个数组，包含这几个视图控制器。可以在代码中配置，也可以在 nib 中设置。一个
UIViewController 的 splitViewController 属性指向 UISplitViewController。

下面我们分析 AppDelegate.m 代码：

```
#import "AppDelegate.h"#import "MasterViewController.h"#import
"DetailViewController.h"@implementation AppDelegate@synthesize window= window;
    @synthesize splitViewController= splitViewController;
    - (BOOL)application:(UIApplication *)application
didFinishLaunchingWithOptions:(NSDictionary *)launchOptions {
        self.window = [[UIWindow alloc] initWithFrame:[[UIScreen mainScreen]
bounds]];

        MasterViewController *masterViewController = [[MasterViewController
alloc] initWithNibName:@"MasterViewController" bundle:nil];
        UINavigationController *masterNavigationController =
[[UINavigationController alloc]
initWithRootViewController:masterViewController];

        DetailViewController *detailViewController = [[DetailViewController
alloc] initWithNibName:@"DetailViewController" bundle:nil];
        UINavigationController *detailNavigationController =
[[UINavigationController alloc]
initWithRootViewController:detailViewController];

        self.splitViewController = [[UISplitViewController alloc] init];
        self.splitViewController.delegate = detailViewController;
        self.splitViewController.viewControllers = [NSArray
arrayWithObjects:masterNavigationController, detailNavigationController, nil];
        self.window.rootViewController = self.splitViewController;
        [self.window makeKeyAndVisible];
        return YES;
    }
    - (void)applicationWillResignActive:(UIApplication *)application {    //save
data if appropriate
    }@end
```

上述代码为我们生成了主视图控制器和主导航控制器以及从视图控制器和从导航控制器。设置
拆分视图控制器的委托和 viewControllers 为主从导航控制器，设置窗口的根视图控制器为拆分视图
控制器。当应用程序加载时，splitViewController 包含的视图被添加到窗口。

单击 MasterViewController.xib，就会看到 MasterViewController.xib 包含一个 Table View，如
图 22-17 所示。

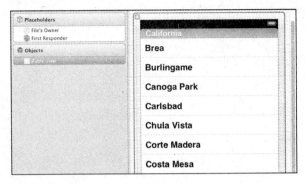

图 22-17　MasterViewController.xib

单击 DetailViewController.xib，就会看到 DetailViewController 包含一个 View，如图 22-18 所示。

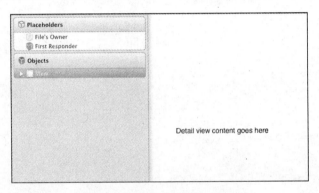

图 22-18　DetailViewController.xib

下面我们来看两个视图控制器：MasterViewController 和 DetailViewController。先是 MasterViewController.h：

```
    #import <UIKit/UIKit.h>@class DetailViewController;@interface
MasterViewController : UITableViewController @property (strong, nonatomic)
DetailViewController *detailViewController;@end
```

注意：MasterViewController 继承自 UITableViewController 类，而不是 UIViewController 类。UITableViewController 类是表视图控制器，是 UIViewController 类的子类，用来显示一行一行的数据。

MasterViewController.m（参见其中的注释来理解这个程序）：

```
    #import "MasterViewController.h"#import
"DetailViewController.h"@implementation MasterViewController@synthesize
detailViewController;
    - (id)initWithNibName:(NSString *)nibNameOrNil bundle:(NSBundle
*)nibBundleOrNil
    {
        self = [super initWithNibName:nibNameOrNil bundle:nibBundleOrNil];
        if (self) {
            self.title = NSLocalizedString(@"Master", @"Master");
            self.clearsSelectionOnViewWillAppear = NO;
            self.contentSizeForViewInPopover = CGSizeMake(320.0, 600.0);
```

```
        }
        return self;
    }
    - (void)didReceiveMemoryWarning
    {
        [super didReceiveMemoryWarning];
        // Release any cached data, images, etc that aren't in use.
    }

    #pragma mark - View lifecycle

    - (void)viewDidLoad
    {
        [super viewDidLoad];
        [self.tableView selectRowAtIndexPath:[NSIndexPath indexPathForRow:0
inSection:0] animated:NO scrollPosition:UITableViewScrollPositionMiddle];
    }
    - (void)viewDidUnload
    {
        [super viewDidUnload];
        // Release any retained subviews of the main view.
        // e.g. self.myOutlet = nil;
    }

    - (void)viewWillAppear:(BOOL)animated
    {
        [super viewWillAppear:animated];
    }

    - (void)viewDidAppear:(BOOL)animated
    {
        [super viewDidAppear:animated];
    }

    - (void)viewWillDisappear:(BOOL)animated
    {
        [super viewWillDisappear:animated];
    }

    - (void)viewDidDisappear:(BOOL)animated
    {
        [super viewDidDisappear:animated];
    }

    -
(BOOL)shouldAutorotateToInterfaceOrientation:(UIInterfaceOrientation)interface
Orientation
    {
        // Return YES for supported orientations
        return YES;
    }
    //表视图的块数
    - (NSInteger)numberOfSectionsInTableView:(UITableView *)tableView
    {
        return 1;
    }
    //表视图的行数，默认为1行，可以改成多行
    - (NSInteger)tableView:(UITableView *)tableView
numberOfRowsInSection:(NSInteger)section
```

```
    {
        return 1;
    }

    //指定行的表单元
    - (UITableViewCell *)tableView:(UITableView *)tableView
cellForRowAtIndexPath:(NSIndexPath *)indexPath
    {
        static NSString *CellIdentifier = @"Cell";

        UITableViewCell *cell = [tableView
dequeueReusableCellWithIdentifier:CellIdentifier];
        if (cell == nil) {
            cell = [[UITableViewCell alloc]
initWithStyle:UITableViewCellStyleDefault reuseIdentifier:CellIdentifier];
        }

        // 设置表单元，默认显示为 Detail，可以自己来设置 Cell 显示内容
        cell.textLabel.text = NSLocalizedString(@"Detail", @"Detail");
        return cell;
    }

    //选中一行后的操作
    -(void)tableView:(UITableView*)aTableView
didSelectRowAtIndexPath:(NSIndexPath *)indexPath {
        //默认不采取任何操作
    }@end
```

正如我们所看到的，MasterViewController.m 包含很多有关表视图的方法，在这里列举一些重要的方法：

- numberOfSectionsInTableView: 表视图显示的块数。
- tableView: numberOfRowsInSection: 表视图显示的行数。
- tableView: cellForRowAtIndexPath: 表视图中某一行要显示的数据。
- tableView: didSelectRowAtIndexPath: 在用户选定某一行后所采取的操作。

下面我们阐述详细视图。

DetailViewController.h:

```
    #import <UIKit/UIKit.h>@interface DetailViewController : UIViewController <
UISplitViewControllerDelegate> @property (nonatomic, strong) id
detailItem;@property (nonatomic, strong) IBOutlet UILabel
*detailDescriptionLabel;@end
```

在上面的代码中，详细视图控制器实现了 UISplitViewControllerDelegate。

```
    DetailViewController.m:
    #import "DetailViewController.h"@interface DetailViewController ()@property
(nonatomic, strong) UIPopoverController *popoverController;-
(void)configureView;@end@implementation DetailViewController@synthesize
toolbar, popoverController, detailItem, detailDescriptionLabel;
    //设置详细项目（如具体的团购商品），关闭 popover 控制器
    - (void)setDetailItem:(id)newDetailItem {
        if (detailItem != newDetailItem) {
```

```
                detailItem = newDetailItem;
            // 更新视图
            [self configureView];
        }
        if (self.popoverController != nil) {
            [self.popoverController dismissPopoverAnimated:YES];
        }
    }
    - (void)configureView {
    // 更新视图上的标签文字信息
    self.detailDescriptionLabel.text = [self.detailItem description];
    }
    //当 iPad 切换到纵向模式时，隐藏左边的表视图，显示 PopoverView
    - (void)splitViewController: (UISplitViewController*)svc
willHideViewController:(UIViewController *)aViewController
withBarButtonItem:(UIBarButtonItem*)barButtonItem forPopoverController:
(UIPopoverController*)pc {
        barButtonItem.title=NSLocalizedString(@"Master",@"Master");
        //左上角按钮是 "Master"
        [self.navigationItem setLeftBarButtonItem:barButtonItem animated:YES];
        self.popoverController = popoverController;
    }
    //当 iPad 切换到横向模式时，显示左边的表视图，隐藏 PopoverView
    - (void)splitViewController: (UISplitViewController*)svc
willShowViewController:(UIViewController *)aViewController
 invalidatingBarButtonItem:(UIBarButtonItem *)barButtonItem {
        [self.navigationItem setLeftBarButtonItem:nil animated:YES];
        self.popoverController = nil;
    }
    // 支持旋转功能（即横向和纵向显示）
    -
(BOOL)shouldAutorotateToInterfaceOrientation:(UIInterfaceOrientation)interface
Orientation {
        return YES;
    }
    - (void)viewDidUnload {
        [super viewDidUnload];
    }@end
```

控制器里有两个重要的事件需要处理，这两个事件是定义在 UISplitViewControllerDelegate 协议里：

- spliteViewController:willHideViewController:withBarButtonItem:forPopoverController:
  当 iPad 切换到纵向模式时，其中的 PopoverView 要显示，而 TableView（第一个视图）要隐藏。拆分视图创建一个 UIBarButtonItem，并作为第三个参数传给你。你把 UIBarButtonItem 放到界面上，通常在根视图的顶部工具栏。当然你也可以自由配置 UIBarButtonItem 的标题和图像。其他参数根据你的需求由你自己决定，它们都不是必需的参数。拆分视图都给你已经设置好了。如果你把 UIBarButtonItem 放到界面上，那么当用户单击它，一个 popover 将被显示（它是通过给定的 popover 控制器（第四个参数）完成的，popover 控制器包含给定视图控制器（第二个参数）的视图）。一个常见做法是保持一个 popover 控制器的引用，通过这个引用，你可以稍后解除 popover。

- splitViewController:willShowViewController:invalidatingBarButtonItem:

这个方法同第一个方法相反。当 iPad 切换到横向模式时，PopoverView 将被隐藏，而表视图将被显示。你应该从界面上删除 UIBarButtonItem。

- splitViewController:popoverController:willPresentViewController:
  用户已经单击了 UIBarButtonItem，并且 popover 即将被显示。一般情况下，你不需要实现这个方法。

一个带拆分视图界面的应用程序启动时，willHide 委托方法就会被调用。如果设备是被横向握着的，那么它会立即旋转到横向，并且 willShow 委托方法被调用。对于"把 UIBarButtonItem 放到界面上"和"从界面删除 UIBarButtonItem"，工具栏（UIToolbar）并没有方法删除单个栏按钮，你必须一次设置整个数组。例如，如果你要在工具栏的左端添加一个 UIBarButtonItem，那么，你将设置工具栏的 items 数组是由 UIBarButtonItem 和已经存在的数组内容组成的新数组。为了得到动画效果，你可以调用 setItems:animated:方法设置工具栏的条目数组，如 "[toolbar setItems:items animated:YES];"。从工具栏删除 UIBarButtonItem 是类似的。

正如我们所看到的，拆分视图应用程序项目模板为我们完成了大部分工作。我们只需很少的代码就演示了如何实现一个正常工作的拆分视图。拆分视图控制器是在主 nib 中配置而成。当应用程序启动的时候，整个拆分视图和它的两个子视图自动工作（拆分视图控制器从主 nib 中实例化，并且它的视图放在窗口上）。它的第一个视图控制器是一个 UINavigationController，UINavigationController 的根视图是一个 UITableViewController，它创建自己的表视图。它的第二个视图控制器是从第二个 nib 得到它的视图，这个视图在顶部有一个工具栏。

因此，在横向模式下，用户看到的是：在左边有一个主视图（表视图），它的顶部有一个导航栏；在右边有一个详细视图，它的顶部有一个工具栏。第一个视图上的导航栏和第二个视图上的工具栏有点难以区分，它们都具有相同的默认灰色和相同的默认高度，所以它们看起来就像同一个界面对象的两个部分。

在纵向模式下，主视图消失，详细视图和它的工具栏占据了整个屏幕。一个 UIBarButtonItem 出现在工具栏的左端末尾，单击它就在 popover 上调出了主视图。

为了实现上述功能，我们需要完成下面的代码：

- shouldAutorotateToInterfaceOrientation:方法返回 YES，主视图和详细视图允许旋转。否则，拆分视图自身将不会允许旋转。
- 详细视图的控制器是拆分视图控制器的委托（这在 nib 中配置），这是因为详细视图保留工具栏，UIBarButtonItem 将在工具栏上显示。详细视图的控制器实现了两个委托方法，用于在工具栏上添加和删除 UIBarButtonItem。

如果第一个视图被 UINavigationController 控制，那么，和 popover 控制器一起，拆分视图控制器需要负责其导航栏的风格。因此，当视图在拆分视图里时，导航栏显示为灰色；当视图在 popover 中时，导航栏显示为深色的。

22.3　团购应用实例

在上面几节中，已经了解了 Master Detail Application 的基本结构和原理，下面我们来完成一个实际的应用。如图 22-19 所示，左边显示新长安团购的商品信息列表，当商品被选中时，商品的价格、图片和折扣信息等将在详细信息视图上显示。

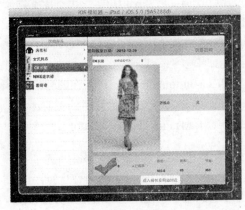

图 22-19　团购实例

实现步骤如下（前面步骤同 TestiPad 一样，我们命名项目为 TuanGouIPad）：

01　双击 DetailViewcontroller.xib 进入编辑界面。

02　添加 Toolbar、ImageView、Button、Label 等到视图窗口上。结果如图 22-20 所示。

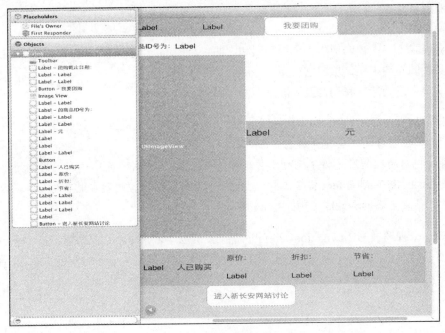

图 22-20　添加控件到详细视图上

03 添加图片文件到资源文件夹下，并新建 Sale 类和 Sales 类。在这里遵循 MVC 模式。Sale 类和 Sales 类是 M。Sale 类是商品类，包括一个商品的各个属性。

Sale.h：

```
#import <Foundation/Foundation.h>@interface Sale : NSObject {
    NSString *dExpriation; //团购过期时间
    NSString *dWholeSalePrice; //批发价格
    NSString *dRetailPrice; //零售价格
    NSString *dMan; //描述信息
    NSString *dProductId; //产品 ID
    NSString *dProductName; //产品名称
    NSString *dImageURL; //产品图像的 URL
}
@property(nonatomic,strong)NSString *dExpriation;
@property(nonatomic,strong)NSString *dRetailPrice;
@property(nonatomic,strong)NSString *dWholeSalePrice;
@property(nonatomic,strong)NSString *dMan;
@property(nonatomic,strong)NSString *dProductId;
@property(nonatomic,strong)NSString *dProductName;
@property(nonatomic,strong)NSString *dImageURL;
//初始化方法
-(void)setMan:(NSString*)tempMan andExpriation:(NSString*)tempExpriation
andWholeSalePrice:(NSString *)tempWholeSalePrice
    andRetailPrice:(NSString *)tempRetailPrice
andProductId:(NSString*)tempProductId
    andImageURL:(NSString*)tempImageURL andProductName:(NSString *)
tempProductName;
    @end
```

Sale.m 的代码如下（设置团购商品的基本信息）：

```
#import "Sale.h"@implementation Sale@synthesize
dExpriation,dWholeSalePrice,dRetailPrice,dMan,dProductId,dProductName,dImageUR
L;
    -(void)setMan:(NSString*)tempMan andExpriation:(NSString*)tempExpriation
      andWholeSalePrice:(NSString *)tempWholeSalePrice
    andRetailPrice:(NSString *)tempRetailPrice
andProductId:(NSString*)tempProductId
    andImageURL:(NSString*)tempImageURL andProductName:(NSString *)
tempProductName
    {
        [self setDMan:tempMan];
        [self setDExpriation:tempExpriation];
        [self setDWholeSalePrice:tempWholeSalePrice];
        [self setDRetailPrice:tempRetailPrice];
        [self setDProductId:tempProductId];
        [self setDProductName:tempProductName];
        [self setDImageURL:tempImageURL];
    }@end
```

新建 Sales 类，在这个类上，我们获取新长安团购网的 xml 信息，解析 xml 数据并存入 allSales 数组里。allSales 数组存放各个团购商品的信息。

Sales.h：

```
#import <Foundation/Foundtion.h>
```

```
#import "Sale.h"
@interface Sales: NSObject{
    NSString *name;
    NSArray *allSales;//所有团购商品的信息
}
@property(nonatomic,strong)NSString *name;
@property(nonatomic,strong)NSArray *allSales;
-(void)setSale;
@end
```

Sales.m 代码如下（程序说明在注释中）：

```
#import "Sales.h"

@implementation Sales
@synthesize name,allSales;
NSMutableArray *Elements;
NSString *Element;

-(void)setSale{
    //从新长安团购网站获得团购商品信息的 URL
    NSString *urlString =
    [NSString stringWithFormat:
        @"http://www.xinchangan.com/xinCA/services/XCAService"];

    //URLRequest 对象
    NSMutableURLRequest *request = [[NSMutableURLRequest alloc]init];
    [request setURL:[NSURL URLWithString:urlString]];
    [request setHTTPMethod:@"POST"];

    //设置 headers 数据
    NSString *contentType = [NSString stringWithFormat:@"text/xml"];
    [request addValue:contentType forHTTPHeaderField:@"Content-Type"];

    //创建 body 数据
    NSMutableData *postBody = [NSMutableData data];
    [postBody appendData:
    [[NSString stringWithFormat:@"<XCA>"] dataUsingEncoding:NSUTF8StringEn
coding]];
    [postBody appendData:
    [[NSString stringWithFormat:@"<SITEID>1</SITEID>"] dataUsingEncoding:N
SUTF8StringEncoding]];
    [postBody appendData:
    [[NSString stringWithFormat:@"<SITETOKEN/>"] dataUsingEncoding:NSUTF8S
tringEncoding]];
    [postBody appendData:[[NSString stringWithFormat:@"<COMMAND>SHOWGROUPO
N</COMMAND>"] dataUsingEncoding:NSUTF8StringEncoding]];
    [postBody appendData:[[NSString stringWithFormat:@"<DATA/>"] dataUsing
Encoding:NSUTF8StringEncoding]];
    [postBody appendData:[[NSString stringWithFormat:@"</XCA>"] dataUsingE
ncoding:NSUTF8StringEncoding]];
    [request setHTTPBody:postBody];
    //发出请求，并获得新长安团购网站的 response 数据
    NSHTTPURLResponse* urlResponse = nil;
    NSError *error = [[NSError alloc] init];
    NSData *responseData = [NSURLConnection sendSynchronousRequest:request
returningResponse:&urlResponse error:&error];
    NSString *result = [[NSString alloc]initWithData:responseData encoding:
```

```
NSUTF8StringEncoding];
        NSLog(@"Response Code: %d",[urlResponse statusCode]);
        if ([urlResponse statusCode]>=200 && [urlResponse statusCode]<300) {
            NSLog(@"Response: %@",result);
        }
        //解析所返回的 XML 数据，并放在 Elements 中
        NSXMLParser *xmlTest = [[NSXMLParser alloc] initWithData:responseData];
        [xmlTest setDelegate:self];
        Elements = [NSMutableArray arrayWithCapacity:0];
        BOOL success = [xmlTest parse];
        NSLog(@"%i",success);

        //存放各个属性值
        NSMutableArray *AproductId = [[NSMutableArray alloc]init];
        NSMutableArray *AproductName = [[NSMutableArray alloc]init];
        NSMutableArray *AimageURL = [[NSMutableArray alloc]init];
        NSMutableArray *AwholeSalePrice = [[NSMutableArray alloc]init];
        NSMutableArray *AretailPrice = [[NSMutableArray alloc]init];
        NSMutableArray *Aexpriation = [[NSMutableArray alloc]init];
        NSMutableArray *Aman = [[NSMutableArray alloc]init];
        //存放所有团购商品的数组的初始化
        NSMutableArray *saleAll = [[NSMutableArray alloc]init];
        NSString *iProductId;
        NSString *iProductName;
        NSString *iImageURL;
        NSString *iWholeSalePrice;
        NSString *iRetailPrice;
        NSString *iExpriation;
        NSString *iMan;

        int j = 0;
        //遍历 Elements 数组中的商品信息，生成一个 Sale 类对象，并放到 saleAll 数组内
        j = (int)[Elements count]/13;
        for (int i=0; i<j; i++) {
            iProductId = [Elements objectAtIndex:(i*13+2)];
            [AproductId addObject:iProductId];
            iProductName = [Elements objectAtIndex:(i*13+3)];
            [AproductName addObject:iProductName];
            iImageURL = [Elements objectAtIndex:(i*13+5)];
            [AimageURL addObject:iImageURL];
            iWholeSalePrice = [Elements objectAtIndex:(i*13+8)];
            [AwholeSalePrice addObject:iWholeSalePrice];
            iRetailPrice = [Elements objectAtIndex:(i*13+9)];
            [AretailPrice addObject:iRetailPrice];
            iExpriation = [Elements objectAtIndex:(i*13+10)];
            [Aexpriation addObject:iExpriation];
            iMan = [Elements objectAtIndex:(i*13+12)];
            [Aman addObject:iMan];
            //一个团购商品对象
            Sale *salei =[[Sale alloc]init];
            [salei setMan:[Aman objectAtIndex:i]
                andExpriation:[Aexpriation objectAtIndex:i]
                andWholeSalePrice:[AwholeSalePrice objectAtIndex:i]
                  andRetailPrice:[AretailPrice objectAtIndex:i]
                andProductId:[AproductId objectAtIndex:i]
                  andImageURL:[AimageURL objectAtIndex:i]
                  andProductName:[AproductName objectAtIndex:i]];
            //所有团购商品数组
            [saleAll addObject:salei];
```

```
        }
        [self setAllSales:saleAll];
    }

    -(void)parser:(NSXMLParser *)parser didStartElement:(NSString *)elementName
 namespaceURI:(NSString *)namespaceURI qualifiedName:(NSString *)qName attribu
tes:(NSDictionary *)attributeDict{
        Element = @"";
    }

    -(void)parser:(NSXMLParser *)parser foundCharacters:(NSString *)string{
        Element = [Element stringByAppendingString:string];
    }

    -(void)parser:(NSXMLParser *)parser didEndElement:(NSString *)elementName
namespaceURI:(NSString *)namespaceURI qualifiedName:(NSString *)qName{
        [Elements addObject:Element];
    }

-(void)parserDidEndDocument:(NSXMLParser *)parser{
}

@end
```

将 DetailViewController.h 文件修改为：

```
    #import <UIKit/UIKit.h>
    #import "Sale.h"
    #import "Sales.h"
    #import "WebView.h"
    #import "MasterViewController.h"
    @interface DetailViewController : UIViewController
<UIPopoverControllerDelegate, UISplitViewControllerDelegate> {
        UIPopoverController *popoverController;
        id detailItem;
        Sale *aSale;
        Sales *saleList;
        WebView *webview;
       MasterViewController *mast;
    }@property (nonatomic, strong) id detailItem;
    @property (nonatomic, weak) IBOutlet UILabel *detailDescriptionLabel;
    @property(nonatomic, weak) IBOutlet UIImageView *imageView;
    @property(nonatomic, weak) IBOutlet UILabel *wholeSalePrice;
    @property(nonatomic, weak) IBOutlet UILabel *retailPrice;
    @property(nonatomic, weak) IBOutlet UILabel *expiration;
    @property(nonatomic, weak) IBOutlet UILabel *man;
    @property(nonatomic, weak) IBOutlet UILabel *productId;
    @property(nonatomic, weak) IBOutlet UILabel *productName;
    @property(nonatomic, weak) IBOutlet UILabel *discount;
    @property(nonatomic, weak) IBOutlet UILabel *saving;
    @property(nonatomic, strong) Sale *aSale;
    @property(nonatomic, strong) Sales *saleList;
    @property(nonatomic, strong) WebView *webview;
    @property (nonatomic, strong) MasterViewController* mast;
    -(IBAction)buttonPressed:(id)sender;
    -(IBAction)buttonPressedWebView:(id)sender;
    @end
```

从 File's Owner 拉线到各个控件并选择相应属性。

修改 MasterViewController.h 为：

```
#import <UIKit/UIKit.h>#import "Sale.h"#import "Sales.h"@class
DetailViewController;@interface MasterViewController : UITableViewController {
    DetailViewController *detailViewController;          //所有团购商品的信息
    Sales *saleList;    NSMutableArray *Elements;
    NSString *Element; NSMutableArray *photoURL;
    NSMutableArray *photoNames;NSString *str1;
    NSString *str2;
    }
@property (nonatomic,strong)NSString *titleStr;
@property (nonatomic,strong)NSString *wholeSalePriceText;
@property (nonatomic,strong)NSString *productIdText;
@property (nonatomic,strong)NSString *productNameText;
@property (nonatomic,strong)NSString *expirationText;
@property (nonatomic,strong)NSString *retainPriceText;
@property (nonatomic,strong)NSString *manText;
@property (nonatomic,strong)NSString *discountText;
@property (nonatomic,strong)NSString *savingText;
@property (nonatomic,strong)UIImage *imageViewImage;
@property (nonatomic,strong)Sale *aSaleTemp;
@property (nonatomic, strong) DetailViewController *detailViewController;
@property (nonatomic,strong) Sales *saleList;
@property (nonatomic, strong) MasterViewController *mast;
@end
```

修改 MasterViewController.m 为（注释上有程序的说明）：

```
#import "MasterViewController.h"
#import "DetailViewController.h"
@implementation MasterViewController
@synthesize detailViewController;
@synthesize saleList;
 @synthesize titleStr,wholeSalePriceText,productNameText,productIdText,
expirationText,
    retainPriceText,manText,discountText,savingText,imageViewImage,aSaleTemp;
@synthesize mast;
 - (id)initWithNibName:(NSString *)nibNameOrNil bundle:(NSBundle
*)nibBundleOrNil
  {
     self = [super initWithNibName:nibNameOrNil bundle:nibBundleOrNil];
     if (self) {
         self.title = NSLocalizedString(@"团购商品", @"Master");
          self.clearsSelectionOnViewWillAppear = NO;
          self.contentSizeForViewInPopover = CGSizeMake(320.0, 600.0);
      }
      return self;
 }
 - (void)viewDidLoad {
     if (saleList == nil) {
         saleList = [[Sales alloc]init]; //初始化团购商品列表
         [saleList setSale];
     }

     [super viewDidLoad];
     self.clearsSelectionOnViewWillAppear = NO;
     self.contentSizeForViewInPopover = CGSizeMake(320.0, 600.0);
```

```objc
    }

    // 支持旋转
    - (BOOL)shouldAutorotateToInterfaceOrientation:(UIInterfaceOrientation)int
erfaceOrientation {
        return YES;
}


    - (NSInteger)numberOfSectionsInTableView:(UITableView *)aTableView {
        // Return the number of sections.
        return 1;
    }

    //要显示的行数为数组 allSales 里的元素（即团购商品）个数，是一个可变的数组
    - (NSInteger)tableView:(UITableView *)aTableView numberOfRowsInSection:(NS
Integer)section {
        // Return the number of rows in the section.
        return [[saleList allSales] count];

    }
    // 表单元一行的设置
    - (UITableViewCell *)tableView:(UITableView *)tableView cellForRowAtIndexPath:
(NSIndexPath *)indexPath {

        static NSString *CellIdentifier = @"CellIdentifier";
        // Dequeue or create a cell of the appropriate type.
        UITableViewCell *cell = [tableView dequeueReusableCellWithIdentifier:
CellIdentifier];
        if (cell == nil) {
            cell = [[UITableViewCell alloc] initWithStyle:UITableViewCellStyle
Default reuseIdentifier:CellIdentifier];
            cell.accessoryType = UITableViewCellAccessoryDisclosureIndicator;
        }
        //在一个表单元上设置商品图和名称
        NSInteger row =[indexPath row];
        Sale *tmpSale = [[saleList allSales]objectAtIndex:row];
        cell.textLabel.text = [tmpSale dProductName];
        NSString *urlString2 = [tmpSale dImageURL];
        NSString *urlString3 = [@"http://www.xinchangan.com" stringByAppendingStri
ng:urlString2];
        NSURL *url = [NSURL URLWithString:[urlString3 stringByAddingPercentEsca
pesUsingEncoding:NSUTF8StringEncoding]];
        NSData *imageData = [[NSData alloc]initWithContentsOfURL:url];
        UIImage *image = [[UIImage alloc]initWithData:imageData];
        cell.imageView.image = image;

        return cell;

    }
    //在左边选中一个商品后的操作
    - (void)tableView:(UITableView *)aTableView didSelectRowAtIndexPath:
(NSIndexPath *)indexPath {
        //获得所选商品信息
        NSInteger row = [indexPath row];
        Sale *tmpSale = [[saleList allSales]objectAtIndex:row];
        //在右边的详细视图上设置商品的详细信息
        self.titleStr=[tmpSale dProductName];
        self.wholeSalePriceText=[tmpSale dRetailPrice];
        self.productIdText=[tmpSale dProductId];
        self.productNameText= [tmpSale dProductName];
```

```
        self.expirationText= [tmpSale dExpriation];
        self.retainPriceText= [tmpSale dWholeSalePrice];
        self.manText= [tmpSale dMan];
        // 计算折扣和节省金额
        int Value1 = [[tmpSale dRetailPrice] intValue]-[[tmpSale dWholeSalePric
e] intValue];
        int Value2 = 100 - (int)(([[tmpSale dWholeSalePrice]floatValue]/[[tmpSa
le dRetailPrice]floatValue])*100);
        NSLog(@"saving = %i",Value1);
        NSLog(@"discount = %i",Value2);
        NSString *iSaving=[NSString stringWithFormat:@"%d",Value1];
        NSString *iDiscount=[NSString stringWithFormat:@"%d",Value2];

        //在详细视图上显示折扣和节省金额
        self.discountText = iDiscount;
        self.savingText = iSaving;
        NSLog(@"saving (String) = %@",iSaving);
        NSLog(@"discount (string) = %@",iDiscount);

        //显示商品的大图（左边视图上是一个小图）
        NSString *urlString2 = [tmpSale dImageURL];
        NSString *urlString3 = [@"http://www.xinchangan.com" stringByAppendingStri
ng:urlString2];
        NSURL *url = [NSURL URLWithString:[urlString3 stringByAddingPercentEsca
pesUsingEncoding:NSUTF8StringEncoding]];
        NSData *imageData = [[NSData alloc]initWithContentsOfURL:url];
        UIImage *image = [[UIImage alloc]initWithData:imageData];
        self.imageViewImage = image;
        self.aSaleTemp = tmpSale;
        detailViewController.mast=self;
        [detailViewController update];
    }
    - (void)didReceiveMemoryWarning {
        [super didReceiveMemoryWarning];
    }
    - (void)viewDidUnload {
    }
    @end
```

在 tableView: cellForRowAtIndexPath: 方法上，我们实例化了 Sale 对象 tmpSale，并将 allSales 数组里的某一个数据赋给 tmpSale。使用 tmpSale 里的数据填充表视图的一个表单元。当表视图中的一行被选中时，tableView: didSelectRowAtIndexPath:方法设置详细视图控制器的各个属性，从而在详细视图上显示与被选中行相关联的商品详细信息。

修改 DetailViewController.m 为：

```
    #import "DetailViewController.h"#import "MasterViewController.h"//……省略部分
代码@synthesize detailItem =  detailItem;
    @synthesize detailDescriptionLabel =  detailDescriptionLabel;
    @synthesize popoverController =  myPopoverController;
    @synthesize aSale,saleList,webview;
    @synthesize imageView;
    @synthesize
wholeSalePrice,retailPrice,expiration,man,productId,productName,discount,saving;
    @synthesize mast;//…省略部分代码
    @end
```

在模拟器上测试应用程序。在纵向模式下，单击左上按钮，则出现一个列表，选择一项，右边显示详细信息，结果如图 22-21 所示。还可以切换到横向模式。

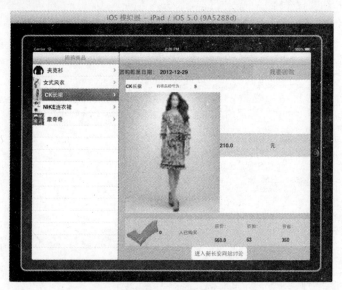

图 22-21　拆分视图

22.4　从导航控制器迁移到拆分视图

为了演示如何将 iPhone 应用程序转换为 iPad 应用程序，我们先创建一个简单的应用程序（名称为 MyNvgApp），它是一个典型的 iPhone 应用程序：从表视图上选择某一个项目（如某个省份），打开另一个表视图，从而在另一个表视图中查看上一个项目的详细信息（如该省份的城市信息）。图 22-22 显示了 MyNvgApp 基本流程（顶层视图和各层的细节），展现了应用的各层。通过这个例子，我们阐述如何转化 iPhone 程序为 iPad 程序。本节所讲述的转换方法适用于任何 iPhone 应用程序。

图 22-22　表视图

22.4.1　基于导航控制器的 iPhone 应用

在 Xcode 中创建一个新的项目，并选择 Empty Application 应用程序模板，项目名称为 MyNvgApp，在 Device Family 的选项上，我们选择 iPhone。自动生成的文件中只有 AppDelegate 一个类。打开 AppDelegate.h 文件，我们向其中添加一个导航控制器 UINavigation Controller 和第一个在窗口上显示的视图 FirstLevelViewController（FirstLevelViewController 是下面将要创建的控制器类）。在 AppDelegate.h 中添加如下语句：

```
#import <UIKit/UIKit.h>
#import "FirstLevelViewController.h"
@interface AppDelegate : UIResponder <UIApplicationDelegate>
@property (strong, nonatomic) UIWindow *window;
@property(nonatomic, strong)UINavigationController *navigationController;
@property(nonatomic,strong)FirstLevelViewController *firstViewController;
@end
```

在 AppDelegate.m 中添加如下语句：

```
@implementation AppDelegate
@synthesize window =  window;
@synthesize navigationController;
@synthesize firstViewController;
- (BOOL)application:(UIApplication *)application
didFinishLaunchingWithOptions:(NSDictionary *)launchOptions
{
    self.window = [[UIWindow alloc] initWithFrame:[[UIScreen mainScreen]
bounds]];
    self.window.backgroundColor = [UIColor whiteColor];

    navigationController=[[UINavigationController alloc]init];
    firstViewController=[[FirstLevelViewController alloc]
            initWithNibName:@"FirstLevelViewController" bundle:nil];
    [self.navigationController pushViewController:firstViewController
animated:YES];
    self.window.rootViewController=self.navigationController;

    [self.window makeKeyAndVisible];
    return YES;
}
…
```

然后再添加一个基于表视图控制器类和相应的 nib 文件，命名为 FirstLevelViewController。UINavigationViewController 的第一个视图就是 FirstLevelViewController。当用户选择一个项目时，系统将推下一个视图控制器到堆栈中。

下面我们将添加一个类，用来显示城市信息。当用户选中某一个城市时，就进入下一个视图，即另一个类，该类显示用户所选择的细节。

01 我们需要修改的是 FirstLevelViewController.h 的头文件，声明一个省份数组：

```
#import <UIKit/UIKit.h>
@interface FirstLevelViewController : UITableViewController {
    NSArray *states;
```

```
    }
@property (strong, nonatomic) NSArray *states;
@end
```

02 修改 FirstLevelViewController.m 文件，将声明的数组进行赋值。另外，因为这是一个表视图控制器，所以我们需要设置表视图的行数。下面我们需要修改 viewDidLoad:方法，并添加 numberOfSectionsInTableView:方法和 numberOfRowsInSection:方法，代码如下：

```
@synthesize states;
- (void)viewDidLoad {
    states=[NSArray arrayWithObjects:@"陕西省",@"四川省",@"广东省",nil];
    [super viewDidLoad];
    self.navigationItem.title=@"省份";
}
- (NSInteger)numberOfSectionsInTableView:(UITableView *)tableView {
    return 1;
}
//省的个数
- (NSInteger)tableView:(UITableView *)tableView
numberOfRowsInSection:(NSInteger)section {
    return [states count];
}
```

03 添加 cellForRowAtIndexPath:方法，设置表单元的内容为省的名称：

```
- (UITableViewCell *)tableView:(UITableView *)tableView
cellForRowAtIndexPath:(NSIndexPath *)indexPath {
    static NSString *CellIdentifier = @"Cell";
    UITableViewCell *cell = [tableView
dequeueReusableCellWithIdentifier:CellIdentifier];
    if (cell == nil) {
        cell=[[UITableViewCell alloc]
initWithStyle:UITableViewCellStyleDefault reuseIdentifier:CellIdentifier] ;
    }
    cell.textLabel.text=[states objectAtIndex:indexPath.row];
    cell.accessoryType=UITableViewCellAccessoryDisclosureIndicator;
    return cell;
}
```

04 添加 didSelectRowAtIndexPath: 方法，当用户选择某一个省份后，把 SecondLevelViewController（尚未创建）推到堆栈中，从而显示该省的各个城市信息。

```
- (void)tableView:(UITableView *)tableView
didSelectRowAtIndexPath:(NSIndexPath *)indexPath {
    SecondLevelViewController*secondview=[[SecondLevelViewController
alloc]initWithStyle:UITableViewStylePlain];
    secondview.index=[NSString stringWithFormat:@"%d",indexPath.row];
    [self.navigationController pushViewController:secondview animated:NO];
}
```

这些就是我们需要修改的 FirstLevelViewController.m 类中的信息（编译时，步骤 4 添加的方法会报错，因为 SecondLevelViewController 的还没有创建，可以暂时注释掉步骤 4 添加的方法）。最后生成的页面就是如图 22-23 所示。

图 22-23　根视图

05 定义第二个层次视图控制器（SecondLevelViewController）。这是一个新的视图控制器类，命名为 SecondLevelViewController，它继承自 UITableViewController。类似根视图控制器类的处理方式，我们也需要对它进行修改。

06 修改 SecondLevelViewController.h 头文件如下：

```
#import <UIKit/UIKit.h>
@interface SecondLevelViewController : UITableViewController {
    NSString *index;//选择了哪一个省份
    NSMutableArray *city; //省份的城市数组
    NSInteger indx;
}
@property(copy)NSString *index;
@end
```

在上述代码中，我们首先定义一个属性，主要是用来存放第一页传过来的索引值。

07 在 SecondLevelViewController.m 上，修改如下：

```
#import "SecondLevelViewController.h"
#import "ThreeLevelViewController.h"    //导入的是第三个页面视图控制器（在后面创建）
@implementation SecondLevelViewController
@synthesize index;
static NSInteger ind;
- (void)viewDidLoad {
self.navigationItem.title=@"城市";
    [super viewDidLoad];
    indx=[index intValue];
city=[[NSMutableArray alloc]init];
[city addObject:[NSArray arrayWithObjects:@"西安市",@"宝鸡市",@"临潼市",@"咸阳
市",nil]];
    [city addObject:[NSArray arrayWithObjects:@"成都市",@"绵阳市",@"自贡市",@"宜宾
市",nil]];
    [city addObject:[NSArray arrayWithObjects:@"广州市",@"深圳市",@"珠海市",@"中山
市",nil]];
    }
- (NSInteger)numberOfSectionsInTableView:(UITableView *)tableView {
```

```
    return 1;
    }
    - (NSInteger)tableView:(UITableView *)tableView
numberOfRowsInSection:(NSInteger)section {
        return [[city objectAtIndex:indx]count];    //需要显示在页面的行数（指定省的城市个数）
    }
    //设置表单元内容（即各个城市名称）
    - (UITableViewCell *)tableView:(UITableView *)tableView
cellForRowAtIndexPath:(NSIndexPath *)indexPath {
    static NSString *CellIdentifier = @"Cell";
    UITableViewCell *cell = [tableView
dequeueReusableCellWithIdentifier:CellIdentifier];
    if (cell == nil) {
    cell=[[UITableViewCell  alloc]initWithStyle:UITableViewCellStyleDefault
reuseIdentifier:CellIdentifier];
    }
    NSString *d=[NSString stringWithFormat:@"%@",[[city objectAtIndex:indx]
objectAtIndex:indexPath.row]];
    cell.textLabel.text=d;
    if(UI USER INTERFACE IDIOM()!=UIUserInterfaceIdiomPad){
    cell.accessoryType=UITableViewCellAccessoryDisclosureIndicator;
    }
    return cell;
    }
    //当选中某一个城市后，所做的操作（把城市信息传递给第三层视图）
    - (void)tableView:(UITableView *)tableView
didSelectRowAtIndexPath:(NSIndexPath *)indexPath {
        //传递城市名称给第三层视图
    ThreeLevelViewController *threeview=[[ThreeLevelViewController alloc]init];
    NSString *ctname=[[city objectAtIndex:indx]objectAtIndex:indexPath.row];
    threeview.param=ctname;
    [self.navigationController pushViewController:threeview animated:NO];
    }
    @end
```

这些就是修改后的 SecondLevelViewController 类（先去掉在 FirstLevelViewController.m 中 didSelectRowAtIndexPath:方法的注释。类似地再把上面添加的 didSelectRowAtIndexPath:方法注释掉）。我们可以通过单击第一个页面的内容进入到下一个页面，显示的信息就是对应的城市信息。例如：单击第一个页面的陕西省，在第二层页面上就显示陕西省对应的城市，如图 22-24 所示。

图 22-24　城市信息

08 定义第三个层次视图控制器，命名为 ThreeLevelViewController。它是我们需要的最后一个页面类。在创建该类时，我们就不需要它继承 UITableViewController 了，只需要它继承 UIViewController 就可以了。这个类包含一个 xib 文件。

09 在这个类上，我们添加一个输出口 UILabel（我们还需要在界面上添加一个 label，让它和类中的输出口属性关联）和字符串属性。上一个视图控制器类传过来的参数就放在这个字符串属性上。通过输出口，我们在页面显示传递过来的参数值。对 ThreeLevelViewController.h 文件做如下修改：

```
#import <UIKit/UIKit.h>
@interface ThreeLevelViewController: UIViewController {
    NSString *param;//接收前一个视图传递过来的参数（即选中了哪个城市）
}
@property(nonatomic,weak)IBOutlet UILabel *labname;
@property(copy)NSString *param;
@end
```

10 双击 ThreeLevelViewController.xib，拖一个 label 的控件到视图上，并且将它与类中的输出口 labname 进行连接，保存。

11 在 ThreeLevelViewController.m 上，修改代码如下：

```
#import " ThreeLevelViewController.h"
@implementation ThreeLevelViewController
@synthesize param;
@synthesize labname;
- (void)viewDidLoad {
    [super viewDidLoad];

}
- (void)didReceiveMemoryWarning {
    [super didReceiveMemoryWarning];
}
- (void)viewDidUnload {
    [super viewDidUnload];
}
-(BOOL)shouldAutorotateToInterfaceOrientation:(UIInterfaceOrientation)o{

    return YES;
}
-(void)viewWillAppear:(BOOL)animated{
    [super viewWillAppear:animated];
    if (self.param) {
        self.navigationItem.title=self.param;
        self.labname.text=param;
    }
}
@end
```

12 编译和运行这个项目，选择"陕西"→"西安"，在第三个页面上，将看到"欢迎您来到：西安市"。如图 22-25 所示。

图 22-25　第三层视图

22.4.2　转化为 iPad 应用

我们可以将现有的 iPhone 项目升级支持 iPad，实现步骤：选择项目名称→TARGETS→Summary→Devices（选择 iPad），结果如图 22-26 所示。但本节我们要在代码中创建一个拆分视图控制器，从而使得应用程序在 iPhone 模拟器上运行时只使用导航控制器，在 iPad 上运行时选择的就是拆分视图控制器。

图 22-26　在 iPad 上运行

通过上面的方式升级的 iPad 应用，并不是我们真正想要的 iPad 程序。我们现在重新思考 MyNvgApp 在 iPad 上应该具有的图形用户界面。在 MyNvgApp 上的导航控制器无非是让用户一步一步作出选择，最终让 ThreeLevelViewController 来显示内容。对于这个应用程序的 iPad 版本，我们将该导航功能放在拆分视图的左侧，或者在浮动 popover 上（这取决于 iPad 是在横向或纵向模式下显示，类似在 iPad 上的邮件应用程序）。

　　接下来我们要对 AppDelegate 类进行修改。在创建项目的时候， Xcode 工具自动为它设置了导航界面，我们需要添加代码来判断是否在 iPad 上运行：如果是的话，就需要使用拆分视图。

01 打开 AppDelegate.h，并添加一个 UISplitViewController 输出口：

```
@interface AppDelegate : NSObject <UIApplicationDelegate> {
}
@property (nonatomic, strong) UIWindow *window;
@property (nonatomic, strong) UINavigationController *navController;
@property (nonatomic, weak) UISplitViewController *splitViewController;

@end
```

02 在 AppDelegate.m 上，修改代码如下：

```
#import "AppDelegate.h"
#import "FirstLevelViewController.h"
#import "ThreeLevelViewController.h"
@implementation AppDelegate
@synthesize window = window;
@synthesize navigationController;
@synthesize splitViewController;

- (BOOL)application:(UIApplication *)application
didFinishLaunchingWithOptions:(NSDictionary *)launchOptions
{
    self.window = [[UIWindow alloc] initWithFrame:[[UIScreen mainScreen]
bounds]];
    self.window.backgroundColor = [UIColor whiteColor];

    FirstLevelViewController
*firstViewController=[[FirstLevelViewController alloc]
    initWithNibName:@"FirstLevelViewController" bundle:nil];
    if (UI_USER_INTERFACE_IDIOM()==UIUserInterfaceIdiomPad) {
      UINavigationController *firstNavigationController =
[[UINavigationController
        alloc] initWithRootViewController:firstViewController];
      ThreeLevelViewController
*threeViewController=[[ThreeLevelViewController
        alloc]initWithNibName:@"ThreeLevelViewController_iPad"
bundle:nil];

      self.splitViewController=[[UISplitViewController alloc]init];
      self.splitViewController.delegate = threeViewController;
      self.splitViewController.viewControllers = [NSArray arrayWithObjects:
              firstNavigationController, threeViewController, nil];
      self.window.rootViewController = self.splitViewController;
    } else {
      navigationController=[[UINavigationController alloc]init];
      [self.navigationController pushViewController:
      firstViewController animated:YES];
      self.window.rootViewController=self.navigationController;
    }
```

```
        [self.window makeKeyAndVisible];
        return YES;
    }
```

我们上面使用了 UI_USER_INTERFACE_IDIOM 方法，用来确定应用程序是否运行在一个 iPad 上。如果是，我们将使用拆分视图。在 ThreeLevelViewController.h 文件中添加如下代码：

```
#import <UIKit/UIKit.h>
@interface ThreeLevelViewController : UIViewController{
    NSString *param;//接收前一个视图传递过来的参数（即选中了哪个城市）
}
@property(nonatomic,weak)IBOutlet UILabel *labname;
@property(copy)NSString *param;
@property(nonatomic,weak)IBOutlet UIToolbar *toolbar;
@end
```

03 创建基于 iPad 的 xib 文件：在 Xcode 中，通过选择 Add→new file→user interface→view XIB 创建该文件，命名为 ThreeLevelViewController_iPad.xib。

04 打开 ThreeLevelViewController_iPad.xib。我们选择 File's Owner 图标，打开标志检查器，并设置类为 ThreeLevelViewController。按照 ThreeLevelViewController.xib 上的所有控件重新排布在 ThreeLevelViewController_iPad.xib 中，并作出相应调整。

05 在 Library 上找到 UIToolbar，并将其拖动到新的 iPad 视图中，放置在顶部。工具栏上包含一个默认按钮，把它删除。最后设置连接：将 toolbar 属性与工具栏连接，将 view 属性与视图连接，将 labname 与视图上的 UILabel 控件连接。

06 在 Xcode 下，打开 ThreeLevelViewController.m 文件，新增两个 UISplitViewController 所需的方法和设置传递过来的参数的方法：

```
//切换到纵向模式
- (void)splitViewController:(UISplitViewController*)svc
willHideViewController:(UIViewController *)aViewController
withBarButtonItem:(UIBarButtonItem*)barButtonItem
forPopoverController:(UIPopoverController*)pc {
    NSArray *newItems = [toolbar.items arrayByAddingObject:barButtonItem];
    [toolbar setItems:newItems animated:YES]; //添加一个新按钮到工具栏上
    barButtonItem.title = @"城市";
}
//切换到横向模式
- (void)splitViewController:(UISplitViewController*)svc
willShowViewController:(UIViewController *)aViewController
invalidatingBarButtonItem:(UIBarButtonItem *)button {
    NSMutableArray *newItems = [toolbar.items mutableCopy];
    if ([newItems containsObject:button]) {
        [newItems removeObject:button];//删除按钮
        [toolbar setItems:newItems animated:YES];
    }
}
- (void)setParam:(NSString *)c {//在左边的导航视图上选择城市后，就会调用这个方法
    if (![c isEqual:param]) {
        param = [c copy];
        self.navigationItem.title = self.param;
        labname.text = param;//设置为新城市的名称
    }
```

```
    }
```

上面的前两个代码处理纵向和横向之间的切换。当切换到纵向模式时，拆分视图控制器将调用第一个方法；而当切换到横向模式时，调用第二个方法。

07 在纵向模式下，工具栏上出现一个按钮。旋转到另一个方向时，换成拆分视图。在 FirstLevelViewController.m 和 ThreeLevelViewController.m 文件中，确保每一个 shouldAutorotate-ToInterfaceOrientation:方法的返回值设为 YES。

08 在 SecondLevelViewController.m 文件的 tableView: cellForRowAtIndexPath: 方法上，添加如下代码。从而，当在 iPad 下运行时，不显示右箭头：

```
if(UI USER INTERFACE IDIOM()!=UIUserInterfaceIdiomPad){
    cell.accessoryType=UITableViewCellAccessoryDisclosureIndicator;
}
```

09 在 SecondLevelViewController.m 文件的 tableView: didSelectRowAtIndexPath: 方法上，我们获得用户的选择，并传递给第三层视图控制器（ThreeLevelViewController）：

```
- (void)tableView:(UITableView *)tableView
didSelectRowAtIndexPath:(NSIndexPath *)indexPath {
    if (UI USER INTERFACE IDIOM()==UIUserInterfaceIdiomPad) {//如果是 iPad
        AppDelegate *nvgapp=[[UIApplication sharedApplication]delegate];
        UISplitViewController *splitview=nvgapp.splitviewcontroller;
        ThreeLevelViewController *detailchoice=[splitview.viewControllers
objectAtIndex:1];
        NSString *ctname=[[city
objectAtIndex:ind]objectAtIndex:indexPath.row];
        detailchoice.param=ctname;//传递城市名称
    }else {//不是 iPad
        ThreeLevelViewController *threeview=[[ThreeLevelViewController
alloc]init];
        NSString *ctname=[[city
objectAtIndex:ind]objectAtIndex:indexPath.row];
        threeview.param=ctname;
        [self.navigationController pushViewController:threeview
animated:NO];//推入堆栈
    }
}
```

10 运行项目。可以选择一个省份和一个城市，该选择将在右边的视图中显示，如图 22-27 和图 22-28 所示。

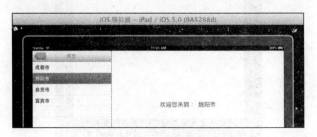

图 22-27　横向显示

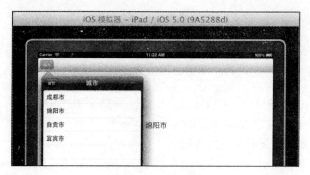

图 22-28 纵向显示

22.5 popover

为了显示一个 popover，我们需要一个 UIPopoverController 和一个视图控制器。UIPopoverController 本身不是一个视图控制器。一个 popover 不会占据整个用户界面。视图控制器是 UIPopoverController 的 contentViewController，它是通过初始化器 initWithContentViewController:来设置的。

22.5.1 显示一个 popover

如图 22-29 所示，有一个 UIViewController 子类 NewGameController，NewGameController 的视图包含一个表，并且是它们的数据源和委托。实例化 NewGameController，并且使用这个实例作为一个 UINavigationController 的根视图控制器，给它的 navigationItem 一个 leftBarButtonItem（Done）和 rightBarButtonItem（Cancel）。UINavigationController 变成一个 UIPopoverController 的视图控制器。代码如下：

图 22-29 popover 例子

```
NewGameController* dlg = [[NewGameController alloc] init];
UIBarButtonItem* b = [[UIBarButtonItem alloc]
    InitWithBarButtonSystemItem: UIBarButtonSystemItemCancel
                        target: self
                        action: @selector(cancelNewGame:)]
dlg.navigationItem.rightBarButtonItem = b;
b = [[UIBarButtonItem alloc]
        initWithBarButtonSystemItem: UIBarButtonSystemItemDone
                        target: self
                        action:@selector(saveNewGame:)];
dlg.navigationItem.leftBarButtonItem = b;
UINavigationController* nav =
[[UINavigationController alloc] initWithRootViewController:dlg];
UIPopoverController* pop =
        [[UIPopoverController alloc] initWithContentViewController:nav];
```

popover 控制器也需要知道显示视图的大小，默认的 popover 尺寸是（320，1100），苹果希望使用 320 的宽度（iPhone 屏幕的宽度），但是最大允许的宽度是 600。如果没有足够的垂直空间，popover 的高度可能比要求的更短。有两种方式来提供 popover 大小：

- UIPopoverController 的 popoverContentSize 属性
  这个属性可以在 popover 出现之前设置，也可以在 popover 显示期间通过 setPopover-ContentSize:animated 方法被改变。
- UIViewController 的 contentSizeForViewInPopover 属性
  UIViewController 是 UIPopoverController 的 contentViewController（或者某个视图控制器所包含，就像在一个标签栏界面或导航界面上）。这个方法更好，因为一个 UIViewController 一般都知道自己视图的理想的大小。

在图 11-22 所示的情况中，NewGameController 设置它自己的 contentSizeForViewInPopover。它的视图只在 popover 中使用，所以它的 popover 大小就是它的视图大小：

```
self.contentSizeForViewInPopover = self.view.bounds.size;
```

popover 需要高一点，这是因为 NewGameController 是嵌入在 UINavigationController 中，UINavigationController 的导航条占据了额外的垂直空间。好在 UINavigationController 是自动管理那些的。它自己的 contentSizeForViewInPopover 给它的根视图控制器增加必要的高度。在 popover 被展示时，如果 UIPopoverController 和 UIViewController 对各自的属性有不同的设置，UIPopoverController 的设置生效。如果 popover 的 contenViewController 是一个 UINavigation-Controller，并且一个视图控制器入栈或出栈，那么，若当前视图控制器的 contentSizeForViewIn-Popover 不同于先前显示的视图控制器的，　popover 的宽度将会改变来匹配新的宽度。

通过给 UIPopoverController 发送下面的消息之一，就可以让 popover 出现在屏幕上：

- presentPopoverFromRect:inView:permittedArrowDirections:animated
- presentPopoverFromBarButtonItem:permittedArrowDirections:animated

允许的箭头声明指定了箭头可以显示在 popover 的哪边，它是位掩码：

- UIPopoverArrowDirectionUp
- UIPopoverArrowDirectionDown
- UIPopoverArrowDirectionLeft
- UIPopoverArrowDirectionRight
- UIPopoverArrowDirectionAny

通常会指定 UIPopoverArrowDirectionAny，从而在运行时把箭头放在适当的一边。

22.5.2　关闭 popover

popover 实现了一个浮动菜单的功能。有两种解除 popover 的方式：用户轻击 popover 之外的界面部分，或者明确地解除 popover。为了明确地解除 popover，向 UIPopoverController 发送 dismissPopoverAnimated 消息。

下面两个属性影响着 popover 行为：

- UIViewController 的 modalInPopover 属性
  如果对 popover 控制器的视图控制器是 YES，那么，在它之外的任何地方轻击都将被忽视，就像一个轻击没有任何效果一样，当然也不解除 popover。默认是 NO。
- UIPopoverController 的 passThroughViews 属性
  这个东西只在 modalInPopover 是 NO 时才有用。它是 popover 后面的用户界面上的视图的数组，用户可以和这些视图交互，但是在 popover 之外的任何地方轻击都会解除 popover。如果 passThroughViews 是 nil，在 popover 之外的任何地方的轻击都会解除它。

popover 可以用两种不同的方式解除。当 popover 控制器的视图控制器的 modalInPopover 是 NO，并且用户在 popover 之外的视图上轻击（该视图不在 popover 控制器的 passThroughViews 上），UIPopoverController 的委托接到 popoverControllerShouldDismissPopover:消息。如果它不返回 NO，则 popover 被解除，并且委托接到 popoverControllerDidDismissPopover:消息。如果在界面上放了一个关闭按钮，那么，当用户轻击后，代码可以向 UIPopoverController 发送 dismissPopover Animated: 消息，从而解除 popover。

22.5.3　popover 和表视图实例

下面我们来实现如图 22-30 所示的用于显示不同字体的浮动菜单（本例是基于一个已经存在的例子）。当用户在字体浮动菜单中选择某一个字体后，TextTool 类就会使用这个新的字体。在这里，不同的字体可以放在一个 UITableView 上显示。我们下面定义一个表视图控制器来控制这个视图。步骤如下：

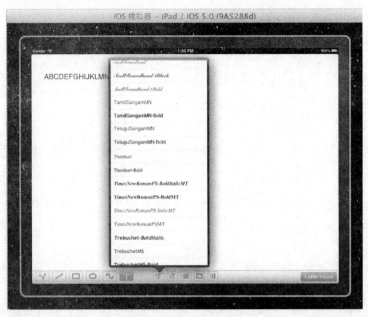

图 22-30　字体例子

01 从 File 菜单下选择 New File 命令，在弹出的对话框中选择 UIViewController subclass，单击 Nestr 按钮，再在弹出的对话框中选择 Targeted for iPad 和 UITableViewController subclass。不选中 With XIB for user interface。给定名称为 FontListController。

02 编写 FontListController.h 如下。在这个头文件中，我们定义了一个 UIPopoverController 属性。这个 UIPopoverController 对象类似于 FontListController 对象的容器（即包含 FontListController 对象）。UIPopoverController 本身不是视图控制器，它拥有一个视图控制器（在这个例子中，FontListController）。AnnotationToolViewController 使用这个属性来关闭浮动菜单（AnnotationToolViewController 是例子上已经存在的视图控制器）。

```objc
#import <UIKit/UIKit.h>

// 定义一个用于通知的字符串常量
#define FontListControllerDidSelect @"FontListControllerDidSelect"

@interface FontListController : UITableViewController {
    NSArray *fonts;//字体集
    NSString *selectedFontName;//当前选中的字休
    UIPopoverController *container;
}

@property (strong, nonatomic) NSArray *fonts;
@property (copy, nonatomic) NSString *selectedFontName;
@property (assign, nonatomic) UIPopoverController *container;

@end
```

03 编写 FontListController.m 如下（见代码上的注释来理解这个代码）。整个 FontListController 的代码基本都是表视图控制器的代码。对于熟悉表视图的读者，应该很容易理解。

```
#import "FontListController.h"

@implementation FontListController
@synthesize fonts, selectedFontName, container;

- (void)viewDidLoad {
    [super viewDidLoad];
    //获得所有字体 family 的名称
    NSArray *familyNames = [UIFont familyNames];
    NSMutableArray *fontNames = [NSMutableArray array];
    for (NSString *family in familyNames) {//获取各个 family 的字体集
        [fontNames addObjectsFromArray:[UIFont
fontNamesForFamilyName:family]];
    }
    self.fonts = [fontNames sortedArrayUsingSelector:@selector(compare:)];
    //排序
    //fonts 中存放的是有序的字体集
}

//在表视图上显示当前所选择的字体，
- (void)viewWillAppear:(BOOL)animated {
    [super viewWillAppear:animated];
     //寻找当前字体在字体列表中的位置
    NSInteger fontIndex = [self.fonts indexOfObject:self.selectedFontName];
    if (fontIndex!=NSNotFound) {//当前字体在字体列表中（防止设置了一个错误的初始值）
        NSIndexPath *indexPath = [NSIndexPath indexPathForRow:fontIndex
inSection:0];
        //表视图上包含很多字体名字，下面语句滚动表视图，从而让当前字体在表视图上可见
        [self.tableView scrollToRowAtIndexPath:indexPath
        atScrollPosition:UITableViewScrollPositionMiddle animated:NO];
    }
}

- (BOOL)shouldAutorotateToInterfaceOrientation:(UIInterfaceOrientation)inte
rfaceOrientation {
    // Override to allow orientations other than the default portrait
orientation.
    return YES;
}

//UITableViewDatasource 协议中的方法：返回块数
- (NSInteger)numberOfSectionsInTableView:(UITableView *)tableView {
    return 1;
}

//返回行数，即字体集中的字体个数
- (NSInteger)tableView:(UITableView *)tableView
numberOfRowsInSection:(NSInteger)section {
    return [fonts count];
}

//表单元，即一个字体
- (UITableViewCell *)tableView:(UITableView *)tableView
 cellForRowAtIndexPath:(NSIndexPath *)indexPath {

    static NSString *CellIdentifier = @"Cell";
    //考虑了重用
    UITableViewCell *cell = [tableView
dequeueReusableCellWithIdentifier:CellIdentifier];
```

```
        if (cell == nil) {
            cell = [[UITableViewCell alloc]
initWithStyle:UITableViewCellStyleDefault
            reuseIdentifier:CellIdentifier];
        }
        //设置表单元上的信息
        NSString *fontName = [fonts objectAtIndex:indexPath.row];
        cell.textLabel.text = fontName;//字体名称
        //设置表单元上显示的文字的字体为当前的字体，这样用户就可以直接看到显示风格
        cell.textLabel.font = [UIFont fontWithName:fontName size:17.0];
        if ([self.selectedFontName isEqual:fontName]){//如果该字体正好是用户选中的字体
            cell.accessoryType = UITableViewCellAccessoryCheckmark;//则在边上加一个
//选择标志
        } else {
            cell.accessoryType = UITableViewCellAccessoryNone;
        }

        return cell;
    }
    //表视图委托方法，选中一行后的操作：去掉前一个字体的选中标志，在新选中的字体上加
    //上标志
    - (void)tableView:(UITableView *)tableView
didSelectRowAtIndexPath:(NSIndexPath *)indexPath {
        // 获得上一次选中的字体所在的行号
        NSInteger previousFontIndex = [self.fonts
indexOfObject:self.selectedFontName];
        // 如果用户选择了一个不同的字体（新换了一个字体），获得新的位置信息，并打上标志
        if (previousFontIndex != indexPath.row) {
            NSArray *indexPaths = nil;
            if (previousFontIndex!= NSNotFound) {
                NSIndexPath *previousHighlightedIndexPath = [NSIndexPath
indexPathForRow:previousFontIndex inSection:0];
                indexPaths = [NSArray arrayWithObjects:indexPath,
previousHighlightedIndexPath, nil];
            } else {
                indexPaths = [NSArray arrayWithObjects:indexPath, nil];
            }

            // 记录新的字体名称
            self.selectedFontName = [self.fonts objectAtIndex:indexPath.row];

            [self.tableView reloadRowsAtIndexPaths:indexPaths
            withRowAnimation:UITableViewRowAnimationFade];
            //把换字体的通知发出
            [[NSNotificationCenter defaultCenter]
postNotificationName:FontListControllerDidSelect object:self];
        }
    }

    - (void)didReceiveMemoryWarning {
        [super didReceiveMemoryWarning];
    }

    - (void)viewDidUnload {
        self.fonts = nil; // 清空字体集（节省资源）
    }

    @end
```

当用户在浮动菜单上选择不同的字体后，FontListController 就发出通知。因为 AnnotationTool-ViewController 注册了这个通知，所以它通过通知就获得了用户所选择的字体。AnnotationToolViewController 也负责关闭浮动菜单。

ViewController 使用上面定义的 popover 类 FontlistController。当用户在浮动菜单上作出一个选择后，ViewController 获得选择结果，并使用新的字体。

04 修改 ViewController.m 如下：

```
#import "ViewController.h"
#import "AnnotationView.h"
#import "PencilTool.h"
#import "TextTool.h"
#import "FontListController.h"

@implementation AnnotationToolViewController
@synthesize currentTool, fillColor, strokeColor,
strokeWidth,font,currentPopover;
//关闭浮动菜单。下面这个方法适用于任何一个浮动菜单（如：字体大小的浮动菜单）
-
(void)handleDismissedPopoverController:(UIPopoverController*)popoverController
{
    if ([popoverController.contentViewController
isMemberOfClass:[FontListController class]]) {
        // 如果是字体列表控制器，则获得新选择的字体
        FontListController *flc = (FontListController *)
            popoverController.contentViewController;
        self.font = [UIFont fontWithName:flc.selectedFontName
size:self.font.pointSize];
    }
    self.currentPopover = nil;
}

- (void)popoverControllerDidDismissPopover:(UIPopoverController
*)popoverController {
    [self handleDismissedPopoverController:popoverController];
}
//各个 popover 都通用的方法，用于设置 UIPopoverController 对象（包括它所关联的
//视图控制器）
- (void)setupNewPopoverControllerForViewController:(UIViewController *)vc {
    if (self.currentPopover) {
        [self.currentPopover dismissPopoverAnimated:YES];
        [self handleDismissedPopoverController:self.currentPopover];
    }
    //初始化 UIPopoverController，指定它使用的视图控制器
    self.currentPopover = [[UIPopoverController alloc]
initWithContentViewController:vc];
    self.currentPopover.delegate = self;
}

//单击字体按钮后触发的操作
- (IBAction)popoverFontName:(id)sender {
    //创建一个 FontListController 对象
    FontListController *flc = [[[FontListController alloc]
initWithStyle:UITableViewStylePlain] autorelease];
```

```
      flc.selectedFontName = self.font.fontName;//设置选中的字体名称
      //设置 popover 控制器，并关联上面的 FontListController 对象
      [self setupNewPopoverControllerForViewController:flc];
      flc.container = self.currentPopover;
      //设置通知。接到通知后，将触发 fontListControllerDidSelect 方法
      [[NSNotificationCenter defaultCenter] addObserver:self
          selector:@selector(fontListControllerDidSelect:)
          name:FontListControllerDidSelect object:flc];
      //显示浮动菜单
      [self.currentPopover presentPopoverFromBarButtonItem:sender
          permittedArrowDirections:UIPopoverArrowDirectionAny
animated:YES];
   }

   //...省略一些旧代码

   //（用户选中一个新字体的）通知会触发下面的操作
   - (void)fontListControllerDidSelect:(NSNotification *)notification {
      FontListController *flc = [notification object];
      //使用 container 属性来获得 popover 控制器，从而关闭浮动菜单
      UIPopoverController *popoverController = flc.container;
      [popoverController dismissPopoverAnimated:YES];
      [self handleDismissedPopoverController:popoverController];
      self.currentPopover = nil;
   }

   //...省略了部分代码

   @end
```

05 执行程序。首先输入一些字母。然后选择不同字体（参见图 22-31）。接着再输入一些字母。最后结果如图 22-32 所示。

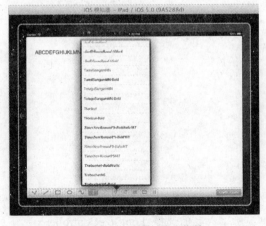
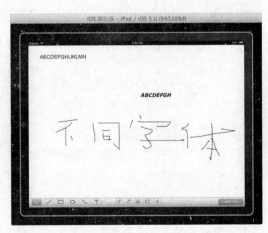

图 22-31　字体浮动菜单　　　　　　图 11-32　不同字体显示

22.5.4　基于样本数据和滑动条的 popover 实例

下面我们要加的 popover 是用于选择字体大小。如图 22-33 所示，与上一个 popover 不同，我

们给用户一个滑动条来设置字体大小，当用户滑动滑动条时，字体大小发生改变。另外，为了给用户一个实际的感觉，我们在 popover 上放置了一个文本视图，视图上放置了一段文字。当用户滑动时，这些文字的字体大小随着更改。

图 22-33　选择字体大小

在上一个例子中，我们自己编写了代码来完成：当用户选择某一个字体后，浮动菜单自动消失。但是，浮动菜单的默认设置是，当你单击菜单外面时，系统才自动关闭浮动菜单。在设置字体大小的例子中，我们直接使用默认设置即可。步骤如下：

01 创建一个用于选择字体大小的视图和其控制器类：从 File 菜单下选择 New File 命令。在弹出的对话框中选择 UIViewController subClass，单击 Next 按钮，设备选择 iPad，命名为 FontSizeController。

02 编写 FontSizeController.h 如下：

```
#import <UIKit/UIKit.h>

@interface FontSizeController : UIViewController {
    IBOutlet UITextView *textView;//用于显示文本的文本视图
    IBOutlet UISlider *slider;//滑动条
    IBOutlet UILabel *label;//显示字体大小的标签
    UIFont *font;//当前选择的字体属性
}

@property (strong, nonatomic) UIFont *font;
//滑动滑动条后调用的操作
- (void)takeIntValueFrom:(id)sender;

@end
```

03 双击 FontSizeController.xib。系统给我们生成的视图太大，我们要改成一个小视图。另外，视图上面的黑条也不适合字体大小选择的浮动菜单。所以，我们选择 FontSizeController.xib 下的 View，把 Status Bar 的设置从 Black 改为 None（参见图 22-34），把 size 改为 320×320（参见图 22-35）。

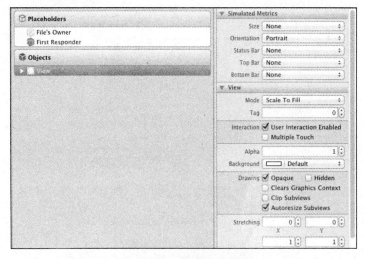

图 22-34 调整后的视图

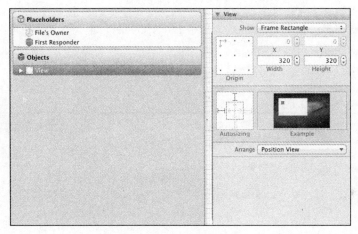

图 22-35 视图设置

04 从 Library 上拖动 UITextView、UISlider 和 UILabel 到视图上，并调整大小和位置如图 22-36 所示。

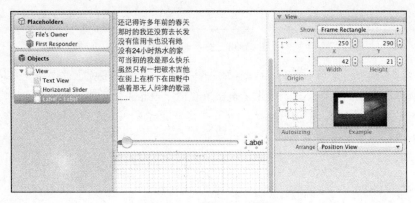

图 22-36 视图上的控件

05 如图 22-37 所示，设置滑动条的数值范围为 1~96。设置一个初始值为 5。

图 22-37　滑动条设置

06 设置连接信息：按下 control 键，单击 File's Owner，拖光标到视图的对象上，从弹出菜单上选择相应的 IBOutlet。针对视图上的三个对象，完成三次类似操作。按下 control 键，单击滑动条，拖光标到 File's Owner 上，从弹出菜单上选择 takeIntValueFrom 方法。最后的连接信息如图 22-38 所示。

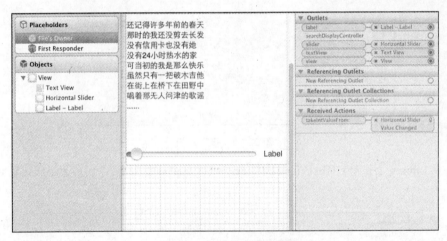

图 22-38　设置连接信息

07 如图 22-39 所示，修改 UITextView 的一些属性：UITextView 上的文字是默认文字，可以修改为任何所需的文字。例如：这里放上了老子所说的一段话（翻译的，老子自己没写英文）和最近流行的春天里的部分歌词。取消选中 "Editable" 复选框（所以，用户不能输入文字）。最后，从 File 菜单中选择 Save 命令来保存修改。

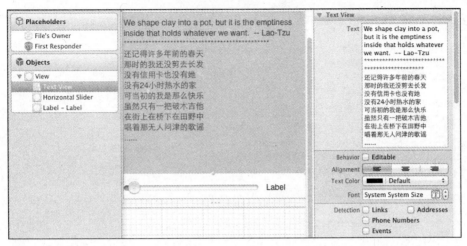

图 22-39　文本视图上的文字

08 编写 FontSizeController.m 如下。这个类的主要功能是：当用户滑动滑动条时，获取滑动条的值，设置为字体大小。另外，还将文本视图上的文字的字体大小修改为最新的大小。

```
#import "FontSizeController.h"
@implementation FontSizeController
@synthesize font;

- (void)viewDidLoad {
    [super viewDidLoad];
    textView.font = self.font;//设置文本视图上的字体
    NSInteger i = self.font.pointSize;
    label.text = [NSString stringWithFormat:@"%d", i];//在标签上设置当前的字体
大小
    slider.value = i;//在滑动条上设置字体大小的数值
}

-(BOOL)shouldAutorotateToInterfaceOrientation:(UIInterfaceOrientation)inte
rfaceOrientation {
    // Overriden to allow any orientation.
    return YES;
}
- (void)didReceiveMemoryWarning {
    [super didReceiveMemoryWarning];
}

- (void)viewDidUnload {
    [super viewDidUnload];
}


- (void)takeIntValueFrom:(id)sender {
    NSInteger i = ((UISlider *)sender).value;//获取滑动条上的值
    self.font = [self.font fontWithSize:i];//并设置为字体大小
    textView.font = self.font;//改变文本视图上的字体大小为新的大小
    label.text = [NSString stringWithFormat:@"%d",i];//设置标签值为滑动条上的值
}

@end
```

09 修改 ViewController.m 如下：

```
#import "AnnotationToolViewController.h"
#import "AnnotationView.h"
#import "PencilTool.h"
#import "TextTool.h"
#import "FontListController.h"
#import "FontSizeController.h"

@implementation ViewController
@synthesize currentTool, fillColor, strokeColor,
strokeWidth,font,currentPopover;

-(void)handleDismissedPopoverController:(UIPopoverController*)popoverContr
oller {
    if ([popoverController.contentViewController
isMemberOfClass:[FontListController class]]) {
        // 选择不同字体的处理
        FontListController *flc = (FontListController *)
                popoverController.contentViewController;
        self.font = [UIFont fontWithName:flc.selectedFontName
size:self.font.pointSize];
    }
    else if ([popoverController.contentViewController isMemberOfClass:
        [FontSizeController class]]) {//选择不同字体大小的处理
        //获得 popover 控制器所包含的视图控制器
        FontSizeController *fsc = (FontSizeController *)
            popoverController.contentViewController;
        self.font = fsc.font;//获得用户所选择的字体（包括大小）
    }
    self.currentPopover = nil;
}
//...省略部分旧代码

//单击选择字体大小的工具按钮后所触发的方法
- (IBAction)popoverFontSize:(id)sender {
    FontSizeController *fsc = [[FontSizeController alloc] initWithNibName:nil
bundle:nil];//创建 FontSizeController 对象
    fsc.font = self.font;//设置字体
    //设置 popover 控制器来使用上面新创建的 FontSizeController 对象
    [self setupNewPopoverControllerForViewController:fsc];
    self.currentPopover.popoverContentSize = fsc.view.frame.size;//设置浮动菜
单的界面大小
    //弹出浮动菜单
    [self.currentPopover presentPopoverFromBarButtonItem:sender
        permittedArrowDirections:UIPopoverArrowDirectionAny animated:YES];
}
//...省略部分旧代码
```

10 执行应用程序。如图 22-40 所示，在输入一部分字符后，单击字体大小按钮。选择一个小字体（参见图 22-41），输入另外一些字符。最后再选择一个大字体（参见图 22-42）。

图 22-40　选择字体 24 号

图 22-41　选择字体 13 号

图 22-42　选择字体 55 号

22.5.5　手势和 popover 的结合编程

　　在前面的 popover 例子里，我们都是在一个按钮上弹出一个浮动菜单。在实际应用中，并不总是从工具栏上轻击按钮来弹出浮动菜单，在有些应用中就是视图中的一些对象。例如：一件衣服可能有多种颜色选择，那么，轻击衣服就出现一个颜色选择菜单，从而显示不同颜色的衣服。下面我们要做的这个实际例子就是一个花的选择和显示的例子。

　　在下面这个项目上，单击当中的方框，就弹出一个菜单，可以选择不同的花来放置，如图 22-43 所示。这是一个手势和 popover 结合的实际应用。

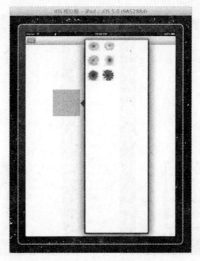

图 22-43　模态视图例子

01 创建一个名叫 ChooseColor1 项目。双击 ViewController.xib，在视图上放置一个蓝色背景的 UIImageView，就是图 22-43 中的方框。在视图上方放一个工具栏，并修改工具栏上的按钮名称为"移动"。当用户单击这个按钮时，可以移动蓝色方框（或者是选中的花）。

02 创建一个带 xib 的视图控制器，类名为 colorChoosers。这是一个 UIViewController 子类。它的视图显示 6 种不同的花，就是图 22-43 上的浮动菜单的内容。

03 编写 colorChoosers.h 如下：

```
#import <UIKit/UIKit.h>

@interface colorChoosers : UIViewController {
    IBOutlet UIView *colorView;//指向主视图
    UIPopoverController *popoverController;
    UIImageView *imageView;
}
@property(nonatomic,strong) UIPopoverController *popoverController;
@property(nonatomic,strong) UIImageView *imageView;
-(IBAction) setContainerColor:(id)sender;//当选中某一花时，在主视图上设置这个花
@end
```

为了在 colorChoosers 类上操作 popover（如：在选择颜色后，让 popover 消失），我们添加了一个 UIPopoverController 属性，命名为 popoverController。

04 回到 colorChoosers.xib，我们在视图上添加 6 个按钮，设置它的背景为不同的花，然后分别设置 1~6 的 tag 值。连接每个按钮到 setContainerColor 操作。保存修改。

05 双击 ViewController.xib，把 colorChoosers 拖到 ViewControlle.xib 窗口里。连接 colorChoosers 的 colorView 到 View 上。

06 在 ViewController.h 上添加多个 IBOutlet 属性：

```
#import <UIKit/UIKit.h>
@class colorChoosers;
```

```
@interface ChooseColor1ViewController : UIViewController {
    IBOutlet UIView *colorView;//当中的框
    IBOutlet colorChoosers *colorChooser1;
}
@end
```

07 打开 ViewController.xib，连接 UIImageView（蓝色框）到 IBOutlet 属性 colorView 上；连接 colorChooser1 到 ChooseColor1ViewController.xib 上的 colorChoosers 对象。保存修改。

08 修改 ViewController 的 viewDidLoad 方法，把轻击手势添加到视图上，并声明手势操作为 BoxDidGetTapped 方法。当轻击蓝色方框时，这个方法被调用。

```
#import "ChooseColor1ViewController.h"
#import "colorChoosers.h"

@implementation ChooseColor1ViewController

- (void)viewDidLoad {
    [super viewDidLoad];
    [colorView addGestureRecognizer:
     [[UITapGestureRecognizer alloc]
       initWithTarget:self
       action:@selector(BoxDidGetTapped)]];
}
//当用户轻击方框时，弹出一个选择各类花的浮动菜单
-(void) BoxDidGetTapped {
    UIPopoverController *popover = [[UIPopoverController alloc]
        initWithContentViewController:colorChooser1];
    popover.popoverContentSize=colorChooser1.view.frame.size;//弹出窗口的大小
    colorChooser1.popoverController = popover;
colorChooser1.modalInPopover = YES;
//弹出浮动菜单
    [popover presentPopoverFromRect:colorView.bounds
        inView:colorView
        permittedArrowDirections:UIPopoverArrowDirectionLeft +
        UIPopoverArrowDirectionRight
        animated:YES];
}
//...省略部分代码
```

在 BoxDidGetTapped 代码中，我们首先创建一个 UIPopoverController 对象并初始化它。我们必须告诉它将使用哪个视图控制器的内容（即浮动菜单上显示谁的视图）。一个 popover 控制器本身不是一个视图控制器，它承载了一个视图控制器。popoverContentSize 属性是浮动菜单的大小信息，上述代码使得 popover 使用在 colorChoosers.xib 上的视图的大小。在最后一个语句中，我们通过 permittedArrowDirections 设置了浮动菜单边上的箭头方向。如果不想指定箭头的方向，可以设置为 UIPopoverArrowDirectionAny。

09 修改 colorChooser.m 如下：

```
#import "colorChoosers.h"

@implementation colorChoosers
```

```
@synthesize popoverController,imageView;
//选择某一个花之后的操作
-(IBAction) setContainerColor:(id)sender{
    UIImage *image1 = [UIImage imageNamed:@"1.jpg"];
    UIImage *image2 = [UIImage imageNamed:@"2.jpg"];
    UIImage *image3 = [UIImage imageNamed:@"3.jpg"];
    UIImage *image4 = [UIImage imageNamed:@"4.jpg"];
    UIImage *image5 = [UIImage imageNamed:@"5.jpg"];
    UIImage *image6 = [UIImage imageNamed:@"6.jpg"];

    switch ([sender tag]) {//根据选中的花，设置不同的花来显示
        case 1:
            imageView = [[UIImageView alloc]initWithImage:image1];
            [colorView addSubview:imageView];//把花放到主视图上
            break;
        case 2:
            imageView = [[UIImageView alloc]initWithImage:image2];
            [colorView addSubview:imageView];
            break;
        case 3:
            imageView = [[UIImageView alloc]initWithImage:image3];
            [colorView addSubview:imageView];
            break;
        case 4:
            imageView = [[UIImageView alloc]initWithImage:image4];
            [colorView addSubview:imageView];
            break;
        case 5:
            imageView = [[UIImageView alloc]initWithImage:image5];
            [colorView addSubview:imageView];
            break;
        case 6:
            imageView = [[UIImageView alloc]initWithImage:image6];
            [colorView addSubview:imageView];
            break;

        default:
            break;
    }
    [popoverController dismissPopoverAnimated:YES];//使浮动菜单消失
}

-(BOOL)shouldAutorotateToInterfaceOrientation:(UIInterfaceOrientation)interfaceOrientation {
    return YES;
}

- (void)didReceiveMemoryWarning {
    [super didReceiveMemoryWarning];
}

@end
```

10 编译和运行。

22.6　拆分视图和 popover

在拆分视图部分，当 iPad 屏幕由横向模式变为纵向模式时，拆分视图发生了变化，在详细视图的左上方出现了一个按钮，并增加了 popover。按下这个按钮，浮动菜单显示。其实，当 iPad 旋转为纵向模式时，下述的委托方法被调用，来完成上述功能：

```
//当 iPad2 切换到纵向模式时，隐藏左边的表视图，显示 PopoverView
- (void)splitViewController: (UISplitViewController*)svc
willHideViewController:(UIViewController *)aViewController
withBarButtonItem:(UIBarButtonItem*)barButtonItem forPopoverController:
(UIPopoverController*)pc {
    barButtonItem.title = @"Root List";//左上角按钮的名称
    NSMutableArray *items = [[toolbar items] mutableCopy];
    [items insertObject:barButtonItem atIndex:0];
    [toolbar setItems:items animated:YES];//添加到工具栏上
    self.popoverController = pc;//设置本视图控制器的 UIPopoverController 对象
}
```

UIPopoverController 对象的内容是一个视图控制器（MasterViewController 对象）。当按钮被按下时，MasterViewController 内容就出现了。

22.7　模态视图和 popover

从用户的角度，模态视图就是弹出一个视图。从理论上讲，使用模态视图或 popovers 的核心技术是类似的。下面是它们的处理步骤：

01 监听事件：监听在一个按钮上的轻击事件。

02 创建一个视图控制器和视图。无论是模态或是 popover，这个视图就是要显示的内容。

03 当接收到事件后，显示模态视图或 popover。

04 对用户选择作出响应（控制器完成这部分功能），当用户完成操作后就关闭弹出的菜单。

基于前面的 TuanGouIPad 例子，我们来添加一个模态视图。我们在 TuanGouIPad 的 DetailViewController 上添加一个 "更多信息" 按钮，单击这个按钮就弹出一个模态视图。在模态视图上有一个 UIWebView，用于显示网页内容；下面工具栏有三个按钮，分别是 "新长安网站"、"108 方平台" 和 "关闭"。单击 "新长安网站" 按钮，打开浏览器来显示新长安网站，单击 "108 方平台" 按钮打开的是 108 方平台，"关闭" 按钮是用来关闭模态视图。下面我们来添加模态视图。

01 在项目里创建一个带 xib 的 UIViewController 类，名称为 ModalWebViewController。

02 修改 ModalWebViewController.h 文件代码为：

```
#import <UIKit/UIKit.h>
@protocol ModalWebViewControllerDelegate;
@interface ModalWebViewController : UIViewController {
    id <ModalWebViewControllerDelegate> delegate;//委托 DetailViewController
//来关闭视图
    UIWebView *webView;
}
@property (nonatomic, assign) id <ModalWebViewControllerDelegate> delegate;
@property (nonatomic, strong) IBOutlet UIWebView *webView;
- (IBAction)done;//关闭操作
- (IBAction)changanSite;//新长安网站
- (IBAction)pingtaiSite;
@end
@protocol ModalWebViewControllerDelegate
- (void)modalWebViewControllerDidFinish:(ModalWebViewController
*)controller;
@end
```

<u>03</u> 打开 ModalWebViewController.xib，将视图的 Status Bar 属性修改为 None，这样就去掉了标题栏，如图 22-44 所示。调整视图大小为宽 540、高 620。

<u>04</u> 添加 UIWebView。添加 UIToolbar 到视图底部，再添加两个 UIBarButtonItem 和一个 Flexible Space 到工具栏上。单击最右边的 UIBarButtonItem，将 Identifier 属性设置为 Done，如图 22-45 所示。修改 UIBarButtonItem 名称。最后结果如图 22-46 所示。

图 22-44　视图属性

图 22-45　按钮设置

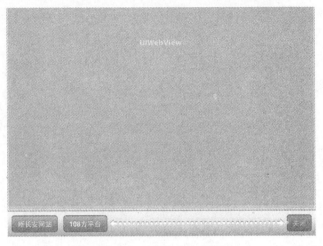

图 22-46　新加 Web 视图

05 按下 control 键，从各个 UIBarButtonItem 拖动光标到 File's Owner，选择对应的方法：changanSite、pingtaiSite。再从 File's Owner 拖动光标到 UIWebView，并选择 webView。

06 修改 ModalWebViewController.m 代码为：

```
#import "ModalWebViewController.h"
@implementation ModalWebViewController
@synthesize delegate;
@synthesize webView;
- (void)viewDidLoad {
    NSString *path = [[NSBundle mainBundle] pathForResource:@"xinchangan"
ofType:@"html"];
    //设置加载的 xinchangan.html 路径
    NSURL *url = [NSURL fileURLWithPath:path];
    NSURLRequest *request = [NSURLRequest requestWithURL:url];
    [self.webView loadRequest:request];
    //加载 xinchagnan.html 文件到 UIWebView

    [super viewDidLoad];
}
// 关闭按钮调用的方法：关闭模态视图
-(IBAction)done{
    [self.delegate modalWebViewControllerDidFinish:self];
}

-(IBAction)changanSite{
    NSURL *url = [NSURL URLWithString:@"http://www.xinchangan.com"];
    //设置新长安网站的的网址
    [[UIApplication sharedApplication] openURL:url];
    //通过浏览器打开新长安网站

}

-(IBAction)pingtaiSite{
    NSURL *url = [NSURL URLWithString:@"http://www.108fang.com"];
    [[UIApplication sharedApplication] openURL:url];
    //打开 108 方平台网站
}
```

```
    - (BOOL)shouldAutorotateToInterfaceOrientation:(UIInterfaceOrientation)int
erfaceOrientation {
        return YES;
    }

    - (void)didReceiveMemoryWarning {
        [super didReceiveMemoryWarning];
    }

    - (void)viewDidUnload {
        [super viewDidUnload];
    }
    @end
```

07 添加 xinchangan.html 所需的图片到资源文件夹下。再在资源文件夹上单击右键，在新建文件里选择 Other 项的 Empty File，输入名称 xinchangan.html，添加代码如下：

```
    <!DOCTYPE html PUBLIC "-//W3C//DTD XHTML 1.0 Transitional//EN" "http://www
.w3.org/TR/xhtml1/DTD/xhtml1-transitional.dtd">
    <html xmlns="http://www.w3.org/1999/xhtml">
    <head>
    <meta http-equiv="Content-Type" content="textml; charset=utf-8" />
    <title>新长安</title>
    </head>
    <body>
    <table width="900" border="0"  align="center">
     <tr>
      <td colspan="3"><a href="http://www.xinchangan.com"><img src="
net.jpg" width="275" height="65" border="0" /></a></td>
     </tr>
     <tr>
      <td colspan="2" rowspan="2"><a href="http://www.xinchangan.com"><img sr
c="net1.jpg" width="628" height="279" border="0" /></a></td>
    <td><a href="http://www.xinchangan.com/contact.html"><img src="
net2.jpg" width="297" height="142" border="0" /></a></td>
     </tr>
     <tr>
      <td height="139"><a href="http://www.xinchangan.com/cloud.html"><img src
=" net3.jpg" width="297" height="137" border="0" /></a></td>
     </tr>
    </table>

<table width="937" border="0" cellspacing="0" cellpadding="0" align="center">
     <tr>
      <td width="314" align="center"><a href="http://www.xinchangan.com/tobebet
ter.html"><img src=" net2.jpg" width="308" height="153" border="0" /></a></td>
      <td width="308" align="center"><a href="http://www.xinchangan.com/tobebet
ter.html"><img src=" net3.jpg" width="308" height="152" border="0" /></a></td>
      <td width="315" align="center"><a href="http://www.xinchangan.com/tobebet
ter.html"><img src=" net4.jpg" width="308" height="153" border="0" /></a></td>
     </tr>
    </table>

    </body>
    </html>
```

上述添加的图片和 html 文件就是在 UIWebView 里显示的内容。

08 在 DetailViewController.h 里添加头文件和一个新的 IBAction:

```
#import "ModalWebViewController.h"
…
-(IBAction)showAppInfo:(id)sender;//单击"更多信息"按钮后调用的方法
```

09 添加在 ModalWebViewController 里定义的协议:

```
@interface DetailViewController : UIViewController
<UIPopoverControllerDelegate, UISplitViewControllerDelegate,
ModalWebViewControllerDelegate>
```

10 添加"更多信息"按钮调用的方法:

```
-(IBAction)showAppInfo:(id)sender{
    //实例化 ModalWebViewController 为 controller
    ModalWebViewController *controller = [[ModalWebViewController alloc]
                initWithNibName:@"ModalWebViewController"
bundle:nil];
    controller.delegate = self;
    //UIModalPresentationFormSheet 风格
    controller.modalPresentationStyle = UIModalPresentationFormSheet;
    [self presentModalViewController:controller animated:YES];
    //弹出模态视图
}
```

模态视图的显示风格为:

● UIModalPresentationFormSheet 格式的模态视图是宽 540、高 620。它将显示在屏幕中央,这时父视图为灰色。

● UIModalPresentationPageSheet 格式的模态视图,其高和屏幕高度一致,宽为 768,显示在屏幕中央,这时父视图为灰色。

● UIModalPresentationFullScreen 格式的模态视图为全屏显示。

● UIModalPresentationCurrentContext 格式的模态视图是显示在当前上下文下(即与父视图的大小一致)。

11 实现以下委托方法来关闭模态视图。

```
-(void)modalWebViewControllerDidFinish:(ModalWebViewController
*)controller{
    [self dismissModalViewControllerAnimated:YES];
}
```

12 运行应用程序,单击"更多信息"按钮(参见图 22-47),弹出一个模态视图(参见图 22-48)。此时父视图为灰色,单击父视图没有作用。单击"108 方平台"按钮进入相应页面(参见图 22-49)。

图 22-47　更多信息

图 22-48　模态视图

图 11-49　打开外部网站

　　还有一点，模态视图默认是从界面底部滑出并占据整个界面，直到用户完成某项操作。模态视图出现时，周围界面灰掉。用户必须在模态视图上执行一个操作，此时不能单击周围界面。除了让模态视图从屏幕的底部滑进滑出，还可以设置它以翻转方式出现。

从最终用户的角度，模态视图也是一个弹出视图。与 UIPopoverController 不同的是，用户必须响应弹出的模态视图（例如：输入某些信息，选择某个选项等）。在模态视图上一般都有一个关闭按钮。这是与 popover 之间的主要区别。模态视图必须提供一种方式来关闭自己。对于popover，当用户单击 popover 以外的屏幕时，popover 就会消失。苹果公司的文档上明确规定，我们不应该在 popover 上包含一个按钮来关闭浮动菜单。

第 23 章 自动引用计数（ARC）

ARC 是 Automatic Reference Counting（自动引用计数）的简称。ARC 是 iOS5 带入的新特征。在 iOS 的代码中，不再需要通过 retain 和 release 的方式来控制一个对象的生命周期。所要做的就是构造一个指向一个对象的指针，只要有指针指向这个对象，那么这个对象就会保留在内存中，当这个指针指向别的物体，或者说指针不复存在的时候，那么它之前所指向的这个对象也就不复存在了。

23.1 ARC 概述

为了理解 ARC，下面我们直接举一个例子来说明：

```
NSString* firstName = self.textField.text;
```

在这个例子中，firstName 就是这个 NSString 对象的指针，那么 firstName 也就是它的拥有者（owner），一个物体可以有多个拥有者（owner），如果用户没有改变 textField 中输入的值，那么 self.textField.text 也是这个@"曹操"的指针，如图 23-1 所示。

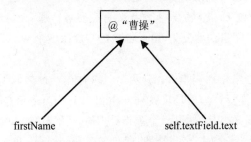

图 23-1 字符串指针

当用户改变了 textField 中的文字后，self.textField.text 就会指向新的文字（@"刘备"），但是 firstName 还是之前的文字（@"曹操"），所以之前的文字还是保存在内存中，如图 23-2 所示。

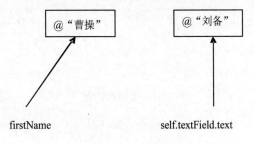

图 23-2 改变值之后

当 firstName 指向新的对象或者是程序执行到这个变量的范围之外：一个情况是，这个变量是一个本地变量，方法结束了；还有个情况就是，这个变量是一个对象的实例变量，这个对象被释放掉了。那么这个字符变量就没有任何拥有者了，从而它的 retain count 就会减为 0，这个对象就被释放掉了，如图 23-3 所示。

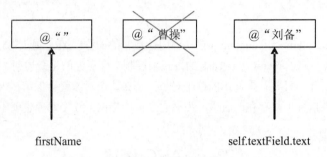

firstName   self.textField.text

图 23-3 对象释放

firstName 和 self.textField.text 这样的指针叫做强（strong）指针，因为它们能够左右一个对象的生命周期。默认的情况下，实例变量或者本地变量都是强指针（类似之前的 retain）。当然，相对应的也有弱（weak）指针，这一类的指针虽然指向对象，但是它们并不是这个对象的拥有者。下面声明一个弱指针：

```
_weak NSString* weakName = self.textField.text;
```

这个 weakName 和 self.textField.text 指向的是同一个字符串，但是由于它不是这个字符串的一个拥有者，所以当字符串的内容改变以后，它就不会有拥有者，那么就被释放掉了。当这种情况发生的时候，weakName 的值就会自动地变为 nil。这样就不会让这个 weak 指针指向一块已经被回收的内存。

在通常的情况下，不会经常使用弱指针，当两个对象存在一种类似于父子关系的时候，会用到它：parent 拥有一个 child 的强指针，但是反过来，child 却只有 parent 的一个弱指针。一个很典型的例子就是 delegate，view controller 通过一个强指针保存一个 UITableView 对象，那么这个 table view 的 delegate 和 data source 就会用一个弱指针指向这个 view controller，如图 23-4 所示（关于表视图和 delegate 的更多内容，请见后续章节）。

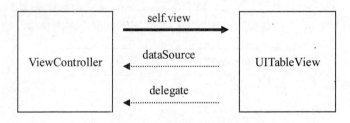

图 23-4 强弱指针例子

可以在 property 中声明一个对象的这个属性，如下所示：

```
@property (nonatomic, strong) NSString* firstName;
@property (nonatomic, weak) id<MyDelegate> delegate;
```

使用 ARC，不用考虑什么时候该 retain 或者 release 一个对象了。需要关心的只是各个对象之间创建时的关系，也就是谁拥有谁的问题。例如：

```
id obj = [array objectAtIndex];
[array removeObjectAtIndex:0];
NSLog(@"%@",obj);
```

在 iOS5 之前，在手动内存管理的机制下，如果把一个对象从一个 array 中移除的话，那么这个对象的内存也马上就会释放掉了，之后再将它 NSLog 出来一定会让程序崩溃。在 ARC 的机制下，上面的代码就没有问题了，因为让数组中的这个对象用 obj 这个 strong 类型的指针拥有了，即使从数组中移除了这个对象，还是保持住这个对象的内存没有被释放。

ARC 省下了很多的 retain 或者是 release 的工作，但是也不能完全忘记这个内存管理的规则。强指针会成为一个 object 的拥有者，会让一个对象保留在内存当中，但有的时候还是需要把它们手动设置为 nil，否则程序可能把内存用完了。如果对每一个创建的对象都保持有一个指针，那么 ARC 就没有机会来释放它们。所以当创建一个对象的时候，还是要考虑一下拥有关系和这个对象要存在多久。

ARC 是 iOS5 及之后版本的一个特征。苹果公司当然是希望开发者都来使用这个新的机制开发应用。原来写的一些代码可能就跟 ARC 有些不兼容。庆幸的是，可以在同一个工程中使用 ARC 风格的代码和非 ARC 风格的代码。ARC 同样也和 C++ 能够很好地结合在一起。程序员在代码中应该尽量使用 ARC。

23.2 ARC 应用实例

为了能够更好地描述如何使用 ARC，下面我们举一个实际的例子来看看，如何把之前用手动管理内存的一个程序变换到用 ARC 机制管理的一个程序。这个应用的界面是由一个 table view 和一个 search bar 构成。当你在 search bar 里面输入字符串的时候，这个程序就会完成对匹配字符串的一个搜索。整个应用的效果如图 23-5 所示。

图 23-5 ARC 转换例子

要注意的是，本例子用到了后面的很多内容，读者只需要掌握 ARC 的精髓，对于其他内容，可以参考后面的章节。

这个项目有如下几个文件：

- AppDelegate.h/.m：这是整个应用程序的代理类。它装载了一个 view controller，然后把这个 view 装载在 window 中。
- MainViewController.h/.m/.xib：这个就是前面提到的 view controller，有一个 table view 和一个 search bar，在这个类中完成了这个程序大部分的工作。
- SoundEffect.h/.m：这是一个简单的播放声效的类，整个程序完成搜索工作的时候，会播放一个蜂鸣声。
- main.m：程序的入口点。这个程序还使用了两个第三方的开源库：

  > AFHTTPRequestOperatio.h/.m：这个是 AFNetworking 库的一个部分，这个类帮助我们简单地发送 web service 请求。你可以在 http://github/gowalla/AFNetworking 中找到完整的版本。

  > SVProgressHUD.h/.m/.bundle：这是一个进度指示条，我们将其安置在搜索条附近的位置。这是一个很特别的包含着图片文件的文件夹。在这个文件夹上右击，用 Finder 打开，你就看到了这些图片。关于这个类的更多信息，你可以访问网站 http://github.com/samvermette/ SVProgressHUD。

下面我们来看一下整个代码。MainViewController 是 UIViewController 的子类。在 nib 文件中包含一个 UITableView 和一个 UISearchBar。这个 table view 展示的是一个叫 searchResults 数组中的数据，刚开始的时候这个指针所指的就是一个 nil。然后我们访问 MusicBrainz 网站，将获得的数据填充到这个数组。如果没有任何结果的话，这个 table view 就会显示"（Nothing found）"，这个会在 UITableViewDataSource 的两个方法中得到实现，分别是 numberOfRowsInSection 和 cellForRowAtIndexPath。真正的 search 是在 searchBarSearchButtonClicked 方法中开始的，这个方法是 UISearchBarDelegate 协议里面的一个方法：

```
- (void)searchBarSearchButtonClicked:(UISearchBar *)theSearchBar{
[SVProgressHUD showInView:self.view status:nil networkIndicator:YES
posY:-1 maskType:SVProgressHUDMaskTypeGradient];
```

首先我们创建了一个新的 HUD，然后将它显示在 table view 和 search bar 的上方。直到网络请求完成，不允许用户继续输入。然后我们为 HTTP 请求创建一个 URL。我们使用 MusicBrainz 的 API 来完成对 artists 的搜索：

```
NSString *urlString = [NSString stringWithFormat:
@"http://musicbrainz.org/ws/2/artist?query=artist:%@&limit=20",
[self escape:self.searchBar.text]];
NSMutableURLRequest *request = [NSMutableURLRequest
requestWithURL:[NSURL URLWithString:urlString]];
```

为了保证我们在搜索栏里面的内容映射到 URL 中也是 URL 编码格式的，所以，我们使用了一个 escape 方法。

```
NSDictionary *headers = [NSDictionary dictionaryWithObject:
[self userAgent] forKey:@"Use00r-Agent"];
[request setAllHTTPHeaderFields:headers];
```

然后我们给这个请求加上一个用户头部，这个是 MusicBrainz 的 API 所需要的，所有的请求都必须有一个 User-Agent 头部来标明这个应用程序及其版本，所以我们构建了如下头部：

```
com.yourcomany.Artists/1.0 (unknow, iPhone OS 5.0,
  iPhone Simulator, Scale/1.000000)
```

然后把它放在 userAgent 这个方法中。一旦我们构造了一个 NSMutableURLRequest，我们就通过 AFHTTPRequestOperation 来执行：

```
AFHTTPRequestOperation *operation = [AFHTTPRequestOperation
operationWithRequest:request completion:^(NSURLRequest *request,
NSHTTPURLResponse *response, NSData *data, NSError *error)
{
    // …
}];
[queue addOperation:operation];
```

AFHTTPRequestOperation 是 NSOperation 的一个子类。在把它加入到 NSOperationQueue 之后，它会异步执行。当请求发生的时候，我们规定用户不能输入任何数据。当 AFHTTPRequestOperation 完成了以后，就会执行一个 block。在这个 block 中，我们会首先检查这个请求是不是成功完成。在请求失败的时候，我们让 HUD 完成一个特别的“Error”动画效果。我们把 SVProgressHUD 方法在 dispatch_async()中调用。

```
if (response.statusCode == 200 && data != nil){
    ...
}
else  // something went wrong
{
    dispatch async(dispatch get main queue(), ^
    {
        [SVProgressHUD dismissWithError:@"Error"];
    });
}
```

如果这个请求成功了，我们就分配一个 searchResults 数组，然后对返回的结果进行一个解析。返回的数据是 XML，所以我们用 XML 解析器来完成这个功能。

```
self.searchResults = [NSMutableArray arrayWithCapacity:10];
NSXMLParser *parser = [[NSXMLParser alloc] initWithData:data];
[parser setDelegate:self];
[parser parse];
[parser release];
[self.searchResults
sortUsingSelector:@selector(localizedCaseInsensitiveCompare:)];
```

当 XML 解析结束以后，主线程中更新 UI。

```
dispatch async(dispatch get main queue(), ^
{
```

```
        [self.soundEffect play];
        [self.tableView reloadData];
        [SVProgressHUD dismiss];
});
```

上面的程序用的是原来的手动管理内存的风格，现在我们把它转换成 ARC。也就是说，我们不再使用 retain、release 及 autorelease。这里有三个方式来把你的程序转换成 ARC 兼容的模式：

- Xcode 有一个转换的工具可以转换你的源文件。
- 手动转换。
- 指定一些你不想转换的源文件，如第三方的库文件。

下面我们对这三个方式逐一进行介绍。

23.2.1　使用 Xcode 自带的转换器

除了 MainViewController 和 AFHTTPRequestOpration 以外，我们使用 Xcode 自带的转换器来转换。在我们转换之前，我们需要对原项目进行复制，因为这个工具会自动覆盖源文件。

ARC 是编译器 LLVM3.0 的新特征。你现在的项目可能用的是旧的 GCC4.2 或者 LLVM-GCC 编译器。首先我们把这个程序在新的编译器中非 ARC 模式下编译一次，看是否有问题。然后我们把屏幕切换到 Project Setting 这个选项卡中，选择 Artists target，在 Build Setting 先输入 compiler。这样的话，我们就可以选择有关编译器的选项了，如图 23-6 所示。

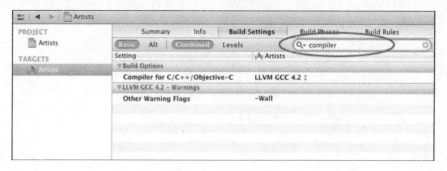

图 23-6　编译器设置

然后我们单击选项卡，把编译器切换为 LLVM compiler3.0，如图 23-7 所示。

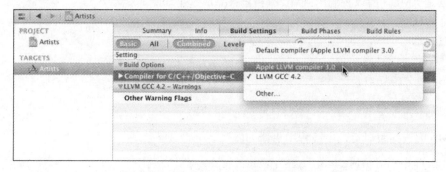

图 23-7　选择 LLVM compiler 3.0

在 Warnings 下面，我们把 Other Warning Flags 设置为-wall。编译器会检查所有可能的会导致程序崩溃的原因。同样的原因，你也可以把 Run Static Analyzer 这个选项设置为 YES，如图 23-8 所示。

图 23-8　设置 Run Static Analyzer

现在 Xcode 在我们每一次运行这个程序的时候都会进行一次静态编译（这会让编译的过程变得有点慢）。下面让我们来编译一下这个程序，看是否在新的编译器下会编译出问题来。首先我们做一做清理的工作。我们选择 roduct→Clean 选项。然后我们按 cmd-B 键来编译这个程序。Xcode 应该不会给出任何错误或者警告的提示。

那么如何转换到 ARC 模式呢？还是在 Build Settings 的界面中，我们切换到 "All" 来看到所有的选项。我们搜索 "automatic" 就可以得到 Objective-C Automatic Reference Counting 这个选项，然后将其设置为 YES，如图 23-9 所示。

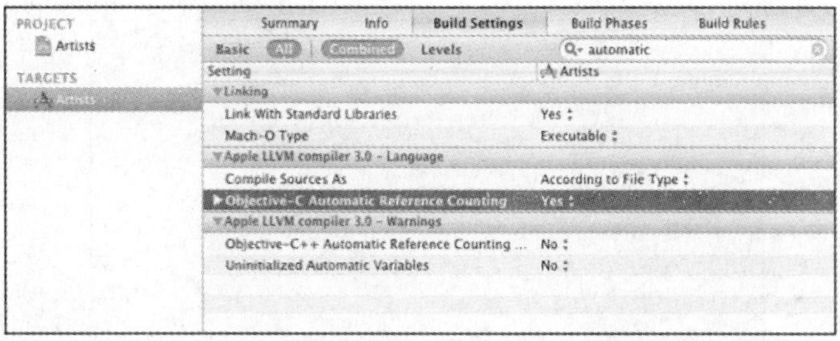

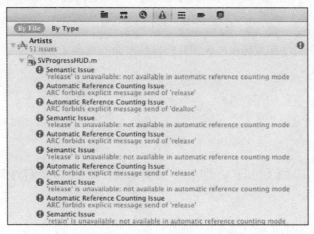

图 23-9　设置 ARC 为 Yes

我们这个时候再来编译，就会得到一大堆的错误提示了，如图 23-10 所示。

图 23-10　错误提示

很明显，我们有一大堆的转换的工作要做。这里面有些错误是很明显的，如你使用了 retain、release 和 autorelease。我们可以手动来转换，当然也可以用我们之前所提到的自动转换的工具。在 Xcode 的菜单中，我们选择 Edit→Refactor→Convert to Objective-C ARC，如图 23-11 所示。

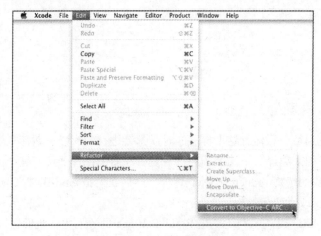

图 23-11 使用工具转换

这个时候就会弹出一个对话框让你选择你想转换的部分，如图 23-12 所示。

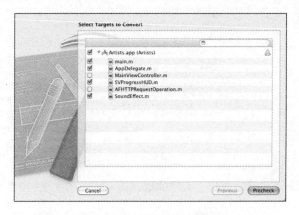

图 23-12 选择转换目标

我们并不想将整个程序都做转换，我们只想转换下面的几个文件：

- main.m
- AppDelegate.m
- SVProgressHUD.m
- SoundEffect.m

有时候，你看不到图 23-13 所示的对话框。而是出现如图 23-14 所示的结果，表明无法转换。

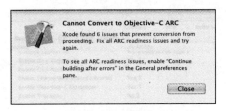

图 23-13　无法转换提示

这时，你可以进入到如图 23-14 所示的地方，来达到图 23-12 所示对话框所想达到的目的。

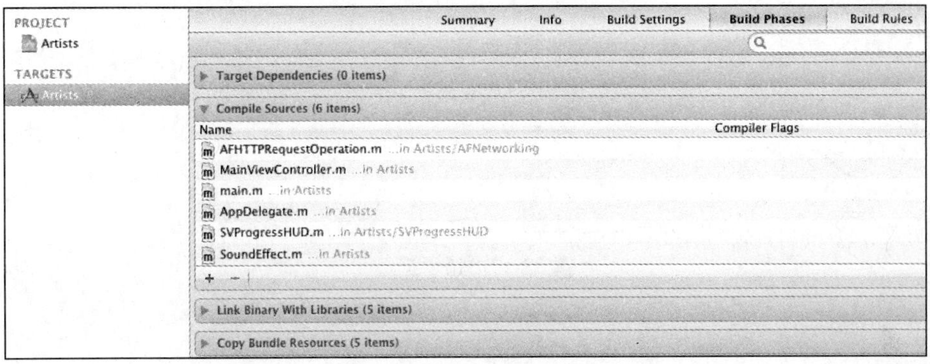

图 23-14　选择想要编译的文件

对于暂时不想转换的文件，执行下面的操作：双击 AFHTTPRequestOperation.m 文件，给它加上 "-fno-objc-arc" 这个标记，对 MainViewController.m 执行同样的操作，结果如图 23-16 所示。

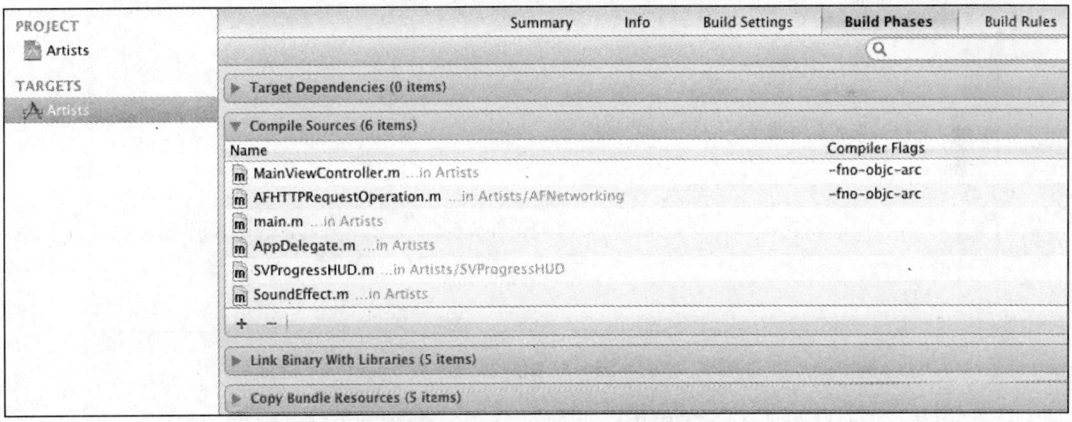

图 23-15　加上暂不转换的标记

到这一步，再去执行 Edit→Refactor→Convert to Objective-C ARC 操作，提示还有四个错误阻止了转换，其中 VProgressHUD.m 文件中有三个错误，如图 23-16 所示。

```
358  #pragma mark - MemoryWarning
359
360  - (void)memoryWarning:(NSNotification *)notification {
361
362      if (sharedView.superview == nil) {
363          [sharedView release];        ⊕ ARC forbids explicit message send of 'release'
364          sharedView = nil;
365      }
366  }
```

图 23-16　阻止转换的错误提示

我们将这个 release 语句注释掉，错误变成了一个，如图 23-17 所示。

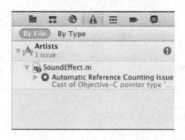

图 23-17　错误提示

错误的详细描述如下：

```
Cast of Objective-C pointer type 'NSURL *' to C pointer type 'CFURLRef'
(aka 'const struct __CFURL *') requires a bridge cast
```

定位到代码中，如图 23-18 所示。

```
2   #import "SoundEffect.h"
3
4   @implementation SoundEffect
5
6   - (id)initWithSoundNamed:(NSString *)filename
7   {
8       if ((self = [super init]))
9       {
10          NSURL *fileURL = [[NSBundle mainBundle] URLForResource:filename withExtension:nil];
11          if (fileURL != nil)
12          {
13              SystemSoundID theSoundID;
14              OSStatus error = AudioServicesCreateSystemSoundID((CFURLRef)fileURL, &theSoundID);
15              if (error == kAudioServicesNoError)  ⊕ Cast of Objective-C pointer type 'NSURL *' to C pointer type 'CFURLRef' (aka 'const stru...
16                  soundID = theSoundID;
17          }
18      }
19      return self;
20  }
```

图 23-18　错误定位

在这个地方，我们试图把一个 NSURL 强制转换为一个 CFURLRef。在 AudioServiceCreate-SystemSoundID（）方法中的 CFURLRef 类型的参数是描述音频文件所在的位置。我们在这里给的是一个 URL 类型的文件。以 C 为基础的 API 总是会用一些 Core Foundation 中的对象，而以 Objective-C 为基础的 API 就会用一个继承于 NSObject 的对象，有的时候你要在这两种对象之间做转换。这就是 toll-free bridge 技术存在的原因。但是，ARC 的机制却要知道什么时候该释放内存，所以在这个地方会有几个新的关键词出现：_bridge、_bridge_transfer 和_bridge_retained。例如：

```
OSStatus error=AudioServicesCreateSystemSoundID((_brige CFURLRef)fileURL ,
    &theSoundID)
```

我们在这个 NSURL 类型的参数前面加上 "_bridge CFURLRef"，将其强制转换为一个 CFURLRef 类型的参数。修正了这个错误后，我们再次执行转换操作，Xcode 会给出下面一个警告，如图 23-19 所示。

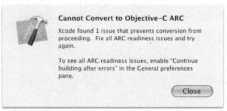

图 23-19　警告信息

这个地方提到的是关于 "ARC readiness issues"，这就需要我们事先选中 Continue building after errors 复选框。打开 Xcode Preference 窗口（从菜单栏里面进入），再单击 General 标签。然后选中 Continue building after errors 复选框，如图 23-20 所示。

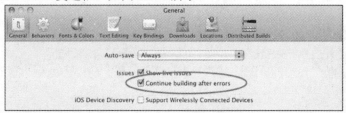

图 23-20　设置 Xcode Preference

那让我们再试一次，再次选择 Edit→Refactor→Convert to Objective-C ARC，这一次就不会有什么问题了，单击转换后会弹出如图 23-21 所示的对话框。

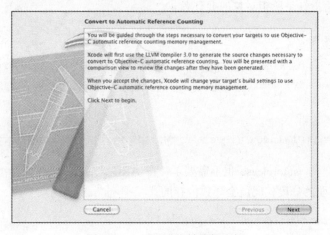

图 23-21　可以进行转换提示框

单击 Next 按钮。在几秒钟后，Xcode 会显示出在不同的文件中都做了哪些改变。左边的窗格显示的是改动后的文件，右边的窗格显示的是原始的文件，如图 23-22 所示。

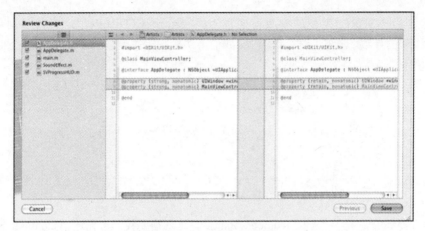

图 23-22　转换后的对比

现在就让我们看看在这一个例子中所做的一些改变。

● AppDelegate.h

```
@property (retain, nonatomic) UIWindow *window;
@property (retain, nonatomic) MainViewController *viewController;
```

变成了：

```
@property (strong, nonatomic) UIWindow *window;
@property (strong, nonatomic) MainViewController *viewController;
```

它是把@property（retain，nonatomic）改为了@property（strong，nonatomic），它们表达的都是一个意思，都表明指针是所指对象的拥有者。

● AppDelegate.m

```
self.window = [[[UIWindow alloc] initWithFrame:[[UIScreen mainScreen] bounds]]
autorelease]
```

变为了：

```
self.window = [[UIWindow alloc] initWithFrame:[[UIScreen mainScreen] bounds]]
```

在 ARC 的模式下，autorelease 也不需要了，在 ARC 之前如果我们把一个成员的属性设置为 retain 的话，那么下面的一段代码就会导致内存的泄漏：

```
self.someProperty=[[SomeClass  alloc] init ]
```

当 init 方法返回一个对象的时候，这个对象已经被 retain 过了，然后我们将其赋予一个"retain"类型的成员，那么这个对象又会被 retain 一次。这就是为什么我们要加上 autorelease。但是在 ARC 的模式下，上面的写法就没什么问题，编译器会知道这个地方不需要 retain 两次。在 ARC 中，你基本不用写 dealloc 方法，当一个对象被释放的时候，它的成员也会自动被释放。下面这段代码也就完全没有必要了：

```
- (void)dealloc{
    [_window release];
    [_viewController release];
    [super dealloc];
}
```

● Main.m

熟悉旧版本的 iOS 编程的读者知道，在手动内存管理中，[autorelease]这个方法经常和 "autorelease pool" 联系在一起，那么也就是一个 NSAutoreleasePool 类型的对象。每一个主函数都会有一个这样的对象，如果你直接跟线程打交道的话，那么每一个线程都会有一个。有的时候，我们也会把它放到循环中以保证我们的内存能够及时被释放。

在ARC中也不是完全就没有autorelease了。有一个很大的不同就是我们不再使用NSAutoreleasePool，我们用了一个新的表示方法@autoreleasePool。

```
NSAutoreleasePool* pool = [[NSAutoreleasePool alloc] init];
    int retVal = UIApplicationMain(argc, argv, nil, NSStringFromClass([AppDelegate
class]));
    [pool release];
    return retVal;
```

变为了：

```
@autoreleasepool {
        int retVal = UIApplicationMain(argc, argv, nil,
NSStringFromClass([AppDelegate class]));
        return retVal;
    }
```

如果你对这个转换满意的话，你就单击 Save 按钮让这些改变发生。Xcode 首先会问你是否要对现有的项目进行一个快照（snapshot）。这个地方最好单击 Enable 按钮。这样你就可以在 Organizer 里面找到你最初的工程。在 ARC 转换工具结束转换工作以后，我们还是按 cmb-B 键来重新编译工程。这回编译肯定没有什么问题了，但是在SVProgressHUD.m 中还是会报一些警告，如图 23-23 所示。

图 23-23　转换后产生的一些警告

在这个地方用到了 dealloc 的方法。我们停止一个 timer，然后将这个类从 NSNotification 中取消掉。在这里，我们需要采用的操作是：去掉第二个变量 fadeOutTimer，再编译就没有任何错误或者警告了（同样的问题有可能在不止一个地方出现，都要修改），也就是意味着我们的转换成功了。

在转换的时候，转换工具没有转换 MainViewController 和 AFHTTPRequestOperation 这两个文件。开发人员不需要一次性就把整个工程转换为 ARC 模式，把 ARC 风格的代码和非 ARC 模式的代码放在一起还是可行的，这样你就可以转换你想转换的文件。

在转换的过程中，你可能会遇到其他的一些问题，这里针对这些问题给一些建议和提示。

- Cast…requires a bridged cast

  当编译器不知道怎样做这个强制的转换的时候，就需要你手动加上一个_bridge 前缀。还有其他的两个转换前缀：_bridge_transfer 和_bridge_retained。

- Receiver type 'X' for instance message is a forward declaration

  如果你有一个类，如 MyView，这个类是 UIView 的一个子类，你调用了这个类的一个方法或者用这个类的一个成员变量，那么你就需要#import 这个类的定义，而之前我们只用 @class 进来就可以了。

- Switch case is in protected scope

  如果你写了如下的代码，那就会引起这个错误：

```
switch(X){
    case: Y
        NSString* s = …;
        break;
}
```

这样写在 ARC 下就不允许了，如果你在一个 case 中定义了一个新的指针的话，你就必须将其用括号包含进去：

```
switch (X){
    case Y:
    {
        NSString* s = …;
        break;
    }
}
```

这样写有助于 ARC 在正确的时候释放内存。

- A name is referenced outside the NSAutoreleasePool scope that it was declared in

你可能在某些代码段中定义了自己的 autorelease pool：

```
NSAutoreleasePool *pool=[[NSAutoreleasePool alloc] init];
//… do calculations
NSArray* sortedResult=[[filteredResults
sortedArrayUsingSelector(compare:)]retain];
```

```
[pool release];
return [sortedResult autorelease];
```

转换以后的代码如下：

```
@autoreleasepool{
//… do calculations
NSArray* sortedResults=[filteredResults
sortedArrayUsingSelector:@selector(compare:)];
return sortedResults;
```

很明显下面这段代码就不正确了，sortedResults 这个变量是在@autoreleasepool 这个片段中定义的，那么在这个范围之外就不能够被访问了，为了解决这个问题，你可以在定义 autorelease pool 之前定义这个 sortedResults。

```
NSArray* sortedResults;
NSAutoreleasePool *pool=[[NSAutoreleasePool alloc] init];
…
```

那么这样一来，转换工具就可以正确地重写你的代码了。

● ARC forbids Objective-C objects in structs or unions

另一个 ARC 的局限就在于你不能把一个 Objective-C 的对象放在结构体中，所以像下面的这种代码就不正确了：

```
typedef struct{
UIImage * selectedImage;
UIImage* disabledImage;
}
ButtonImages;
```

为了解决这个问题，你可以用一个 Objective-C 的对象来代替结构体。

23.2.2　ARC 手动转换

我们基本上把整个项目都转换成了 ARC，除了 MainViewController 和 AFHTTPRequest Operation。在这一节中我们会手动转换 MainViewController，从而让你更好地了解到底发生了什么。我们来看看 MainViewController.h 文件，发现其中定义了两个成员变量：

```
NSOperationQueue *queue;
NSMutableString *currentStringValue;
```

通常来说，成员变量是你的类的内部的一个部分，不应该暴露在公共的接口中。用户不应该知道一个类的成员变量是什么。从隐藏数据的角度来说，把这个部分放在@implementation 中是很好的一个选择。修改后的结果如下所示：

```
@interface MainViewController : UIViewController <UITableViewDataSource,
UITableViewDelegate, UISearchBarDelegate, NSXMLParserDelegate>

@property (nonatomic, weak) IBOutlet UITableView *tableView;
@property (nonatomic, weak) IBOutlet UISearchBar *searchBar;

@implementation MainViewController {
NSOperationQueue *queue;
NSMutableString *currentStringValue;
}
```

现在我们想要手工转换 MainViewController.m 文件了，所以我们需要去掉标记（只去掉 MainViewController.m 的标记）。去掉标记后再编译，还是得到一些错误，我们一个一个纠正它们，先从 dealloc 开始，如图 23-24 所示。

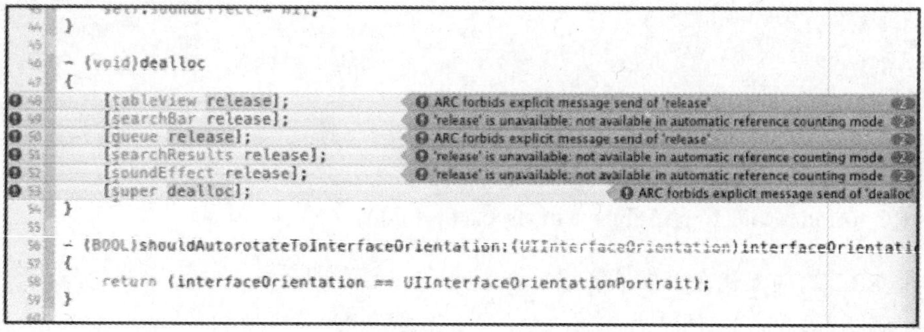

图 23-24　错误提示

dealloc 函数的每一行都会报错，因为我们不能再用[release]了，也不能调用[super dealloc]。如果我们什么都不需要做的话，我们就可以整个去掉这个方法。我们留着这个方法的原因就是我们需要在这个方法中进行一些 ARC 不能完成的工作。例如，对于 Core Foundation 对象所调用的 CFRelease()方法，以及你用 malloc()方法创建的对象所进行的 free()操作，解除在 notification center 中的注册以及停掉一个计时器等。

在 MainViewController.m 这个文件的顶部，你会发现在 class extension 中定义了两个变量：searchResults 和 soundEffect：

```
@interface MainViewController ()
@property (nonatomic, retain) NSMutableArray *searchResults;
@property (nonatomic, retain) SoundEffect *soundEffect;
@end
```

这样做是为了让手动内存管理变得更简单，这也是为什么大部分的程序员都喜欢用 property。当你写如下代码的时候：

```
self.searchResults=[NSMutableArray arrayWithCapacity:10];
```

setter 会释放掉旧的值然后 retain 新的值，开发者使用 property 就不用太操心什么时候该 retain，什么时候该 release 了。但是在 ARC 下，你完全就不用关心这类问题了。我们只要声明成员变量就好了，我们就去掉 property 的声明。经过修改后的代码如下：

```
@implementation MainViewController {
    NSOperationQueue *queue;
    NSMutableString *currentStringValue;
    NSMutableArray *searchResults;
    SoundEffect *soundEffect;
}
```

我们把 viewDidUnload 改成下面的形式：

```
- (void)viewDidUnload {
    [super viewDidUnload];
    self.tableView = nil;
    self.searchBar = nil;
    soundEffect = nil;
}
```

这里把 soundEffect 这个指针设置为 nil，也就表明这个指针所指的 soundEffect 的对象就没有拥有者了，那么这个对象所占用的空间就会自动释放。相应的 soundEffect 方法就会变为：

```
-(SoundEffect*)soundEffect{
    if(soundEffect == nil){
        soundEffect = [[SoundEffect alloc] initWithSoundNamed:@"Sound.caf"];
    }
    return soundEffect;
}
```

这里用到的就是 Objective-C 的延时加载的原理，在后面的文件中，把所有的 self.searchResults 改为 searchResults（在程序中其他地方还有一些，以及一些 release 语句也要去掉），这个时候我们再编译一次，那么唯一的错误就应该是 escape 方法。

如果我们用 property 定义一个成员变量，那么我们就应该尽可能用 property 来使用它。在这个例子中我们定义了两个 property，一个是 tableView，另一个是 searchBar，我们建议在声明 property 的时候将其设置为 weak 类型：

```
@property (nonatomic, weak) IBOutlet UITableView *tableView;
@property (nonatomic, weak) IBOutlet UISearchBar *searchBar;
```

任何 "outlet" 类型的变量都应该设置为 weak 类型，因为它们在被加入到 view 的层级结构的时候已经被 retain 过一次了，那么在别的地方就不需要被 retain 了，而且这样也可以节省你在 viewDidUnload 中的代码：

```
- (void)viewDidUnload {
    [super viewDidUnload];
    soundEffect = nil;
```

```
    }
```

总结一下，对 property 有如下一些要注意的地方：

- strong: 这基本就跟原来的 retain 表达的是一个意思。
- weak: 当所指向的对象被释放以后，就自动赋值为 nil，outlet 类型的成员最好使用这个属性。
- unsafe_unretained: 这个就跟原来的 assign 是一个意思。
- copy: 和原来一个意思。
- assign: 这个就不再支持了，但是对于一些原始类型的成员，如 int、BOOL、float，还是可以用的。

在引入 ARC 机制之前，你可以这样写：

```
@property (nonatomic, readonly) NSString *result;
```

这样默认的就是构造一个 assign 类型的成员，但是这个在 ARC 的模式下是不允许的，你必须明确地指明这个成员的类型：

```
@property (nonatomic, strong, readonly) NSString *result;
```

为了让这个程序正常运行，现在我们修正最后一个错误（本程序中可能显示不止一个，但是是同样的错误），如图 23-25 所示。

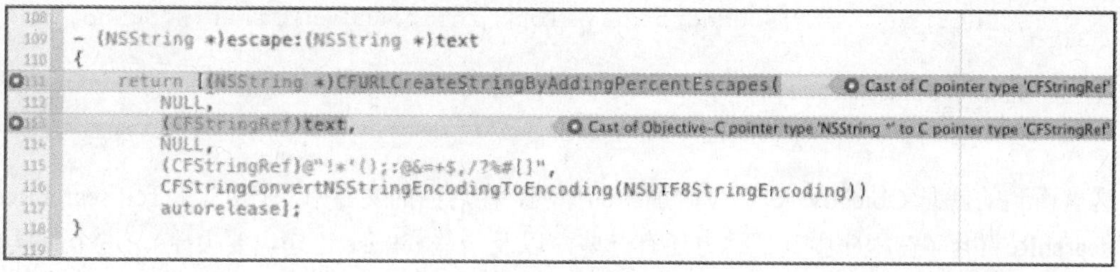

```
108
109  - (NSString *)escape:(NSString *)text
110  {
111     return [(NSString *)CFURLCreateStringByAddingPercentEscapes(   ◎ Cast of C pointer type 'CFStringRef'
112        NULL,
113        (CFStringRef)text,                                          ◎ Cast of Objective-C pointer type 'NSString *' to C pointer type 'CFStringRef'
114        NULL,
115        (CFStringRef)@"!*'();:@&=+$,/?%#[]",
116        CFStringConvertNSStringEncodingToEncoding(NSUTF8StringEncoding))
117     autorelease];
118  }
119
```

图 23-25　错误代码定位

这个方法用 CFURLCreateStringByAddingPercentEscapes（）使得一个字符串成为一个 URL 编码的格式。我们要保证用户在搜索框中所输入的任何内容都可以转换成一个 HTTP GET 请求。

编译器会给出以下几个错误：

- Cast of C pointer type 'CFStringRef' to Objective-C pointer type 'NSString *' requires a bridged cast
- Cast of Objective-C pointer type 'NSString *' to C pointer type 'CFStringRef' requires a bridged cast
- Semantic Issue: 'autorelease' is unavailable: not available in automatic reference counting mode
- Automatic Reference Counting Issue: ARC forbids explicit message send of 'autorelease'

最后的两个问题主要就是不能使用 autorelease 的问题，这个我们在之前讨论过，就仅仅将其去掉就可以了。另外的两个错误就表明基础强制转换应该被"bridged"，在这个方法中总共有三处强制转换：

- （NSString＊）CFURLCreateStringByAddingPercentEscapes（...）
- （CFStringRef）text
- （CFStringRef）@"!*'（）;:@&=+$,/?%#[]"

编译器只对前面的两个转换报错，最后一个是对一个常字符串的转换，所以不涉及内存管理方面的内容。bridged cast 就好比在 Objective-C 和 Core Foundation 两个世界当中做转换。对于一些低层次的 API，如 Core Graphics 和 Core Text，就会用到 Core Foundation 中的内容，因为它们是比较低级别的，所以它们也不会有 Objective-C 的版本。NSString 和 CFStringRef 这两者就目的而言可以看做是一样的。在之前我们可以轻易地用一个强制转换就能够转换它们：

```
CFStringRef  s1=[[NSString  allo] initWithFormat:@"Hello, %@!",  name];
```

当然，当这个对象完成了它的使命以后，我们就要释放它：

```
CFRelease(s1);
```

从 Core Foundation 到 Objective-C 的转换也很简单：

```
CFStringRef  s1=CFStringCreatWithCString(KCFAllocatorDefault, bytes,
KCFStringEncodingMacRoman);
NSString *s3=(NSString *)s2;
// release the object when you're done
[s3  release];
```

但是，在引入了 ARC 机制以后，编译器需要知道谁对这些对象的内存负责。如果你把一个 Objective-C 的对象看成是一个 Core Foundation 的对象的话，那么 ARC 就不会释放它。我们希望 ARC 是这个参数的拥有者，负责它内存的管理，但是我们又希望把它看做是一个 CFStringRef。在这种情况下，_bridge 参数就会被使用，它告诉 ARC 还是保持对这个参数的拥有关系并且用常规的方式来释放其内存。我们之前在 SoundEffect.m 中已经使用了这个关键字：

```
OSStatus  error=AudioServicesCreateSystemSoundID((__bridge
CFURLRef)fileURL , &theSoundID)
```

escape 方法转换以后的结果如下：

```
- (NSString *)escape:(NSString *)text {
    return (NSString *)CFURLCreateStringByAddingPercentEscapes(
        NULL,
        (__bridge CFStringRef)text,
        NULL,
        (CFStringRef)@"!*'();:@&=+$,/?%#[]",
        CFStringConvertNSStringEncodingToEncoding(NSUTF8StringEncoding));
}
```

大多数时候，如果你想把 Objective-C 的对象转换为 Core Foundation 对象或者是反过来转换，你都会想用_bridge。但是有的时候你想给予或者释放 ARC 对于对象的所有权。在这种情况下，你有如下关键字可以使用：

- _bridge_transfer: 赋予 ARC 所有权。
- _bridge_retained: 解除 ARC 的所有权。

但是现在还是有一个错误在下面这一行：

```
return (NSString *)CFURLCreateStringByAddingPercentEscapes(
```

这个地方有两个解决的方法：_bridge 和_bridge_transfer。比较正确的方法应该是加上_bridge_transfer。CFURLCreateStringByAddingPercentEscapes()方法构建了一个新的 CFStringRef 变量。当然，我们需要一个 NSString 类型的对象，所以我们要进行一个转换。

```
CFStringRef result= CFURLCreateStringByAddingPercentEscapes (…);
NSString *s=(NSString *)result;
return s;
```

因为在这个方法中有个 Create，它返回的就是一个被 retain 过的对象。所以就必须有另一个对象来负责释放它的内存。如果我们把它转成一个 NSString，那么我们的代码看起来就会是这样：

```
-(void)someMethod {
    CFStringRef  result=CFURLCreateStringByAddingPercentEscapes (…);
    //…
    CFRelease(result);
}
```

记住，ARC 只对 Objective-C 的对象有效，对用 Core Foundation 方法构建出来的对象无效。所以我们还是要自己通过 CFRelease()方法来是释放其内存。我们在前面加上_bridge_transfer 关键字以后，这个对象就交给 ARC 来处理了。

```
- (NSString *)escape:(NSString *)text {
    return (__bridge_transfer NSString
*)CFURLCreateStringByAddingPercentEscapes(
        NULL,
        (__bridge CFStringRef)text,
        NULL,
        (CFStringRef)@"!*'();:@&=+$,/?%#[]",
        CFStringConvertNSStringEncodingToEncoding(NSUTF8StringEncoding));
}
```

如果你还是不太清楚使用哪一种 bridge，这里有一个方法可以帮助你。那就是CFBridgingRelease()。它的功能基本上是和_bridge_transfer 是一样的。

```
- (NSString *)escape:(NSString *)text {
    return CFBridgingRelease(CFURLCreateStringByAddingPercentEscapes(
```

```
        NULL,
        (__bridge CFStringRef)text,
        NULL,
        CFSTR("!*'();:@&=+$,/?%#[]"),
        CFStringConvertNSStringEncodingToEncoding(NSUTF8StringEncoding)));
}
```

这是一个内联函数，所以从速度上来说，跟直接强制转换是类似的。走到这一步，我们的转换就好了。手工转换 MainViewController.m/.h 确实需要改掉许多错误。

AddressBook 框架中经常会用到这样的转换，例如：

```
-(NSString *)firstName {
    return CFBridgingRelease(ABRecordCopyCompositeName(. . .));
}
```

只要你用带 Create、Copy、Retain 这些关键字的方法返回一个对象，你最好都用 CFBridgingRelease()方法将其转换给 ARC。

那么，另外一个关键字_bridge_retained 呢？例如，有的时候，你有一个 Objective-C 的对象，那么这个对象就由 ARC 来管理内存，但是你又要把它转换成一个 Core Foundation 中的对象，并且也有这个对象的拥有权。这种情况下，可能你的这个对象就会被释放两次。用_bridge_retained 关键字就是告诉 ARC 它不用再对这个对象的内存管理负责了。例如：

```
NSString  *s1=[[NSString alloc] initWithFormat:@"Hello, %@!", name];
CFStringRef  s2=(_bridge_retained CFStringRef)s1;
//do something with s2
//…
CFRelease(s2);
```

当然这里也有另外一个函数 CFBridgingRetain()帮助我们完成这项工作，所以上面的一个例子也可以这样写：

```
CFStringRef s2=CFBridgingRetain(s1);
//…
CFRelease(s2);
```

这样一来，这段代码就更清楚了。在你的应用中可能不会有很多 Core Foundation 代码。大多数情况下你打交道的还是 Objective-C。在你需要转换的时候，编译器也会提示你。

当然也不是所有的 Core Foundation 的对象都可以和相应的 Objective-C 的对象互转，如 CGImage 和 UIImage 以及 CGColor 和 UIColor 之间。_bridge 关键字也不是仅限于和 Core Foundation 中对象的互转，在有的 API 中，void*类型指针可以指向各种对象，不管是一个 Objective-C 的对象还是 Core Foundation 的对象，或者是用 malloc()分配的一块缓冲区。void*表达的意思就是"这是一个指针"，但是它所指的对象可以是任意类型。为了把一个 Objective-C 的对象转换为 void*类型的对象，你就要在这个对象之前加上_bridge。例如：

```
MyClass *myObject=[[MyClass alloc ]init];
```

```
[UIView beginAnimations:nil context: (_bridge void *)myObject];
```

然后在 animation 的代理方法中，你又想将其再转换为 Objective-C 的对象，那么你还是加上 _bridge：

```
-(void)animationDidStart: (NSString *)animationID context: (void *)context {
    MyClass *myObject=(_bridge MyClass *)context;
    ...
}
```

现在我们总结一下：

● 如果我们是把对象的拥有权从 Core Foundation 转移到 Objective-C 的话，我们就用 CFBridgingRelease（）。

● 如果我们是把对象的拥有权从 Objective-C 转移到 Core Foundation 的话，我们就用 CFBridgingRetain（）。

● 如果你只是暂时想将其转换成另一个类型，而不是转交拥有权的话，那么你就用 _bridge。

23.2.3　委托和弱指针属性

下面我们在应用中加入一个新的视图。我们加入一个自带 xib 的 UIViewController 子类，把它命名为 DetailViewController。然后我们在 DetailViewController 中加入两个方法：

```
@interface DetailViewController : UIViewController

-(IBAction)coolAction;
-(IBAction)coolAction;
@end
```

接着我们设计如下的 nib 文件，加入一个导航栏和两个按钮，然后将按钮分别与之前的两个方法关联起来，如图 23-26 所示。

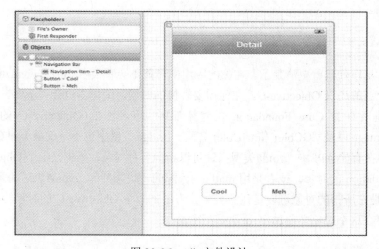

图 23-26　nib 文件设计

然后我们对 MainViewController.m 进行一点改动，使得当我们单击行的时候，会切换到 DetailView：

```
-(void)tableView: (UITableView*)theTableView didSelectRowAtIndexPath:
 (NSIndexPath *)indexPath {
    [theTableView  deselectRowAtIndexPath:indexPath animated:YES];

    DetailViewController *controller=[[DetailViewController alloc]
    initWithNibName:@"DetailViewController" bundle:nil];
    [self  presentViewController:controller  animated:YES  completion:nil];
}
```

完成了上述的工作以后，单击按钮还是不会有什么效果，我们给予 DetailView 一个 delegate。通常情况下，如果视图 A 触发了视图 B，那么视图 B 就需要告诉视图 A 一些信息。例如，它要关闭了，也就是让 A 成为 B 的一个代理。这个地方我们要让 MainViewController 成为 DetailViewController 的代理。我们先规定以下协议，并在 DetailViewController 中加入一个成员变量，让它成为这个类的代理，并且遵从 DetailViewControllerDelegate 协议。

```
#import<UIKit/UIKit.h>
@class DetailViewController;
@protocol DetailViewControllerDelegate<NSObject>
-(void)detailViewController: (DetailViewController *)controller
 didPickButtonWithIndex: (NSInteger)buttonIndex;
@end

@interface DetailViewController :UIViewController

@property (nonatomic, weak)id < DetailViewControllerDelegate >delegate
-(IBAction)coolAction;
-(IBAction)coolAction;
@end
```

如果两个对象之间相互 retain，则会造成两个对象都不能被释放的恶性循环，这也是内存泄漏的主要原因之一。弱指针就是消除这种恶性循环的一个很好的方法。我们在 MainViewController 中构造了 DetailViewController，并将其在屏幕上显示出来。它用一个强指针指向这个对象，那么这个 DetailViewController 也应该对它的 delegate 有一个回指。所以这两个类就有如图 23-27 所示的关系。

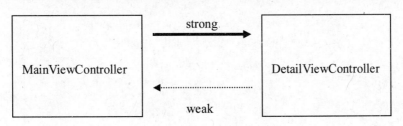

图 23-27　对应关系图

然后在 DetailViewController.m 中我们把两个按钮响应的方法改成如下的内容：

```
-(IBAction)coolAction {
    [self.delegate detailViewController:self didPickButtonWithIndex:0];
}
-(IBAction)coolAction {
    [self.delegate detailViewController:self didPickButtonWithIndex:1];
}
```

第 24 章　iCloud 编程

iCloud 的作用就是能够让你存储的图片、文件、日程安排、通讯录等能够在连接到同一个账号的机器之间进行同步，而且这些并不需要你手动去同步，机器自己就会完成所有的同步工作。对于开发者来说，iCloud 也是十分有用的，你也可以将程序中的一些数据存储在 iCloud 上，我们在本节中就会学习 UIDocument 类，在 iCloud 中访问文件、自动保存以及其他的一些特性。我们需要运行 iOS6 的设备来完成测试（比如一个 iPhone 和一个 iPad），现在在模拟器上还没有加入 iCloud 的支持。

那么，iCloud 是如何工作的呢？在 iOS 中，所有的数据都存放在本地的一个目录中，然后每个程序都只能访问这个目录下的数据，这个也能够保证这个程序不改变其他程序的数据。iCloud 会把文件分块，分成几个 chunk，这样的好处就是当你在不同的设备上修改同一个文件的时候，如果你修改的是不同的块，那么就不会发生任何问题。但是，如果你修改的是相同的部分，那么这就是开发者要考虑的问题了。分块还有一个好处就是，当你第一次创建一个文件的时候，所有的块都会上传到服务器上，当你再做改动时，就会检测你哪些块做过改动，然后只把改过的块进行上传，这样就能够节省带宽。

当我们第一次把 iOS 安装在设备上的时候，我们会需要提供一个 Apple ID，通过这个 ID，就可以把我们的设备都加入到 iCloud 中。为了检查你的设备是否能够正常支持 iCloud，你可以通过登录 www.iCloud.com，在你的日历中加入一些条目，然后看这个设备是否能够对这些条目进行更新，如果能的话，就表示设备可用，这样我们就可以构建我们的 App 了。

24.1　让你的应用支持 iCloud

在本节中，我们会创建通过 iCloud 管理一个共享文档的简单应用 myCloud。这个应用在所有类型的设备上都是可运行的，所以我们可以看到在一个设备上做的改变能够推送到另一个设备中。为了让你的程序支持 iCloud，这里有三个步骤要执行。

01 创建一个支持 iCloud 的 App ID。

我们登录到 iOS 开发者中心，再进入到 iOS Provisioning Portal，我们单击 App IDs 一栏，单击右上方的 New App ID，然后会出现如图 24-1 所示的界面。

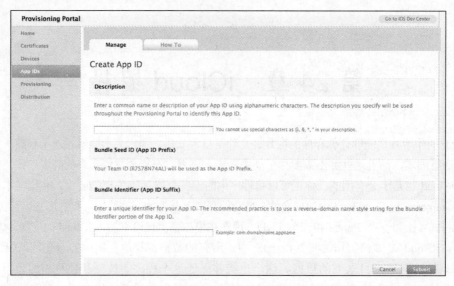

图 24-1　创建 APP ID

　　我们在 Description 一栏中加入一些对这个 App 的描述，如 iCloud Example，然后在 Bundle Identifier 中填入我们要创建的 App 的 Bundle Identifier，注意这里一定要和你的 App 的 Bundle Identifier 一致，否则程序就不能够在设备上正常运行。因为我们的工程名叫 myCloud，所以我们在这一栏填上 com.yourcompany.myCloud。

　　填好以后，我们单击 Submit 按钮提交 App ID，然后就可以看到你的 App ID 中多了如图 24-2 所示的一项。

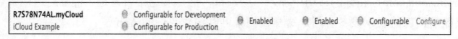

图 24-2　App ID

　　我们单击 Configure 按钮以继续，然后在下一个界面中，选中 Enable for iCloud 复选框，并单击 Done 按钮，如图 24-3 所示。

图 24-3　启动 iCloud 功能

02 为你的 App ID 创建 provisioning profile。

我们单击页面上的 Provisioning 一栏，再单击右上方的 New Profile 按钮，输入一个 profile 的名称，命名为 myCloud，选中我们的 certificate，在 App ID 一栏中选择我们这个例子的 App ID，这里我的是 iCloud Example，在 Devices 选项组中选中两个支持 iCloud 的设备，再单击 Submit 按钮，那么 provisioning profile 就算生成了，如图 24-4 所示。

图 24-4　创建 profile

然后我们在页面中把这个 provisioning profile 下载下来，将其放入 Xcode 的 Organizer 中，如图 24-5 所示。

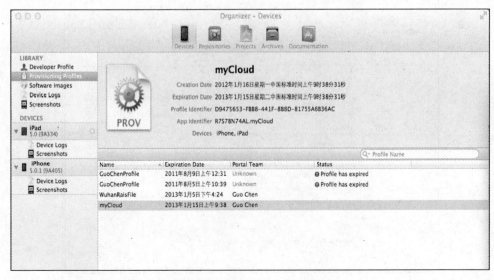

图 24-5　Organizer 中的 profile

03 创建项目，并配置 iCloud。

现在我们启动 Xcode，然后创建一个新的项目，我们用的是 Single View 这个模板，我们在 Product Name 文本框中填入 myCloud，设置 Device Family 为 Universal。选中 Include Unit Tests。然后单击 Next 按钮，完成我们项目的创建，如图 24-6 所示。

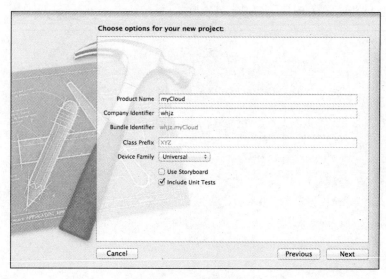

图 24-6　创建项目

之后，我们单击 TARGETS 中的 myCloud，选择"Summary"条目，然后拖到下方的位置，选中 Enable Entitlements，其他的内容就会自动填充，如图 24-7 所示。

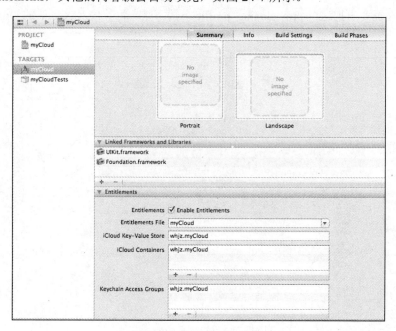

图 24-7　设置 iCloud 信息

下面解释一下这几块的意义:

- Entitlement File: 指向一个属性列表的清单,就好比一个 info.plist 文件。
- iCloud Key-Value Store: 指明了一个 iCloud 中符合 key-value 模式的存储空间。
- iCloud Containers: 指明了一个在 iCloud 中的目录,在这个目录下你可以读取或者写入一些文件。
- Keychain Access Groups: 包含了一些程序在共享 keychain data 的时候会用到的 key。

当我们创建一个支持 iCloud 的程序的时候,我们最好是在程序刚刚创建的时候检查一下程序是否能够操作 iCloud。现在我们来看看具体的检查方法:打开 AppDelegate.m 文件,然后在 application:didFinishLaunchingWithOptions 方法中添加如下代码(添加在 return YES 前面):

```
NSURL* ubiq = [[NSFileManager defaultManager]
URLForUbiquityContainerIdentifier:nil];
if(ubiq) {
    NSLog(@"iCloud access at %@",ubiq);
}
else
{
    NSLog(@"No iCloud access");
}
```

这里有一个新的方法叫做 URLForUbiquityContainerIndentifier。在这个方法中,我们传递一个 container identifier,然后它返回一个 URL,指向你可以访问的 iCloud 中的存储空间。如果我们在参数中传递 nil,那么它就自动返回这个程序的第一个 iCloud Container。我们编译执行这个程序,如果程序 iCloud 可用的话,就会返回一个地址,在本程序中返回的是:

file://localhost/private/var/mobile/Library/Mobile%20Documents/R7S78N74AL~whjz~myCloud/

我们发现这其实是一个本地的 URL。其实 iCloud 服务器是都是把需要同步或者更新的文件存放在这个目录下,然后你的程序再对这个目录下的文件进行操作。

24.2 iCloud API 总览

我们先花一点时间来总览 iCloud 相关的 API。为了能够在 iCloud 中存储文件,我们可以选择手动操作将文件拖动到 iCloud 的存储目录下,我们会用到 NSFileManager 类中的一些新方法,或者是用新的类 NSFilePresenter 和 NSFileCoordinator。但是手动的工作是很麻烦的,而且在很多情况下是没有必要的,因为从 iOS5 开始,引进了一个新的类叫做 UIDocument,这个类让 iCloud 操作起来更为方便。

UIDocument 就好比是文件和其数据内容的一个中间体。在我们的应用中,我们会创建一个 UIDocument 的一个子类,然后在子类中重载一些方法。UIDocument 类遵循 NSFilePresenter 协议,并且在后台工作,所以当你打开一个文件的时候,你的程序不会卡(多线程的原理)。我们在主线程打开、关闭或者编辑文件。例如，我们现在想要打开一个在 iCloud 中已经创建的文件，假设我们已经有了一个 UIDocument 的实例对象，那么我们就用 openWithCompletionHandler 方法：

```
[doc openWithCompletionHandler:^(BOOL success) {
    // Code to run when the open has completed
}];
```

这个方法触发后台的一个 read 操作，你是不会直接调用这个方法的，这个方法在 openWithCompletionHandler 方法调用以后才会触发（这个 read 操作其实是一个 readFromURL:error 方法）。这个操作可能要执行很长时间，因为这个文件可能会很大，或者说这个文件还没有被下载到本地。在文件的读取期间，我们会更新 UI，这样整个应用程序就不会被阻塞。当 read 操作完成了以后，我们就可以加载这些读取的数据了。

我们可以重载 loadFromContents：ofType：error 方法，这里给出我们例子程序中对这个方法重载的一个简单的例子。

```
- (BOOL)loadFromContents:(id)contents ofType:(NSString *)typeName
error:(NSError **)outError {
    self.myNote = [[NSString alloc]
    initWithBytes:[contents bytes] length:[contents length]
encoding:NSUTF8StringEncoding];
    return YES;
}
```

当 read 操作执行完毕以后，这个方法就会被自动调用。这里最重要的一个参数就是 contents，通常情况下它是一个 NSData*类型，指向加载的数据，我们可以通过它解析 NSData 中包含的信息，并把这些信息存储在我们定义的 UIDocument 的子类的变量中。

当 loadFromContents：ofType：error 方法执行完毕以后，我们传递给 openWithCompletionHandler 的 block 就会被执行。所以你在整个过程中会经历两次回调，一次是所有的数据被读入了以后，另一次是 open 文件的操作整个结束的时候。写操作也是类似的，不同的是当我们在打开文件的时候我们要解析一个 NSData，存储的时候我们可以手动进行操作，也可以利用 UIDocument 的自动存储的特征。如果我们要手动操作，我们可以调用如下方法：

```
[doc saveToURL: [doc fileURL]
forSaveOperation:UIDocumentSaveForCreating completionHandler:^(BOOL
success) {
    // code to run when the save has completed
}];
```

就和读操作一样，这里我们也传递一个 block 在写操作执行完毕的时候进行调用。在写操作要执行时候，会请求我们需要写入的数据，通常也是一个 NSData*类型。在这里，我们会把一个字符串转化成一个 NSData 类型，然后传递给写操作：

```
(id)contentsForType:(NSString *)typeName error:(NSError **)outError {
    return [NSData dataWithBytes:[self.noteContent UTF8String]
      length:[self.myNote length]];
}
```

那么剩下的工作就交给后台去处理了，它会来存储我们的数据。存储结束以后，传递给 docsaveToURL: forSaveOperation: completionHandler:方法的 block 就会执行。

我们之前提到过，写操作可以手动执行，也可以自动执行，UIDocument 提供了一种无须存储的模式，当过了一段时间或者一些特定的事件的时候，这样我们就不用手动单击 Save 按钮来存储文件了。

24.3　写 UIDocument 的子类

在总览了 UIDocument 的 API 之后，我们现在来构建一个 UIDocument 的子类，然后来看看它们具体是怎样工作的。我们在 Xcode 中选择 New File，然后创建一个 iOS\Cocoa Touch\Objective-C 的类模板，我们把它的名字设为 Note，创建完毕之后，再把它的父类改成 UIDocument。

为了让工作更简单，我们就只在 Note 中定义一个成员 myNote，关于读写的操作，在前面的代码中也已经给出，这里给出头文件和源文件的完整代码：

```
#import <Foundation/Foundation.h>
@interface Note : UIDocument
@property (strong) NSString* myNote;
@end

#import "Note.h"
@implementation Note
@synthesize myNote;
- (BOOL)loadFromContents:(id)contents ofType:(NSString *)typeName
                error:(NSError **)outError {
    if ([contents length] > 0) {
        self.myNote = [[NSString alloc] initWithBytes:[contents bytes]
length:[contents length] encoding:NSUTF8StringEncoding];
    }
    else
    {
       // When the note is first created, assign some default content
       self.myNote = @"Empty";
    }
    return YES;
}
// Called whenever the application (auto)saves the content of a note
- (id)contentsForType:(NSString *)typeName error:(NSError **)outError {
    if ([self.myNote length] == 0) {
        self.myNote = @"Empty"; }
    return [NSData dataWithBytes:[self.myNote UTF8String] length:[self.myNote
length]];
    }
@end
```

我们用于创建 UIDocument 模型的代码就到此为止了。接下来就是在适当的时候调用这些代码了。

24.4　打开一个 iCloud 文件

首先，为我们的文件确定一个名字。在这里我们用#define 语句将其定义为"document.myCloud"，我们把这行语句加在 AppDelegate.m 的最前端：

```
#define kFileName @"document.myCloud"
```

接下来我们就在 application delegate 中追踪我们的文件，metadata query 帮助我们查找在 iCloud 中的文件。我们将 AppDelegate.h 改成如下：

```
#import <UIKit/UIKit.h> #import "Note.h"
@class ViewController;

@interface AppDelegate : UIResponder <UIApplicationDelegate>
@property (strong, nonatomic) UIWindow *window;
@property (strong, nonatomic) ViewController *viewController;
@property (strong) Note * doc;
@property (strong) NSMetadataQuery *query;

- (void)loadDocument;
@end
```

然后我们在 AppDelegate.m 中添加这两个新成员的 synthesize：

```
@synthesize doc = _doc;
@synthesize query = _query;
```

我们之前检验过程序中 iCloud 是可用的，我们在 application:didFinishLaunchingWithOptions 方法中加入如下代码用来加载文件：

```
[self loadDocument];
```

接下来我们就来写 loadDocument 方法，这个方法有点复杂，现在就让我们来一点一点地完成这个方法。

```
- (void)loadDocument {
    NSMetadataQuery *query = [[NSMetadataQuery alloc] init];
    query = query;
}
```

注意到，当我们从 iCloud 中加载文件的时候，我们首先要知道在 iCloud 中都有些什么样的文件，我们这个地方不能直接罗列通过 URLForUbiquityContainerIdentifier 方法获得的目录下的文件，因为有的文件可能还没有从 iCloud 中下载下来。

为了更好地定义这个查找队列，我们需要给它提供一些特定的参数和范围，这样才能够更好地搜索我们要查找的内容。在 iCloud 中，我们的范围始终都是 NSMetadataQueryUbiquitous-

DocumentsScope。你可以用不同的范围，所以我们可以罗列一个范围参数的数组，但是这个地方我们只需要一个，那么新的 loadDocument 如下：

```
- (void)loadDocument {
    NSMetadataQuery *query = [[NSMetadataQuery alloc] init];
    query = query;
    [query setSearchScopes:[NSArray arrayWithObject:
    NSMetadataQueryUbiquitousDocumentsScope]];
}
```

现在我们为 query 提供一些其他的参数。这里我们提供一个 predicate。在这个例子中，我们是根据一个文件的名字来找到它，所以我们使用的 predicate 的关键词为 MetadataItemFSNameKey，然后文件名字就是我们之前通过宏定义的文件的名字 kFileName：

```
-(void)loadDocument{
    NSMetadataQuery *query = [[NSMetadataQuery alloc] init];
    query = query;
    [query setSearchScopes:[NSArray arrayWithObject:
    NSMetadataQueryUbiquitousDocumentsScope]];
    NSPredicate *pred = [NSPredicate predicateWithFormat:
    @"%K == %@", NSMetadataItemFSNameKey, kFileName];
    [query setPredicate:pred];
}
```

现在，搜索工作就可以执行了，但是它是一个异步的过程，所以我们需要添加一个 Observer 从而在它完成的时候能够获得一个通知。这里通知的类型有一个很长的名字 NSMetadataQueryDidFinishGatheringNotification。当 iCloud 上的搜索工作完成了以后，就会推送这个通知。

所以这个方法的最终版本就是：

```
-(void)loadDocument {
    NSMetadataQuery *query = [[NSMetadataQuery alloc] init];
    query = query;
    [query setSearchScopes:[NSArray arrayWithObject:
    NSMetadataQueryUbiquitousDocumentsScope]];
    NSPredicate *pred = [NSPredicate predicateWithFormat:
    @"%K == %@", NSMetadataItemFSNameKey, kFILENAME];
    [query setPredicate:pred];
    [[NSNotificationCenter defaultCenter]
    addObserver:self
    selector:@selector(queryDidFinishGathering:)
name:NSMetadataQueryDidFinishGatheringNotification
    object:query];
    [query startQuery];
}
```

之前我们在 NSNotificationCenter 注册的时候，指明了通知推送后执行的方法名称为

queryDidFinishGathering，所以在这里我们要在方法中添加代码：

```
-(void)queryDidFinishGathering:(NSNotification *)notification {
    NSMetadataQuery *query = [notification object];
    [query disableUpdates];
    [query stopQuery];
    [[NSNotificationCenter defaultCenter]
    removeObserver:self
    name:NSMetadataQueryDidFinishGatheringNotification
    object:query];
    query = nil;
    [self loadData:query];
}
```

要注意的是，我们一旦启动一个查询，如果不手动停止它的话，它就会在你退出程序之前一直运行，所以这里我们调用 disableUpdates 和 stopQuery 来停止搜索。然后我们在通知中心解除注册，然后传递这个 query 给 loadData 方法。

然后我们在 queryDidFinishGathering 方法之前写 loadData 方法：

```
-(void)loadData:(NSMetadataQuery *)query {
    if ([query resultCount] == 1) {
        NSMetadataItem *item = [query resultAtIndex:0];
    }
}
```

每一个 NSMetadataItem 就好比一个字典，里面存储了 key 和 value。这里有如下一些常用的 key：

- NSMetadataItemURLKey
- NSMetadataItemFSNameKey
- NSMetadataItemDisplayNameKey
- NSMetadataItemIsUbiquitousKey
- NSMetadataUbiquitousItemHasUnresolvedConflictsKey
- NSMetadataUbiquitousItemIsDownloadedKey
- NSMetadataUbiquitousItemIsDownloadingKey
- NSMetadataUbiquitousItemIsUploadedKey
- NSMetadataUbiquitousItemIsUploadingKey
- NSMetadataUbiquitousItemPercentDownloadedKey
- NSMetadataUbiquitousItemPercentUploadedKey

在我们的程序中，我们对文件的 URL 感兴趣，因为我们需要通过 URL 来初始化我们的 UIDocument 对象（readFromURL：error 方法会直接利用类中的 URL 属性来读取文件），所以我们的 loadData 方法如下：

```
-(void)loadData:(NSMetadataQuery *)query {
    if ([query resultCount] == 1) {
```

```
        NSMetadataItem *item = [query resultAtIndex:0];
        NSURL *url = [item valueForAttribute:NSMetadataItemURLKey]; Note *doc
= [[Note alloc] initWithFileURL:url];
        self.doc = doc;
    }
}
```

然后我们调用 openWithCompletionHandler 方法来读取文件:

```
- (void)loadData:(NSMetadataQuery *)query {
  if ([query resultCount] == 1) {
      NSMetadataItem *item = [query resultAtIndex:0]; NSURL *url = [item
valueForAttribute:NSMetadataItemURLKey];
      Note *doc = [[Note alloc] initWithFileURL:url];
      self.doc = doc;
      [self.doc openWithCompletionHandler:^(BOOL success) {
      if (success) {
          NSLog(@"iCloud document opened");
      }
      else {
          NSLog(@"failed opening document from iCloud"); }
      }];
  }
}
```

现在我们的程序虽然能够运行了,但是我们看不到任何效果,因为在 iCloud 中还没有任何文件,也就是说当 resultCount 为 0 的时候需要我们在程序中使用代码创建一个文件。

```
  else {
      NSURL *ubiq = [[NSFileManager defaultManager]
URLForUbiquityContainerIdentifier:nil];
      NSURL *ubiquitousPackage =
        [[ubiq URLByAppendingPathComponent: @"Documents"]
URLByAppendingPathComponent:kFileName];
      Note *doc = [[Note alloc] initWithFileURL:ubiquitousPackage];
      self.doc = doc;
      [doc saveToURL:
      [doc fileURL]
      forSaveOperation:UIDocumentSaveForCreating completionHandler:^(BOOL
success) {
          if (success) {
              [doc openWithCompletionHandler:^(BOOL success) {NSLog(@"new
document opened from iCloud"); }];
          }
      }];
  }
```

现在再次编译和运行程序,我们就会发现在第一次运行的时候我们会收到"new document

opened from iCloud"消息，之后再次运行就会收到"iCloud document opened"消息。我们同样也应该在第二个设备下进行测试，因为这个文件已经存在于 iCloud 中了。

在前面的工作都做好了之后，我们来用一个 UITextView 来显示我们 Note 中的内容。我们在 ViewController.h 中添加如下代码：

```
#import <UIKit/UIKit.h>
#import "Note.h"
@interface ViewController : UIViewController <UITextViewDelegate>
@property (strong) Note * doc;
@property (weak) IBOutlet UITextView * noteView;
@end
```

记住这里我们要在 ViewController 中实现 UITextViewDelegate，这样就可以在 text view 有改变的时候做出相应的响应。

接下来，我们在 ViewController_iPhone.xib 中做出如下改变。

01 拖一个 Text View 到 View 中，让它占据 View 整个空间。

02 把这个 Text View 和 File's Owner 中 noteView 这个 outlet 联系起来。

03 Text View 的代理和 File's Owner 联系起来，如图 24-8 所示。

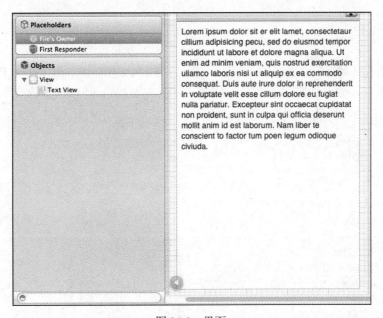

图 24-8　界面

然后再@synthesize 刚刚定义的两个成员变量。接下来在 viewDidLoad 中把类本身在注册中心对 noteModified 通知进行注册，这个消息在文档有改变的时候会加载，后面我们会添加这个通知的种类。

修改后的 viewDidLoad 函数如下：

```
- (void)viewDidLoad{
```

```
    [super viewDidLoad];
    [[NSNotificationCenter defaultCenter]
    addObserver:self
    selector:@selector(dataReloaded:)
    name:@"noteModified" object:nil];
}
```

对通知的响应函数是 dataDidReloaded。我们把发出通知的对象（Note 类型）传递给类的 doc 变量，然后把这个对象中的 noteContent 呈现在 Text View 中：

```
- (void)dataReloaded:(NSNotification *)notification {
    self.doc = notification.object;
    self.noteView.text = self.doc.myNote;
}
```

总体来说，这样直接把文本替换掉不是一个很好的做法，更好的做法是当有这种变化的时候，我们可以把选择权留给用户，让用户来决定是不是应该融合这些变化，这里我们更着重的是演示 iCloud 的特性，所以这个地方就选择了直接替换这种比较方便的做法。

接下来，我们实现一个代理函数，也就是当 TextView 文本发生变化的时候我们将文本的内容上传到 iCloud 中，然后在 viewWillAppear 中也把 Text View 中的文档刷新一次。

```
-(void)textViewDidChange:(UITextView *)textView {
    self.doc.myNote = textView.text;
    [self.doc updateChangeCount:UIDocumentChangeDone];
}
-(void)viewWillAppear:(BOOL)animated  {
    [super viewWillAppear:animated];
    self.noteView.text = self.doc.myNote;
}
```

这样也有一点不好，就是我们每做一次小的改动，都会更新 iCloud，更好的做法是当用户做出的改动积累到一定量的时候再在 iCloud 中更新，这个用户可以自行实现。

接下来就是要决定在什么时候推送 "noteModified" 的通知了，最好的位置就是在 Note 的类方法 loadFromContents: ofType: error 中，当我们从 iCloud 读取文件的时候，这个方法就会被调用。所以我们打开 Note.m 文件，在方法实现代码的最底部加上：

```
[[NSNotificationCenter defaultCenter]
postNotificationName:@"noteModified" object:self];
```

现在我们的程序就大功告成了，最好的测试方法就是把程序安装在两个机器上面，这样你在一个机器上面对文档的改变也会显示在另一个机器上。

第 25 章 iOS 应用和云计算平台的集成

我们认为,"手机+云计算"是未来软件的大方向。手机作为数据的输入终端和显示终端,而云计算作为数据存储和处理的后台。云计算平台提供了众多的 Web 服务,这些 Web 服务首先为手机应用提供了很多远程数据,其次手机应用也往往调用 Web 服务来保存数据。云计算平台可以是谷歌所提供的地图服务,也可以是其他公司所提供的云存储服务(比如:www.word4s.com)。

另外,要提醒读者的是,通过 Mashup,你的手机应用程序可以综合多个云计算平台所提供的数据,从而为用户提供一个全新的视角。比如:一个做房地产中介的朋友准备开发一个手机应用,他想把他们公司所代理的房子,通过地图服务,给购房者在手机上提供关于某一个房子的周边信息。

在手机和云计算平台之间传递的数据格式主要分为两种:XML 和 JSON。在本章,我们以两个实际例子来讲解如何在手机应用程序中访问云服务,并解析 XML 和 JSON 数据。最后,我们探讨了调用云服务的手机应用的基本架构。

25.1 操作 XML 数据

在程序中发送和接收信息时,你可以选择以纯文本或 XML 作为交换数据的格式。比如,在 HTML 请求中,使用如下格式:

```
name=yangzhenhgong &age=36&email=yangzhenghong@yunwenjian.com
```

上述数据的 XML 格式是:

```
<request>
 <name>yangzhenghong</name>
 <age>36</age>
 <email>yangzhenghong@yunwenjian.com</email>
</request>
```

上述数据与 HTML 格式的纯文本数据相同,只是采用 XML 格式而已。有两种方法来操作 XML 数据,一种是使用 libxml2,另一种是使用 NSXMLParser。在本节,我们讲解如何使用 NSXMLParser 来解析 XML 数据。在本节的实例中,XML 数据是 Web 服务的返回数据。

很多云计算平台都返回 XML 格式的数据。比如:www.langspeech.com 是一个朋友的网站,提供中文文字到英文声音的同声翻译。当你输入一段中文文字,该网络能够说出相对应的英文。这个网站提供了 Web 服务。比如,文字到声音的服务 URL 为(文字放在"text="的后面):

```
http://www.langspeech.com/voiceproxy.php?url=tts4all&langvoc=mdfe01rs&text
=hello
```

这个 Web 服务就返回一个 XML 内容：

```
<?xml version="1.0" encoding="UTF-8" ?>
<result>
 <voice>http://202.64.235.106/voicedir/086735jata.mp3</voice>
 <error />
</result>
```

上述 XML 内容返回了一个获取声音文件（MP3 格式）的 URL。调用该 Web 服务的应用程序可以直接播放这个 URL 所指定的 MP3 文件来播放文字所对应的声音。在第 12 章，我们将完成这个文本到声音的转换工具（参见图 25-1）。当用户输入一些文本信息后，就调用这个 Web 服务，解析 XML 内容，获取声音的 URL，并播放声音。

图 25-1　根据中文文字说出英语

下面，我们逐行解释如何解析 XML 内容：

```
//单击"说英语"按钮就调用这个方法
-(IBAction)speak{
    //合成调用 Web 服务的 URL
    NSString *loc=
[@"http://www.langspeech.com/voiceproxy.php?url=tts4all&langvoc=mdfe01rs&text=
" stringByAppendingString:[tf.text
stringByAddingPercentEscapesUsingEncoding:NSASCIIStringEncoding]];
    NSURL *url=[NSURL URLWithString:loc];
    //初始化 XML 解析器 NSXMLParser
    NSXMLParser *p = [[NSXMLParser alloc] initWithContentsOfURL:url];
    [p setDelegate:self]; //设置了回调类是自己
    [p parse]; //解析 XML 数据
}
//解析 XML 数据中的内容
-(void)parser:(NSXMLParser*)parser foundCharacters:(NSString*)string{
    if ([string hasPrefix:@"http"]) { //查找包含 http 的 URL（MP3 文件）
        //找到了，就播放
        AVPlayer *player2 = [[AVPlayer playerWithURL:[NSURL
URLWithString:string]] retain];
        [player2 play];
    }
}
```

25.2　JSON

XML 格式采用名称/值的格式。同 XML 类似，JSON（JavaScript Object Notation 的缩写）也是使用名称/值的格式。JSON 数据颇像字典数据。比如：{ "name": "yangzhenghong" }。前一个是名称（键），后一个是值。等效的纯文本名称/值对为：name=yangzhenghong。

25.2.1　JSON 数据的结构

当把多对名称/值组合在一起时，JSON 就创建了包含多对名称/值的记录，比如：

```
{ "name": "yanghenghong",
"age":"36",
"email": "yangzhenghong@yunwenjian.com" }
```

当需要表示一组值时，JSON 不但能够提高可读性，而且可以减少复杂性。例如，假设你想表示一个人名列表（本书作者列表）。在 XML 中，需要许多开始标记和结束标记。如果使用 JSON，则只需将多个带花括号的记录组合在一起：

```
{ "authors": [
  { "name": "yanghenghong", "age":"36", "email":
"yangzhenghong@yunwenjian.com" },
  { "name": "suweiji", "age":"29", "email": "suweiji@yunwenjian.com" },
  { "name": "zhengqixin", "age":"42", "email": "zhengqixin@yunwenjian.com" }
 ]}
```

在上面这个例子中，只有一个名为 authors 的变量，值是包含三个条目的数组，每个条目是一个人的记录，其中包含姓名、年龄和电子邮件地址。下面的例子表示多个值，每个值进而包含多个值。后面的多个值使用中括号将记录组合成一个值：

```
{ "editor": [
{ "name": "xiayuyan", "age":"27", "email": "xiayuyan@yunwenjian.com" },
 { "name": "xiahuang", "age":"25", "email": "xiahuang@yunwenjian.com" },
 { "name": "wenge", "age":"21", "email": "wenge@yunwenjian.com" }
 ],
"authors": [
 { "name": "yanghenghong", "age":"36", "email":
"yangzhenghong@yunwenjian.com" },
  { "name": "suweiji", "age":"29", "email": "suweiji@yunwenjian.com" },
  { "name": "zhengqixin", "age":"42", "email": "zhengqixin@yunwenjian.com" }
 ]
}
```

简单地说，JSON 可以将一组数据转换为字符串，然后就可以在函数之间轻松地传递这个字符串，或者在异步应用程序中将字符串从 Web 服务器传递给客户端程序。JSON 可以表示比名称/值对更复杂的结构。例如，可以表示数组和复杂的对象，而不仅仅是键和值的简单列表。下面我们总结 JSON 的语法格式：

- 对象：{ 属性：值，属性：值，属性：值 }。
- 数组是有顺序的值的集合：一个数组开始于"["，结束于"]"，值之间用","分隔：

```
[
{ "name": "yanghenghong", "age":"36", "email":
"yangzhenghong@yunwenjian.com" },
    { "name": "suweiji", "age":"29", "email": "suweiji@yunwenjian.com" },
    { "name": "zhengqixin", "age":"42", "email": "zhengqixin@yunwenjian.com" }
]
```

- 值可以是字符串、数字、true、false、null，也可以是对象或数组。这些结构都能嵌套。

25.2.2　操作 JSON 数据

在 iPhone/iPad 手机应用程序中，你可以直接读取 JSON 数据，并放入 NSDictionary 或 NSArray 中。你也可以将 NSDictionary 转化为 JSON 数据，并上载到云计算平台。json-framework 提供了相关的类和方法来完成 JSON 数据的解析：

```
//读 JSON 数据
#import <JSON/JSON.h>
// 从云计算平台获得 JSON 数据
NSString *jsonString = ...;
// 解析 JSON 数据，可能是一个 NSDictionary 或 NSArray 数据
id object = [jsonString JSONValue];
//写数据
NSDictionary *dictionary = ...;
// 把字典类数据转化为 JSON 数据
jsonString = [dictionary JSONRepresentation];
```

25.2.3　JSON 实例

下面这个实例是从 flickr 网站上读取关于杭州的照片，并使用表视图显示出来。结果如图 25-2 所示。

图 25-2　flickr 网站上关于杭州的照片

01 创建一个 Empty Application 项目，如图 25-3 所示。

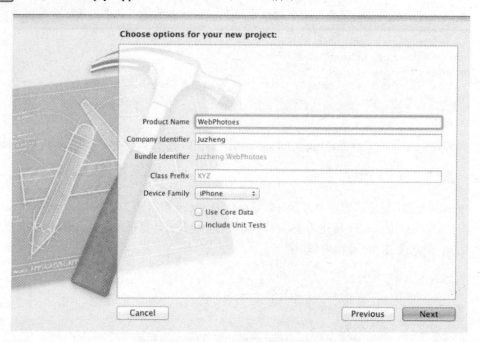

图 25-3　创建一个新项目

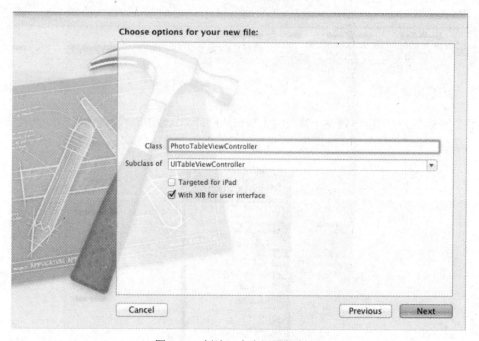

图 25-4　创建一个表视图控制器

02　如图 25-4 所示，创建一个表视图控制器：从"File"菜单下选择"New File"，选择
"UIViewController"和"UITableViewController"和"with XIB for user interface"。

03 如图 25-5 所示，修改 WebPhotoesAppDelegate.h 为（添加了一个表视图控制器属性）：

```
#import <UIKit/UIKit.h>
#import "PhotoTableViewController.h"
@interface WebPhotoesAppDelegate : NSObject <UIApplicationDelegate> {
    UIWindow *window;
    PhotoTableViewController *photoTableViewController;
}
@property (nonatomic, retain) IBOutlet UIWindow *window;
@end
```

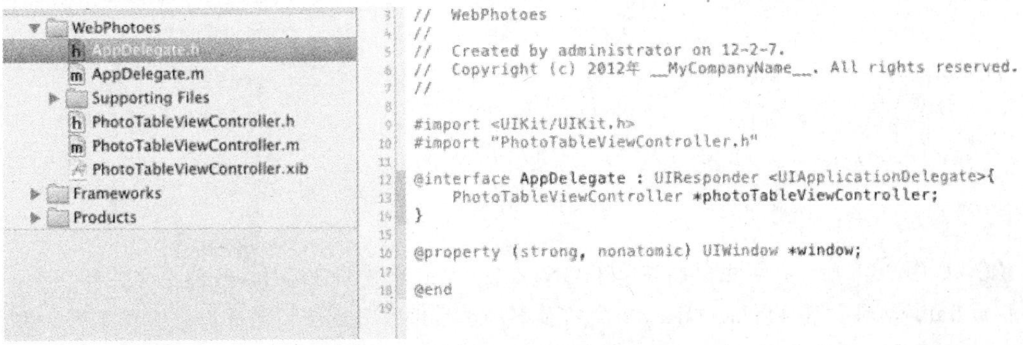

图 25-5　WebPhotoesAppDelegate.h

04 如图 25-6 所示，修改 didFinishLaunchingWithOptions 方法为：

```
- (BOOL)application:(UIApplication *)application
didFinishLaunchingWithOptions:(NSDictionary *)launchOptions {
    //初始化表视图控制器
    photoTableViewController = [[PhotoTableViewController alloc]
initWithStyle:UITableViewStylePlain];
    //把表视图控制器的视图放到窗口上
    [window addSubview:photoTableViewController.view];
    [window makeKeyAndVisible];
    return YES;
}
- (void)dealloc {
    [photoTableViewController release];//释放内存
    [window release];
    [super dealloc];
}
```

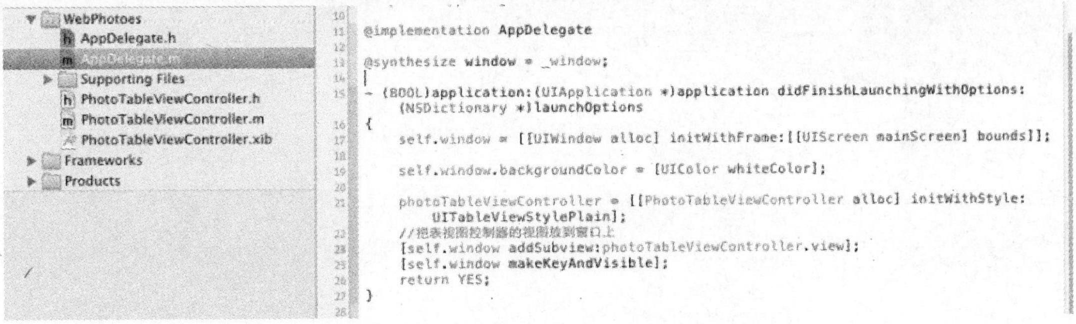

图 25-6　didFinishLaunchingWithOptions 方法

05 如图 25-7 所示，在表视图控制器类上添加两个属性。

图 25-7　表视图控制器类

```
@interface PhotoTableViewController : UITableViewController {
    NSMutableArray *photoNames;//照片的名字
    //照片的 URL（当用户选中某一行时，使用 URL 获取照片）
    NSMutableArray *photoURLs;
}
@end
```

06 如图 25-8 所示，首先复制整个 JSON 文件夹（包含支持 JSON API 的头文件和实现文件，即：json-framework）和 FlickrAPIKey.h 到项目下，然后编写表视图控制器类的实现代码。为了便于理解这个程序，我们首先看看 Flickr 网站所返回的 JSON 数据。我在代码上加入了 NSLog 来打印出 Flickr 所返回的 JSON 数据（参见图 25-9）。

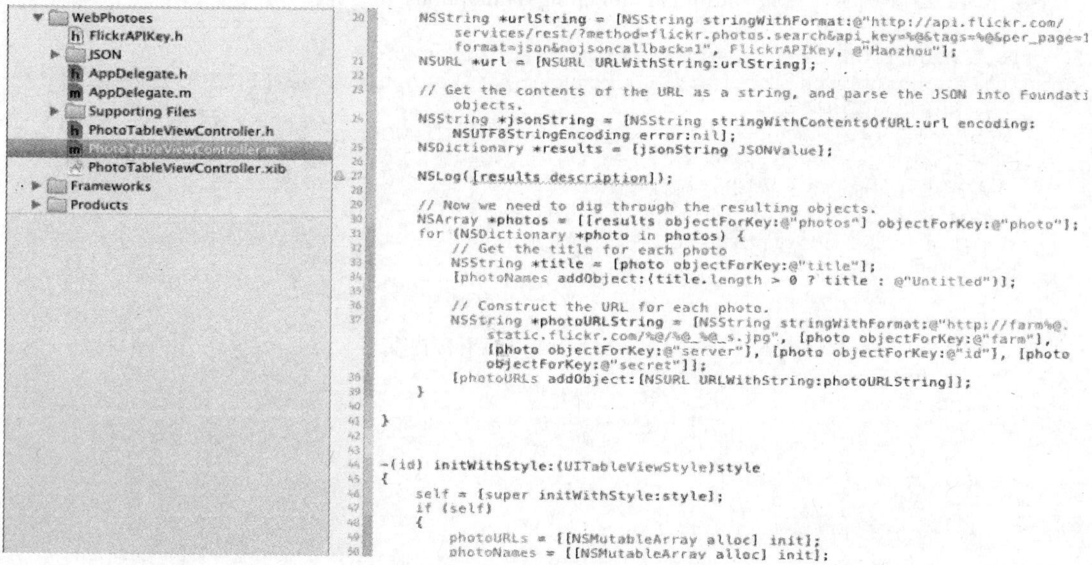

图 25-8　PhotoTableViewController.m

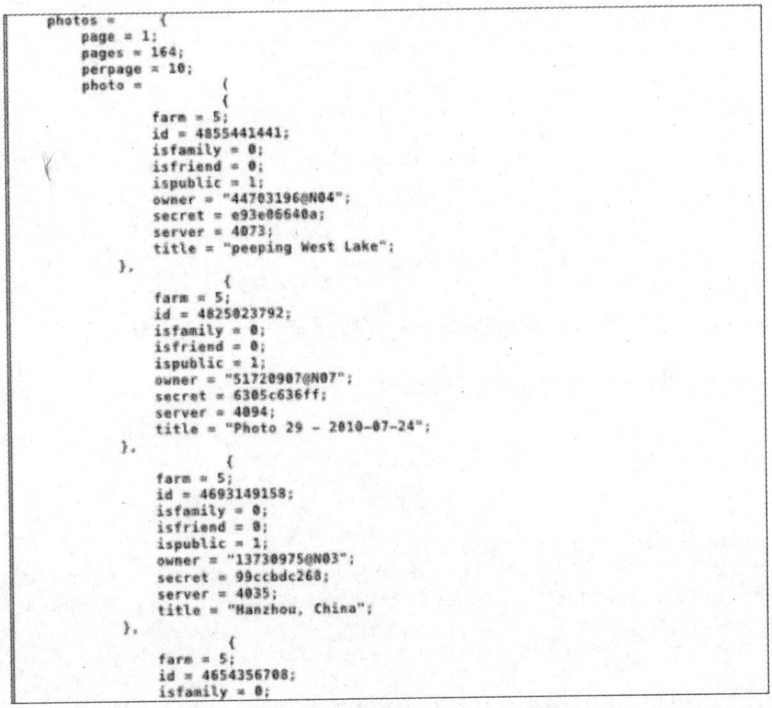

```
photos =    {
    page = 1;
    pages = 164;
    perpage = 10;
    photo =       (
                {
            farm = 5;
            id = 4855441441;
            isfamily = 0;
            isfriend = 0;
            ispublic = 1;
            owner = "44703196@N04";
            secret = e93e06640a;
            server = 4073;
            title = "peeping West Lake";
        },
                {
            farm = 5;
            id = 4825023792;
            isfamily = 0;
            isfriend = 0;
            ispublic = 1;
            owner = "51720907@N07";
            secret = 6305c636ff;
            server = 4094;
            title = "Photo 29 - 2010-07-24";
        },
                {
            farm = 5;
            id = 4693149158;
            isfamily = 0;
            isfriend = 0;
            ispublic = 1;
            owner = "13730975@N03";
            secret = 99ccbdc268;
            server = 4035;
            title = "Hanzhou, China";
        },
                {
            farm = 5;
            id = 4654356708;
            isfamily = 0;
```

图 25-9　Flickr 所返回的 JSON 数据

　　Flickr 所返回的数据不难理解。photo 就是各个照片的数组。每个元素是一个类似字典类的数据，包括了照片的 ID、是否可以公开等标志、标题、属主等信息。下面是 Flickr 所返回的部分数据：

```
{
  photos =    {
      page = 1;
      pages = 164;
      perpage = 10;
      photo =          (
                  {
          farm = 5;
          id = 4855441441;
          isfamily = 0;
          isfriend = 0;
          ispublic = 1;
          owner = "44703196@N04";
          secret = e93e06640a;
          server = 4073;
          title = "peeping West Lake";
      },
                  {
          farm = 5;
          id = 4825023792;
          isfamily = 0;
          isfriend = 0;
          ispublic = 1;
          owner = "51720907@N07";
          secret = 6305c636ff;
```

```
                server = 4094;
                title = "Photo 29 - 2010-07-24";
            },
    ......
        );
        total = 1638;
    };
    stat = ok;
}
```

下面是分析 JSON 数据的视图控制器类上的代码（见代码上的注释）：

```
#import "PhotoTableViewController.h"
#import "JSON.h"
#import "FlickrAPIKey.h"
@implementation PhotoTableViewController
-(void) loadPhotos
{
    NSString *urlString = [NSString
stringWithFormat:@"http://api.flickr.com/services/rest/?method=flickr.photos.s
earch&api key=%@&tags=%@&per page=10&format=json&nojsoncallback=1",
FlickrAPIKey, @"Hanzhou"];
    NSURL *url = [NSURL URLWithString:urlString];//获取 Flickr 照片的 URL

    // Flicrk 返回的 JSON 数据（一个大字符串）
    NSString *jsonString = [NSString stringWithContentsOfURL:url
encoding:NSUTF8StringEncoding error:nil];
    // 解析 JSON 数据，保存在字典类变量上
    NSDictionary *results = [jsonString JSONValue];
    NSLog([results description]);//打印在控制台上

    // 获取各个照片信息（存放在数组中）
    NSArray *photos = [[results objectForKey:@"photos"]
objectForKey:@"photo"];
    for (NSDictionary *photo in photos) {//分析每个照片
        // 获取照片的标题
        NSString *title = [photo objectForKey:@"title"];
        //放到存放照片名字的数组中
        [photoNames addObject:(title.length > 0 ? title : @"Untitled")];
        //基于一个照片的 JSON 数据组合成一个 URL，该 URL 用来获取真正的照片
        NSString *photoURLString = [NSString
stringWithFormat:@"http://farm%@.static.flickr.com/%@/%@ %@ s.jpg", [photo
objectForKey:@"farm"], [photo objectForKey:@"server"], [photo
objectForKey:@"id"], [photo objectForKey:@"secret"]];
        //放到存放照片 URL 的数组中
        [photoURLs addObject:[NSURL URLWithString:photoURLString]];
    }
}
//初始化属性
-(id) initWithStyle:(UITableViewStyle)style
{
    self = [super initWithStyle:style];
    if (self)
    {
        photoURLs = [[NSMutableArray alloc] init];
        photoNames = [[NSMutableArray alloc] init];
        [self loadPhotos];
```

```
        }
        return self;
    }
    //返回块数
    - (NSInteger)numberOfSectionsInTableView:(UITableView *)tableView {
        return 1;
    }

    //返回行数（即：照片的个数）
    - (NSInteger)tableView:(UITableView *)tableView
numberOfRowsInSection:(NSInteger)section {
        return [photoNames count];
    }
    //生成表单元
    - (UITableViewCell *)tableView:(UITableView *)tableView
cellForRowAtIndexPath:(NSIndexPath *)indexPath {
        static NSString *CellIdentifier = @"Cell";
        UITableViewCell *cell = [tableView
dequeueReusableCellWithIdentifier:CellIdentifier];//重用
        if (cell == nil) {//不存在的话
            cell = [[[UITableViewCell alloc]
initWithStyle:UITableViewCellStyleDefault reuseIdentifier:CellIdentifier]
autorelease];//创建一个新的表单元
        }
        // 表单元的文本信息就是照片名字
        cell.textLabel.text = [photoNames objectAtIndex:indexPath.row];
        //使用照片 URL 获取照片，放在表单元上
        NSData *imageData = [NSData dataWithContentsOfURL:[photoURLs
objectAtIndex:indexPath.row]];
        cell.imageView.image = [UIImage imageWithData:imageData];//照片放在表单元
上

        return cell;
    }

    - (void)dealloc {
        [photoURLs release];//内存释放
        [photoNames release];//内存释放
        [super dealloc];
    }
```

07 执行应用程序。结果如图 25-2 所示。

在上述应用程序中，我们访问了 Flickr 网站来获取了大量的杭州照片。在你调用 Flickr 网站的 Web 服务之前，Flickr 要求你申请一个 Flickr API Key。如图 25-10 所示，你可以访问 http://www.flickr.com/services/apps/create/apply 来获得这个 key。在获得之后，你应该把你的 key 放在 FlickrAPIKey.h 文件里（在 Products 目录下）。

图 25-10　Flickr API 网站

25.3　调用云服务的手机应用的架构

一般而言，你从云计算平台上获得某些对象值（比如：一些照片）。那么，在你的代码里，你往往有该对象的类。比如：在第 10.3.6 小节中的一个手机应用程序，该程序从一个外部网站上获得该用户的所有同学信息，然后把这些同学信息添加到手机的通讯录上（具体内容可参见第 10.3.6 小节）。那么，从外面获得的同学就是一个对象，你需要定义这个对象类（WebPerson）：

WebPerson.h：

```
#import <UIKit/UIKit.h>
@interface WebPerson : NSObject {
    NSString *firstName; //名字
    NSString *lastName;
    NSString *urlString; //该人的 URL
}
@property (nonatomic, copy) NSString *firstName;
@property (nonatomic, copy) NSString *lastName;
@property (nonatomic, copy) NSString *urlString;
@end
```

实现文件 WebPerson.m：

```
#import "WebPerson.h"
@implementation WebPerson
```

```
@synthesize firstName;
@synthesize lastName;
@synthesize urlString;
@end
```

然后，你需要定义一个服务类（也叫管理类，在第 10.3.6 小节的例子中，这个服务类是 SocialBookWebService），用于从外部网站上获取对象值。

SocialBookWebService.h：

```
#import <UIKit/UIKit.h>
@interface SocialBookWebService : NSObject {
    NSMutableArray *people; //使用数组保存从网站上获取的同学信息
}
- (NSArray*)webPeople; // 返回同学信息
@end
```

服务的实现类 SocialBookWebService.m ：

```
#import "SocialBookWebService.h"
#import "WebPerson.h"
@implementation SocialBookWebService
//添加一个同学信息到数组中
+ (void)addPersonWithFirst:(NSString*)first last:(NSString*)last
url:(NSString*)url toArray:(NSMutableArray*)array
{
    WebPerson *person = [[WebPerson alloc] init];
    person.firstName = first;
    person.lastName = last;
    person.urlString = url;
    [array addObject:person];
    [person release];
}

//从外部网站上获取同学信息
- (id)init
{
    if ((self = [super init])) {
        people = [[NSMutableArray alloc] init];
        //……省略代码：访问外部网站，获取对象值。
        //下面的代码是你手工设置一些对象值，主要是为了在编程时的测试。
        [SocialBookWebService addPersonWithFirst:@"曹操" last:@""
url:@"http://www.xinlaoshi.com/caocao" toArray:people];
        [SocialBookWebService addPersonWithFirst:@"刘邦" last:@""
url:@"http://www.xinlaoshi.com/liubang" toArray:people];
        [SocialBookWebService addPersonWithFirst:@"Jun" last:@"Tang"
url:@"http://www.xinlaoshi.com/tangjun" toArray:people];
        [SocialBookWebService addPersonWithFirst:@"朱元璋" last:@""
url:@"http://www.xinlaoshi.com/zhuyanzhang" toArray:people];
        [SocialBookWebService addPersonWithFirst:@"李世民" last:@""
url:@"http://www.xinlaoshi.com/lisimin" toArray:people];
    }
    return self;
}
- (void)dealloc
{
    [people release];//内存释放
```

```
        [super dealloc];
    }
- (NSArray*)webPeople//返回同学数组
{
    return [[people copy] autorelease];
}
@end
```

然后，在视图控制器等代码中就可以调用上述的服务类来处理 Web 服务所返回的对象值。比如：

```
- (id)initWithStyle:(UITableViewStyle)style {
    if (self = [super initWithStyle:style]) {
        webService = [[SocialBookWebService alloc] init];//初始化 Web 服务
    }
    return self;
}

- (NSArray*)people
{
  if (people == nil) {
      people = [[NSMutableArray alloc] init];
      //调用 Web 服务来获取同学信息
      NSArray *webPeople = [webService webPeople];
      for (WebPerson *webPerson in webPeople) {//处理每个同学
          ......
      }
    }
}
```

总之，对于从云计算平台上获取数据的应用程序来说，首先按照获取的对象创建一些对象类，然后创建一个服务类来同云计算交互。所有云计算的数据的存和取都通过服务类完成。应用程序的其他部分同一般应用程序没有任何区别。

25.4　网页视图

iPhone/iPad 开发人员可以使用 UIWebView 视图来显示 HTML 内容，比如：某个网站的网页，或者一段 HTML 内容。UIWebView 视图给用户的感觉就像是一个浏览器。除了 HTML 内容，UIWebView 也可以显示本地的数据，比如：PDF 数据。

25.4.1　UIWebView

UIWebView 本身是 UIView 子类。下面是一些常用方法：

● 装载 URL 所指定的网页

```
- (void)loadHTMLString:(NSString *)string baseURL:(NSURL *)baseURL;
- (void)loadData:(NSData *)data MIMEType:(NSString *)MIMEType
textEncodingName:(NSString *)encodingName  baseURL:(NSURL *)baseURL;
```

● 装载 URL 请求

```
- (void)loadRequest:(NSURLRequest *)request;
```

● 网页相关的方法：

```
- (void)reload; //重新装载
- (void)stopLoading; //停止装载
- (void)goBack; //返回到前一个网页
- (void)goForward;//前进到下一个网页（如果存在的话）
```

另外，UIWebView 提供了很多属性。以下是一些常用的属性：

```
@property BOOL loading; //是否正在装载
@property BOOL canGoBack; //是否可以返回到前一个
@property BOOL canGoForward; //是否可以前进到下一个
@property BOOL scalesPageToFit; //是否自动调整网页到 UIWwebView 所在的屏幕
//是否侦测网页上的电话号码。如果是，当用户点击该号码时，就可以使用 iPhone
//拨打这个电话
@property BOOL detectsPhoneNumbers;
```

下面是 Delegate（委托）类提供的一些回调方法：

```
//在装载网页之前调用。比如：设置一个"正在装载"的状态图
- (void)webViewDidStartLoad:(UIWebView *)webView;
//在装载完网页之后调用。比如：去掉上述的"正在装载"的状态图
- (void)webViewDidFinishLoad:(UIWebView *)webView;
//处理装载网页失败的方法
- (void)webView:(UIWebView *)webView didFailLoadWithError:(NSError *)error;

//控制导航的方法，比如：用户单击网页上的链接时，该方法可以决定是否让用
//户导航到该链接。navigationType 是指：单击链接、重新装载网页、提交内容、
//返回到前一个网页、前进到下一个网页等。
- (BOOL)webView:(UIWebView *)webView
shouldStartLoadWithRequest:(NSURLRequest *)request
navigationType:(UIWebViewNavigationType)navigationType;
```

25.4.2　网页视图实例

下面我们通过一个实际例子来看看 UIWebView 的使用，**步骤**说明如下：

01 如图 25-11 所示，创建一个基于视图的项目。

02 双击视图控制器的 XIB 文件（比如：WebContentViewController.XIB），结果如图 25-12 所示。

03 如图 25-13 所示，在视图上添加一个 Web View，一个工具条（Toolbar），并在工具条上添加两个 Bar Button Item 按钮和一个文本输入框（Text Field）。修改为中文名称。结果如图 25-14 所示。

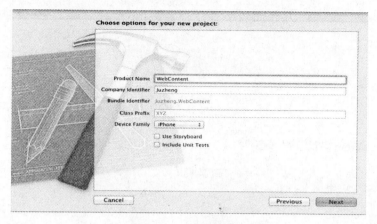

图 25-11　创建新项目

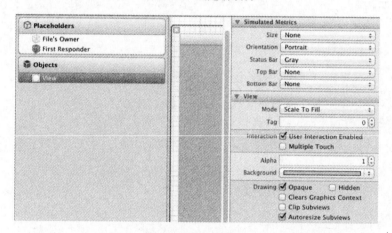

图 25-12　XIB

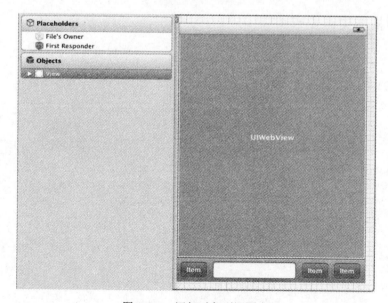

图 25-13　添加对象到视图上

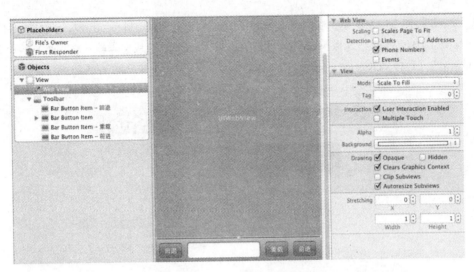

图 25-14 设置中文信息

04 如图 25-15 所示，设置 UIWebView。比如，选择 "Scales Page To Fit"：让整个网页调整大小，以适应窗口的大小。默认情况下，自动检测电话（Detection：Phone Number）已经被选中。你还可以选择其他的选项。

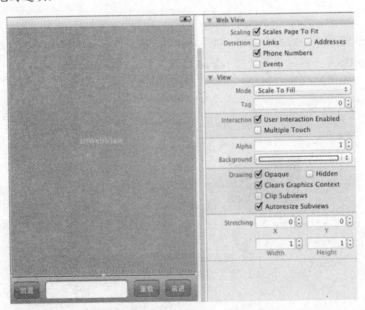

图 25-15 设置 UIWebView 属性

05 修改 WebContentViewController.h 代码为：

```
#import <UIKit/UIKit.h>
//UITextFieldDelegate 是用于响应在输入框上的操作
@interface ViewController : UIViewController <UITextFieldDelegate>{
    IBOutlet UIWebView *webView;//指向网页视图
}
```

06 @end 如图 25-16 所示，在控制器类和视图之间建立关联。按下 ctrl 键，从 "File's Owner" 拖一个光标到 UIWebView，选择 webView。然后，按下 ctrl 键，从文本输入框那里拖一个光标到 "File's Owner"，选择 delegate。

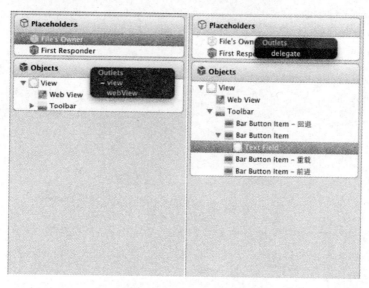

图 25-16　设置连接信息

07 如图 25-17 所示，对各个按钮，按下 ctrl 键，拖动光标到 UIWebView。选择相应的方法。比如：回退选择 goBack 方法，重载选择 reload 方法，前进选择 goForward 方法。

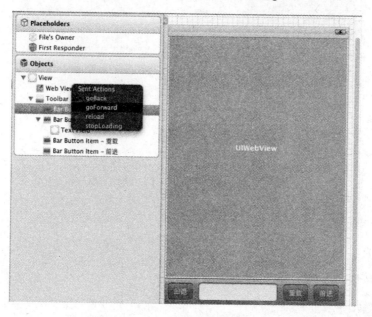

图 25-17　设置各个按钮的触发操作

08 最后的连接设置如图 25-18 所示。编写 WebContentViewController.h 代码如下：

```
#import "ContentViewController.h"
@implementationContentViewController
-(BOOL) textFieldShouldReturn:(UITextField *)textField
{
    //这个方法是一个回调方法。当用户在输入框上完成输入后调用。
    NSURL *url = [NSURL URLWithString:textField.text];//获取用户输入的 URL
    NSURLRequest *request = [NSURLRequest requestWithURL:url];//一个请求
    [webView loadRequest:request];//装载 URL 所指向的内容
    return YES;
}
```

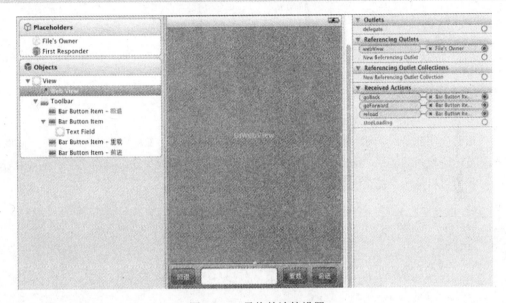

图 25-18　最终的连接设置

09 执行应用程序程序。如图 25-19 所示，输入各个 URL 来查看各个网站。使用回退、前进按钮来测试相应功能。你可以看到，UIWebView 为我们预先提供了很多功能，你基本不用编写任何代码就可以实现一个浏览器的功能。

当 safari 浏览器正在装载网页时，状态栏上有一个转圈的小图标。这表明系统正在装载网页内容。在 WebContentViewController.m 上，你可以完成的类似的功能：

```
-(void) webViewDidStartLoad:(UIWebView *) webView{
    ……
    networkActivityIndicatorVisible=YES;//装载网页时显示
}
-(void) webViewDidFinishLoad:(UIWebView *) webView{
    ……
    networkActivityIndicatorVisible=NO; //装载后，停止显示
}
```

图 25-19　应用程序执行结果

有一点要说明的是，上述应用程序启动后，键盘会遮住输入文本框。这就产生了一个问题：用户看不见自己所敲入的文字。我们可以使用通知和移动工具栏来改正这个问题。在 viewWillAppear 方法上，我们可以注册"键盘出现"的通知，比如：

```
- (void)viewWillAppear:(BOOL)animated {
    [[NSNotificationCenter defaultCenter] addObserver:self
    selector:@selector(keyboardWillShow:)
    name:UIKeyboardWillShowNotification
    object:self.view.window];
    [super viewWillAppear:animated];
}
```

当 keyboardWillShow 通知到达后，就会返回一个 NSDictionary，它包含了键盘的高度。在 keyboardWillShow 方法上，你可以把工具栏往上移动一些大小，从而使得用户可以看到工具栏。当然，输入结束后，你还需要调整工具栏的位置为原来的位置。感兴趣的读者可以自己实施这个功能。

25.4.3　loadHTMLString 方法

loadHTMLString 方法有两个参数，第一个参数是 HTML 格式的字符串，第二个参数是一个 NSURL 对象。NSURL 对象可以是指向一个 Web 站点或者一个本地文件。loadHTMLString 的定义如下：

```
- (void)loadHTMLString:(NSString *)string baseURL:(NSURL *)baseURL;
```

除了装载外部站点上的网页，这个方法还可以装载你自己的 HTML 内容到网页视图上，如图 25-20 所示。

图 25-20　显示 HTML 内容

下面你在 WebContentViewController 的 viewDidLoad 方法上添加下面的代码。其作用是在网页视图上显示一些 HTML 内容。在 viewDidLoad 方法中，声明一个字符串来存放 HTML 数据，最后调用 loadHTMLString 来显示 HTML 内容：

```
- (void)viewDidLoad {
    NSString *htmlContent = @"<div style=\"font-family:Helvetica, Arial,
sans-serif;font-size:48pt;\" align=\"center\">";
    NSMutableString *htmlPage =[NSMutableString new];
    [htmlPage appendString:htmlContent];
    [htmlContent release];
    [htmlPage appendString:@"欢迎使用手机网页"]; //HTML 内容
    [htmlPage appendString: @"</ span>"];
    [webView loadHTMLString:htmlPage baseURL:nil];//装载
    [htmlPage release];
    [super viewDidLoad];
}
```

执行应用程序后，显示结果如上面图 25-20 所示。